파이널 특강 시리즈 No.1

2026년 대비 전면 개정판
전기기사
필기 파이널 특강

공학박사 김상훈 편저 / 한빛전기수험연구회 감수

편저 김상훈

건국대학교 전기공학과 졸업(공학박사)

現 엔지니어랩 전기분야 대표강사
現 ㈜일렉킴에듀 대표
現 대한전기학회 이사(정회원)
前 인하공업전문대학 교수
前 NCS 전기분야 집필진
前 J, E사 전기기사 대표강사
前 김상훈전기기술학원 원장
前 EBS 전기(산업)기사/전기공사(산업)기사 교수
前 한국조명설비학회 이사(정회원)

저서 : 『2026 회로이론』 외 기본서 시리즈 7종
　　　『2026 전기기사 필기』 외 3종
　　　『2026 전기기사 실기』 외 3종
　　　『파이널 특강 – 전기기사 필기』 외 5종
　　　『2026 전기기사 필기 7개년 기출문제집』 외 1종
　　　『2026 9급 공무원 전기직 전기이론』 외 5종
　　　『2026 고등학교 교과서 전기설비』
　　　 공기업 전기직 파이널 특강

감수 **한빛전기수험연구회**

동영상 강좌 수강

엔지니어랩 https://www.engineerlab.co.kr

2026 전기기사 필기 파이널 특강
(최신 출제경향 분석한 핵심 이론 & 필수 문제 777선)

초판 발행 　2020년 1월 15일
26년판 발행 2025년 11월 1일

편저자 김상훈
펴낸이 배용석
펴낸곳 도서출판 윤조
전화 050-5369-8829 / **팩스** 02-6716-1989
등록 2019년 4월 17일
ISBN 979-11-94702-18-4 13560
정가 23,000원

이 책에 대한 의견이나 오탈자 및 잘못된 내용에 대한 수정 정보는 아래 홈페이지와 이메일로 알려주시기 바랍니다.
홈페이지 www.yoonjo.co.kr / 이메일 customer@yoonjo.co.kr

이 책의 저작권은 김상훈과 도서출판 윤조에게 있습니다.
저작권법에 의해 보호를 받는 저작물이므로 무단 복제 및 무단 전재를 금합니다.

이 책의 학습 방법

STEP 1 기출문제와 CBT 문제를 기초로 분석한 핵심이론을 학습합니다.

1 진공 중의 정전계

1. 쿨롱의 법칙

$$F = \frac{Q_1 Q_2}{4\pi\epsilon_0 r^2} = 9 \times 10^9 \times \frac{Q_1 Q_2}{r^2} \text{[N]}$$

ϵ_0(진공의 유전율) $= 8.855 \times 10^{-12}$ [F/m]

2. 전계의 세기

① 구도체(점전하)
- 도체 표면 : $E = \dfrac{Q}{4\pi\epsilon_0 r^2}$ [V/m]
- 내부 : $E = 0$

② 축 대칭(선전하 밀도 λ [c/m], 원통도체)
- 도체 표면 : $E = \dfrac{\lambda}{2\pi\epsilon_0 r}$ [V/m]
- 내부 : $E = 0$

별색 부분은 꼭 암기하세요!

STEP 2 내용 별로 분류된 빈출+CBT 문제를 풀어보며 확실하게 익힙니다.

주요 문제

01 정전계에 관한 설명으로 맞지 않는 것은?
① 정전계는 전계에너지가 최소인 계이다.
② 도체 내부의 전계의 세기는 0이다.
③ 정전계에서 선적분은 적분경로에 따라 다르다.
④ 전기력선과 등전위면은 서로 직교한다.

Explanation
정전계 : 전계에너지가 최소로 되는 전하분포의 전계를 의미 [답] ③

02 전기력선의 설명 중 틀린 것은?
① 전기력선은 부전하에서 시작하여 정전하에서 끝난다.
② 단위 전하에서는 $1/\epsilon_0$개의 전기력선이 출입한다.
③ 전기력선은 전위가 높은 점에서 낮은 점으로 향한다.
④ 전기력선의 방향은 그 점의 전계의 방향과 일치하며 밀도는 그 점에서의 전계의 크기와 같다.

Explanation
전기력선의 성질
- 전기력선의 밀도는 전계의 세기이다(전기력선의 총수 $N = \int_s E \, ds = \dfrac{Q}{\epsilon}$).
- 전기력선의 접선 방향은 전계의 방향이다.
- 전기력선은 등전위면과 수직이다.
- 전기력선은 정전하에서 시작하여 부전하로 도착한다.
- 전기력선(전계)은 전위가 높은 점에서 낮은 점으로 향한다. [답] ①

STEP 3 마지막 정리는 최근 8개년 기출문제집을 풀어보세요.

유료 강의 수강 안내

| 엔지니어랩에서 유료 강의 수강하기 |

❶ 엔지니어랩 사이트 접속

인터넷 주소표시줄에 [https://www.engineerlab.co.kr]을 입력하여 홈페이지에 접속합니다.

※ 인터넷 검색창에 '엔지니어랩'을 검색하거나 하단 QR코드로 홈페이지에 접속할 수 있습니다.

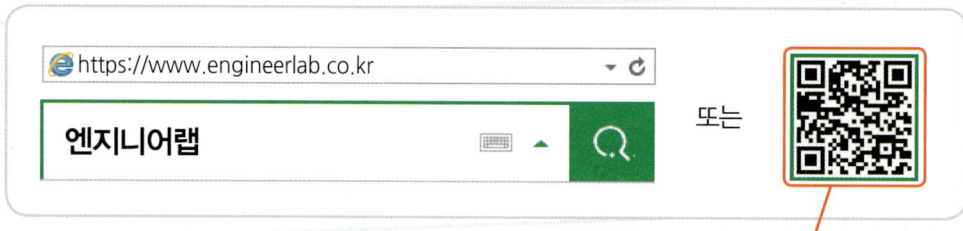

❷ 회원가입 (로그인)

화면 우측 상단에 있는 「회원가입」을 클릭하여 가입 후 「로그인」합니다.

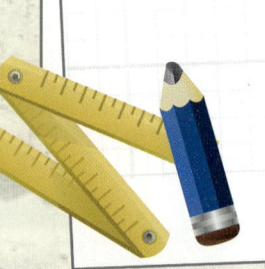

❸ 메인페이지 상단 수강신청을 클릭합니다.

❹ 좌측 네비게이션 메뉴에서 각 종목별 [파이널 특강] 메뉴를 클릭하고 [수강신청]이나 [장바구니]를 클릭하여 수강신청을 하시면 강좌를 보실 수 있습니다.

이제는 합격이다 III

국내 유일 실시간 강의
유튜브 김상훈 TV

전기는 김상훈이 답이다

- 목표는 오직 좀 더 많은 수험생들의 합격!
- 국내 유일의 유튜브 실시간 Live 강의(유튜브 김상훈 TV 검색)
- 합격 설명회, 실기, 필기, 공무원 등 다양한 콘텐츠 무료 시청

KEC 예상문제 ▶ 모두 재생

전기기사 실기 2022년 1회 기출(KEC 한국전기설…	전기기사 실기 (KEC실기 추가 내용)	KEC 실기 예상문제 (KEC필 먼저 보고 보세요)	KEC 실기 예상문제 #7	KEC 실기 예상문제 #6	KEC 실기 예상문제 #5
김상훈TV 조회수 4.5천회 · 4개월 전	김상훈TV 조회수 1.9만회 · 3개월 전	김상훈TV 조회수 4만회 · 1년 전	김상훈TV 조회수 9.5천회 · 1년 전	김상훈TV 조회수 1.1만회 · 1년 전	김상훈TV 조회수 2만회 · 1년 전

설명회 ▶ 모두 재생

2022년 전기기사 실기 온라인 설명회	2022년 전기기사 설명회 [합격비법]	2021년 공사(산업)기사 실기 온라인 설명회	2021 전기기사 실기 온라인 설명회	2021년 전기기사 온라인 설명회	2020년 전기기사 실기 온라인 설명회
김상훈TV 조회수 1.1만회 · 7개월 전	김상훈TV 조회수 6.4만회 · 10개월 전	김상훈TV 조회수 9.5천회 · 1년 전	김상훈TV 조회수 3만회 · 스트리밍 시간: 1년 전	김상훈TV 조회수 1만회 · 1년 전	김상훈TV 조회수 2.4만회 · 2년 전

실기

(2022반영)전기기사 실기 단답형	(2022반영) 전기공사기사 실기 단답형	(2022반영) 전기산업기사 실기 단답형	전기(산업)기사 실기 이론	실기 문제풀이
김상훈TV 모든 재생목록 보기	김상훈TV 모든 재생목록 보기	김상훈TV 모든 재생목록 보기	김상훈TV 모든 재생목록 보기	김상훈TV 모든 재생목록 보기

필기

필기 합격비법	필기 이론	필기 주요 요약	필기 문제풀이	전기기사 필기 모의고사	기초 이론
김상훈TV 모든 재생목록 보기	김상훈TV 모든 재생목록 보기	김상훈TV 모든 재생목록 보기	김상훈TV 모든 재생목록 보기	김상훈TV 모든 재생목록 보기	김상훈TV 모든 재생목록 보기

※ 자세한 강의 시간표는 다음 일렉킴 카페(https://cafe.daum.net/eleckimedu) 〉 유튜브 방송 시간표 참고

회차별 학습 체크 리스트

이제는 합격이다

이 책의 학습방법 3
유료 강의 수강 안내 4
유튜브 김상훈 TV 안내 6
회차별 학습 체크 리스트 7
편저자/감수자의 말 8

핵심 이론과 빈출문제 & CBT 기출문제

		학습
01_전기자기학 10	☐☐☐
02_전력공학 66	☐☐☐
03_전기기기 137	☐☐☐
04_회로이론 200	☐☐☐
05_제어공학 248	☐☐☐
06_전기설비기술기준 304	☐☐☐

편저자의 말

1970년대 중반부터 시행된 전기 분야 국가기술자격시험은 일부 개정을 거쳐 현재에 이르고 있으며, 시험 합격을 위해서는 그에 맞는 전략과 노력이 필요합니다.

최근 5년 동안의 시험 경향을 보면 확실히 예전보다는 조금 어려워졌습니다. 예전처럼 그냥 외우는 방법으로는 어렵고, 이론을 이해해야 풀 수 있는 문제들이 많아지고 있기 때문입니다. 특히 필기시험은 출제 경향이 크게 다르지 않은데, 실기시험은 회차별로 난이도 차이가 크게 나고 예전보다 문제수도 늘어나 좀 더 세분화되었다고 볼 수 있습니다.

그러므로 합격의 전략은 새로운 경향을 찾는 것보다는 많이 출제되었던 기출문제를 공부하되 이론을 같이 공부하는 것이 빠른 합격에 유리할 수 있습니다.

또 전기기사 출제 경향을 합격자 수로 이야기하는 경우가 많지만, 작년에 합격자 수가 많았다고 해서 올해 꼭 적게 나오는 것은 아닙니다. 약간씩 출제 경향의 변화가 있지만 난이도는 거의 대동소이하며, 수급 조절은 3~5년으로 보기 때문에 수험생 스스로 섣부른 판단은 하지 않도록 해야 합니다.

필자는 10여 년 전부터 현재까지 오프라인 학원, 수많은 온라인 교육 및 EBS 강의를 진행하면서 많은 수험생을 접하며 그들이 가지고 있는 고충과 애로사항을 청취한 결과, 국가기술자격시험 합격을 위한 보다 쉽고 확실한 해법을 주기 위하여 이 교재를 집필하게 되었습니다.

본 수험서의 특징은 그간 어렵게 생각했던 문제를 쉽게 해설하여 수험생들이 혼자 공부할 수 있게 하고, 매년 출제 빈도를 반영하여 문제마다 별 표시를 해 중요 부분을 확인할 수 있게 함으로써 시험 대비 시 공부의 효율을 높이도록 한 점입니다.

아무쪼록 본 수험서로 공부하는 모든 분이 합격하시기를 기원하며, 마지막으로 본 수험서가 출간되기까지 큰 노력을 기울여주신 한빛전기수험연구회 여러분들과 도서출판 윤조 배용석 대표님께 감사의 말씀을 전합니다.

편저자 김상훈

감수자의 말

현대 사회에서 전기의 중요성은 날로 커지고 있으며, 일정한 자격을 갖춘 전문가들에 의해 여러 가지 기술의 개발과 발전이 이루어지고 있습니다. 이러한 전기 분야의 전문가를 국가기술자격시험을 통해 선발하기 때문에 이 시험의 비중이 날로 증가하고 있는 추세입니다.

우리 연구회 일동은 전기 분야 교육의 전문가이신 김상훈 박사가 책 출간 후 5년간의 노하우와 새로운 경향을 반영하는 개정 작업의 감수에 참여하게 되어 기쁜 마음으로 더욱더 좋은 책, 수험생들이 쉽게 이해할 수 있는 책이 되도록 노력하였습니다.

아무쪼록 본 수험서로 공부하는 수험생 모두가 합격하여 우리나라 전기 분야에 이바지하는 전문가들로 성장하기를 기원합니다.

한빛전기수험연구회 일동

핵심 이론과 엄선된 필수 기출문제 777선

1. 전기자기학
2. 전력공학
3. 전기기기
4. 회로이론
5. 제어공학
6. 전기설비기술기준

과년도 기출문제와 최신 CBT 문제를 분석한 핵심 이론과 그에 따른 빈출문제와 신규 CBT 문제를 엄선하여 수록하였습니다.

01 전기자기학

1 진공 중의 정전계

1. 쿨롱의 법칙

$$F = \frac{Q_1 Q_2}{4\pi\epsilon_0 r^2} = 9 \times 10^9 \times \frac{Q_1 Q_2}{r^2}[\text{N}]$$

$\epsilon_0(진공의 유전율) = 8.855 \times 10^{-12}[\text{F/m}]$

2. 전계의 세기

① 구도체(점전하)

- 도체 표면 : $E = \dfrac{Q}{4\pi\epsilon_0 r^2}[\text{V/m}]$

- 내부 : $E = 0$

② 축 대칭(선전하 밀도 $\lambda[\text{c/m}]$, 원통도체)

- 도체 표면 : $E = \dfrac{\lambda}{2\pi\epsilon_0 r}[\text{V/m}]$

- 내부 : $E = 0$

③ 표면 전하 밀도($\sigma[\text{c/m}^2]$, 거리에 무관)

- 도체 표면 : $E = \dfrac{\sigma}{\epsilon_0}[\text{V/m}]$

- 무한 평면 : $E = \dfrac{\sigma}{2\epsilon_0}[\text{V/m}]$

- 무한 평면 2장(평행판 콘덴서) : $E = \dfrac{\sigma}{\epsilon_0}[\text{V/m}]$, 전위 $V = Ed = \dfrac{\sigma}{\epsilon_0}d$

3. 전기력선의 성질

① 전기력선 수 : $N = \dfrac{Q}{\epsilon_0}$

② 전기력선의 성질

- 전기력선의 (접선)방향 = 전계의 방향
- 전계의 세기 = 전기력선의 밀도
- 등전위면에 수직(도체 표면에 수직)

- (+)에서 (−)로
- 전위가 높은 곳에서 낮은 곳으로
- 자신만으로 폐곡선을 만들 수 없다.
- 전하가 없는 곳에서는 발생이나 소멸이 없다(연속).
- 대전도체 표면 전하밀도 : 곡률이 크고(뾰족하고) 곡률반경이 적을수록 커진다.

4. 전위(전기적인 위치 에너지)

$$V = \frac{Q}{4\pi\epsilon_0 r} \text{ [V]}$$

5. 가우스의 법칙(전계의 세기)

$$\int E \, ds = \frac{Q}{\epsilon_0}, \quad E = -grad V = -\left(\frac{\partial V}{\partial x}i + \frac{\partial V}{\partial y}j + \frac{\partial V}{\partial z}k\right)$$

미분형 : $div E = \frac{\rho}{\epsilon_0}, \quad div D = \rho$

6. 프아송의 방정식

$$\nabla^2 V = -\frac{\rho}{\epsilon_0} \, (\rho \text{ : 체적 전하 밀도[C/m}^3\text{])}$$

7. 라플라스 방정식 : $\nabla^2 V = 0$

8. 전기쌍극자

① 전기쌍극자의 전위 : $V = \frac{M}{4\pi\epsilon_0 r^2}\cos\theta \, (\theta = 0°(\text{최대}), 90°(\text{최소}))$

② 전기쌍극자의 전계의 세기 : $E = \frac{M}{4\pi\epsilon_0 r^3}\sqrt{1+3\cos^2\theta} \, (\theta = 0°(\text{최대}), 90°(\text{최소}))$

9. 체적당 에너지, 정전응력(면적 당 힘)

$$f = \frac{\sigma^2}{2\epsilon_0} = \frac{1}{2}\epsilon_0 E^2 = \frac{D^2}{2\epsilon_0} \text{ [J/m}^3\text{], [N/m}^2\text{]}$$

10. 전기이중층

전위 $V_P = \frac{M}{4\pi\epsilon_0}\omega$

여기서, $\omega = 2\pi(1-\cos\theta)$,
M : 이중층의 세기 ($M = \sigma \cdot \delta$[C/m])

주요 문제

01 정전계에 관한 설명으로 맞지 않는 것은?
① 정전계는 전계에너지가 최소인 계이다.
② 도체 내부의 전계의 세기는 0이다.
③ 정전계에서 선적분은 적분경로에 따라 다르다.
④ 전기력선과 등전위면은 서로 직교한다.

Explanation

정전계 : 전계에너지가 최소로 되는 전하분포의 전계를 의미

【답】③

02 전기력선의 설명 중 틀린 것은?
① 전기력선은 부전하에서 시작하여 정전하에서 끝난다.
② 단위 전하에서는 $1/\varepsilon_0$개의 전기력선이 출입한다.
③ 전기력선은 전위가 높은 점에서 낮은 점으로 향한다.
④ 전기력선의 방향은 그 점의 전계의 방향과 일치하며 밀도는 그 점에서의 전계의 크기와 같다.

Explanation

전기력선의 성질
- 전기력선의 밀도는 전계의 세기이다(전기력선의 총수 $N = \int_s E \, ds = \dfrac{Q}{\epsilon}$).
- 전기력선의 접선 방향은 전계의 방향이다.
- 전기력선은 등전위면과 수직이다.
- 전기력선은 정전하에서 시작하여 부전하로 도착한다.
- 전기력선(전계)은 전위가 높은 점에서 낮은 점으로 향한다.

【답】①

03 진공 중 점 (1, 2, 3)에 $Q_1 = 3 \times 10^{-4}$[C], 점 (2, 0, 5)에 $Q_2 = -10^{-4}$[C]인 전하가 놓여 있다. Q_1에 의해 Q_2에 작용하는 힘[N]은?(단, $\hat{x}, \hat{y}, \hat{z}$는 단위벡터이다)
① $-10(\hat{x} - 2\hat{y} + \hat{z})$
② $-10(\hat{x} - 2\hat{y} + 2\hat{z})$
③ $10(\hat{x} - 2\hat{y} + \hat{z})$
④ $10(\hat{x} - 2\hat{y} + 2\hat{z})$

Explanation

힘을 벡터로 구하므로 $F = |F|a_0$에서
거리 $r = (2, 0, 5) - (1, 2, 3) = (1, -2, 2)$
거리의 벡터 $r = i - 2j + 2k$
크기 $r = \sqrt{1^2 + (-2)^2 + 2^2} = 3$ [m]
방향 $r_0 = \dfrac{r}{r} = \dfrac{1}{3}(i - 2j + 2k)$
따라서 힘을 벡터로 표시하면
$F = |F|a_0 = 9 \times 10^9 \times \dfrac{3 \times 10^{-4} \times -10^{-4}}{3^2} \times \dfrac{1}{3}(i - 2j + 2k)$
$= -10(i - 2j + 2k) = -10(\hat{x} - 2\hat{y} + 2\hat{z})$ [N]

【답】②

04 거리 r에 반비례하는 전계의 세기를 주는 대전체는?
① 점전하
② 구전하
③ 전기쌍극자
④ 선전하

Explanation

전계의 세기

- 점전하(구전하)에 의한 전계 $E = \dfrac{Q}{4\pi\epsilon_0 r^2}$ [V/m]

- 선전하에 의한 전계 $E = \dfrac{Q}{2\pi\epsilon_0 r}$ [V/m]

- 전기쌍극자에 의한 전계 $E = \dfrac{M}{4\pi\epsilon_0 r^3}\sqrt{1+3\cos^2\theta}$ [V/m]

【답】④

05 선전하 밀도가 λ[C/m]로 균일한 무한 직선도선의 전하로부터 거리가 r[m]인 점의 전계의 세기(E)는 몇 [V/m]인가?

① $E = \dfrac{1}{4\pi\epsilon_0}\dfrac{\lambda}{r^2}$
② $E = \dfrac{1}{2\pi\epsilon_0}\dfrac{\lambda}{r^2}$
③ $E = \dfrac{1}{2\pi\epsilon_0}\dfrac{\lambda}{r}$
④ $E = \dfrac{1}{4\pi\epsilon_0}\dfrac{\lambda}{r}$

Explanation

축 대칭(선전하 밀도 : λ[C/m], 원통도체)

① 일반조항
표면($r > a$) : $E = \dfrac{\lambda}{2\pi\epsilon_0 r}$
내부($r < a$) : $E = 0$

② 강제 조항(내부에 균일분포)
표면($r > a$) : $E = \dfrac{\lambda}{2\pi\epsilon_0 r}$
내부($r < a$) : $E = \dfrac{r\lambda}{2\pi\epsilon_0 a^2}$

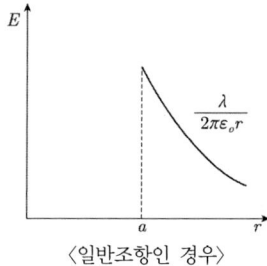
〈일반조항인 경우〉

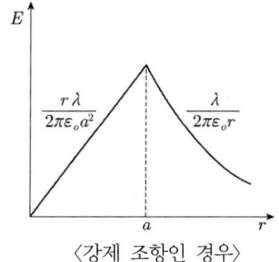
〈강제 조항인 경우〉

【답】③

06 그림과 같이 $z = 0$인 평면상에 반지름 a[m]인 원형도선이 있다. 균일한 선밀도가 λ[C/m]일 때 $z = h$인 점에서의 전위[V]는?(단, 주위공간의 유전율은 ϵ_0이다)

① $\dfrac{\lambda a}{2\epsilon_0 (a^2 + h^2)}$
② $\dfrac{\lambda a}{2\epsilon_0 \sqrt{a^2 + h^2}}$
③ $\dfrac{\lambda h}{2\epsilon_0 (a^2 + h^2)}$
④ $\dfrac{\lambda h}{2\epsilon_0 \sqrt{a^2 + h^2}}$

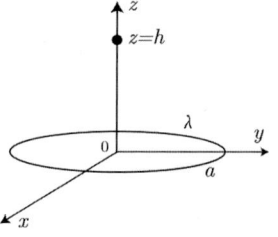

Explanation

전위 $V = \dfrac{Q}{4\pi\epsilon_0 r}$ [V]

문제에서 $z = h$이므로 $r = \sqrt{a^2 + h^2}$ 이고 전하 $Q = \lambda \cdot l = \lambda \cdot 2\pi a$

따라서 전위 $V = \dfrac{Q}{4\pi\epsilon_o r} = \dfrac{\lambda \cdot 2\pi a}{4\pi\epsilon_o \sqrt{a^2+h^2}} = \dfrac{\lambda a}{2\epsilon_0 \sqrt{a^2+h^2}}$ [V]

【답】②

주요 문제

07 비유전율 10인 유전체를 5[V/m]인 전계 내에 놓으면 유전체의 표면전하밀도는 몇 [C/m²]인가? (단, 유전체의 표면과 전계는 수직이다)

① $0.5\epsilon_o$
② $5\epsilon_o$
③ $50\epsilon_o$
④ $500\epsilon_o$

Explanation

도체표면에서의 전계의 세기 : $E = \dfrac{\sigma}{\epsilon}$

$\sigma = \epsilon E = \epsilon_o \epsilon_s E = 10 \times 5\epsilon_o = 50\epsilon_o [C/m^2]$ 여기서, ϵ은 유전율

【답】③

08 진공 내에 있는 도체 표면에서의 전계의 세기가 $E = 3\hat{x} + 4\hat{y}$[V/m]일 때 도체 표면상의 면전하밀도(σ)는 약 몇 [C/m²]인가?(단, $\hat{x}$, $\hat{y}$는 단위벡터이다)

① 0.266×10^{-10}
② 0.354×10^{-10}
③ 0.442×10^{-10}
④ 0.620×10^{-10}

Explanation

도체 표면에서의 전계의 세기 $E = \dfrac{\sigma}{\epsilon_0}$에서

표면전하밀도 $\sigma = \epsilon_0 E = 8.855 \times 10^{-12} \times \sqrt{3^2 + 4^2} = 0.442 \times 10^{-10}[C/m^2]$

【답】③

09 전하밀도 ρ_s[C/m²]인 무한 판상 전하분포에 의한 임의 점의 전장에 대하여 틀린 것은?

① 전장의 세기는 매질에 따라 변한다.
② 전장의 세기는 거리 r에 반비례한다.
③ 전장은 판에 수직방향으로만 존재한다.
④ 전장의 세기는 전하밀도 ρ_s에 비례한다.

Explanation

표면 전하밀도 ρ_s[C/m²]라 하면

- 도체 표면에서의 전계의 세기 : $E = \dfrac{\rho_s}{\epsilon_o}$
- 무한 평면에서의 전계의 세기 : $E = \dfrac{\rho_s}{2\epsilon_o}$

거리와 무관하며 전계의 방향은 수직방향

【답】②

10 전위경도 V와 전계 E의 관계식은?

① $E = grad\, V$
② $E = div\, V$
③ $E = -grad\, V$
④ $E = -div\, V$

Explanation

전위 경도 V와 전계 E의 관계식

$E = -grad\, V = -\left(\dfrac{\partial V}{\partial x}i + \dfrac{\partial V}{\partial y}j + \dfrac{\partial V}{\partial z}k\right)$

【답】③

11 30[V/m]의 전계 내의 80[V] 되는 점에서 1[C]의 전하를 전계 방향으로 80[cm] 이동한 경우, 그 점의 전위[V]는?

① 9
② 24
③ 30
④ 56

Explanation

전계의 세기 30[V/m]의 의미 : 1[m]당 30[V]의 전압이 감소되는 방향으로 진행
따라서 80[cm] 이동한 경우에는 30×0.8=24[V]의 전압이 감소되므로
전위 $V = 80 - 24 = 56$[V]가 된다.   【답】 ④

12 전속밀도 $D = x^2 i + y^2 j + z^2 k$[C/m²]를 발생시키는 점(1, 2, 3)에서의 체적 전하밀도는 몇 [C/m³]인가?

① 12
② 13
③ 14
④ 15

Explanation

체적 전하밀도를 구하기 위하여 가우스의 정리를 이용하면 $\operatorname{div} D = \rho$[C/m³]

$$\operatorname{div} D = \nabla \cdot D = \frac{\partial Dx}{\partial x} + \frac{\partial Dy}{\partial y} + \frac{\partial Dz}{\partial z}$$
$$= \frac{\partial}{\partial x}(x^2) + \frac{\partial}{\partial y}(y^2) + \frac{\partial}{\partial z}(z^2)$$
$$= 2x + 2y + 2z$$

여기서, 점(1, 2, 3)을 대입하면 체적 전하밀도 $\rho = 2 \times 1 + 2 \times 2 + 2 \times 3 = 12$[C/m³]   【답】 ①

13 쌍극자 모멘트가 M[C·m]인 전기쌍극자에서 점 P의 전계는 $\theta = \frac{\pi}{2}$에서 어떻게 되는가?
단, θ는 전기 쌍극자의 중심에서 축방향과 점 P를 잇는 선분의 사이 각이다.

① 0
② 최소
③ 최대
④ $-\infty$

Explanation

전기쌍극자 전계의 세기 : $E = \dfrac{M\sqrt{1+3\cos^2\theta}}{4\pi\epsilon_0 r^3}$ [V/m] $\therefore E \propto \dfrac{1}{r^3}$

따라서 전기쌍극자의 전계의 세기와 전위는 $\theta = 0°$일 때 최대이고 $\theta = 90°$일 때 최소가 된다.   【답】 ②

14 전기 쌍극자 대한 설명 중 옳은 것은?

① 반경 방향의 전계성분은 거리의 제곱에 반비례
② 전체 전계의 세기는 거리의 3승에 반비례
③ 전위는 거리에 반비례
④ 전위는 거리의 3승에 반비례

Explanation

전기 쌍극자에 의한 전계 : $E = \dfrac{M\sqrt{1+3\cos^2\theta}}{4\pi\epsilon_0 r^3}$, $E \propto \dfrac{1}{r^3}$ 【답】 ②

주요 문제

15 다음 정전계에 관한 식 중에서 틀린 것은? 단, D는 전속밀도, V는 전위, ρ는 공간전하밀도, ϵ은 유전율이다.

① 가우스의 정리 : $\operatorname{div} D = \rho$

② 포아송의 방정식 : $\nabla^2 V = \dfrac{\rho}{\epsilon}$

③ 라플라스의 방정식 : $\nabla^2 V = 0$

④ 발산의 정리 : $\oint_s A \cdot ds = \int_v \operatorname{div} A \, dv$

Explanation

- 발산의 정리 : $\int_s E \cdot ds = \int_v \operatorname{div} E \, dv$
- 포아송의 방정식 : $\nabla^2 V = -\dfrac{\rho}{\epsilon}$
- 가우스의 정리 : $\operatorname{div} D = \rho$
- 라플라스의 방정식 : $\nabla^2 V = 0$

【답】②

16 $\sigma[\text{C/m}^2]$의 면전하분포를 가진 구도체가 진공 중에 놓여 있을 때 표면에 작용하는 정전응력의 크기와 방향은?

① $\dfrac{\sigma^2}{2\epsilon_0}$, 도체 외부 방향

② $\dfrac{\sigma^2}{\epsilon_0}$, 도체 외부 방향

③ $\dfrac{\sigma^2}{2\epsilon_0}$, 도체 내부 방향

④ $\dfrac{\sigma^2}{\epsilon_0}$, 도체 내부 방향

Explanation

- 정전 응력 $f = \dfrac{\sigma^2}{2\epsilon_0} = \dfrac{1}{2}\epsilon_0 E^2 = \dfrac{D^2}{2\epsilon_0} = \dfrac{1}{2}ED\,[\text{N/m}^2]$
- 전계는 도체 표면에서 공간으로 수직 발산한다.

【답】①

17 진공 중에 있는 구도체에 일정 전하를 대전시켰을 때 정전 에너지가 존재하는 것으로 다음 중 옳은 것은?

① 도체 내에만 존재한다.

② 도체 표면에만 존재한다.

③ 도체 내외에 모두 존재한다.

④ 도체 표면과 외부 공간에 존재한다.

Explanation

구도체에 일정 전하를 대전
전계가 발생하는 곳은 도체 표면과 외부 공간에 생기며,
따라서 정전 에너지도 도체 표면과 외부 공간에 존재한다.

【답】④

2 도체계와 정전용량

1. 전위계수
$P_{rr}, P_{ss} > 0, P_{rs} = P_{sr} \geq 0, P_{rr} \geq P_{rs}$

2. 용량계수와 유도계수
① 용량계수 $q_{11}, q_{22} > 0$

② 유도계수 : $q_{12}, q_{21} \leq 0$

③ 엘라스턴스 : 정전용량의 역수 $\frac{1}{C} = \frac{V}{Q}$ [V/C], [1/F], [daraf]

3. 전위계수가 주어질 때 정전용량(±Q[C]가 주어지는 경우)
$$C = \frac{1}{P_{11} - 2P_{12} + P_{22}}$$

4. 정전용량 계산
① 구도체 : $C = 4\pi\epsilon_0 a$ [F]

② 동심구 : $C = \frac{4\pi\epsilon_0 ab}{b-a}$ [F]

③ 동축케이블(원통도체) : $C = \frac{2\pi\epsilon_0}{\ln\frac{b}{a}}$ [F/m]

④ 평행왕복도선 : $C = \frac{\pi\epsilon_0}{\ln\frac{d}{a}}$ [F/m]

⑤ 평행판 콘덴서 : $C = \frac{\epsilon_0 S}{d}$ [F]

5. 콘덴서의 정전 에너지
$$W = \frac{1}{2}QV = \frac{1}{2}CV^2 = \frac{Q^2}{2C} \text{ [J]}$$

6. 콘덴서 연결
① 직렬 연결 : $C_0 = \frac{C_1 C_2}{C_1 + C_2}$

　＊ 직렬 연결 시 문제점 : 내압이 작은 콘덴서부터 파괴

② 병렬 연결 : $C_0 = C_1 + C_2$

　합성정전용량(C_T) → 전체전하량(Q_T) → 공통전위(V_T)

주요 문제

01 각각 $\pm Q[C]$로 대전된 두 개의 도체 간의 전위차를 전위계수로 표시하면?(단, $P_{12} = P_{21}$이다)

① $(P_{11} + P_{12} + P_{22})Q$
② $(P_{11} + P_{12} - P_{22})Q$
③ $(P_{11} - P_{12} + P_{22})Q$
④ $(P_{11} - 2P_{12} + P_{22})Q$

Explanation

전위 $V_1 = P_{11}Q_1 + P_{12}Q_2$, $V_2 = P_{21}Q_1 + P_{22}Q_2$에서
$Q_1 = Q$, $Q_2 = -Q$를 대입하면
전위차 $V = V_1 - V_2 = P_{11}Q - P_{12}Q - P_{12}Q + P_{22}Q$
$= (P_{11} - 2P_{12} + P_{22})Q$

【답】 ④

02 공기 중에 있는 반지름 a[m]의 독립 금속구의 정전용량은 몇 [F]인가?

① $2\pi\epsilon_0 a$
② $4\pi\epsilon_0 a$
③ $\dfrac{1}{2\pi\epsilon_0 a}$
④ $\dfrac{1}{4\pi\epsilon_0 a}$

Explanation

구도체 정전용량 $C = 4\pi\epsilon_0 a$

【답】 ②

03 반지름이 $a > b$[m]인 동심 도체구의 정전용량은?(단, 내구는 절연, 외구는 접지인 때이다)

① $4\pi\epsilon_0 a$
② $\dfrac{1}{4\pi\epsilon_0} \times \dfrac{a-b}{ab}$
③ $\dfrac{4\pi\epsilon_0 ab}{a-b}$
④ $\dfrac{1}{4\pi\epsilon_0} \times \dfrac{ab}{a-b}$

Explanation

동심구의 정전용량 $C = \dfrac{4\pi\epsilon_0}{\dfrac{1}{a} - \dfrac{1}{b}} = \dfrac{4\pi\epsilon_0 ab}{b-a}$ $(a < b)$에서

$C = \dfrac{4\pi\epsilon_0}{\dfrac{1}{b} - \dfrac{1}{a}} = \dfrac{4\pi\epsilon_0 ab}{a-b}$ $(a > b)$

【답】 ③

04 동심 구형 콘덴서의 내외 반지름을 각각 5배로 증가시키면 정전 용량은 몇 배로 증가하는가?

① 5
② 10
③ 15
④ 20

Explanation

동심구의 내외구의 반지름을 5배로 늘린 경우
정전 용량 $C' = \dfrac{4\pi\epsilon_0 \, 5a \times 5b}{5b - 5a} = \dfrac{4\pi\epsilon_0 ab}{b-a} \times 5 = 5C$

【답】 ①

주요 문제

05 내부 원통의 반지름이 a, 외부 원통의 반지름이 b인 동축 원통 콘덴서의 내외 원통 사이에 공기를 넣었을 때 정전용량이 C_1이었다. 내외 반지름을 모두 3배로 증가시키고 공기 대신 비유전율이 3인 유전체를 넣었을 경우의 정전용량 C_2는?

① $C_2 = \dfrac{C_1}{9}$
② $C_2 = \dfrac{C_1}{3}$
③ $C_2 = 3C_1$
④ $C_2 = 9C_1$

Explanation

공기 중에서 동축 케이블의 단위 길이당 정전 용량

$$C_1 = \dfrac{2\pi\epsilon_0}{\ln\dfrac{b}{a}}\,[\text{F/m}]$$

$$C_2 = \dfrac{2\pi\epsilon_0 \times 3}{\ln\dfrac{3b}{3a}} = \dfrac{3 \times 2\pi\epsilon_0}{\ln\dfrac{b}{a}} = 3C_1$$

【답】 ③

06 진공 중 반지름이 a[m]이고 선간거리가 d[m]인 두 평행 전선 간의 단위 길이당 정전용량은 몇 [F/m]인가?

① $\dfrac{2\pi\epsilon_0}{\ln\dfrac{d-a}{a}}$
② $\dfrac{2\pi\epsilon_0}{\ln\dfrac{a}{d-a}}$
③ $\dfrac{\pi\epsilon_0}{\ln\dfrac{d-a}{a}}$
④ $\dfrac{\pi\epsilon_0}{\ln\dfrac{a}{d-a}}$

Explanation

평행왕복도선의 단위 길이당 정전용량

$$C = \dfrac{\pi\epsilon_0}{\ln\dfrac{d-a}{a}} = \dfrac{\pi\epsilon_o}{\ln\dfrac{d}{a}}\,[\text{F/m}]$$

【답】 ③

07 반지름 2[mm]의 두 개의 무한히 긴 원통 도체가 중심 간격 2[m]로 진공 중에 평행하게 놓여 있을 때 1[km]당의 정전용량은 약 몇 [μF]인가?

① 6×10^{-3}
② 1×10^{-3}
③ 2×10^{-3}
④ 4×10^{-3}

Explanation

평행왕복도선의 정전용량

$C = \dfrac{\pi\epsilon_0}{\ln\dfrac{d}{a}}\,[\text{F/m}]$에서

$$= \dfrac{\pi \times 8.855 \times 10^{-12}}{\ln\dfrac{2}{2 \times 10^{-3}}} \times 1{,}000 = 4 \times 10^{-3}\,[\mu\text{F}]$$

【답】 ④

주요 문제

08 도체의 전계 에너지는 도체 전위에 대하여 어떤 상태로 증가하는가?
① 직선
② 쌍곡선
③ 포물선
④ 원형곡선

Explanation

에너지 $W = \frac{1}{2}QV = \frac{1}{2}CV^2$ [J] (충전 중) : 전위 일정

따라서 $W = \frac{1}{2}CV^2 \propto V^2$이므로 포물선의 형태이다.

【답】③

09 내압 1,000[V] 정전용량 1[μF], 내압 750[V] 정전용량 2[μF], 내압 500[V] 정전용량 5[μF]인 콘덴서 3개를 직렬로 접속하고 인가전압을 서서히 높이면 최초로 파괴되는 콘덴서는?
① 1[μF]
② 2[μF]
③ 5[μF]
④ 동시에 파괴된다.

Explanation

콘덴서 직렬연결 시 파괴되는 콘덴서는 $Q = CV$에서 Q 값이 작은 콘덴서가 먼저 파괴된다.
$Q_1 = C_1 V_1 = 1 \times 1,000 = 1,000$[C]
$Q_2 = C_2 V_2 = 2 \times 750 = 1,500$[C]
$Q_3 = C_3 V_3 = 5 \times 500 = 2,500$[C]이므로
전하량이 가장 적은 1[μF]의 콘덴서가 가장 먼저 파괴된다.

【답】①

10 정전용량이 C인 커패시터를 전압 V로 충전한 후 정전용량이 $4C$인 커패시터를 병렬로 연결하였을 때 커패시터의 단자전압은?
① $\frac{V}{5}$
② $\frac{V}{3}$
③ $4V$
④ $5V$

Explanation

콘덴서의 연결
- 전체 정전용량 : $C_T = C + 4C = 5C$
- 전체 전하량 : $Q_T = Q = CV$
- 공통전위 : $V_T = \frac{Q_T}{C_T} = \frac{CV}{5C} = \frac{V}{5}$

【답】①

11 두 개의 콘덴서를 직렬접속하고 직류전압을 인가할 때의 설명으로 옳지 않은 것은?
① 정전용량이 작은 콘덴서에 전압이 많이 걸린다.
② 합성 정전용량은 각 콘덴서의 정전용량의 합과 같다.
③ 합성 정전용량은 각 콘덴서의 정전용량보다 작아진다.
④ 각 콘덴서의 두 전극에 정전유도에 의하여 정·부의 동일한 전하가 나타나고 전하량은 일정하다.

Explanation

콘덴서 직렬연결 시의 특성
① 전하량 : $Q_1 = Q_2 = Q$[C]
② 전체전압 $V = V_1 + V_2 = \left(\frac{1}{C_1} + \frac{1}{C_2}\right)Q$

③ 합성정전용량 $C = \dfrac{Q}{V} = \dfrac{Q}{\left(\dfrac{1}{C_1} + \dfrac{1}{C_2}\right)Q} = \dfrac{1}{\dfrac{1}{C_1} + \dfrac{1}{C_2}} = \dfrac{C_1 C_2}{C_1 + C_2}\,[\text{F}]$

④ 분배 전압

$V_1 = \dfrac{Q}{C_1} = \dfrac{C_2}{C_1 + C_2} V$

$V_2 = \dfrac{Q}{C_2} = \dfrac{C_1}{C_1 + C_2} V$

【답】 ②

12 정전용량이 각각 $C_1 = 1\,[\mu\text{F}]$, $C_2 = 2\,[\mu\text{F}]$인 도체에 전하 $Q_1 = -5\,[\mu\text{C}]$, $Q_2 = 2\,[\mu\text{C}]$을 각각 주고 각 도체를 가는 철사로 연결하였을 때 C_1에서 C_2로 이동하는 전하 $Q\,[\mu\text{C}]$는?

① -4
② -3.5
③ -3
④ -1.5

Explanation

두 개의 대전된 도체 구를 접속하면
중화 현상으로 인해 전체 전기량 $Q = -5 + 2 = -3\,[\mu\text{C}]$이 되며
전하량은 정전용량에 비례하므로
Q_1에 남는 전하량은 $Q_1 = \dfrac{C_1}{C_1 + C_2} \times Q = \dfrac{1}{1+2} \times -3 = -1\,[\mu\text{C}]$이므로
C_1에서 C_2로 이동하는 전하 $Q = -4\,[\mu\text{C}]$이 된다.

【답】 ①

3 유전체

1. 전속밀도

$D = \epsilon_0 \epsilon_s E \, [\text{c/m}^2]$

2. 분극의 세기(체적당 모멘트)

$P = D - \epsilon_o E = \epsilon_0 (\epsilon_s - 1) E = \left(1 - \dfrac{1}{\epsilon_s}\right) D \, [\text{c/m}^2]$, 분극률 : $\chi = \epsilon_o (\epsilon_s - 1)$

3. 비유전율(ε_s)과의 관계

① 힘 : $F = \dfrac{1}{\epsilon_s} F_0$

② 전계 : $E = \dfrac{1}{\epsilon_s} E_0$ (전하량일정)

③ 전위 : $V = \dfrac{1}{\epsilon_s} V_0$

④ 전기력선수 : $N = \dfrac{1}{\epsilon_s} N_0$, 전하량이 일정하면 전기력선수는 감소하지만 전속은 불변

⑤ 정전용량 : $C = \epsilon_s C_0$

⑥ 전속밀도 : $D = \epsilon_s D_0$ (전위일정)

4. 경계조건

① 전계의 접선성분이 연속 : $E_1 \sin\theta_1 = E_2 \sin\theta_2$

② 전속밀도의 법선성분이 연속 : $D_1 \cos\theta_1 = D_2 \cos\theta_2$, $\epsilon_1 E_1 \cos\theta_1 = \epsilon_2 E_2 \cos\theta_2$

③ $\dfrac{\tan\theta_1}{\tan\theta_2} = \dfrac{\epsilon_1}{\epsilon_2}$

④ $\epsilon_1 > \epsilon_2$ 일 경우 $\theta_1 > \theta_2$, $E_1 < E_2$, $D_1 > D_2$

경계면에서 힘은 유전율이 큰 쪽에서 작은 쪽으로 작용(Maxwell 응력)

⑤ 전계가 경계면에 수직으로 입사 ($\theta_1 = 0°$)

$E \neq 0$ (전계는 불연속)

$D = D_1 = D_2$

전계, 전속은 굴절하지 않는다.

경계면에서의 힘 $f = \dfrac{1}{2}\left(\dfrac{1}{\epsilon_2} - \dfrac{1}{\epsilon_1}\right) D^2 \, [\text{N/m}^2]$

5. 유전체 연결

① 직렬연결 $C = \dfrac{\epsilon_1 \epsilon_2 S}{\epsilon_1 d_2 + \epsilon_2 d_1} = \dfrac{S}{\dfrac{d_1}{\epsilon_1} + \dfrac{d_2}{\epsilon_2}}$

② 병렬연결 $C = \dfrac{1}{d}(\epsilon_1 S_1 + \epsilon_2 S_2 + \epsilon_3 S_3)$

③ 간격의 $\dfrac{1}{2}$에 물질을 삽입 $C = \dfrac{2C_0}{1 + \dfrac{1}{\epsilon_s}}$ ($C_o \sim 2C_o$ 사이 값)

6. 유전체 체적당 에너지, 정전응력(면적 당 힘)

$w = \dfrac{\sigma^2}{2\epsilon} = \dfrac{1}{2}\epsilon E^2 = \dfrac{D^2}{2\epsilon}$ [J/m³], [N/m²]

7. 패러데이관

- 양단에는 양 또는 음의 단위 진전하가 존재
- 패러데이관의 밀도＝전속밀도
- $W = \dfrac{1}{2}QV = \dfrac{1}{2} \times 1 \times 1 = \dfrac{1}{2}$ [J]

주요 문제

01 전계 E[V/m], 전속밀도 D[C/m²], 유전율 $\epsilon = \epsilon_o \epsilon_s$[F/m], 분극의 세기 P[C/m²] 사이의 관계는?

① $P = D + \epsilon_0 E$
② $P = D - \epsilon_0 E$
③ $P = \dfrac{D + E}{\epsilon_o}$
④ $P = \dfrac{D - E}{\epsilon_o}$

Explanation

분극의 세기
$$P = D - \epsilon_0 E = D - \epsilon_0 \left(\dfrac{D}{\epsilon}\right) = \left(1 - \dfrac{1}{\epsilon_s}\right)D = \epsilon_0(\epsilon_s - 1)E \, [\text{C/m}^2]$$

【답】②

02 평행판 커패시터에 채워진 폴리에틸렌의 비유전율이 ϵ_r, 평행판 간의 거리가 2.0[mm]일 때, 평행판 내의 전계의 세기가 20[kV/m]라면 폴리에틸렌 표면에 나타나는 분극전하밀도[C/m²]는?

① $\dfrac{\epsilon_r - 1}{18\pi} \times 10^{-5}$
② $\dfrac{\epsilon_r - 1}{36\pi} \times 10^{-5}$
③ $\dfrac{\epsilon_r - 1}{18\pi} \times 10^{-6}$
④ $\dfrac{\epsilon_r - 1}{36\pi} \times 10^{-6}$

Explanation

분극의 세기
$$P = D - \epsilon_0 E = D - \epsilon_0 \left(\dfrac{D}{\epsilon}\right) = \left(1 - \dfrac{1}{\epsilon_r}\right)D = \epsilon_0(\epsilon_r - 1)E$$

$= \epsilon_o(\epsilon_r - 1)E = \dfrac{\epsilon_r - 1}{36\pi} \times 10^{-9} \times 20 \times 10^3$ 여기서, $\epsilon_o = \dfrac{1}{4\pi \times 9 \times 10^9} = \dfrac{1}{36\pi} \times 10^{-9}$[F/m]

$= \dfrac{\epsilon_r - 1}{18\pi} \times 10^{-5}$[C/m²]

【답】①

03 유전율이 $\epsilon = \epsilon_0 \epsilon_r$인 유전체 내에 있는 점전하 Q에서 발산되는 전기력선의 수는 총 몇 개인가?

① Q
② $\dfrac{Q}{\epsilon_0 \epsilon_r}$
③ $\dfrac{Q}{\epsilon_r}$
④ $\dfrac{Q}{\epsilon_0}$

Explanation

유전체에서의 전기력선수 $N = \displaystyle\int_s E \, ds = \dfrac{Q}{\epsilon} = \dfrac{Q}{\epsilon_o \epsilon_r}$

【답】②

04 평행판 콘덴서의 극판 사이에 유전율이 각각 ϵ_1, ϵ_2인 두 유전체를 반씩 채우고 극판 사이에 일정한 전압을 걸어 줄 때 각각의 전계의 세기 E_1, E_2 사이에 성립하는 관계로 옳은 것은?

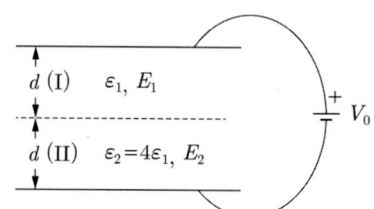

① $E_2 = \dfrac{E_1}{8}$ ② $E_2 = \dfrac{E_1}{4}$

③ $E_2 = \dfrac{E_1}{2}$ ④ $E_2 = E_1$

Explanation

비유전율(ϵ_s)과의 관계에서 일정전압을 걸어서 충전하면

전계는 $E = \dfrac{1}{\epsilon_s} E_0$ 이면 $\dfrac{E_1}{E_2} = \dfrac{\epsilon_2}{\epsilon_1} = \dfrac{1}{4}$

∴ $E_2 = \dfrac{1}{4} E_1$

【답】②

05 비유전율 2인 콘덴서 극판 사이의 유전체를 비유전율 4인 유전체로 교체하였을 때 동일 전위차에 대한 극판의 전하량은 어떻게 되는가?(단, ϵ_0는 진공의 유전율이다)

① 2배로 증가한다. ② 변하지 않는다.
③ 1/2로 감소한다. ④ $2\epsilon_0$배로 증가한다.

Explanation

전하량 $Q = CV$에서 전위차가 일정하면
정전용량은 비유전율이 2배가 된 경우는 $C = \epsilon_s C_0$이므로 전하량도 2배가 된다.

【답】①

06 서로 다른 두 유전체 사이의 경계면에 전하분포가 없다면 경계면 양쪽에서의 전계 및 전속 밀도는?

① 전계 및 전속 밀도의 접선 성분은 서로 같다.
② 전계 및 전속 밀도의 법선 성분은 서로 같다.
③ 전계의 법선 성분이 서로 같고, 전속 밀도의 접선 성분이 서로 같다.
④ 전계의 접선 성분이 서로 같고, 전속 밀도의 법선 성분이 서로 같다.

Explanation

유전체의 경계 조건
- 전계의 접선 성분이 연속 : $E_1 \sin\theta_1 = E_2 \sin\theta_2$
- 전속 밀도의 법선 성분이 연속 : $D_1 \cos\theta_1 = D_2 \cos\theta_2$, $\epsilon_1 E_1 \cos\theta_1 = \epsilon_2 E_2 \cos\theta_2$
- 경계 조건 : $\dfrac{\tan\theta_1}{\tan\theta_2} = \dfrac{\epsilon_1}{\epsilon_2}$

【답】④

07 정전계에서 두 유전체의 경계조건에 대한 내용으로 옳은 것은?

① 전계는 법선성분이 같다. ② 유전체 경계면에서 전위는 서로 같다.
③ 전속은 유전율이 작은 유전체로 모인다. ④ 전속밀도는 접선성분이 같다.

Explanation

경계 조건(경계면의 전위차가 0)
- 전계의 접선 성분 : $E_1 \sin\theta_1 = E_2 \sin\theta_2$
- 전속 밀도의 법선 성분 : $D_1 \cos\theta_1 = D_2 \cos\theta_2$, $\epsilon_1 E_1 \cos\theta_1 = \epsilon_2 E_2 \cos\theta_2$
- 경계 조건 : $\dfrac{\tan\theta_1}{\tan\theta_2} = \dfrac{\epsilon_1}{\epsilon_2}$

【답】②

주요 문제

08 $x > 0$인 영역에 비유전율 $\varepsilon_{r1} = 3$인 유전체, $x < 0$인 영역에 비유전율 $\varepsilon_{r2} = 5$인 유전체가 있다. $x < 0$인 영역에서 전계 $E_2 = 20a_x + 30a_y - 40a_z$ [V/m]일 때 $x > 0$인 영역에서의 전속밀도는 몇 [C/m²]인가?

① $10(10a_x + 9a_y - 12a_z)\varepsilon_0$
② $20(5a_x - 10a_y + 6a_z)\varepsilon_0$
③ $50(2a_x + 3a_y - 4a_z)\varepsilon_0$
④ $50(2a_x - 3a_y + 4a_z)\varepsilon_0$

Explanation

경계면이 x축이므로 x축이 법선성분이 되므로
경계 조건에 의하여 $E_{1y} = E_{2y} = 30$, $E_{1z} = E_{2z} = 40$ 이고,

$D_{1x} = D_{2x}$ 이므로 $E_{1x} = \dfrac{\epsilon_2}{\epsilon_1} E_{2x}$

$E_1 = \dfrac{100}{3} a_x + 30 a_y - 40 a_z$ [V/m]에서

전속밀도 $D_1 = \epsilon_0 \epsilon_{R1} E_1 = \epsilon_0 \times 3 \times \left[\dfrac{100}{3} a_x + 30 a_y - 40 a_z\right]$
$= 10(10a_x + 9a_y - 12a_z)\epsilon_0$ [C/m²]

【답】①

09 두 유전체의 경계면에 대한 설명 중 옳지 않은 것은?
① 전계가 경계면에 수직으로 입사하면 두 유전체 내의 전계의 세기가 같다.
② 경계면에 작용하는 맥스웰 응력은 유전율이 큰 쪽에서 작은 쪽으로 끌려가는 힘을 받는다.
③ 유전율이 작은 쪽에서 전계가 입사할 때 입사각은 굴절각보다 작다.
④ 전계나 전속 밀도가 경계면에 수직으로 입사하면 굴절하지 않는다.

Explanation

- 전계가 경계면에 수직($\theta = 0°$)이면 전계는 불연속($E_1 \neq E_2$)
- 전속밀도는 불변이므로 $D_1 \cos\theta = D_2 \cos\theta$에서
  $D_1 = D_2$ 이고 $\epsilon_1 E_1 = \epsilon_2 E_2$
  따라서 $\dfrac{E_2}{E_1} = \dfrac{\epsilon_1}{\epsilon_2}$ 이 된다.
- 전기력선과 전속은 굴절하지 않는다.
- Maxwell 응력 : 유전체에 작용하는 힘의 방향은 유전율이 큰 쪽에서 작은 쪽으로 향한다.

【답】①

10 평등 전계 중에 유전체 구에 의한 전속분포가 그림과 같이 되었을 때 ϵ_1과 ϵ_2의 크기 관계는?

① 무관하다.
② $\epsilon_1 = \epsilon_2$
③ $\epsilon_1 > \epsilon_2$
④ $\epsilon_1 < \epsilon_2$

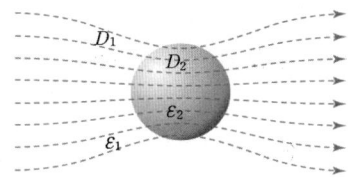

Explanation

전속은 유전율이 큰 쪽에 모인다.
$\epsilon_1 < \epsilon_2$ 일 경우 $E_1 > E_2$, $D_1 < D_2$

【답】④

11 그림과 같이 정전용량이 C_o[F]가 되는 평행판 공기콘덴서에 판면적의 1/3 되는 공간에 비유전율이 4인 유전체를 채웠을 때 정전용량은 몇 [F]인가?

① $4C_o$ ② $3C_o$
③ $2C_o$ ④ C_o

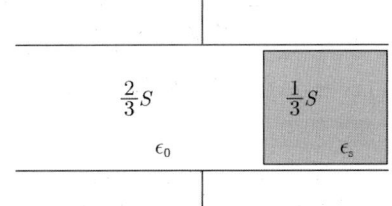

Explanation

면적의 변화 : 병렬연결

$C = C_1 + C_2 = \dfrac{2}{3}C_0 + \dfrac{1}{3}C_0\epsilon_s$
$= \dfrac{1}{3}C_0(2+\epsilon_s) = \dfrac{1}{3}C_0(2+4) = 2C_o$

【답】 ③

12 정전 용량이 1[μF]이고 판의 간격이 d인 공기 콘덴서가 있다. 두께 $\dfrac{1}{2}d$, 비유전율 $\varepsilon_r = 2$인 유전체를 그 콘덴서의 한 전극면에 접촉하여 넣었을 때 전체의 정전 용량[μF]은?

① 2   ② $\dfrac{1}{2}$
③ $\dfrac{4}{3}$ ④ $\dfrac{5}{3}$

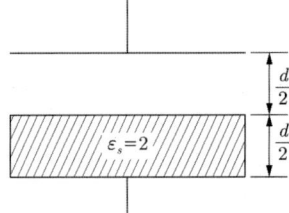

Explanation

극판 간격의 $\dfrac{1}{2}$ 간격에 물질을 채운 경우의 정전 용량

$C = \dfrac{2C_0}{1+\dfrac{1}{\epsilon_r}} = \dfrac{2\times 1}{1+\dfrac{1}{2}} = \dfrac{4}{3}$ [μF]

【답】 ③

13 유전율이 ϵ_1과 ϵ_2인 두 유전체가 경계를 이루어 평행하게 접하고 있는 경우 유전율이 ϵ_1인 영역에 전하 Q가 존재할 때 이 전하와 ϵ_2인 유전체 사이에 작용하는 힘에 대한 설명으로 옳은 것은?

① $\epsilon_1 > \epsilon_2$인 경우 반발력이 작용한다.   ② $\epsilon_1 > \epsilon_2$인 경우 흡인력이 작용한다.
③ ϵ_1과 ϵ_2에 상관없이 반발력이 작용한다.   ④ ϵ_1과 ϵ_2에 상관없이 흡인력이 작용한다.

Explanation

경계면에 작용하는 힘
① $\epsilon_1 > \epsilon_2$인 경우 반발력이 작용
② $\epsilon_1 < \epsilon_2$인 경우 흡인력이 작용

【답】 ①

주요 문제

14 유전체의 경계조건에 대한 설명으로 틀린 것은?
① 경계면에 외부 전하가 있으면, 유전체의 내부와 외부의 전하는 평형되지 않는다.
② 특수한 경우를 제외하고 경계면에서 표면전하 밀도는 0(zero)이다.
③ 표면전하 밀도란 구속전하의 표면밀도를 말하는 것이다.
④ 완전 유전체 내에서는 자유전하는 존재하지 않는다.

> **Explanation**
> - 표면전하밀도 : 자유전하의 표면밀도
> - 완전 유전체 내 : 구속전하만 존재
> - 완전경계조건 : 경계면에서 표면전하 밀도 $\sigma = 0$

【답】③

15 유전율 ϵ, 전계의 세기 E인 유전체의 단위 체적에 축적되는 에너지는?
① $\dfrac{E}{2\epsilon}$
② $\dfrac{\epsilon E}{2}$
③ $\dfrac{\epsilon E^2}{2}$
④ $\dfrac{\epsilon^2 E^2}{2}$

> **Explanation**
> 전계의 체적당 에너지 밀도 $w = \dfrac{1}{2}ED = \dfrac{\epsilon E^2}{2} = \dfrac{D^2}{2\epsilon}$ [J/m³]

【답】③

16 평행판 콘덴서에 어떤 유전체를 넣었을 때 전속밀도가 4.8×10^{-7}[C/m²]이고, 단위 체적당 에너지가 5.3×10^{-3}[J/m³]이었다. 이 유전체의 유전율은 몇 [F/m]인가?
① 1.15×10^{-11}[F/m]
② 2.17×10^{-11}[F/m]
③ 3.19×10^{-11}[F/m]
④ 4.21×10^{-11}[F/m]

> **Explanation**
> 체적당 에너지 $w = \dfrac{1}{2}\epsilon E^2 = \dfrac{D^2}{2\epsilon} = \dfrac{1}{2}ED$ [J/m³]에서
> $\epsilon = \dfrac{D^2}{2w} = \dfrac{(4.8 \times 10^{-7})^2}{2 \times 5.3 \times 10^{-3}} = 2.17 \times 10^{-11}$ [F/m]

【답】②

17 패러데이관(Faraday tube)의 성질에 대한 설명으로 틀린 것은?
① 패러데이관 중에 있는 전속수는 그 관속에 진전하가 없으면 일정하며 연속적이다.
② 패러데이관의 양단에는 양 또는 음의 단위 진전하가 존재하고 있다.
③ 패러데이관 한 개의 단위 전위차당 패러데이관의 보유 에너지는 1/2[J]이다.
④ 패러데이관의 밀도는 전속밀도와 같지 않다.

> **Explanation**
> - 패러데이관의 양단에는 양 또는 음의 단위 진전하가 존재
> - 패러데이관의 밀도=전속밀도

【답】④

4 전기영상법

1. 영상전하

① 전하 + Q의 영상전하 : $-Q[C]$(대칭점에 존재)

② 영상전하와의 힘 : $F = -\dfrac{Q^2}{16\pi\epsilon_0 a^2}$ [N]

③ 일 : $W = \dfrac{Q^2}{16\pi\epsilon_0 a}$ [J]

2. 선전하와 무한평면

$$f = -\lambda E = -\dfrac{\lambda^2}{4\pi\epsilon_o h} \propto \dfrac{1}{h}\ [\text{N/m}]\ :\ 높이에\ 반비례$$

3. 접지도체구

① 위치 : $b = \dfrac{a^2}{d}$

② 크기 : $Q' = -\dfrac{a}{d}Q$

③ 힘 : $F = -\dfrac{adQ^2}{4\pi\epsilon_0(d^2-a^2)^2}$ [N] : 항상 흡인력

주요 문제

01 무한 평면 도체 한 점 P에 있는 점전하 $+Q$[C]의 평면 도체에 대한 영상점과 영상전하[C]는?
① 영상점은 P의 대칭점이고, 영상전하는 $-2Q$이다.
② 영상점은 평면 도체면이고, 영상전하는 $-2Q$이다.
③ 영상점은 P의 대칭점이고, 영상전하는 $-Q$이다.
④ 영상점은 평면 도체면이고, 영상전하는 $-Q$이다.

Explanation

영상 전하 위치 : P의 대칭점에 존재
영상 전하의 크기 : 점전하와 같고 부호는 반대로 $Q'=-Q$[C] 【답】③

02 무한평면도체로부터 거리가 d[m]인 곳에 Q[C]의 점전하가 있다. 이 점전하와 평면도체 간의 작용력은 몇 [N]인가?

① $-0.33\times 10^9 \dfrac{Q^2}{d^2}$ ② $-9\times 10^9 \dfrac{Q^2}{d^2}$

③ $-2.25\times 10^9 \dfrac{Q^2}{d^2}$ ④ $-4.5\times 10^9 \dfrac{Q^2}{d^2}$

Explanation

영상법을 이용하여 아래 그림과 같은 형태로 바꾸어 생각하면

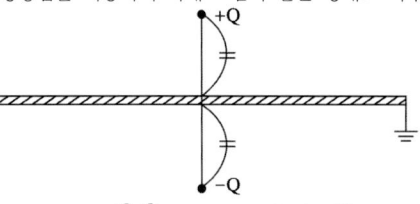

영상력 $F=\dfrac{Q_1 Q_2}{4\pi\epsilon_0 r^2}=\dfrac{1}{4\pi\epsilon_o}\times\dfrac{Q\times(-Q)}{(2d)^2}=-2.25\times 10^9\times\dfrac{Q^2}{d^2}$ [N]
여기서 (-)는 흡인력이다. 【답】③

03 대지면에 높이 h[m]로 평행하게 가설된 매우 긴 선전하가 지면으로부터 받는 힘은?
① h에 비례 ② h에 반비례
③ h^2에 비례 ④ h^2에 반비례

Explanation

전기영상법을 이용하여
전계의 세기 $E=\dfrac{\lambda}{2\pi\epsilon_0(2h)}=\dfrac{\lambda}{4\pi\epsilon_0 h}$

힘 $f=-\lambda E=-\dfrac{\lambda^2}{4\pi\epsilon_0 h}$ [N/m] 【답】②

04 반지름이 0.01[m]인 구도체를 접지시키고, 중심으로부터 0.1[m]의 거리에서 10[μC]의 점전하를 놓았다. 구도체에서 유도된 총 전하량은 몇 [μC]인가?
① 0 ② -1
③ -10 ④ 10

Explanation

접지 도체구

- 위치 : $x = +\dfrac{a^2}{d}$
- 크기 : $Q' = -\dfrac{a}{d}Q = -\dfrac{0.01}{0.1} \times 10 = -1\,[\mu C]$

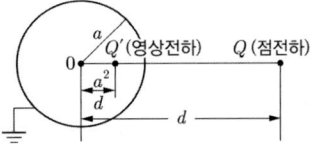

【답】②

05 반지름 a[m]인 접지 구형도체의 점전하가 유전율이 ϵ인 구간에서 각각 원점과 $(d, 0, 0)$[m]인 점에 있다. 구형도체를 제외한 공간의 자계를 구할 수 있도록 구형도체를 영상전하로 대기할 때 영상 점전하의 위치[m]는?(단, $d > a$)

① $\left(0, \dfrac{a^2}{d}, 0\right)$ ② $\left(\dfrac{a^2}{d}, 0, 0\right)$ ③ $\left(\dfrac{d^2}{4a}, 0, 0\right)$ ④ $\left(-\dfrac{a^2}{d}, 0, 0\right)$

Explanation

접지도체구

- 위치 : $x = +\dfrac{a^2}{d}$
- 크기 : $Q' = -\dfrac{a}{d}Q$

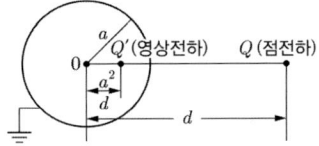

【답】②

06 접지된 구도체와 점전하 간에 작용하는 힘은?

① 항상 흡인력이다. ② 항상 반발력이다.
③ 조건적 흡인력이다. ④ 조건적 반발력이다.

Explanation

접지 도체구

유도전하 : $Q' = -\dfrac{a}{d}Q$

위치 : $x = +\dfrac{a^2}{d}$

점전하와 반대 극성의 전하가 유도되므로 항상 흡인력이 작용한다.

【답】①

07 지표면에 평행으로 높이 h[m]에 가설된 반지름 a[m]인 가공 직선 도체의 대지 간 정전용량은 몇 [F/m]인가?(단, $h \gg a$이다.)

① $\dfrac{\pi\epsilon_o}{\ln\dfrac{2h}{a}}$ ② $\dfrac{2\pi\epsilon_o}{\ln\dfrac{2h}{a}}$ ③ $\dfrac{\pi\epsilon_o}{\ln\dfrac{a}{2h}}$ ④ $\dfrac{2\pi\epsilon_o}{\ln\dfrac{a}{2h}}$

Explanation

영상법에 의하여 풀면
지면 아래 h[m] 되는 곳에 가상 전선$(-\lambda)$을 생각하여
$\pm\lambda$ [C/m]의 선전하가 거리 $2h$만큼 떨어져 배치된 것으로 가정하면

전위차는 $V = \dfrac{\lambda}{2\pi\epsilon_0}\ln\dfrac{2h-a}{a}$ [V]

단위길이당 정전 용량 $C = \dfrac{\lambda}{V} = \dfrac{2\pi\epsilon_0}{\ln\dfrac{2h-a}{a}}$ [F/m] 여기서, $h \gg a$이므로 정전용량 $C = \dfrac{2\pi\epsilon_0}{\ln\dfrac{2h}{a}}$ [F/m]

【답】②

5 전류

1. 전류

   ① 전류 $I = \dfrac{Q}{t} = \dfrac{ne}{t}$

   여기서, n은 전자의 개수, e는 전자 1개의 전하량으로 $e = -1.602 \times 10^{-19}$ [C]

   ② 전류의 연속성 : $div\, i = 0$

   ③ 옴의 법칙의 미분형 : $i = \dfrac{1}{\rho}E = kE$ (전류는 도전율에 비례)

2. 접지저항과 누설전류

   ① 접지저항 $R = \dfrac{\rho\epsilon}{C}[\Omega]$

   반구형 접지극 : $R = \dfrac{\rho}{2\pi a}[\Omega]$

   ② 누설전류 : $I = \dfrac{V}{R} = \dfrac{V}{\dfrac{\rho\epsilon}{C}} = \dfrac{CV}{\rho\epsilon}$

3. 저항

   $R = \rho\dfrac{\ell}{S}[\Omega]$: 길이에 비례하고 단면적에 반비례

4. 저항온도계수

   ① 도체 : 온도가 상승하면 저항이 증가, 저항온도계수가 (+)

   반도체 : 온도가 상승하면 저항이 감소, 저항온도계수가 (−)

5. 열전현상

   ① 제벡 효과(Seebeck Effect) : 두 종류의 금속을 접합하여 폐회로를 만들고 두 접합점 사이에 온도차가 발생되면 열기전력이 생겨서 전류가 흐르는 현상

   ② 펠티에 효과(Peltier Effect) : 두 종류의 금속을 접합하여 폐회로를 만들고 두 접합점 사이에 전류를 흘리면 접합점에서 열의 흡수 또는 발생되는 현상, 전자냉동의 원리

   ③ 톰슨 효과(Thomson Effect) : 동일 금속을 접합하여 폐회로를 만들고 두 접합점 사이에 전류를 흘리면 접합점에서 열의 흡수 또는 발생되는 현상

주요 문제

01 전류 10[A]가 흐르는 도체에 10초 동안에 흘러간 전자의 수[개]는?(단, 전자의 전기량은 1.6×10^{-19}[C]이다)

① 5×10^{20}
② 2.25×10^{20}
③ 7×10^{20}
④ 6.25×10^{20}

Explanation

전하량 $Q = It = 10 \times 10 = 100$ [C]
전자의 수 $N = \dfrac{Q}{q} = \dfrac{100}{1.6 \times 10^{-19}} = 6.25 \times 10^{20}$ [개]

【답】 ④

02 정상전류계에서 옴의 법칙에 대한 미분형은? (단, i는 전류밀도, k는 도전율, ρ는 고유 저항, E는 전계의 세기)

① $i = kE$
② $i = \dfrac{E}{k}$
③ $i = \rho E$
④ $i = -kE$

Explanation

옴의 법칙의 미분형 $i = \dfrac{1}{\rho} E = kE$

【답】 ①

03 평행판 콘덴서의 극판 사이에 유전율 ε, 저항률 ρ인 유전체를 삽입하였을 때, 두 전극 간의 저항 R과 정전용량 C의 관계는?

① $R = \rho \varepsilon C$
② $RC = \dfrac{\varepsilon}{\rho}$
③ $RC = \rho \varepsilon$
④ $RC\rho\varepsilon = 1$

Explanation

저항과 정전 용량의 관계
$RC = \rho \epsilon$

【답】 ③

04 액체 유전체를 포함한 콘덴서 용량이 C[F]인 것에 V[V]의 전압을 가했을 경우에 흐르는 누설전류는 몇 [A]인가? 단, 유전체 유전율은 ϵ[F/m], 고유저항은 $\rho[\Omega \cdot m]$이다.

① $\dfrac{\rho\epsilon}{CV}$
② $\dfrac{C}{\rho\epsilon V}$
③ $\dfrac{CV}{\rho\epsilon}$
④ $\dfrac{\rho\epsilon V}{C}$

Explanation

$RC = \rho\epsilon$ 에서 $R = \dfrac{\rho\epsilon}{C}$
누설전류 $I = \dfrac{V}{R} = \dfrac{V}{\frac{\rho\epsilon}{C}} = \dfrac{CV}{\rho\epsilon}$

【답】 ③

주요 문제

05 대지의 고유저항이 $\rho[\Omega \cdot m]$일 때 반지름 $a[m]$인 그림과 같은 반구 접지극의 접지저항은 몇 $[\Omega]$인가?

① $\dfrac{\rho}{4\pi a}$ ② $\dfrac{\rho}{2\pi a}$

③ $\dfrac{2\pi\rho}{a}$ ④ $2\pi\rho a$

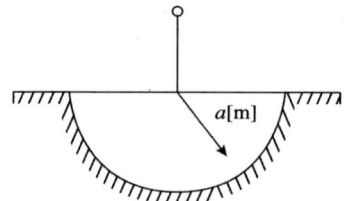

Explanation

반구의 정전용량 $C = \dfrac{4\pi\epsilon_o a}{2} = 2\pi\epsilon_o a[F]$

$RC = \rho\epsilon$에서

$R = \dfrac{\rho\epsilon}{C} = \dfrac{\rho\epsilon}{2\pi\epsilon a} = \dfrac{\rho}{2\pi a}[\Omega]$

【답】②

06 동일한 금속 도선의 두 점 사이에 온도차를 주고 전류를 흘렸을 때 열의 발생 또는 흡수가 일어나는 현상은?

① 펠티에(Peltier)효과 ② 볼타(Volta)효과
③ 제벡(Seebeck)효과 ④ 톰슨(Thomson)효과

Explanation

- **제벡효과** : 두 종류의 다른 금속을 접합하여 폐회로를 만들고 두 접합점 사이에 온도차를 주었을 때 이 폐회로에 기전력이 생겨서 전류가 흐르는 현상
- **펠티에효과** : 두 종류의 금속 도선의 두 점 간에 온도차를 주고 고온 쪽에서 저온 쪽으로 전류를 흘리면 도선에서 열이 흡수 또는 발생하는 현상
- **톰슨효과** : 동일한 금속 도선의 두 점 간에 온도차를 주고 고온 쪽에서 저온 쪽으로 전류를 흘리면 도선에서 열이 흡수 또는 발생하는 현상

【답】④

6 진공 중의 정자계

1. 정전계와 정자계의 비교

정전계	정자계
전하 Q	자극 m
유전율 ϵ_0	투자율 μ_0
전계의 세기 $E = \dfrac{Q}{4\pi\epsilon_0 r^2}$	자계의 세기 $H = \dfrac{m}{4\pi\mu_0 r^2}$
전위 $V = \dfrac{Q}{4\pi\epsilon_0 r}$	자위 $U = \dfrac{m}{4\pi\mu_0 r}$
전속 $\psi = Q$ [C]	자속 $\phi = m$ [Wb]
전속밀도 $D = \epsilon_0 \epsilon_s E$	자속밀도 $B = \mu_0 \mu_s H$
전기력선 수 $N = \dfrac{Q}{\epsilon_o}$	자기력선 수 $S = \dfrac{m}{\mu_o}$
분극의 세기 $P = \epsilon_o(\epsilon_s - 1)E$	자화의 세기 $J = \mu_o(\mu_s - 1)H$
전기쌍극자 전위 $V = \dfrac{M}{4\pi\epsilon_0 r^2}\cos\theta$	자기쌍극자 자위 $U = \dfrac{M}{4\pi\mu_0 r^2}\cos\theta$
전계의 세기 $E = \dfrac{M}{4\pi\epsilon_0 r^3}\sqrt{1+3\cos^2\theta}$	자계의 세기 $H = \dfrac{M}{4\pi\mu_0 r^3}\sqrt{1+3\cos^2\theta}$
경계 조건 ① 전계의 접선성분이 연속 $E_1\sin\theta_1 = E_2\sin\theta_2$ ② 전속밀도의 법선성분이 연속 $D_1\cos\theta_1 = D_2\cos\theta_2$ ③ $\dfrac{\tan\theta_1}{\tan\theta_2} = \dfrac{\epsilon_1}{\epsilon_2}$ ④ $\epsilon_1 > \epsilon_2$ 일 경우 $E_1 < E_2,\ D_1 > D_2,\ \theta_1 > \theta_2$	경계 조건 ① 자계의 접선성분이 연속 $H_1\sin\theta_1 = H_2\sin\theta_2$ ② 자속밀도의 법선성분이 연속 $B_1\cos\theta_1 = B_2\cos\theta_2$ ③ $\dfrac{\tan\theta_1}{\tan\theta_2} = \dfrac{\mu_1}{\mu_2}$ ④ $\mu_1 > \mu_2$ 일 경우 $H_1 < H_2,\ B_1 > B_2,\ \theta_1 > \theta_2$

2. 자계의 세기(전류에 의한 자장)

① 원형코일의 중심(원형코일에 전류가 흐를 때)

- $H = \dfrac{I}{2a}$ [A/m]

- 중심에서 x 만큼 떨어진 지점 $H = \dfrac{a^2 I}{2(a^2 + x^2)^{\frac{3}{2}}}$ [A/m]

② 무한장 직선(원통, 직선도체에 전류가 흐를 때)

- 내부 : $H = 0$

- 중심에서 r 만큼 떨어진 지점 $H = \dfrac{I}{2\pi r}$ [A/m]

③ 유한장 직선도체 : $H = \dfrac{I}{4\pi a}(\sin\theta_1 + \sin\theta_2)$ [A/m]

- 정삼각형 중심의 자계의 세기 : $H = \dfrac{9I}{2\pi l}$ [A/m]

- 정사각형 중심의 자계의 세기 : $H = \dfrac{2\sqrt{2}I}{\pi l}$ [A/m]

④ 환상솔레노이드 : $H = \dfrac{NI}{2\pi r}$ [AT/m] (여기서, N : 권수)

  내부 : 평등자장, 외부 : $H = 0$

⑤ 무한장 솔레노이드 : $H = n_0 I$ [AT/m] (여기서, n_0 : 단위 길이당 권수)

  내부 : 평등자장, 외부 : $H = 0$

3. 플레밍의 왼손 법칙

① 자장 내에 전류가 흐르고 있는 도체가 받는 힘(전동기)

② $F = (I \times B)l = IB\ell \sin\theta$ [N]

4. 플레밍의 오른손 법칙

① 자장 내의 회전하는 도체가 만드는 유기기전력(발전기)

② $e = (v \times B)l = vB\ell \sin\theta$ [V]

5. 회전력(토크)

① 자성체에 의한 토크 $T = M \times H = MH\sin\theta = mlH\sin\theta$ [N·m]

② 도체에 의한 토크 $T = NIBS\cos\theta = NIB\ell_1\ell_2\cos\theta$ [N·m]

6. 평행도선(무한장 평행도선) 사이의 힘

$F = \dfrac{2I_1 I_2}{r} \times 10^{-7}$ [N/m]

① 전류가 같은 방향(평행 도선) : 흡인력 발생

② 전류가 반대 방향(왕복 도선) : 반발력 발생

7. 로렌츠의 힘(전하(전자)가 전계와 자계가 있는 공간에 진입 : 전자(전하)는 원운동)

$F = F_e + F_m = eE + e(v \times B) = e[E + (v \times B)]$

원운동의 반경 : $r = \dfrac{mv}{eB} \propto v$ (전자의 처음 진행속도에 비례)

8. 판자석

① 자위 : $U_P = \dfrac{M}{4\pi\mu_0}\omega$

② 판자석의 세기 : $M = \sigma\delta$ [Wb/m]

9. 홀 효과

도체나 반도체에 전류를 흘리고 이것과 직각방향으로 자계를 가하면 그 양자와 직각방향으로 기전력이 생기는 현상

주요 문제

01 공기 중에 16[Wb]의 점자극으로부터 4[m]떨어진 점의 자계의 세기는 몇 [AT/m]인가?

① 1.33×10^4 ② 3.33×10^4
③ 6.33×10^4 ④ 8.33×10^4

Explanation

자계의 세기 $H = \dfrac{m}{4\pi\mu_0 r^2} = 6.33 \times 10^4 \times \dfrac{m}{r^2}$ [AT/m]

$\qquad\qquad = 6.33 \times 10^4 \times \dfrac{16}{4^2} = 6.33 \times 10^4$ [AT/m]

【답】③

02 반지름 r[m]인 반원형 전류 I[A]에 의한 반원의 중심에서의 자계의 세기[AT/m]는?

① $\dfrac{2I}{r}$ ② $\dfrac{I}{r}$
③ $\dfrac{I}{2r}$ ④ $\dfrac{I}{4r}$

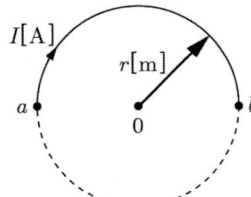

Explanation

원형코일의 중심(원형코일에 전류가 흐를 때) : $H = \dfrac{I}{2r}$ (여기서 r는 반지름)

따라서 반원형 전류에 의한 자계 $H = \dfrac{I}{2r} \times \dfrac{1}{2} = \dfrac{I}{4r}$ [AT/m]

【답】④

03 그림과 같은 원형 코일이 두 개가 있다. A의 권선수는 1회, 반지름 1[m], B의 권선수는 2회, 반지름은 2[m]이다. A와 B의 코일중심을 겹쳐 두면 중심에서의 자속이 A만 있을 때의 2배가 된다. A와 B의 전류비 I_B / I_A는?

① $\dfrac{1}{2}$ ② 1
③ 2   ④ 4

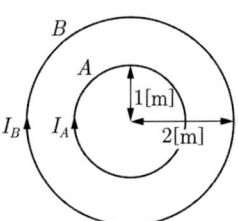

Explanation

A, B가 같은 방향으로 전류가 흐르는 경우 중심자계는 합해지므로 $H_A + H_B = 2H_A$
따라서 $H_A = H_B$ 이다.

원형 코일 중심에서의 자계는 $H = \dfrac{NI}{2a}$ 에서

$H_A = \dfrac{1 \times I_A}{2 \times 1} = H_B = \dfrac{2 \times I_B}{2 \times 2}$

$\therefore \dfrac{I_B}{I_A} = \dfrac{1}{1} = 1$

【답】②

주요 문제

04 $z=0$인 평면상에 중심이 원점에 있고 반경이 a[m]인 원형 도체에 그림과 같이 전류 I[A]가 흐를 때 $z=b$인 점에서 자계의 세기는?(단, a_z는 단위 벡터이다)

① $\dfrac{a^2 I}{2(a^2+b^2)^3} a_z$ [AT/m]

② $\dfrac{aI}{2(a^2+b^2)^{\frac{3}{2}}} a_z$ [AT/m]

③ $\dfrac{a^2 I}{2(a^2+b^2)^{\frac{3}{2}}} a_z$ [AT/m]

④ $\dfrac{a^2 I}{2(a^2+b^2)^2} a_z$ [AT/m]

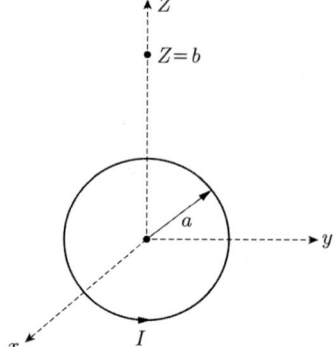

Explanation

- 자위 $U = \dfrac{P}{4\pi\mu_o}\omega = \dfrac{P}{4\pi\mu_o} \times 2\pi(1-\cos\theta)$

$= \dfrac{P}{2\mu_o}\left(1 - \dfrac{b}{\sqrt{a^2+b^2}}\right)$ 여기서, 판자석의 세기 $P = \sigma\delta = \mu_o I$ [Wb/m]

$= \dfrac{I}{2}\left(1 - \dfrac{b}{\sqrt{a^2+b^2}}\right)$

- 자계의 세기 $H = -\,grad\,U = -\left(\dfrac{\partial U}{\partial z} a_z\right) = \dfrac{a^2 I}{2(a^2+b^2)^{\frac{3}{2}}} a_z$ [AT/m]

【답】③

05 전류 4π[A]가 흐르고 있는 무한 직선도체에 의해 자계가 4[A/m]인 점은 도체로부터 거리가 몇 [m]인가?

① 0.5
② 1
③ 3
④ 4

Explanation

무한장 직선 전류에 의한 자계의 세기 $H = \dfrac{I}{2\pi r}$ [AT/m]에서

$r = \dfrac{I}{2\pi H} = \dfrac{4\pi}{2\pi \times 4} = \dfrac{1}{2} = 0.5$[m]

【답】①

06 무한장 직선 도체가 있다. 이 도체로부터 수직으로 0.1[m] 떨어진 점의 자계의 세기가 180[AT/m] 이다. 이 도체로부터 수직으로 0.3[m] 떨어진 점의 자계의 세기는 몇 [AT/m]인가?

① 20
② 60
③ 180
④ 540

Explanation

무한장 직선(원통도체)에서의 자계의 세기

$H = \dfrac{I}{2\pi r} \propto \dfrac{1}{r}$ 이며

따라서 0.3[m] 떨어진 점의 자계의 세기 $H' = \dfrac{0.1}{0.3} \times H = \dfrac{1}{3}H = \dfrac{1}{3} \times 180 = 60$[AT/m]

【답】②

07 그림과 같이 평행한 무한장 직선의 두 도선에 I[A], $4I$[A]인 전류가 각각 흐른다. 두 도선 사이 점 P에서의 자계의 세기가 0이라면 $\frac{a}{b}$는?

① 2
② 4
③ $\frac{1}{2}$
④ $\frac{1}{4}$

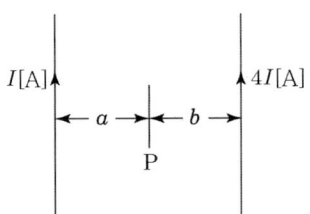

Explanation

무한장 직선의 자계의 세기 $H = \frac{I}{2\pi r}$

오른나사법칙에서 자계의 방향이 서로 반대방향이므로 $H_T = H_2 - H_1 = 0$

따라서 $H_1 = H_2$에서 $\frac{I}{2\pi a} = \frac{4I}{2\pi b}$

$\therefore \frac{a}{b} = \frac{1}{4}$

【답】④

08 진공 중에서 한 변이 L[m]인 정사각형 단일 코일이 있다. 코일에 I[A]의 전류를 흘릴 때 정사각형 중심에서 자계의 세기는 몇 [AT/m]인가?

① $\frac{2\sqrt{2}\,I}{\pi L}$
② $\frac{I}{\sqrt{2}\,L}$
③ $\frac{I}{2L}$
④ $\frac{4I}{L}$

Explanation

중심점의 자계의 세기 $H_T = 4 \times H_1 = 4 \times \frac{\sqrt{2}\,I}{2\pi L} = \frac{2\sqrt{2}\,I}{\pi L}$ [A/m]

【답】①

09 평균 지름 d[m], 권수 N회의 환상 솔레노이드에 I[A]의 전류를 흘릴 때 이 솔레노이드의 내부 자계의 세기는 몇 [AT/m]인가?

① $\frac{NI}{\pi d}$
② $\frac{NI}{2\pi d}$
③ $\frac{NI}{4\pi d}$
④ $\frac{NI}{8\pi d}$

Explanation

환상 솔레노이드 내부의 자계의 세기

$H = \frac{NI}{2\pi r} = \frac{NI}{2\pi \frac{d}{2}} = \frac{NI}{\pi d}$ [AT/m]

【답】①

주요 문제

10 평균 반지름 r이 20[cm], 단면적 S가 6[cm²]인 환상 철심에서 권선수 N이 500회인 코일에 흐르는 전류 I가 4[A]일 때 철심 내부에서의 자계의 세기 H는 약 몇 [AT/m]인가?

① 1,590
② 1,700
③ 1,870
④ 2,120

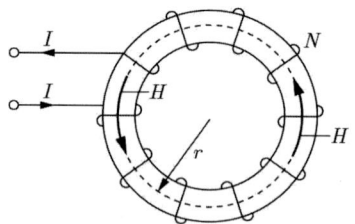

Explanation

환상 솔레노이드 내부의 자계의 세기 $H = \dfrac{NI}{2\pi r}$ [AT/m] : 내부는 평등자장

$H = \dfrac{NI}{2\pi r} = \dfrac{500 \times 4}{2 \times \pi \times 0.2} = 1{,}592$ [AT/m]

【답】 ①

11 무한 솔레노이드에 전류가 흐를 때의 설명으로 옳은 것은?

① 내부 자계는 위치에 상관없이 일정하다.
② 내부 자계와 외부 자계는 그 값이 같다.
③ 외부 자계는 솔레노이드 근처에서 멀어질수록 그 값이 작아진다.
④ 내부 자계의 크기는 0이다.

Explanation

무한장 솔레노이드
- 내부 자계의 세기 : 평등자장, $H = n_0 I$ [AT/m] (n_0 : 단위 길이당 코일 권수[회/m])
- 외부 자계의 세기 : $H = 0$ [AT/m]

【답】 ①

12 막대자석의 회전력[N·m/rad]을 나타내는 식으로 옳은 것은? 단, 막대자석의 자기모멘트 M[Wb·m]와 균등자계 H[A/m]와의 이루는 각 θ는 $0° < \theta < 90°$라 한다.

① $M \times H$
② $H \times M$
③ $\mu_0 H \times M$
④ $M \times \mu_0 H$

Explanation

토크
- 자성체에 의한 토크 : $T = M \times H = MH\sin\theta$
- 도체에 의한 토크 : $T = NIBS\cos\theta$

【답】 ①

13 자극의 세기가 8×10^{-6}[Wb], 길이가 3[cm]인 막대자석을 120[AT/m]의 평등자계 내에 자력선과 30°의 각도로 놓으면 이 막대자석이 받는 회전력은 몇 [N·m]인가?

① 1.44×10^{-4}
② 1.44×10^{-5}
③ 3.02×10^{-4}
④ 3.02×10^{-5}

Explanation

자성체에 의한 토크이므로

$T = MH\sin\theta = mlH\sin\theta = 8 \times 10^{-6} \times 3 \times 10^{-2} \times 120 \times \sin 30°$
$= 1.44 \times 10^{-5}$ [N·m]

【답】 ②

14 그림과 같은 직사각형의 평면 코일이 $B = \dfrac{0.05}{\sqrt{2}}(\hat{x}+\hat{y})$[Wb/m²]인 자계에 위치하고 있다. 이 코일에 흐르는 전류가 5[A]일 때 z축에 있는 코일에서의 토크는 약 몇 [N·m]인가?(단, $\hat{x}$, $\hat{y}$, $\hat{z}$는 단위벡터이다)

① $2.66 \times 10^{-4}\hat{x}$
② $5.66 \times 10^{-4}\hat{x}$
③ $2.66 \times 10^{-4}\hat{z}$
④ $5.66 \times 10^{-4}\hat{z}$

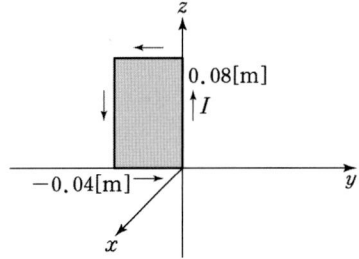

Explanation

도체에 의한 토크 $T = NIBS\cos\theta$에서
코일의 위치가 $B = \dfrac{0.05}{\sqrt{2}}(\hat{x}+\hat{y})$에서 $\hat{x}+\hat{y}$이므로 $\theta = \tan^{-1}\dfrac{1}{1} = 45°$
자속밀도의 크기 $B = \dfrac{0.05}{\sqrt{2}}\sqrt{1^2+1^2} = 0.05$
$T = NIBS\cos\theta = 1 \times 5 \times 0.05 \times 0.08 \times 0.04 \times \cos 45° = 5.66 \times 10^{-4}$[N·m]
도체가 x, y축에 있으므로 토크는 z축에서 발생하여
$T = 5.66 \times 10^{-4}\hat{z}$[N·m]

【답】④

15 0.2[Wb/m²]의 평등 자계 속에 자계와 직각 방향으로 놓인 길이 90[cm]의 도선을 자계와 30° 방향으로 50[m/s]의 속도로 이동시킬 때, 도체 양단에 유기되는 기전력은?

① 0.45[V]
② 0.9[V]
③ 4.5[V]
④ 9.0[V]

Explanation

플레밍의 오른손 법칙(유기기전력)
$e = (v \times B)l = vBl\sin\theta = 50 \times 0.2 \times 0.9 \times \sin 30° = 4.5$[V]

【답】③

16 z축 상에 놓인 길이가 긴 직선 도체에 10[A]의 전류가 $+z$ 방향으로 흐르고 있다. 이 도체 주위의 자속밀도가 $3\hat{x} - 4\hat{y}$[Wb/m²]일 때 도체가 받는 단위 길이당 힘[N/m]은? (단, $\hat{x}$, $\hat{y}$는 단위벡터이다)

① $-40\hat{x} + 30\hat{y}$
② $-30\hat{x} + 40\hat{y}$
③ $30\hat{x} + 40\hat{y}$
④ $40\hat{x} + 30\hat{y}$

Explanation

플레밍의 왼손법칙
- 평등자장 내에 전류가 흐르고 있는 도체가 받는 힘
- $F = (I \times B)l = IBl\sin\theta$

여기서, 전류 $I = 10k$이므로
길이당 힘 $F = I \times B = \begin{bmatrix} i & j & k \\ 0 & 0 & 10 \\ 3 & -4 & 0 \end{bmatrix} = 40i + 30j$[N/m]

【답】④

주요 문제

17 공기 중에서 1[m] 간격을 가진 두 개의 평형 도체 전류의 단위길이에 작용하는 힘은 몇 [N]인가? 단, 전류는 1[A]라 한다.

① 2×10^{-7}[N]
② 4×10^{-7}[N]
③ $2\pi \times 10^{-7}$[N]
④ $4\pi \times 10^{-7}$[N]

Explanation

평행 도체 사이에 단위 길이당 작용하는 힘

$$F = \frac{2I_1 I_2}{r} \times 10^{-7} \text{[N/m]}$$
$$= 2 \times \frac{1 \times 1}{1} \times 10^{-7} = 2 \times 10^{-7} \text{[N/m]}$$

【답】 ①

18 자장 $B = 3a_x - 5a_y - 6a_z$[Wb/m²] 내에서 점전하 0.5[C]이 속도 $v = 4a_x - 2a_y + 3a_z$[m/s]로 움직일 때 이 점전하에 작용하는 힘의 크기는 몇 [N]이 되는가?

① 21.44
② 22.44
③ 33.44
④ 40.44

Explanation

로렌츠의 힘 : 전하 q[C]이 속도 v[m/s]로 자계 B[Wb/m²] 내에서 운동할 때 받는 힘
$F = q(v \times B)$

$$= 0.5 \begin{vmatrix} i & j & k \\ 4 & -2 & 3 \\ 3 & -5 & -6 \end{vmatrix} = 0.5(27i + 33j - 14k) = 13.5i + 16.5j - 7k$$
$$= \sqrt{13.5^2 + 16.5^2 + 7^2} = 22.44 \text{[N]}$$

【답】 ②

19 속도 v의 전자가 평등자계 내에 수직으로 들어갈 때, 이 전자에 대한 설명으로 옳은 것은?

① 원운동을 하고 원의 반지름은 전자의 처음 속도의 제곱에 비례한다.
② 원운동을 하고 원의 반지름은 자계의 세기에 비례한다.
③ 원운동을 하고 원의 반지름은 자계의 세기에 반비례한다.
④ 구면위에서 회전하고 구의 반지름은 자계의 세기에 비례한다.

Explanation

로렌츠의 힘 $F = e[E + (v \times B)]$이며

전자가 자계내로 진입하면 원심력 $\frac{mv^2}{r}$과 구심력 $e(v \times B)$가 같아지며 전자는 원운동 하게 된다.

$\frac{mv^2}{r} = evB$에서 원운동 반경 : $r = \frac{mv}{eB}$

따라서 원운동의 반지름은 자속밀도(자계의 세기)에 반비례

【답】 ③

20 도체나 반도체에 전류를 흘리고 이것과 직각 방향으로 자계를 가하면 직각 방향으로 기전력이 생기는 현상을 무엇이라 하는가?

① 홀 효과
② 핀치 효과
③ 볼타 효과
④ 압전 효과

Explanation

주요 문제

홀 효과(Hall effect)
도체나 반도체의 물질에 전류를 흘리고 이것과 직각 방향으로 자계를 가하면 I와 B가 이루는 면에 직각 방향으로 기전력이 발생되는 현상

【답】①

21 자기 인덕턴스가 L[H]인 코일에 I[A]의 전류를 흘렸을 때, 자계의 세기가 H[AT/m]이었다. 코일에 $\frac{I}{2}$[A]의 전류를 흘릴 때 이 코일에 저장되는 자기 에너지 밀도[J/m³]를 나타낸 것으로 옳은 것은?

① $\frac{1}{8}LI^2$
② $\frac{1}{2}LI^2$
③ $\frac{1}{8}\mu_0 H^2$
④ $\frac{1}{2}\mu_0 H^2$

Explanation

자기 에너지 밀도 $\omega = \frac{1}{2}\mu_0 H^2 = \frac{B^2}{2\mu_0} = \frac{1}{2}BH$ [J/m³]

자계의 세기 $H \propto I$ 이므로 전류 $\frac{I}{2}$[A]가 흘렀을 때 자계의 세기는 $\frac{1}{2}H$가 된다.

따라서 $\omega' = \frac{1}{2}\mu_0 \left(\frac{1}{2}H\right)^2 = \frac{1}{8}\mu_0 H^2$ [J/m³]

【답】③

7 자성체와 자기회로

1. 자화의 세기

① $J = \mu_0(\mu_s - 1)H = \chi H = (1 - \frac{1}{\mu_s})B = \frac{M}{v}$ [Wb/m²]

② 자기 모멘트 $M = m \cdot \delta$ [Wb·m]

③ 자화율 $\chi = \mu_0(\mu_s - 1)$

④ 자기 감자력 $H' = \frac{N}{\mu_o}J$: 자화의 세기(J)에 비례

여기서, N은 감자율로서 구자성체는 $\frac{1}{3}$, 환상솔레노이드는 0

2. 자성체의 종류

① 강자성체 : 철, 니켈, 코발트 $\mu_s \gg 1$, 자화율 $\chi > 0$

② 상자성체 : 공기, 알루미늄 $\mu_s \geq 1$, 자화율 $\chi > 0$

③ 반(역)자성체 : 창연, 구리, 금, 은 $\mu_s < 1$, 자화율 $\chi < 0$

④ 자기차폐 : 내부 장치 또는 공간을 물질로 포위시켜 외부 자계의 영향을 차폐시키는 방식
강자성체 중에서 비투자율이 큰 물질

3. 전기회로와 자기회로와의 유사성

전기회로	자기회로
전류 I	자속 ϕ
전기저항 R	자기저항 R_m
기전력 V	기자력 F_m
도전율 k	투자율 μ
전계 E	자계 H

4. 경계조건(경계면에 전류밀도가 0, 경계면에 자위차가 없음)

① 자계의 접선성분 연속 : $H_1\sin\theta_1 = H_2\sin\theta_2$

② 자속밀도의 법선성분 연속 : $B_1\cos\theta_1 = B_2\cos\theta_2$

③ 경계조건 : $\frac{\tan\theta_1}{\tan\theta_2} = \frac{\mu_1}{\mu_2}$

④ $\mu_1 > \mu_2$일 때 $\theta_1 > \theta_2$, $B_1 > B_2$, $H_1 < H_2$

5. 기자력, 자기저항, 퍼미언스

① 기자력 $F_m = NI = R_m\phi = R_m BS$ [AT]   여기서, B는 자속밀도

② 자기저항 $R_m = \frac{\ell}{\mu S} = \frac{NI}{\phi} = \frac{F_m}{\phi}$ [AT/Wb] : 길이에 비례, 투자율과 면적에 반비례

③ 퍼미언스 : 자기저항의 역수 $\dfrac{1}{R_m}$

6. 자기회로의 옴의 법칙

$$\phi = \dfrac{F_m}{R_m} = \dfrac{\mu SNI}{\ell}\,[\text{Wb}]$$

7. 자계의 에너지 밀도와 단위면적당 작용하는 힘

① 자계의 에너지 밀도 : $w = \dfrac{1}{2}\mu H^2 = \dfrac{B^2}{2\mu} = \dfrac{1}{2}HB\,[\text{J/m}^3]$

② 단위면적당 작용하는 힘 : $f = \dfrac{1}{2}\mu H^2 = \dfrac{B^2}{2\mu} = \dfrac{1}{2}HB\,[\text{N/m}^2]$

8. 히스테리시스 곡선(B-H곡선)

① 횡축 : 자계의 세기, 종축 : 자속밀도
② 기울기 : 투자율
③ 종축과 만나는 점 : 잔류자기, 횡축과 만나는 점 : 보자력
④ 히스테리시스 손실(히스테리시스곡선 면적)

$$P_h = \eta f B_m^{1.6 \sim 2} = 4H_c B_r \times f \times v\,[\text{W}] \quad \text{여기서, } v \text{는 체적}$$

9. 영구자석

① 잔류자기가 클 것
② 보자력이 클 것
③ 히스테리시스루프의 면적이 클 것

10. 바크하우젠 효과(Barkhausen effect)

$B - H$ 곡선에서 B가 계단적으로 증감하는 것
자성체 내에서 임의의 방향으로 배열되었던 자구가 외부자장의 힘이 일정치 이상이 되면 순간적으로 회전하여 자장의 방향으로 배열되기 때문에 자속 밀도가 증가하는 현상

주요 문제

01 자기 쌍극자에서 자기 쌍극자 모멘트의 거리벡터 방향은?
① 양전하에서 음전하로
② N극에서 S극으로
③ S극에서 N극으로
④ 음전하에서 양전하로

Explanation

자기쌍극자 모멘트 : 항상 N극에서 S극으로 향한다.

【답】②

02 길이 ℓ[m], 지름 d[m]인 원통이 길이 방향으로 균일하게 자화되어 자화의 세기가 J[Wb/m²]인 경우 원통 양단에서의 전자극의 세기[Wb]는?
① $\pi d^2 J$
② $\pi d J$
③ $\dfrac{4J}{\pi d^2}$
④ $\dfrac{\pi d^2 J}{4}$

Explanation

자화의 세기 $J = \dfrac{M}{V}$[Wb/m³] : 체적당 모멘트

$J = \dfrac{M}{V} = \dfrac{m\ell}{S\ell} = \dfrac{m}{S}$ 이므로

전자극의 세기 $m = J \cdot S = J \cdot \pi a^2 = J \cdot \pi \left(\dfrac{d}{2}\right)^2 = J \cdot \dfrac{\pi d^2}{4}$ [Wb]

【답】④

03 반지름 a[m]인 자성체구의 자기모멘트[Wb·m]는?
① $\dfrac{4}{3}\pi a^3 J$
② $2aJ$
③ $4\pi a^3 J$
④ $\dfrac{J}{4\pi \mu_0 a^3}$

Explanation

자화의 세기 $J = \dfrac{M}{V}$[Wb/m³] : 체적당 모멘트

자기모멘트 $M = J \cdot V = J \cdot \dfrac{4}{3}\pi a^3$ [Wb·m]

【답】①

04 비투자율이 350인 환상철심 중의 평균자계의 세기가 342[AT/m]일 때 자화의 세기는 약 몇 [Wb/m²]인가?
① 0.12[Wb/m²]
② 0.15[Wb/m²]
③ 0.18[Wb/m²]
④ 0.21[Wb/m²]

Explanation

자화의 세기 $J = \mu_0(\mu_s - 1)H$
$= 4\pi \times 10^{-7} \times (350-1) \times 342 = 0.15$ [wb/m²]

【답】②

05 자성체에서 자기 감자력은?
① 자화의 세기(J)에 비례한다.
② 감자율(N)에 반비례한다.
③ 자계(H)에 반비례한다.
④ 투자율(μ)에 비례한다.

> **Explanation**

자기 감자력 $H' = \dfrac{N}{\mu_o}J$: 자화의 세기(J)에 비례

여기서, N은 감자율로서 구자성체는 $\dfrac{1}{3}$

【답】①

06 내부 장치 또는 공간을 물질로 포위시켜 외부 자계의 영향을 차폐시키는 방식을 자기차폐라 한다. 다음 중 자기차폐에 가장 좋은 것은?

① 비투자율이 1보다 작은 역자성체
② 강자성체 중에서 비투자율이 큰 물질
③ 강자성체 중에서 비투자율이 작은 물질
④ 비투자율에 관계없이 물질의 두께에만 관계되므로 되도록이면 두꺼운 물질

> **Explanation**

자기차폐
어떤 물체를 투자율이 큰 강자성체로 둘러쌈으로서 외부로부터의 자기적 영향을 감소시키는 차폐법이다.
따라서 강자성체 중에서 비투자율이 큰 물질이 적당하다.

【답】②

07 반자성체에서 비투자율(μ_r)은 어느 값을 갖는가?

① $\mu_r = 1$
② $\mu_r < 1$
③ $\mu_r > 1$
④ $\mu_r = 0$

> **Explanation**

자화율 $\chi = \mu_0(\mu_s - 1)$이므로
- 강자성체(철, 니켈, 코발트) : $\mu_s \gg 1$이고 자화율 $\chi > 0$
- 상자성체(공기, 진공, 알루미늄) : $\mu_s \geq 1$이고 자화율 $\chi > 0$
- 역(반)자성체(구리, 창연, 금) : $\mu_s < 1$이고 자화율 $\chi < 0$

【답】②

08 상자성체의 자화율(χ)을 나타낸 것으로 옳은 것은?

① $\chi > 0$
② $\chi = 1$
③ $\chi = 0$
④ $\chi < 0$

> **Explanation**

자화율 $\chi = \mu_0(\mu_s - 1)$이므로
- 강자성체(철, 니켈, 코발트) : $\mu_s \gg 1$이고 자화율 $\chi > 0$
- 상자성체(공기, 진공, 알루미늄) : $\mu_s \geq 1$이고 자화율 $\chi > 0$
- 역자성체(구리, 창연, 금) : $\mu_s < 1$이고 자화율 $\chi < 0$

【답】①

09 자기회로와 전기회로의 대응으로 틀린 것은?

① 자속 ↔ 전류
② 기자력 ↔ 기전력
③ 투자율 ↔ 유전율
④ 자계의 세기 ↔ 전계의 세기

> **Explanation**

주요 문제

전기회로와 자기회로와의 관계

전기회로	자기회로
전류 I	자속 ϕ
전기저항 R	자기저항 R_m
기전력 E(V)	기자력 F_m
도전율 k	투자율 μ
$R = \dfrac{\ell}{kS}$	$R_m = \dfrac{\ell}{\mu S}$
전계의 세기 E	자계의 세기 H

【답】③

10 다음 중 기자력(Magnetomotive Force)에 대한 설명으로 옳지 않은 것은?
① SI단위는 암페어[A]이다.
② 전기회로의 기전력에 대응한다.
③ 자기회로의 자기저항과 자속의 곱과 동일하다.
④ 코일에 전류를 흘렸을 때 전류밀도와 코일의 권수의 곱의 크기와 같다.

Explanation

기자력(Magnetomotive Force)
- 전기회로의 기전력에 대응
- 기자력 $F = NI = R_m \phi$ [AT]
- 전류와 코일 권수의 곱과 같다.
- 자기회로의 자기저항과 자속의 곱과 동일하다.

【답】④

11 어떤 철심이 단면적이 0.5[m²]이고, 길이가 0.8[m], 비투자율이 20이다. 이 철심의 자기 저항은 약 몇 [AT/Wb]인가?
① 2.56×10^4
② 3.63×10^4
③ 4.45×10^4
④ 6.37×10^4

Explanation

자기저항 $R_m = \dfrac{l}{\mu_0 \mu_s S} = \dfrac{0.8}{4\pi \times 10^{-7} \times 20 \times 0.5} = 6.37 \times 10^4$ [AT/Wb]

【답】④

12 자기회로의 자기저항에 대한 설명으로 옳은 것은?
① 투자율에 반비례한다.
② 자기회로의 단면적에 비례한다.
③ 자기회로의 길이에 반비례한다.
④ 단면적에 반비례하고, 길이의 제곱에 비례한다.

Explanation

자기저항 : $R_m = \dfrac{l}{\mu S}$ [AT/Wb]. 길이에 비례, 투자율과 면적에 반비례

【답】①

13 직류기 공극의 단면적 $S = 4.26 \times 10^{-2}$[m²]이고 공극의 길이가 5.6[mm]일 때 공극의 자기저항은 약 몇 [AT/Wb]인가?
① 1.05×10^6
② 3.05×10^6
③ 1.05×10^5
④ 3.05×10^5

> **Explanation**

공극의 자기저항

$R_m = \dfrac{l}{\mu_o S} = \dfrac{5.6 \times 10^{-3}}{4\pi \times 10^{-7} \times 4.26 \times 10^{-2}} = 1.05 \times 10^5 \,[\text{AT/Wb}]$

【답】③

14 투자율이 μ[H/m], 단면적이 S[m²], 길이가 l[m]인 자성체에 권선을 N회 감아서 I[A]의 전류를 흘렸을 때 이 자성체의 단면적 S[m²]를 통과하는 자속[Wb]은?

① $\mu \dfrac{I}{Nl} S$ ② $\mu \dfrac{NI}{Sl}$

③ $\dfrac{NI}{\mu S} l$ ④ $\mu \dfrac{NI}{l} S$

> **Explanation**

기자력 $F_m = NI = R_m \phi$에서

자속 $\phi = \dfrac{F_m}{R_m} = \dfrac{NI}{R_m} = \dfrac{NI}{\dfrac{l}{\mu S}} = \dfrac{\mu S N I}{l}$ [Wb] : 자기회로의 옴의 법칙

【답】④

15 비투자율 1,000인 철심이 든 환상솔레노이드의 권수가 600회, 평균 지름 20[cm], 철심의 단면적 10[cm²]이다. 이 솔레노이드에 2[A]의 전류가 흐를 때 철심 내의 자속은 약 몇 [Wb]인가?

① 1.2×10^{-3} ② 1.2×10^{-4}

③ 2.4×10^{-3} ④ 2.4×10^{-4}

> **Explanation**

기자력 $F_m = NI = R_m \phi$

$\phi = \dfrac{NI}{R_m} = \dfrac{NI}{\dfrac{l}{\mu S}} = \dfrac{\mu S N I}{l}$ 에서

$= \dfrac{4\pi \times 10^{-7} \times 1,000 \times 10 \times 10^{-4} \times 600 \times 2}{2 \times \pi \times 0.1} = 2.4 \times 10^{-3}$ [Wb]

【답】③

16 투자율 μ[H/m], 자계의 세기 H[AT/m], 자속밀도 B[Wb/m²]인 곳의 자계 에너지 밀도[J/m³]는?

① $\dfrac{B^2}{2\mu}$ ② $\dfrac{H^2}{2\mu}$

③ $\dfrac{1}{2}\mu H$ ④ BH

> **Explanation**

자성체 단위 체적당 저장되는 에너지

$\omega = \dfrac{B^2}{2\mu} = \dfrac{1}{2}\mu H^2 = \dfrac{1}{2}HB$ [J/m³]

【답】①

17 히스테리시스 곡선에서 히스테리시스 손실에 해당하는 것은?

① 보자력의 크기   ② 잔류자기의 크기
③ 보자력과 잔류자기의 곱   ④ 히스테리시스 곡선의 면적

> **Explanation**

주요 문제

히스테리시스 루프의 면적 : 강자성체의 단위 체적당의 필요한 에너지
히스테리시스 손실
$$w = \frac{1}{2}\mu H^2 = \frac{B^2}{2\mu} = \frac{1}{2}HB \, [\text{J/m}^3]$$

【답】 ④

18 히스테리시스곡선의 기울기는 다음의 어떤 값에 해당하는가?
① 투자율
② 유전율
③ 자화율
④ 감자율

> **Explanation**

x축은 H, y축은 B이므로 $B = \mu H$에서 μ는 기울기
$y = ax$에서 a : 기울기

【답】 ①

19 영구자석에 관한 설명으로 틀린 것은?
① 한번 자화된 다음에는 자기를 영구적으로 보존하는 자석이다.
② 보자력이 클수록 자계가 강한 영구자석이 된다.
③ 잔류 자속밀도가 클수록 자계가 강한 영구자석이 된다.
④ 자석재료로 폐회로를 만들면 강한 영구자석이 된다.

> **Explanation**

영구자석
- 잔류자속과 보자력이 클 것
- 히스테리시스 루프의 면적이 클 것
- 한번 자화된 다음에는 자기를 영구적으로 보존하는 자석
- 강한 영구자석 : 외부에서 큰 자계를 가할 것

【답】 ④

20 임의의 방향으로 배열되었던 강자성체의 자구가 외부 자기장의 힘이 일정치 이상이 되는 순간에 급격히 회전하여 자기장의 방향으로 배열되고 자속밀도가 증가하는 현상을 무엇이라 하는가?
① 자기여효(magnetic aftereffect)
② 바크하우젠 효과(Barkhausen effect)
③ 자기왜현상(magneto-striction effect)
④ 핀치 효과(Pinch effect)

> **Explanation**

바크하우젠 효과(Barkhausen effect)
$B-H$ 곡선에서 B가 계단적으로 증감하는 것
자성체 내에서 임의의 방향으로 배열되었던 자구가 외부자장의 힘이 일정치 이상이 되면 순간적으로 회전하여 자장의 방향으로 배열되기 때문에 자속 밀도가 증가하는 현상

【답】 ②

21 다음 설명 중 옳은 것은?
① 자계 내의 자속밀도는 벡터포텐셜을 폐로 선적분하여 구할 수 있다.
② 벡터포텐셜은 거리에 반비례하며 전류의 방향과 같다.
③ 자속은 벡터포텐셜의 curl을 취하면 구할 수 있다.
④ 스칼라 포텐셜은 정전계와 정자계에서 모두 정의되나 벡터포텐셜은 정전계에서만 정의된다.

> **Explanation**

- 벡터 포텐셜의 정의 : $A_{21} = \frac{\mu}{4\pi}\int \frac{I}{r}dl = \frac{\mu I_1}{4\pi}\oint_{C_1}\frac{1}{r}dl_1$
- 자속밀도 $B = \nabla \times A$

【답】 ②

8 전자유도

1. 패러데이-렌츠의 전자유도 법칙

$$e = -N\frac{d\phi}{dt}$$

기전력은 권수에 비례하고 자속의 증감의 반대 방향으로 발생

여기서, (-)는 기전력의 방향으로 렌츠의 법칙

2. 와전류

도체에 자속이 흐를 때, 이 자속에 수직되는 면을 회전

$$rot\ i = -k\frac{\partial B}{\partial t}$$

와류손 $P_e = \sigma_e (t f k_f B_m)^2$ 여기서, σ_e는 와류손 상수, k_f는 파형률, B_m은 최대자속밀도

3. 표피효과

① 침투 깊이 : $\delta = \sqrt{\dfrac{2}{\omega \mu k}} = \dfrac{1}{\sqrt{\pi f \mu k}}$

② 침투 깊이가 작을수록 즉 f, μ, k가 클수록 표피효과가 커진다.

주요 문제

01 패러데이 법칙에서 회로와 쇄교하는 자속수를 ϕ[Wb], 회로의 권선수를 N이라 할 때 유도기전력은?

① $e = 2\pi\mu N\phi$
② $e = -N\dfrac{d\phi}{dt}$
③ $e = 4\pi\mu N\phi$
④ $e = -\dfrac{1}{N}\dfrac{d\phi}{dt}$

Explanation

패러데이의 법칙
어떤 폐회로와 쇄교하는 자속의 시간에 따른 변화량으로 인해 자속수가 감소하는 비율에 비례하여 기전력이 발생한다는 법칙
유도기전력 $e = -\dfrac{d\phi}{dt} = -N\dfrac{d\phi}{dt}$ [V]

【답】 ②

02 $\phi = \phi_m \sin\omega t$[Wb]인 정현파로 변화하는 자속이 권수 N인 코일과 쇄교할 때의 유기기전력의 위상은 자속에 비해 어떠한가?

① $\dfrac{\pi}{2}$ 만큼 빠르다.
② $\dfrac{\pi}{2}$ 만큼 늦다.
③ π 만큼 빠르다.
④ 동위상이다.

Explanation

유기기전력
$e = -N\dfrac{d\phi}{dt} = -N\dfrac{d}{dt}(\phi_m \sin\omega t) = -N\phi_m \omega \cos\omega t = \omega N\phi_m \sin\left(\omega t - \dfrac{\pi}{2}\right)$ [V]

따라서 유기기전력은 자속보다 $\dfrac{\pi}{2}$ 만큼 늦다.

【답】 ②

03 5[V]의 기전력을 유기하려면 5초간 몇 [Wb]의 자속을 끊어야 하는가?

① 20
② 25
③ 30
④ 35

Explanation

유기 기전력 $e = -\dfrac{d\phi}{dt}$ [V]에서
자속 $d\phi = e \cdot dt = 5 \times 5 = 25$[Wb]

【답】 ②

04 그림 (b)의 인덕터에 전류 I_L[A]가 그림과 같이 흐를 때 2초에서 6초 사이의 인덕터 전압 V_L[V]는 몇 [V]인가?

① 0
② 5
③ 10
④ 20

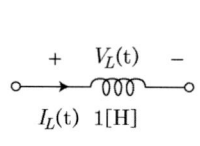
(a)

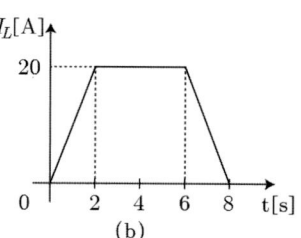
(b)

Explanation

인덕턴스에서의 유기기전력 $e_L = -L\dfrac{di}{dt}$ 에서
2초에서 6초 사이는 전류의 변화가 없으므로 기전력은 발생되지 않는다.

【답】①

05 와전류손에 대한 설명 중 틀린 것은?
① 단위체적당 와류손의 단위는 [W/m³]이다.
② 와전류는 교번자속의 주파수와 최대자속밀도에 비례한다.
③ 와전류손은 히스테리시스손과 함께 철손이다.
④ 와전류손을 감소시키기 위하여 성층철심을 사용한다.

Explanation

- 와전류손 $P_e = \sigma_e (t f k_f B)^2$ 에서 $P_e \propto f^2$
- 성층철심사용 : 와전류손 감소
- 철손 : 히스테리시스손과 와류손

【답】②

06 도전도 $k = 6 \times 10^{17} [\mho/m]$, 투자율 $\mu = \dfrac{6}{\pi} \times 10^{-7} [H/m]$인 평면도체 표면에 10[kHz]의 전류가 흐를 때, 침투깊이 δ[m]는?

① $\dfrac{1}{6} \times 10^{-7}$
② $\dfrac{1}{8.5} \times 10^{-7}$
③ $\dfrac{36}{\pi} \times 10^{-6}$
④ $\dfrac{36}{\pi} \times 10^{-10}$

Explanation

침투깊이 $\delta = \sqrt{\dfrac{2}{\omega \mu k}} = \sqrt{\dfrac{1}{\pi f \mu k}}$
$= \sqrt{\dfrac{1}{\pi \times 10 \times 10^3 \times \dfrac{6}{\pi} \times 10^{-7} \times 6 \times 10^{17}}} = \dfrac{1}{6} \times 10^{-7} [m]$

【답】①

07 표피효과에 대한 설명으로 옳은 것은?
① 주파수가 높을수록 침투깊이가 얇아진다.
② 투자율이 크면 표피효과가 적게 나타난다.
③ 표피효과에 따른 표피저항은 단면적에 비례한다.
④ 도전율이 큰 도체에는 표피효과가 적게 나타난다.

Explanation

- 표피효과 : 도선의 중심부로 갈수록 전류밀도가 적어지는 현상
- 침투깊이 : $\delta = \sqrt{\dfrac{2}{\omega \mu k}} = \sqrt{\dfrac{1}{\pi f \mu k}}$

따라서 주파수, 투자율, 도전율이 클수록 침투깊이가 작아진다. 즉, 표피효과가 커진다.

【답】①

9 인덕턴스

1. 자기 인덕턴스 ($L = \dfrac{N\phi}{I}$ [H])

   인덕턴스의 단위 : J/A^2, $\Omega \cdot s$, Wb/A

   $L_1 = \dfrac{N_1^2}{R_m}$, $L_2 = \dfrac{N_2^2}{R_m}$ $L = \dfrac{\mu S N^2}{l}$ [H]

2. 상호 인덕턴스

   $M = \dfrac{N_1 N_2}{R_m} = \dfrac{\mu S N_1 N_2}{l} = \dfrac{N_2}{N_1} L_1$

3. 인덕턴스의 유기기전력

   $e_1 = -L_1 \dfrac{di_1}{dt} = -M \dfrac{di_2}{dt}$ [V]

4. 상호 인덕턴스

   $M = k\sqrt{L_1 L_2}$, 결합계수 $k = \dfrac{M}{\sqrt{L_1 L_2}}$

5. 인덕턴스 계산

   ① 원주 도체의 내부 자기 인덕턴스 : $L = \dfrac{\mu}{8\pi}$ [H/m] $= \dfrac{\mu \ell}{8\pi}$ [H]

   ② 환상 솔레노이드 : $L = \dfrac{\mu S N^2}{\ell}$ [H]

   ③ 무한장 솔레노이드 : $L = \mu S n^2 = \mu \pi a^2 n^2$ [H/m]

   ④ 동축케이블 : $L = \dfrac{\mu}{2\pi} \ln \dfrac{b}{a} + \dfrac{\mu}{8\pi}$ [H/m]

   ⑤ 평행왕복도선 : $L = \dfrac{\mu}{\pi} \ln \dfrac{d}{a} + \dfrac{\mu}{4\pi}$ [H/m]

6. 인덕턴스의 합성

   ① 직렬 접속
   - 가동결합 : $L = L_1 + L_2 + 2M$
   - 차동결합 : $L = L_1 + L_2 - 2M$

   ② 병렬 접속
   - 가동결합: $L = \dfrac{L_1 L_2 - M^2}{L_1 + L_2 - 2M}$
   - 차동결합 : $L = \dfrac{L_1 L_2 - M^2}{L_1 + L_2 + 2M}$

7. 자기에너지(인덕턴스에서의 에너지)

$$W = \frac{1}{2}LI^2 = \frac{1}{2}NI\phi \, [J]$$

주요 문제

01 인덕턴스(H)의 단위가 아닌 것은?
① J/A^2
② $\Omega \cdot s$
③ $J/A \cdot s$
④ Wb/A

Explanation

인덕턴스의 정의식 : $L = \dfrac{N\phi}{I}[H]$

$H = [\dfrac{Wb \cdot T}{A}]$ 에서 권수를 1이라 하면 $H = [\dfrac{Wb}{A}]$

인덕턴스의 전압식 : $V_L = L\dfrac{di}{dt}$ 여기서, 인덕턴스 $L = \dfrac{dt}{di}V_L[H]$

여기서, 인덕턴스 $L = \dfrac{dt}{di}V_L[H]$ $[H] = [\dfrac{\sec \cdot V}{A}] = [\sec \cdot \dfrac{V}{A}] = [\sec \cdot \Omega]$

$W = \dfrac{1}{2}LI^2[J]$ 에서 $L = \dfrac{2W}{I^2}[J/A^2]$

【답】 ③

02 권수가 200회이고, 자기 인덕턴스가 10[mH]인 코일에 5[A]의 전류를 흘릴 때 자속은 몇 [Wb]인가? 단, 누설자속은 없는 것으로 한다.
① 2.5×10^{-4}
② 5×10^{-3}
③ 10×10^{-3}
④ 1×10^{-4}

Explanation

인덕턴스 $L = \dfrac{N\phi}{I}$ [H]에서 자속 $\phi = \dfrac{LI}{N} = \dfrac{10 \times 10^{-3} \times 5}{200} = 2.5 \times 10^{-4}$[Wb]

【답】 ①

03 환상철심에 권선수가 각각 N_1, N_2 두 코일이 완전 유도결합 상태이다. 이때 권선수가 N_1인 코일의 자기 인덕턴스를 L_1이라 하면 상호 인덕턴스 M은?
① $\dfrac{N_1}{L_1 N_2}$
② $\dfrac{L_1 N_2}{N_1}$
③ $\dfrac{L_1 N_1}{N_2}$
④ $\dfrac{N_2}{L_1 N_1}$

Explanation

자기인덕턴스와 상호인덕턴스의 관계에서 상호인덕턴스 $M = \dfrac{N_2}{N_1}L_1$ 이 된다.

【답】 ②

04 환상철심에 권수 3,000회 A코일과 권수 200회 B코일이 감겨져 있다. A코일의 자기 인덕턴스가 360[mH]일 때 A, B 두 코일의 상호 인덕턴스는 몇 [mH]인가? (단, 결합계수는 1이다)
① 16
② 24
③ 36
④ 72

Explanation

상호 인덕턴스 $M = \dfrac{N_1 N_2}{R_m} = \dfrac{N_2}{N_1}L_1 = \dfrac{200}{3,000} \times 360 = 24$[mH]

【답】 ②

주요 문제

05 자기인덕턴스 L_1, L_2와 상호인덕턴스 M 사이의 결합계수는? 단, 단위는 [H]이다.

① $\dfrac{M}{L_1 L_2}$ ② $\dfrac{L_1 L_2}{M}$

③ $\dfrac{M}{\sqrt{L_1 L_2}}$ ④ $\dfrac{\sqrt{L_1 L_2}}{M}$

Explanation

상호인덕턴스 $M = k\sqrt{L_1 L_2}$ 에서 결합계수 : 누설자속에 관한 항

$k = \dfrac{M}{\sqrt{L_1 L_2}}$

【답】③

06 어떤 환상 솔레노이드의 단면적이 S이고, 자로의 길이가 l, 투자율이 μ라고 한다. 이 철심에 균등하게 코일을 N회 감고 전류를 흘렸을 때 자기 인덕턴스에 대한 설명으로 옳은 것은?

① 투자율 μ에 반비례한다.   ② 권선수 N^2에 비례한다.
③ 자로의 길이 l에 비례한다.   ④ 단면적 S에 반비례한다.

Explanation

자기 인덕턴스 : $L = \dfrac{\mu S N^2}{l}$
자기 인덕턴스는 투자율, 단면적, 권수의 제곱에 비례하고 길이에 반비례한다.

【답】②

07 N회 감긴 환상 코일의 단면적이 S[m²]이고 평균 길이가 l[m]이다. 이 코일의 권수를 2배로 늘리고 인덕턴스를 일정하게 하려고 할 때, 다음 중 옳은 것은?

① 단면적을 1/4배로 한다.   ② 길이를 2배로 한다.
③ 전류의 세기를 4배로 한다.   ④ 비투자율을 1/2배로 한다.

Explanation

인덕턴스 $L = \dfrac{\mu S N^2}{l}$ 에서 권수를 2배로 늘리면 인덕턴스는 4배가 되므로

인덕턴스를 일정하게 유지하기 위해서는 단면적을 $\dfrac{1}{4}$ 로 해야 한다.

【답】①

08 단면적이 S[m²]이고, 단위 길이 당 권수가 n_0[회/m]인 무한히 긴 솔레노이드의 자기인덕턴스[H/m]는 얼마인가?(단, 비투자율은 5이다)

① $2\pi n_o S \times 10^{-7}$ ② $4\pi n_o^2 S \times 10^{-6}$
③ $2\pi n_o^2 S \times 10^{-6}$ ④ $4\pi n_o S \times 10^{-7}$

Explanation

무한장 솔레노이드의 인덕턴스 $L = \mu S n_0^2 = \mu \pi a^2 n_0^2$ [H/m]에서
$L = \mu S n_0^2 = \mu_o \mu_s S n_0^2 = 4\pi \times 10^{-7} \times 5 \times S n_0^2 = 2\pi S n_0^2 \times 10^{-6}$

【답】③

09 그림과 같이 내도체의 반지름이 a, 외도체의 내측 반지름이 b인 동축 케이블이 있다. 이 동축 케이블에 흐르는 전류는 표면(내도체는 외측 표면, 외도체는 내측 표면)에만 흐른다고 하면 이 동축 케이블 단위 길이당 자기 인덕턴스는?(단, 동축 케이블 자체의 내부 인덕턴스는 무시한다)

① $4 \times 10^{-7} \times \ln\frac{b}{a}$

② $2\pi \times 10^{-7} \times \ln\frac{b}{a}$

③ $1 \times 10^{-7} \times \ln\frac{b}{a}$

④ $2 \times 10^{-7} \times \ln\frac{b}{a}$

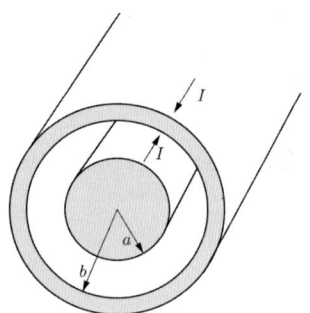

Explanation

동축케이블의 인덕턴스 $L = \frac{\mu_0}{2\pi}\ln\frac{b}{a} = \frac{4\pi \times 10^{-7}}{2\pi}\ln\frac{b}{a} = 2 \times 10^{-7} \times \ln\frac{b}{a}$ [H/m]

【답】 ④

10 반지름 2[mm], 길이 100[m]인 동선의 내부 인덕턴스 몇 [mH]인가?

① 2.5×10^{-3}
② 1.25×10^{-3}
③ 5×10^{-3}
④ 25×10^{-3}

Explanation

내부 인덕턴스

$L_i = \frac{\mu}{8\pi}l$ [H] $= \frac{4\pi \times 10^{-7}}{8\pi} \times 100 = 5 \times 10^{-6}$ [H] $= 5 \times 10^{-3}$ [mH]

【답】 ③

11 하나의 철심 위에 인덕턴스가 10[H]인 두 코일을 같은 방향으로 감아서 직렬 연결하고 5[A]의 전류를 흘리면 여기에 축적되는 에너지[J]는?(단, 두 코일의 결합계수는 0.8이다)

① 50
② 250
③ 450
④ 2,250

Explanation

자속이 같은 방향(가동결합)

$L = L_1 + L_2 + 2M = L_1 + L_2 + 2k\sqrt{L_1 L_2} = 10 + 10 + 2 \times 0.8 \times \sqrt{10 \times 10} = 36$ [H]

인덕턴스에서의 에너지

$W = \frac{1}{2}LI^2 = \frac{1}{2} \times 36 \times 5^2 = 450$ [J]

【답】 ③

12 회로에서 처음에 스위치를 A에 연결하여 일정한 전류 I[A]를 흘린 후 스위치를 B로 전환했을 때 저항 R[Ω]에서 발생되는 열량은 약 몇 [cal]인가?

① LI^2
② $\dfrac{1}{2}LI^2$
③ $\dfrac{1}{4.2}LI^2$
④ $\dfrac{1}{8.4}LI^2$

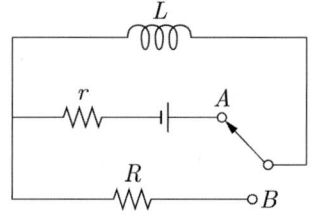

Explanation

인덕턴스에 저장된 에너지만큼 저항에서 에너지를 소비한다.

인덕터에 축척된 에너지 $W = \dfrac{1}{2}LI^2$[J]이고

1[J]=0.24[cal], 1[cal]=4.2[J] 이므로

$\dfrac{1}{2}LI^2 = 4.2Q$에서

열량 $Q = \dfrac{1}{8.4}LI^2$[cal]

【답】 ④

10 전자계

1. 변위전류밀도

유전체에서 발생, 전속밀도의 시간적 변화

$$i_d = \frac{I}{S} = \frac{\partial D}{\partial t} = j\omega\epsilon E \quad (D = \epsilon E = \epsilon \frac{V}{d})$$

변위전류 : $I_d = \omega C V_m \cos\omega t$ (입력이 $v = V_m \sin\omega t$ 인 경우)

2. 임계주파수($|i_c| = |i_d|$)

$$f_c = \frac{k}{2\pi\epsilon}$$

3. 유전체손실각

$$\tan\delta = \frac{f_c}{f}$$

4. Maxwell의 방정식 : 전계와 자계의 정의 및 전계와 자계의 관계식

① $rot\ E = -\frac{\partial B}{\partial t}$ (패러데이-렌츠의 법칙). 자장의 시간적 변화에 의해 회전하는 전계가 발생

② $rot\ H = i = i_c + i_d = kE + \epsilon\frac{\partial E}{\partial t}$ 변위 전류와 전도 전류는 회전하는 자계를 발생

③ $div D = \rho$ (불연속). 전하에서는 전속이 발산되며 고립된 전하가 존재

④ $div B = 0$ (연속). 자계는 연속이며 고립된 자극이 없다

5. 고유(파동, 특성) 임피던스

$$Z_0 = \frac{E}{H} = \sqrt{\frac{\mu}{\epsilon}} = \sqrt{\frac{\mu_0}{\epsilon_0}}\sqrt{\frac{\mu_s}{\epsilon_s}} = 377\sqrt{\frac{\mu_s}{\epsilon_s}}\ [\Omega]$$

자유공간 $Z_0 = \frac{E}{H} = \sqrt{\frac{\mu_0}{\epsilon_0}} = 377\ [\Omega]$

전계 $E = 377H$

자계 $H = \frac{1}{377}E = 2.65 \times 10^{-3} E$

6. 전파속도와 파장

① 전파(위상)속도 : $v = \frac{1}{\sqrt{\epsilon\mu}} = \frac{3 \times 10^8}{\sqrt{\epsilon_s \mu_s}}$

② 파장 : $\lambda = \frac{C}{f} = \frac{1}{f\sqrt{\mu\epsilon}}$

7. 포인팅 벡터 : 면적 당 방사에너지[W/m²]

$$P = E \times H = EH\sin\theta = EH = 377H^2 = \frac{1}{377}E^2 \, [\text{W/m}^2]$$

주요 문제

01 변위전류와 가장 관계가 깊은 것은?
① 도체　　　　　　　　② 반도체
③ 유전체　　　　　　　④ 자성체

Explanation
- 전도전류 : 도체
- 변위전류 : 유전체

【답】③

02 간격 d[m]인 2개의 평행판 전극 사이에 유전율이 ϵ인 유전체가 있다. 전극 사이에 $V_m \cos\omega t$[V]의 전압을 가했을 때 변위 전류밀도는 몇 [A/m²]인가?

① $\dfrac{\epsilon}{d} V_m \cos\omega t$　　　　　② $\dfrac{\epsilon}{d} V_m \sin\omega t$

③ $-\dfrac{\epsilon}{d}\omega V_m \cos\omega t$　　　　④ $-\dfrac{\epsilon}{d}\omega V_m \sin\omega t$

Explanation
변위전류밀도
$i_d = \dfrac{\partial D}{\partial t} = \dfrac{\partial \epsilon E}{\partial t} = \dfrac{\partial \epsilon}{\partial t}\left(\dfrac{V}{d}\right) = \dfrac{\epsilon}{d}\dfrac{\partial}{\partial t}V_m\cos\omega t = -\dfrac{\omega\epsilon}{d}V_m\sin\omega t$ [A/m²]

【답】④

03 그림에서 축전기를 $\pm Q$로 대전한 후 스위치 k를 닫고 도선에 전류 i를 흘리는 순간의 축전기 두 판 사이의 변위 전류는?

① $+Q$ 판에서 $-Q$ 판 쪽으로 흐른다.
② $-Q$ 판에서 $+Q$ 판 쪽으로 흐른다.
③ 왼쪽에서 오른쪽으로 흐른다.
④ 오른쪽에서 왼쪽으로 흐른다.

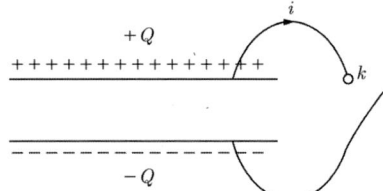

Explanation
전도 전류와 변위 전류의 방향은 같으므로 $-Q$ 판에서 $+Q$ 판 쪽으로 흐른다.

【답】②

04 맥스웰(Maxwell)의 전자방정식이 아닌 것은?
① $\text{div} B = i$　　　　　　　　② $\text{div} D = \rho$
③ $\text{curl} H = i + \dfrac{\partial D}{\partial t}$　　　　④ $\text{curl} E = -\dfrac{\partial B}{\partial t}$

Explanation
전자계 기초 방정식
- $\text{rot} E = -\dfrac{\partial B}{\partial t}$ (패러데이 법칙의 미분형)
- $\text{rot} H = i + \dfrac{\partial D}{\partial t}$ (암페어 주회법칙의 미분형)
- $\text{div} D = \rho$
- $\text{div} B = 0$

【답】①

주요 문제

05 자계의 벡터포텐셜을 A라 할 때 자계의 변화에 의하여 생기는 전계의 세기 E는?

① $E = \nabla \times A$
② $\text{rot} E = A$
③ $\nabla \times E = -\dfrac{\partial A}{\partial t}$
④ $E = -\dfrac{\partial A}{\partial t}$

Explanation

벡터 포텐셜의 정의 : $B = \nabla \times A$

$\nabla \times E = -\dfrac{\partial B}{\partial t} = -\dfrac{\partial}{\partial t}(\nabla \times A)$

$\int (\nabla \times E) \, ds = = -\int \dfrac{\partial}{\partial t}(\nabla \times A) \, ds$ 에서 스토크스의 정리를 이용하면

$E = -\dfrac{\partial A}{\partial t}$

【답】④

06 자계가 $H = K \sin x \, a_y$ [A/m]일 때, 이 자계를 발생시키는 전류밀도 i [A/m²]는?

① $K \cos x \, a_x$
② $-K \cos x \, a_z$
③ $K \cos x \, a_z$
④ $K \sin x \, a_x$

Explanation

맥스웰 전자파 방정식
$\text{rot} H = i$에서

전류밀도 : $i = \text{rot} H = \nabla \times H = \begin{vmatrix} i & j & k \\ \dfrac{\partial}{\partial x} & \dfrac{\partial}{\partial y} & \dfrac{\partial}{\partial z} \\ 0 & K\sin x & 0 \end{vmatrix} = K \cos x \, a_z$

【답】③

07 비투자율 $\mu_s = 1$, 비유전율 $\varepsilon_s = 90$인 매질 내의 고유임피던스는 약 몇 [Ω]인가?

① 32.5
② 39.7
③ 42.3
④ 45.6

Explanation

고유 임피던스

$Z_0 = \dfrac{E}{H} = \sqrt{\dfrac{\mu}{\epsilon}} = \sqrt{\dfrac{\mu_0}{\epsilon_0}} \cdot \sqrt{\dfrac{\mu_s}{\epsilon_s}} = 377 \sqrt{\dfrac{\mu_s}{\epsilon_s}}$

$= 377 \times \sqrt{\dfrac{1}{90}} = 39.7 [\Omega]$

【답】②

08 유전율 ϵ, 투자율 μ인 매질에서의 전파속도 v는?

① $\dfrac{1}{\sqrt{\mu\epsilon}}$
② $\sqrt{\epsilon\mu}$
③ $\sqrt{\dfrac{\epsilon}{\mu}}$
④ $\sqrt{\dfrac{\mu}{\epsilon}}$

Explanation

전파 속도 $v = \dfrac{1}{\sqrt{\mu\epsilon}} = \dfrac{1}{\sqrt{\mu_0\epsilon_0}} \dfrac{1}{\sqrt{\mu_s\epsilon_s}} = \dfrac{3 \times 10^8}{\sqrt{\mu_s\epsilon_s}}$ [m/s]

【답】①

주요 문제

09 비유전율 2, 비투자율 2인 매질 내에서 전자파의 진행속도 v[m/s]와 진공 중의 빛의 속도 v_0[m/s] 사이의 관계는?

① $v = \dfrac{1}{2} v_0$ ② $v = \dfrac{1}{4} v_0$

③ $v = \dfrac{1}{6} v_0$ ④ $v = \dfrac{1}{8} v_0$

Explanation

진공에서의 전자파의 속도 $v_o = \dfrac{1}{\sqrt{\epsilon\mu}} = \dfrac{1}{\sqrt{\epsilon_0 \mu_0}} = \dfrac{1}{\sqrt{\epsilon_0}\sqrt{\mu_0}} = 3 \times 10^8$ [m/s]

매질에서의 전파 속도 $v = \dfrac{1}{\sqrt{\mu\epsilon}} = \dfrac{1}{\sqrt{\mu_0\epsilon_0}} \dfrac{1}{\sqrt{\epsilon_s \mu_s}} = \dfrac{3 \times 10^8}{\sqrt{\mu_s \epsilon_s}} = \dfrac{3 \times 10^8}{\sqrt{2 \times 2}} = \dfrac{3 \times 10^8}{2}$ [m/s]

따라서 $v = \dfrac{1}{2} v_0$

【답】①

10 공기 중에서 전계의 진행파 진폭이 10[mV/m]일 때 자계의 진행파 진폭은 약 몇 [mA/m]인가?

① 26.5×10^{-1} ② 26.5×10^{-3}

③ 26.5×10^{-5} ④ 26.5×10^{-6}

Explanation

특성임피던스 $Z_0 = \dfrac{E}{H} = \sqrt{\dfrac{\mu_0}{\epsilon_0}} = 377$ 에서 $E = 377H$, $H = \dfrac{1}{377} E$

자계의 실효값 $H = \dfrac{1}{377} E = 2.65 \times 10^{-3} E = 2.65 \times 10^{-3} \times 10$
$= 26.5 \times 10^{-3}$ [mA/m]

【답】②

11 전계 E[V/m], 자계 H[AT/m]의 전자계가 평면파를 이루고, 자유공간으로 단위 시간에 전파될 때 단위 면적당 전력밀도[W/m²]의 크기는?

① EH^2 ② EH

③ $\dfrac{1}{2} EH^2$ ④ $\dfrac{1}{2} EH$

Explanation

면적당 방사에너지(포인팅벡터)
$S = E \times H = EH \sin\theta = EH$ [W/m²]

【답】②

12 자유공간에서 전파 $E(z,t) = 10^3 \sin(\omega t - \beta z) a_y$ [V/m]일 때 자파 $H(z,t)$[A/m]는?

① $\dfrac{10^3}{120\pi} \sin(\omega t - \beta z) a_z$ ② $\dfrac{10^3}{120\pi} \sin(\omega t - \beta z) a_x$

③ $-\dfrac{10^3}{120\pi} \sin(\omega t - \beta z) a_z$ ④ $-\dfrac{10^3}{120\pi} \sin(\omega t - \beta z) a_x$

Explanation

자파 $H = \sqrt{\dfrac{\epsilon_0}{\mu_0}} \cdot E_e = \dfrac{1}{120\pi} E_e = \dfrac{1}{377} E_e$ 에서

$= -\dfrac{10^3}{120\pi} \sin(\omega t - \beta z) a_x$

여기서, $P = E \times H$에서 전파가 y방향이고 진행파는 z방향이므로 $a_y \times T = a_z$이므로
따라서 $T = -a_x$ 방향이다.

【답】 ④

13 높은 주파수의 전자파가 전파될 때 일기가 좋은 날보다 비오는 날 전자파의 감쇠가 심한 원인은?
  ① 도전율 관계임
  ② 유전율 관계임
  ③ 투자율 관계임
  ④ 분극률 관계임

Explanation

진공이 아닌 이상 일반 공기는 무시할 수 있을 정도의 도전율을 갖고 있으나 비오는 날(즉, 습도상승)은 공기 중의 도전성이 증가하며 감쇠가 더 심하게 나타난다.

【답】 ①

14 매질이 완전 유전체인 경우의 전자 파동 방정식을 표시하는 것은?

① $\nabla^2 E = \epsilon\mu \dfrac{\partial E}{\partial t}, \nabla^2 H = k\mu \dfrac{\partial H}{\partial t}$
② $\nabla^2 E = \epsilon\mu \dfrac{\partial^2 E}{\partial t^2}, \nabla^2 H = \epsilon\mu \dfrac{\partial^2 H}{\partial t^2}$
③ $\nabla^2 E = \epsilon\mu \dfrac{\partial^2 E}{\partial t^2}, \nabla^2 H = k\mu \dfrac{\partial^2 H}{\partial t^2}$
④ $\nabla^2 E = \epsilon\mu \dfrac{\partial E}{\partial t}, \nabla^2 H = \epsilon\mu \dfrac{\partial H}{\partial t}$

Explanation

완전 유전체이므로 도전율 $k = 0$이며
전자파의 파동 방정식

- 전파 방정식 : $\nabla^2 E = \epsilon\mu \dfrac{\partial^2 E}{\partial t^2}$

- 자파 방정식 : $\nabla^2 H = \epsilon\mu \dfrac{\partial^2 H}{\partial t^2}$

【답】 ②

02 전력공학

1 전선로

1. 전선
① 전선의 구비조건
  - 도전율이 클 것
  - 기계적 강도가 클 것
  - 비중(밀도)이 작을 것
  - 가선공사(접속)가 쉬울 것
  - 부식성이 작을 것
  - 유연성(가요성)이 좋을 것
  - 경제적일 것
② 경제적인 전선의 굵기 선정 : 켈빈의 법칙(Kelvin's law)
  - 허용전류 : 가장 중요
  - 기계적 강도
  - 전압 강하
③ 강심알루미늄연선(ACSR)
  - 비중이 적다.
  - 기계적 강도가 크다.
  - 대부분의 송전선로에 사용하고 있다.
  - 동일 길이 동일 저항의 경동선보다 바깥지름이 크다(코로나 방지).
④ 전선의 진동 및 도약 방지
  - 전선의 진동 방지 : 댐퍼 및 아마로드
  - 전선의 도약 방지 : off-set(단락 방지)
⑤ 표피효과
  - 도선의 중심부로 갈수록 전류 밀도가 적어지는 현상
  - 전압이 높고 주파수가 높고, 도전율 및 투자율이 높고, 전선이 굵을수록 심하게 나타난다.

2. 애자(절연체)

① 애자의 구비조건
- 절연내력이 클 것
- 절연저항이 클 것(누설전류가 적을 것)
- 기계적 강도가 클 것
- 정전용량이 적을 것

② 애자의 종류
- 현수애자
  - 연결 개수를 가감함으로써 임의의 전압에 사용

전 압	22.9[kV]	66[kV]	154[kV]	345[kV]	765[kV]
현수애자 개수	2~3	4~6	10~11	18~23(20)	38~43(40)

  - 큰 하중에는 2련이나 3련으로 사용
  - 크래비스형과 볼 소켓형
- 내무애자 : 해안가나 염분이 많은 지역. 누설거리를 길게
- 애자련의 전압분담(현수애자 10개를 기준)
  - 최대 : 전선에 가장 가까운 애자
  - 최소 : 전선로에서 8번째 애자(철탑에서 3번째 애자)
- 애자련의 보호 장치
  - 아킹혼(arcing horn), 소호각(초호각), 아킹링(arcing ring), 소호환(초호환)
  - 섬락 시 애자련을 보호(애자 파손 방지)
  - 애자련에 걸리는 전압 분포 균일하게

3. 지지물(목주, 철주, 철근콘크리트주(배전), 철탑(송전))

① 내장형
- 직선철탑 10기마다 1기를 시설
- 지지물의 양측의 경간의 차가 큰 곳에 시설
- E형 철탑

② 전선로의 합성 하중
$$W = \sqrt{(W_c + W_i)^2 + W_p^2} \text{ [kg/m]}$$
여기서, W_c : 전선의 하중, W_i : 빙설 하중, W_p : 풍압 하중

③ 이도 : 전선의 장력에 대응하고 온도 변화에 대한 신축성에 대비
- 이도 $D = \dfrac{WS^2}{8T}$ [m]

- 전선의 실제 길이 $L = S + \dfrac{8D^2}{3S}$ [m]

- 전선 평균 높이 : $h = H - \dfrac{2}{3}D$ [m] (H : 전선 지지점의 높이)

4. 지중전선로

① 사용목적
- 뇌해나 풍수해에 대한 안정성이 요구됨
- 보안상 필요한 경우
- 수용밀도가 현저히 큰 경우
- 도시 미관 상 필요한 경우

② 케이블의 손실
- 저항손(도체손) : I^2R[W]에 의한 손실
- 유전체손(절연체손) : $P_c = \omega CE^2 \tan\delta$[W]
- 연피손 : 전자유도 작용

③ 지중전선로의 매설방식 : 직접매설식, 관로식, 암거식

④ 지중전선로 고장점 탐색
- 머레이 루프법(휘스톤 브리지의 원리 이용)
- 수색 코일법
- 정전 용량법 $l_x = \dfrac{C_x}{C} l$
- 펄스법
- 음향법

주요 문제

01 우리 나라에서 사용하는 발전전압으로 옳은 것은?
① 220[V]　　　　　　　　② 6.6[kV]
③ 66[kV]　　　　　　　　④ 154[kV]

Explanation
우리 나라 발전 3상 교류 전압 : 6.6~24[kV]　　　　　　　　【답】②

02 옥내배선의 전선 굵기를 결정할 때 고려해야 할 사항으로 틀린 것은?
① 허용전류　　　　　　　② 전압강하
③ 배선방식　　　　　　　④ 기계적강도

Explanation
켈빈의 법칙
경제적인 전선의 굵기 선정 : 허용전류, 전압강하, 기계적 강도　　　　　　　【답】③

03 가공전선로에 사용되는 전선의 구비조건으로 틀린 것은?
① 도전율이 높아야 한다.　　　　② 기계적 강도가 커야 한다.
③ 전압강하가 적어야 한다.　　　④ 허용전류가 적어야 한다.

Explanation
전선의 구비조건(송, 배전선로 기준)
• 도전율이 클 것　　　　　　• 기계적 강도가 클 것
• 경제적인 일 것　　　　　　• 비중(밀도)이 작을 것
• 가선공사(접속)가 쉬울 것　• 부식성이 작을 것　　　　　　【답】④

04 알루미늄에 극소량의 지르코늄을 추가한 내열 알루미늄 합금선으로 가공 송전선로에 사용하는 전선은?
① CNCV 전선　　　　　　② TACSR 전선
③ HIV 전선　　　　　　　④ ACSR 전선

Explanation
• ACSR : 강심알루미늄 연선
• TACSR : 내열용 감심알루미늄 연선. 알루미늄에 극소량의 지르코늄을 추가　　　【답】②

05 ACSR은 동일한 길이에서 동일한 전기저항을 갖는 경동연선에 비해 어떠한가?
① 바깥지름은 작고 중량은 크다.　　② 바깥지름은 크고 중량은 작다.
③ 바깥지름과 중량이 모두 작다.　　④ 바깥지름과 중량이 모두 크다.

Explanation
알루미늄선은 경동선에 비하여 고유저항이 크므로 동일저항을 얻기 위해서는 지름이 큰 전선을 사용해야 하므로, ACSR이 경동선에 비해 바깥지름은 크며 중량은 작다.　　　　　　　【답】②

주요 문제

06 전선에 교류가 흐를 때의 표피 효과에 관한 설명으로 옳은 것은?
① 전선은 굵을수록, 도전율 및 투자율은 작을수록, 주파수는 높을수록 커진다.
② 전선은 굵을수록, 도전율 및 투자율은 클수록, 주파수는 높을수록 커진다.
③ 전선은 가늘수록, 도전율 및 투자율은 작을수록, 주파수는 높을수록 커진다.
④ 전선은 가늘수록, 도전율 및 투자율은 클수록, 주파수는 높을수록 커진다.

Explanation

표피 효과 : 도선의 중심부로 갈수록 전류 밀도가 적어지는 현상
전선이 굵을수록, 주파수가 높을수록, 도전율이 높을수록, 투자율이 클수록 표피 효과는 증대

【답】②

07 다음 중 가공 송전선에 사용하는 애자련 중 전압 부담이 가장 큰 것은?
① 전선에 가장 가까운 것
② 중앙에 있는 것
③ 철탑에 가장 가까운 것
④ 철탑에서 $\frac{1}{3}$ 지점의 것

Explanation

애자련의 전압 부담
- 전압 부담이 최대인 애자 : 전선에 가장 가까운 애자
- 전압 부담이 최소인 애자 : 철탑(접지측)에서 1/3 또는 전선에서 2/3되는 지점의 애자

【답】①

08 아킹혼(Arcing Horn)의 설치 목적은?
① 이상전압 소멸
② 전선의 진동방지
③ 코로나 손실방지
④ 섬락사고에 대한 애자보호

Explanation

아킹혼(초호각), 아킹링(초호환)
- 섬락 시 애자련 보호
- 애자련에 걸리는 전압분포 균일

【답】④

09 경간 200[m]의 지지점이 수평인 가공전선로가 있다. 전선 1[m]의 하중은 2[kg], 풍압하중은 없는 것으로 하고 전선의 인장하중은 4,000[kg], 안전율 2.2로 하면 이도는 몇 [m]인가?
① 4.7
② 5.0
③ 5.5
④ 6.2

Explanation

이도 $D = \dfrac{WS^2}{8T} = \dfrac{2 \times 200^2}{8 \times \dfrac{4,000}{2.2}} = 5.5$

여기서, 수평장력 $T = \dfrac{\text{인장하중}}{\text{안전율}}$

【답】③

10 케이블의 전력 손실과 관계가 없는 것은?
① 철손
② 유전체손
③ 시스손
④ 도체의 저항손

Explanation

케이블의 손실
- 저항손(도체손) : I^2R에 의한 손실
- 유전체손(절연체손) : $P_c = \omega C E^2 \tan\delta$
- 연피손 : 전자유도 작용

【답】①

11 전력케이블의 연피손의 원인으로 옳은 것은?
① 히스테리시스손
② 표피효과
③ 와류손
④ 유전체손

Explanation

연피손 : 전자유도 작용

【답】③

12 케이블의 단선사고에 의한 고장점까지의 거리를 정전용량법으로 구하는 경우, 건전상의 정전용량이 C, 고장점까지의 정전용량이 C_x, 케이블의 길이가 l일 때 고장점까지의 거리를 나타내는 식으로 알맞은 것은?

① $\dfrac{C}{C_x}l$
② $\dfrac{2C_x}{C}l$
③ $\dfrac{C_x}{C}l$
④ $\dfrac{C_x}{2C}l$

Explanation

케이블 고장점의 측정에서 정전용량법 : 정전용량은 길이에 비례한다는 원리를 이용

따라서 $C : l = C_x : l_x$ 라면 고장점까지의 거리 $l_x = \dfrac{C_x}{C} l$

【답】③

13 지중케이블에 있어서 고장점을 찾는 방법이 아닌 것은?
① 메거에 의한 측정방법
② 머레이 루프에 의한 방법
③ 정전용량 측정에 의한 방법
④ 펄스에 의한 측정 방법

Explanation

지중케이블 고장점 측정법
- 머레이 루프법 : 휘스톤 브리지 원리 이용. 지락사고에 가장 많이 사용하나 단선 사고시 적용 불가
- 펄스 레이더법 : 사고 케이블에 펄스전압을 인가하여 사고점에서 반사되는 펄스파를 감지하여 사고점까지의 거리 계산. 모든 고장에 적용 가능
- 정전 용량법 : 정전용량이 길이에 비례하는 것을 이용

여기서, 메거는 절연저항을 측정하기 위한 장비이다.

【답】①

2 선로정수 및 코로나

※ 선로정수 : 전선의 종류, 크기, 전선의 배치상태에 따라 결정되는 정수

1. 선로정수(R, L, C, G) : 송전선로의 경우 R, $G \ll L$, C
   ① 작용 인덕턴스
   - 단도체의 인덕턴스 : $L = 0.05 + 0.4605 \log_{10} \dfrac{D}{r}$ [mH/km]

   ② 작용 정전용량

   $$C = \dfrac{0.02413}{\log_{10} \dfrac{D}{r}} [\mu\text{F/km}]$$

   여기서, 등가선간거리
   - 일직선배치 : $D' = \sqrt[3]{2}\, D$
   - 정삼각형 배치 : $D' = D$
   - 정사각형(소도체)배치 시 도체 간격 $S' = \sqrt[6]{2}\, S$

2. 1선의 작용 정전 용량
   ① 단상 2선식 $C = C_s + 2C_m$
      여기서, C_s : 대지정전용량, C_m : 상호정전용량
   ② 3상 3선식 $C = C_s + 3C_m$

3. 충전전류와 충전용량
   ① 충전전류 : $I_c = \dfrac{E}{X_c} = \omega C E = 2\pi f C \dfrac{V}{\sqrt{3}}$ [A]   여기서, $E = \dfrac{V}{\sqrt{3}}$: 대지전압
   ② 충전용량 : $Q_c = 3EI_c = 3\omega C E^2$ [kVA]

4. 복도체(다도체)
   ① 주목적 : 코로나 방지
   - 전선 주변의 전위 경도 감소
   - 코로나 임계전압 상승
   ② 인덕턴스가 감소, 정전용량이 증대
   - 송전용량 증대
   - 안정도 증진
   ③ 같은 면적의 단도체에 비해 전류용량이 크다.
   ④ 단락 시 대전류가 흐르는 경우 소도체간 흡인력이 발생(대책 : 스페이서)

5. 연가

① 연가 : 선로 정수를 평형을 위해 3상 3선식에서 전체 선로 길이를 3등분으로 나누어 배치
② 연가의 효과
- 각 상의 전압, 전류 평형(각 상의 임피던스 평형)
- 통신선의 유도장해 경감
- 직렬공진에 의한 이상전압 상승 방지

6. 코로나

전선로 주변에 공기의 부분적인 절연파괴로 빛과 소리를 나타내는 현상

① 코로나 임계전압이 높을수록 코로나 발생이 적어 진다.
   (전선의 직경이 크고 상대공기밀도가 높을수록 크다)

- 코로나 임계전압 : $E_0 = 24.3 m_0 m_1 \delta d \log_{10} \dfrac{D}{r}$ [kV]

- 상대 공기 밀도 : $\delta = \dfrac{0.386\, b}{273 + t}$ 여기서, b : 기압, t : 온도

② 코로나의 영향
- 코로나 손실이 발생(송전손실 발생으로 송전효율 저하)

  peek식 : $P_c = \dfrac{241}{\delta}(f+25)\sqrt{\dfrac{d}{2D}}(E-E_0)^2 \times 10^{-5}$ [kW/km/Line]

- 통신선에 유도 장해(전파장해)가 발생
- 코로나 잡음이 발생한다.
- 전선의 부식(원인 : 오존(O_3))이 발생된다.
- 진행파의 파고 값은 감소(이점)

③ 코로나 방지 대책
- 복도체(다도체) 사용
- 가선 금구를 개량
- 굵은 전선을 사용(중공연선, ACSR 사용)

주요 문제

01 다음 중 선로정수에 영향을 가장 많이 주는 것은?
① 역률
② 송전전압
③ 송전전류
④ 전선의 배치

Explanation

선로정수
- R(선로저항), L(작용인덕턴스), G(누설컨덕턴스), C(작용정전용량)
- 전선의 종류, 굵기, 배치에 따라 정해짐
- 송전전압, 주파수, 전류, 역률 및 기상 등에 영향 받지 않는다.

【답】 ④

02 선로 정수 중 저항 R과 관련 없는 것은?
① A : 전선의 단면적
② l : 전선의 길이
③ ρ : 전선의 저항률
④ μ : 전선의 투자율

Explanation

선로저항 : $R = \rho \dfrac{l}{A} [\Omega]$

여기서, A : 전선의 단면적, l : 전선의 길이, ρ : 전선의 저항률

【답】 ④

03 반지름 r[m]인 전선 A, B, C 가 그림과 같이 수평으로 D[m] 간격으로 배치되고 3선이 완전 연가된 경우 각 선의 인덕턴스는 몇 [mH/km]인가?

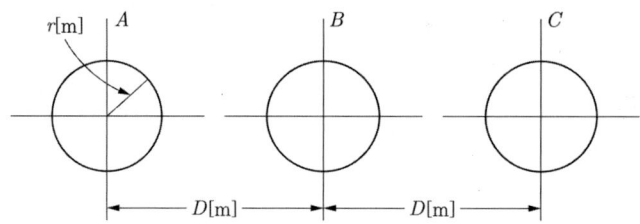

① $L = 0.05 + 0.4605 \log \dfrac{D}{r}$
② $L = 0.05 + 0.4605 \log \dfrac{\sqrt{2}\,D}{r}$
③ $L = 0.05 + 0.4605 \log \dfrac{\sqrt{3}\,D}{r}$
④ $L = 0.05 + 0.4605 \log \dfrac{\sqrt[3]{2}\,D}{r}$

Explanation

작용 인덕턴스 $L = 0.05 + 0.4605 \log_{10} \dfrac{D}{r}$ [mH/km]

여기서, 일직선 배치 시 등가선간 거리 $D' = \sqrt[3]{D \cdot D \cdot 2D} = \sqrt[3]{2}\,D$ 이므로

따라서 인덕턴스 $L = 0.05 + 0.4605 \log_{10} \dfrac{\sqrt[3]{2}\,D}{r}$

【답】 ④

04 3상 3선식 송전선에서 L을 작용 인덕턴스라 하고, L_e 및 L_m은 대지를 귀로로 하는 1선의 자기 인덕턴스 및 상호 인덕턴스라 할 때 이들 사이의 관계식은?(단, 대칭3상 교류가 흘렀을 경우)
① $L = L_m - L_e$
② $L = L_e - L_m$
③ $L = L_m + L_e$
④ $L = \dfrac{L_m}{L_e}$

Explanation

인덕턴스 = 자기인덕턴스 + 상호인덕턴스
여기서, 대지귀로이므로 상호인덕턴스는 (−)가 됨
∴ $L = L_e - L_m$

【답】②

05 연가에 의한 효과가 아닌 것은?
① 직렬공진의 방지
② 대지정전용량의 감소
③ 통신선의 유도장해 감소
④ 선로정수의 평형

Explanation

연가 : 선로정수를 평형 시키기 위하여 3상 3선식 선로를 3배수 등분하여 실시
- 선로정수 평형(각 상의 전압, 전류 평형)
- 정전유도장해 감소
- 소호리액터 접지 시의 직렬공진 방지

【답】②

06 정전용량 0.01[μF/km], 길이 173.2[km], 선간전압 60[kV], 주파수 60[Hz]인 3상 송전선로의 충전전류는 약 몇 [A]인가?
① 6.3
② 12.5
③ 22.6
④ 37.2

Explanation

충전전류 $I_c = \dfrac{E}{X_c} = \omega C E = 2\pi f C \dfrac{V}{\sqrt{3}} = 2\pi f (C_s + 3C_m) \dfrac{V}{\sqrt{3}}$

$= 2\pi \times 60 \times 0.01 \times 10^{-6} \times 173.2 \times \dfrac{60,000}{\sqrt{3}} = 22.62$ [A]

【답】③

07 단도체 방식과 비교할 때 복도체 방식의 특징이 아닌 것은?
① 안정도가 증가된다.
② 인덕턴스가 감소된다.
③ 송전용량이 증가된다.
④ 코로나 임계전압이 감소된다.

Explanation

복도체(다도체)
- 주목적 : 코로나 방지
- 효과 : 인덕턴스를 감소시키고 정전 용량 증가
  송전 용량 증가, 안정도 증가
  코로나 임계 전압을 높인다.
  전선 표면의 전위 경도가 낮아진다.

【답】④

08 다음 중 송전 선로의 코로나 임계 전압이 높아지는 경우가 아닌 것은?
① 날씨가 맑다.
② 기압이 높다.
③ 상대공기밀도가 낮다.
④ 전선의 반지름과 선간거리가 크다.

Explanation

코로나 임계전압 $E = 24.3 m_0 m_1 \delta d \log_{10} \dfrac{D}{r}$ [kV]

m_0 : 전선의 표면 상태, m_1 : 천후 계수

δ : 상대 공기 밀도 $= \dfrac{0.386b}{273+t}$ (b : 기압, t : 온도)

d : 전선의 지름

> **주요 문제**

따라서 코로나 임계 전압이 높아지는 경우는 상대 공기 밀도가 높고, 전선의 직경이 커야 한다. 또한, 맑은 날, 기압이 높고, 온도가 낮은 경우에 임계 전압은 높다.

【답】 ③

09 초고압 송전선로에서 코로나 발생을 방지하기 위한 대책으로 잘못된 것은?
① 굵은 전선 사용
② 복도체, 다도체 채용
③ 가선금구 개량
④ 매설지선 설치

Explanation

코로나 방지대책
- 전선의 지름을 크게
- 복도체(다도체) 방식(가장 효과적인 방법)
- 가선금구를 개량
* 문제에서 매설지선은 역섬락 방지대책이다.

【답】 ④

3 송전선로 특성값 계산

※ 송전선로 구성

송전선로	송전거리	파라미터	해석
단거리	수십[km]	Z	집중정수회로
중거리	100[km] 이하	Z, Y	
장거리	100[km] 초과	Z, Y……	분포정수회로

1. 단거리 송전선로

① 3상 전압강하 : $e = V_s - V_r = \sqrt{3}I(R\cos\theta + X\sin\theta) = \dfrac{P}{V_r}(R + X\tan\theta)\,[\text{V}]$

② 전압강하율 : $\delta = \dfrac{V_s - V_r}{V_r} \times 100 = \dfrac{e}{V_r} \times 100 = \dfrac{P}{V_r^2}(R + X\tan\theta) \times 100\,[\%]$

③ 전압변동률

$\epsilon = \dfrac{V_{ro} - V_r}{V_r} \times 100\,[\%]$ 여기서, V_{ro} : 무부하시 수전단 전압, V_r : 수전단 전압

④ 전력손실(선로손실) : $P_l = 3I^2 R = 3\left(\dfrac{P}{\sqrt{3}\,V\cos\theta}\right)^2 R = \dfrac{P^2 R}{V^2 \cos^2\theta}$

⑤ 전력손실률 : $K = \dfrac{P_l}{P} \times 100 = \dfrac{PR}{V^2 \cos^2\theta} \times 100\,[\%]$

전압강하	$e = \dfrac{P}{V_r}(R + X\tan\theta)$	$e \propto \dfrac{1}{V}$
전압 강하율	$\delta = \dfrac{P}{V_r^2}(R + X\tan\theta)$	$\delta \propto \dfrac{1}{V^2}$
전력 손실	$P_l = \dfrac{P^2 R}{V^2 \cos^2\theta}$	$P_l \propto \dfrac{1}{V^2},\ A \propto \dfrac{1}{V^2}$
공급 전력		$P \propto V^2$

2. 중거리 송전선로(4단자망)

① 선형조건 : $AD - BC = 1$

② T형, π형 회로의 4단자 정수

4단자 정수	T형	π형
A	$1 + \dfrac{ZY}{2}$	$1 + \dfrac{ZY}{2}$
B	$Z\left(1 + \dfrac{ZY}{4}\right)$	Z
C	Y	$Y\left(1 + \dfrac{ZY}{4}\right)$
D	$1 + \dfrac{ZY}{2}$	$1 + \dfrac{ZY}{2}$

③ 병행 2회선(임피던스 감소, 어드미턴스 증가)

A → A,   B → $\dfrac{B}{2}$,   C → 2C,   D → D

3. 장거리 송전선로

① 특성 임피던스

$$Z_0 = \sqrt{\dfrac{Z}{Y}} = \sqrt{\dfrac{R+j\omega L}{G+j\omega C}} \fallingdotseq \sqrt{\dfrac{L}{C}}\,[\Omega] = 138\log_{10}\dfrac{D}{r}\,[\Omega]$$

② 전파정수

$$\gamma = \sqrt{ZY} = \sqrt{(R+j\omega L)(G+j\omega C)}$$

③ 전파속도

$$v = \dfrac{1}{\sqrt{LC}} = 3\times 10^8\,[\text{m/sec}]$$

4. 송전용량(전력) 계산

리액턴스법 : $P = \dfrac{V_s V_r}{X}\sin\delta\,[\text{MW}]$

최대전력조건은 $\delta = 90°$ (여기서, δ : 송수전단 전압의 위상차)

5. 경제적인 송전전압의 결정(still의 식)

$V_s = 5.5\sqrt{0.6l + \dfrac{P}{100}}\,[\text{kV}]$ 여기서, l : 송전거리[km], P : 송전전력[kW]

6. 조상설비 : 무효전력 공급 및 흡수 설비

① 조상설비의 비교

항목	동기 조상기	분로 리액터	전력용 콘덴서
무효전력	지상과 진상	지상	진상
조정 방법	연속적	불연속	불연속
시송전(시충전)	가능	불가능	불가능
전력손실	크다	작다	작다
증설	불가능	가능	가능

② 페란티현상
- 경부하(무부하)시 선로의 정전용량에 의해 송전단 전압보다 수전단 전압이 높아지는 현상
- 대책 : 분로리액터 설치

③ 콘덴서 및 리액터의 종류 및 목적

종류		목적
콘덴서	직렬 콘덴서	유도성 리액턴스에 의한 전압강하 보상, 안정도 개선용
	병렬 콘덴서	부하의 역률 개선
리액터	한류 리액터	단락전류 제한
	직렬 리액터	제5고조파 제거
	분로 리액터	페란티 현상 방지
	소호 리액터	지락 아크의 소호

④ 전력용 콘덴서 설비

- 직렬리액터(S.R) : 제5고조파를 제거. $5\omega L = \dfrac{1}{5\omega C}$

  - 이론상 : 콘덴서 용량의 4[%]
  - 실제 : 콘덴서 용량의 6[%]

- 방전코일(D.C) : 잔류 전하 방전하여 인체 감전사고 방지
- 전력용 콘덴서(S.C) : 부하의 역률개선을 위해 사용

⑤ 직렬 콘덴서(직렬 축전지)

유도 리액턴스에 의한 선로의 전압 강하 보상용으로 전압 변동을 줄이고 정태 안정도 개선용으로 사용한다. 따라서 역률 개선에는 큰 영향이 없다.

7. 전력원선도

① 가로축 : 유효전력, 세로축 : 무효전력

② 원선도 반지름 : $\dfrac{E_s E_r}{B}$

③ 전력원선도에서 구할 수 없는 것(사고 값)
- 과도안정 극한전력
- 코로나 손실

④ 전력계통에서
- P-f(유효 전력 - 주파수 제어)
- Q-V(무효 전력 - 전압 제어)

8. 직류 송전 방식 : 발전과 배전은 교류로 하며 송전만 직류로 공급

① 장점
- 선로의 리액턴스가 없으므로 안정도가 높다.
- 비동기연계가 가능하다(주파수가 다른 선로의 연계 가능).
- 도체의 표피효과가 없다(표피효과에 의한 손실이 없다).
- 충전전류와 유전체손을 고려하지 않아도 된다.
- 교류방식에 비해 절연 레벨이 낮다.
- 무효전력에 기인한 손실이 없다.

② 단점
- 변압이 어렵다.
- 고조파 억제 대책이 필요하다.
- 직·교류 변환장치가 필요하다.

주요 문제

01 3상 3선식 고압선로에 800[kW], 역률 0.9의 부하가 접속되어 있다. 부하단의 전압을 6,000[V]라 하면 송전단 전압은 약 몇 [V]인가? 단, 선로의 임피던스는 1선당 $0.5+j1[\Omega]$이다.

① 6,110
② 6,150
③ 6,090
④ 6,130

Explanation

송전단 전압 $V_s = V_r + e = V_r + \dfrac{P}{V_r}(R + X\tan\theta)$

$= 6,000 + \dfrac{800 \times 10^3}{6,000} \times (0.5 + 1 \times \dfrac{\sqrt{1-0.9^2}}{0.9}) = 6,131.24[V]$

【답】 ④

02 3상 3선식 가공송전선로에서 한 선의 저항은 15[Ω], 리액턴스는 20[Ω]이고, 수전단 선간전압은 30[kV], 부하역률은 0.8(뒤짐)이다. 전압강하율은 10[%]라 하면, 이 송전선로는 몇 [kW]까지 수전할 수 있는가?

① 2,500
② 3,000
③ 3,500
④ 4,000

Explanation

전압강하율 $\delta = \dfrac{V_s - V_r}{V_r} \times 100 = \dfrac{e}{V_r} \times 100 = \dfrac{\dfrac{P}{V_r}(R + X\tan\theta)}{V_r} \times 100 = \dfrac{P}{V_r^2}(R + X\tan\theta) \times 100$

송전전력 $P = \dfrac{\delta \times V_r^2}{(R + X\tan\theta) \times 100} \times 10^{-3} = \dfrac{10 \times (30 \times 10^3)^2}{\left(15 + 20 \times \dfrac{0.6}{0.8}\right) \times 100} \times 10^{-3} = 3,000[kW]$

【답】 ②

03 송전단 전압이 66[kV], 수전단 전압이 60[kV]인 송전선로에서 수전단의 부하를 끊을 경우에 수전단 전압이 63[kV]가 되었다면 전압변동률은 몇 [%]가 되는가?

① 4.5
② 4.8
③ 5.0
④ 10.0

Explanation

전압변동율
$\epsilon = \dfrac{V_{r0} - V_r}{V_r} \times 100 = \dfrac{63-60}{60} \times 100 = 5[\%]$

여기서, V_{r0} : 무부하 시 수전단 전압, V_r : 수전단 전압

【답】 ③

04 부하전력 및 역률이 같을 때 전압을 2배 승압하면 승압 전에 비해 전압강하(㉮)와 전력손실(㉯)은 각각 몇 배가 되는가?

① ㉮ 1, ㉯ 2
② ㉮ $\dfrac{1}{4}$, ㉯ $\dfrac{1}{2}$
③ ㉮ $\dfrac{1}{2}$, ㉯ $\dfrac{1}{4}$
④ ㉮ $\dfrac{1}{2}$, ㉯ 1

Explanation

주요 문제

전압과의 관계
- 전압 강하 $e = \dfrac{P}{V}(R + X\tan\theta)$ ∴ $e \propto \dfrac{1}{V}$
- 전력 손실 $P_l = 3I^2R = \dfrac{P^2R}{V^2\cos^2\theta}$ ∴ $P_l \propto \dfrac{1}{V^2}$

【답】③

05 송전전력, 송전거리, 전선의 비중 및 전력손실률이 일정하다고 하면 전선의 단면적 $A\,[\text{mm}^2]$와 송전 전압 $V\,[\text{kV}]$와의 관계로 옳은 것은?

① $A \propto V$
② $A \propto V^2$
③ $A \propto \dfrac{1}{\sqrt{V}}$
④ $A \propto \dfrac{1}{V^2}$

Explanation

전압과 전선 단면적의 관계 : $A \propto \dfrac{1}{V^2}$

【답】④

06 중거리 송전선로의 4단자 정수가 $A = 1.0, B = j190, D = 1.0$ 일 때 C의 값은 얼마인가?

① 0
② $-j120$
③ j
④ $j190$

Explanation

전송 파라미터($ABCD$파라미터) 선형조건 $AD - BC = 1$에서
$C = \dfrac{AD - 1}{B} = \dfrac{1 \times 1 - 1}{j190} = 0$

【답】①

07 장거리 송전로에서 4단자 정수가 같은 것은?

① A=B
② B=C
③ C=D
④ A=D

Explanation

장거리 송전선로(분포정수회로)
- 송전선로는 좌우대칭회로이므로 4단자 정수 A=D

【답】④

08 1회선의 4단자 정수가 $\dot{A}, \dot{B}, \dot{C}, \dot{D}$인 3상 2회선 송전선의 합성 4단자 정수 $\dot{A}_0, \dot{B}_0, \dot{C}_0, \dot{D}_0$를 구하여라.

① $\dot{A}_0 = 2\dot{A}, \dot{B}_0 = 2\dot{B}, \dot{C}_0 = \dfrac{1}{2}\dot{C}, \dot{D}_0 = \dot{D}$
② $\dot{A}_0 = \dot{A}, \dot{B}_0 = \dfrac{1}{2}\dot{B}, \dot{C}_0 = 2\dot{C}, \dot{D}_0 = \dot{D}$
③ $\dot{A}_0 = 2\dot{A}, \dot{B}_0 = \dfrac{1}{2}\dot{B}, \dot{C}_0 = 2\dot{C}, \dot{D}_0 = 2\dot{D}$
④ $\dot{A}_0 = \dot{A}, \dot{B}_0 = 2\dot{B}, \dot{C}_0 = \dot{C}, \dot{D}_0 = \dot{D}$

Explanation

병행 2회선 선로(임피던스 감소, 어드미턴스 증가)
- $A \to A$
- $B \to \dfrac{B}{2}$
- $C \to 2C$
- $D \to D$

【답】②

주요 문제

09 송전선의 특성 임피던스는 저항과 누설 컨덕턴스를 무시하면 어떻게 표현되는가?(단, L은 선로의 인덕턴스, C는 선로의 정전용량이다)

① $\sqrt{\dfrac{L}{C}}$　　　　② $\sqrt{\dfrac{C}{L}}$
③ $\dfrac{L}{C}$　　　　④ $\dfrac{C}{L}$

Explanation

무손실 선로($R=G=0$)

특성임피던스 $Z_0 = \sqrt{\dfrac{Z}{Y}} = \sqrt{\dfrac{R+j\omega L}{G+j\omega C}} \fallingdotseq \sqrt{\dfrac{L}{C}}$

【답】①

10 한류리액터를 사용하는 주된 목적은?

① 코로나 방지　　　　② 단락전류 제한
③ 피뢰기 대용　　　　④ 역률 개선

Explanation

한류리액터 : 단락 사고 시 단락전류 제한

【답】②

11 송전단전압 154[kV], 수전단 전압 138[kV], 전력상차각 60°, 리액턴스 36[Ω]일 때 선로손실을 무시하면 전송전력은 약 몇 [MW]가 되겠는가?

① 538　　　　② 462
③ 552　　　　④ 511

Explanation

송전전력 $P_s = \dfrac{V_s V_r}{X}\sin\delta = \dfrac{154\times 138}{36}\times\sin 60° = 511.24[\text{MW}]$

【답】④

12 페란티(ferranti) 효과의 발생 원인은?

① 선로의 저항　　　　② 선로의 인덕턴스
③ 선로의 정전 용량　　　　④ 전로의 누설 컨덕턴스

Explanation

페란티 현상
- 무부하시 송전단 전압보다 수전단 전압이 커지는 현상
- 선로의 정전 용량에 의해서
- 방지법 : 분로 리액터(Sh.R)

【답】③

13 전력용 콘덴서에 비해 동기조상기의 이점으로 옳은 것은?

① 소음이 적다.　　　　② 진상전류 이외에 지상전류를 취할 수 있다.
③ 전력손실이 적다.　　　　④ 유지보수가 쉽다.

Explanation

조상설비 비교

주요 문제

	진 상	지 상	시충전(시송전)	조 정	전력손실	증설
전력용 콘덴서	○	×	×	단계적	적다	가능
분로 리액터	×	○	×	단계적	적다	가능
동기 조상기	○	○	○	연속적	크다	불가능

【답】②

14 직렬 콘덴서를 선로에 삽입할 때 이점이 아닌 것은?
① 전로의 인덕턴스를 보상한다.
② 수전단의 전압 강하를 줄인다.
③ 정태 안정도를 증가한다.
④ 송전단의 역률을 개선한다.

Explanation

직렬 콘덴서(직렬 축전지)는 유도 리액턴스에 의한 선로의 전압 강하 보상용으로 전압 변동을 줄이고 정태 안정도 개선용으로 사용한다. 따라서 역률 개선에는 큰 영향이 없다.

【답】④

15 전력용 콘덴서에 의하여 얻을 수 있는 전류는?
① 지상전류
② 진상전류
③ 동상전류
④ 영상전류

Explanation

- 전력용 콘덴서 : 진상전류
- 리액터 : 지상전류

【답】②

16 전력용 콘덴서 보호와 파형 개선의 목적으로 사용되는 직렬리액터가 제거하는 고조파는?
① 제2고조파
② 제3고조파
③ 제5고조파
④ 제7고조파

Explanation

직렬리액터는 제5고조파를 제거하기 위하여 전력용 콘덴서 전단에 시설

【답】③

17 전력 원선도에서는 알 수 없는 것은?
① 송수전할 수 있는 최대전력
② 선로 손실
③ 수전단 역률
④ 코로나손

Explanation

전력 원선도에서 구할 수 없는 것(사고 값)
- 과도 안정 극한 전력
- 코로나 손실

【답】④

18 수전단의 전력원의 방정식이 $P_r^2 + (Q_r + 400)^2 = 250,000$으로 표현되는 전력계통에서 무부하시 수전단전압을 일정하게 유지하는 데 필요한 조상기의 종류와 조상용량으로 알맞은 것은?
① 진상무효전력 100
② 지상무효전력 100
③ 진상무효전력 200
④ 지상무효전력 200

Explanation

무부하시 $P_r = 0$이므로
$(Q_r + 400)^2 = 500^2$ 에서 $Q_r = 100$의 지상 무효전력이 필요하다.

【답】②

주요 문제

19 전력 계통의 주파수 변동의 원인 중 가장 큰 영향을 미치는 것은?
① 무효전력 ② 유효전력
③ 계통 임피던스 ④ 계통 전압

Explanation
- P-f(유효 전력 - 주파수 제어)
- Q-V(무효 전력 - 전압 제어)
즉, 주파수를 조절하는 것은 유효 전력이다. 【답】②

20 전력 계통의 전압 조정과 무관한 것은?
① 발전기의 조속기 ② 발전기의 전압 조정 장치
③ 전력용 콘덴서 ④ 전력용 분로 리액터

Explanation
전력 계통 전압 조정
- 동기조상기, 발전기의 전압 조정 장치(AVR), 전력용 콘덴서, 분로 리액터
- 유효 전력은 전압이 아닌 주파수 제어이며, 거버너(조속기) 밸브를 통해 유효 전력을 조정한다. 【답】①

21 직류송전방식에 비하여 교류 송전방식의 가장 큰 이점은?
① 선로의 리액턴스에 의한 전압강하가 없으므로 장거리 송전에 유리하다.
② 변압이 쉬워 고압송전에 유리하다.
③ 같은 절연에서 송전전력이 크게 된다.
④ 지중송전의 경우, 충전전류와 유전체손을 고려하지 않아도 된다.

Explanation
교류 송전 방식의 특징
- 변압이 쉽다(고전압 송전에 유리).
- 회전자계를 얻기 쉽다.
- 계통을 일관되게 운용 【답】②

22 전력계통 연계 시의 특징으로 틀린 것은?
① 단락전류가 감소한다.
② 경제 급전이 용이하다.
③ 공급신뢰도가 향상된다.
④ 사고 시 다른 계통으로의 영향이 파급될 수 있다.

Explanation
계통연계 시에는 설비용량이 저감되며 배후전력이 커지며 안정된 전압, 주파수 유지가 가능하나 병렬 회로 수가 많아지므로 사고 시 단락전류가 증대되고 단락용량이 커지는 단점이 있다. 【답】①

4 고장계산

1. 3상 단락고장

① 옴법 : 단락전류 $I_s = \dfrac{E}{Z} = \dfrac{E}{\sqrt{R^2 + X^2}}$ [A]

② %임피던스법 : $\%Z = \dfrac{IZ}{E} \times 100\,[\%] = \dfrac{Z[\Omega] \cdot P[\text{kVA}]}{10\,V^2[\text{kV}]}\,[\%]$

③ 단락전류 $I_s = \dfrac{100}{\%Z} \times I_n$

　단락용량 $P_s = \dfrac{100}{\%Z} \times P_n$　　　단락용량 ≤ 차단기용량

2. 3상 불평형 고장

① 대칭좌표법 : 비대칭 3상 교류 = 영상분 + 정상분 + 역상분

대칭분	각 상전압
영상분 $V_0 = \dfrac{1}{3}(V_a + V_b + V_c)$	$V_a = V_0 + V_1 + V_2$
정상분 $V_1 = \dfrac{1}{3}(V_a + aV_b + a^2 V_c)$	$V_b = V_0 + a^2 V_1 + a V_2$
역상분 $V_2 = \dfrac{1}{3}(V_a + a^2 V_b + a V_c)$	$V_c = V_0 + a V_1 + a^2 V_2$

② 고장분석

- 1선 지락 : $I_0 = I_1 = I_2$　1선 지락전류 : $I_{g1} = 3I_0 = \dfrac{3E_a}{Z_0 + Z_1 + Z_2}$
- 선간 단락 : $I_0 = 0,\ V_0 = 0,\ I_1 = -I_2$
- 3상 단락 : $I_1 = \dfrac{E_a}{Z_1},\ V_0 = V_1 = V_2 = 0$

③ 사고별로 존재하는 대칭성분

사고 종류	영상분	정상분	역상분
1선 지락	○	○	○
선간 단락		○	○
3선 단락		○	

주요 문제

01 선간전압이 154[kV], 전부하 전류가 100[A]이고 1상당의 임피던스가 $j8[\Omega]$인 기기가 있을 때, 기준용량을 100[MVA]로 하면 %임피던스는 약 몇 [%]인가?

① 3.15
② 2.75
③ 4.25
④ 3.37

Explanation

%임피던스

$\%Z = \dfrac{PZ}{10V^2}$ (여기서, $P[\text{kVA}]$, $V[\text{kV}]$)

$\%Z = \dfrac{PZ}{10V^2} = \dfrac{100 \times 10^3 \times 8}{10 \times 154^2} = 3.37[\%]$

【답】 ④

02 송전계통에서 회로의 정격전압을 $E[\text{V}]$, 정격전류를 $I[\text{A}]$라 할 때 %임피던스를 이용하여 3상 단락전류를 계산하는 식은?

① $\dfrac{100I}{\%Z}$
② $\dfrac{E^2}{\%Z}$
③ $\dfrac{EI}{\%Z}$
④ $\dfrac{\%ZI}{E}$

Explanation

3상 단락전류

$I_s = \dfrac{100}{\%Z} I_n = \dfrac{100}{Z_p} I_n$

【답】 ①

03 10,000[kVA] 기준으로 등가 임피던스가 0.4[%]인 발전소에 설치될 차단기의 차단용량은 몇 [MVA]인가?

① 1,000
② 1,500
③ 2,000
④ 2,500

Explanation

단락 용량 $P_s = \dfrac{100}{\%Z} P_n = \dfrac{100}{0.4} \times 10,000 \times 10^{-3} = 2,500[\text{MVA}]$

여기서, 차단기의 차단용량이 단락용량보다 크거나 최소한 같게 선정한다.

【답】 ④

04 송전선로의 고장전류 계산에 영상 임피던스가 필요한 경우는?

① 1선 지락
② 3상 단락
③ 3선 단선
④ 선간 단락

Explanation

대칭 좌표법으로 해석할 경우 필요한 임피던스

	영상분	정상분	역상분
1선 지락	○	○	○
2선 단락(선간 단락)		○	○
3선 단락		○	

【답】 ①

주요 문제

05 3상 동기 발전기 단자에서의 고장 전류 계산 시 영상 전류 I_0, 정상 전류 I_1과 역상 전류 I_2가 같은 경우는?

① 1선 지락 고장
② 2선 지락 고장
③ 선간 단락 고장
④ 3상 단락 고장

Explanation

1선 지락 : $I_0 = I_1 = I_2$ ∴ $I_g = 3I_0 = \dfrac{3E_a}{Z_0 + Z_1 + Z_2}$

【답】①

06 중성점 직접접지 방식의 발전기가 있다. 1선 지락 사고 시 지락전류는? (단, Z_1, Z_2, Z_0는 각각 정상, 역상, 영상 임피던스이며, E_a는 지락된 상의 무부하 기전력이다)

① $\dfrac{E_a}{Z_0 + Z_1 + Z_2}$
② $\dfrac{Z_1 E_a}{Z_0 + Z_1 + Z_2}$
③ $\dfrac{3E_a}{Z_0 + Z_1 + Z_2}$
④ $\dfrac{Z_0 E_a}{Z_0 + Z_1 + Z_2}$

Explanation

1선 지락 시

지락전류 $I_g = I_a = I_1 + I_1 + I_2 = 3I_0 = \dfrac{3E_a}{Z_0 + Z_1 + Z_2}$

【답】③

07 3상 송전선로에서 선간단락이 발생하였을 때 다음 중 옳은 것은?

① 역상전류만 흐른다.
② 정상전류와 역상전류가 흐른다.
③ 역상전류와 영상전류가 흐른다.
④ 정상전류와 영상전류가 흐른다.

Explanation

선간 단락 : $I_1 = -I_2$, $V_1 = V_2$

【답】②

08 송전 계통의 한 부분이 그림에서와 같이 3상변압기로 1차측은 △ 로, 2차측은 Y로 중성점이 접지되어 있을 경우, 1차측에 흐르는 영상 전류는?

① 1차측 변압기 내부와 1차측 선로에서 반드시 0이다.
② 1차측 선로에서 ∞ 이다.
③ 1차측 변압기 내부에서는 반드시 0이다.
④ 1차측 선로에서 반드시 0이다.

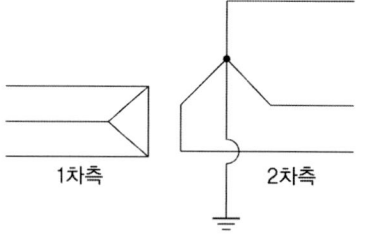

Explanation

영상 전류 : △결선 내부, Y결선 시의 접지도체와 선로
따라서 1차측 : △결선 내부
2차측 : Y결선 시의 접지도체와 선로

【답】④

09 그림과 같은 전력계통의 154[kV] 송전선로에서 고장 지락 저항 Z_{gf}를 통해서 1선 지락고장이 발생되었을 때 고장 점에서 본 영상 임피던스[%]는? 단, 그림에 표시한 임피던스는 모두 동일 용량 즉, 100[MVA] 기준으로 환산한 %임피던스임

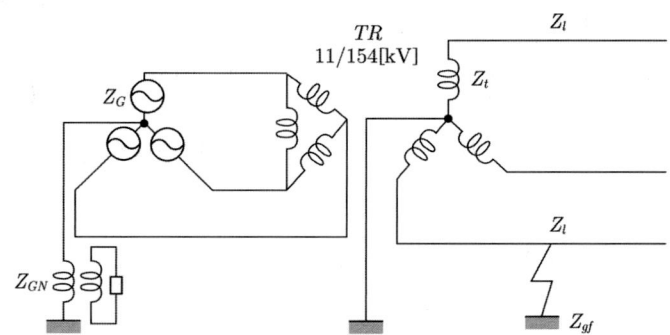

① $Z_0 = Z_l + Z_t + Z_G$
② $Z_0 = Z_l + Z_t + Z_{gf}$
③ $Z_0 = Z_l + Z_t + 3Z_{gf}$
④ $Z_0 = Z_l + Z_t + Z_{gf} + Z_G + Z_{GN}$

Explanation

영상회로로 전환하면

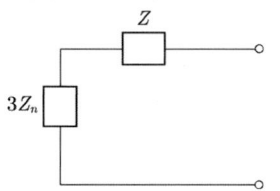

따라서 $Z_0 = Z_l + Z_t + 3Z_{gf}$

【답】③

10 변압기 결선에서 제3고조파 전압이 발생하는 결선은?
① Y-Y
② △-△
③ △-Y
④ Y-△

Explanation

Y-Y결선 : 제3고조파가 발생하므로 사용하지 않음

【답】①

5 중성점 접지방식

1. 중성점 접지목적
① 1선 지락 시 건전상의 전위상승을 억제하여 선로 및 기기의 절연레벨을 낮춘다.
② 과도 안정도가 증진, 보호 계전기의 동작 확실(고속 차단)
③ 지락 아크를 소멸하고 이상전압을 방지한다.

2. 비접지 방식
① 지락전류 $I_g = \dfrac{E}{\dfrac{Z}{3}} = j\omega 3 C_s E$ (충전전류)

② 20~30[kV]의 저전압 단거리

3. 직접접지(우리나라 대부분의 송전선로 154, 345, 765[kV])
① 장점
- 1선 지락 시 건전상의 대지 전위 상승이 낮다(최저. 전로나 기기의 절연레벨 경감).
- 중성점을 0전위로 유지할 수 있으므로 단절연이 가능하다.
- 보호계전기의 신속 동작(고속도 차단)이 가능하다.
- 정격이 낮은 피뢰기를 사용할 수 있다.

② 단점
- 지락전류가 커서 통신 유도장해가 크다(최대).
- 과도 안정도가 낮다.
- 지락전류가 저역률의 대전류이므로 기기의 충격이 크다.

※ 유효접지
1선 지락 시의 건전상의 대지전위 상승이 상규 대지전압의 1.3배로 유지되는 접지방식
(직접접지가 이에 해당)

4. 소호리액터 접지방식(예전 66[kV]에 사용)
① 1선 지락 시 건전상의 전위 상승 : $\sqrt{3}$ 배 이상(최대)
② 지락전류가 적다(최소).
- 보호계전기 동작이 불확실
- 통신 유도장해가 작다(최소).
- 과도안정도 우수

③ 소호 리액터의 용량
- $\omega L = \dfrac{1}{3\omega C_s} - \dfrac{x_t}{3}[\Omega]$ 여기서, x_t : 변압기 리액턴스

- 소호리액터의 인덕턴스 : $L = \dfrac{1}{3\omega^2 C_s} = \dfrac{1}{3(2\pi f)^2 C_s}[H]$

- 소호리액터 용량(3선 일괄의 대지 충전용량)

$$Q_L = EI_L = E\frac{E}{\omega L} = 3\omega CE^2 \text{[kVA]} = 3 \times 2\pi f CE^2 \times 10^{-3} \text{[kVA]}$$

5. 중성점의 접지방식 비교

접지방식	1선 지락 시 전위상승	계전기동작	지락전류	통신 유도장해	과도안정도
비접지	$\sqrt{3}$배	불확실	작다	작다	
직접접지	1.3배 (최저)	**확실**	**최대**	**최대**	**최저**
소호리액터접지	$\sqrt{3}$배 (최대)	불확실	최소	최소	우수

6. 잔류전압 : 중성점이 접지되지 않은 경우 중성점과 대지간의 전압

① $E_n = \dfrac{\sqrt{C_a(C_a - C_b) + C_b(C_b - C_c) + C_c(C_c - C_a)}}{C_a + C_b + C_c} \times E$

② 연가($C_a = C_b = C_c$) 시 : 잔류전압 $E_n = 0$

주요 문제

01 송전선로의 중성점을 접지하는 목적이 아닌 것은?
① 송전 용량의 증가
② 과도 안정도의 증진
③ 이상 전압 발생의 억제
④ 보호 계전기의 신속, 확실한 동작

Explanation

송전선의 중성점 접지 목적
- 1선 지락 시 전위 상승 억제, 계통의 기계 기구의 절연 보호
- 보호 계전기 동작의 신속 및 확실
- 과도안정도 증진
- 이상전압 발생 방지

【답】①

02 비접지식 송전선로에 있어서 1선 지락고장이 생겼을 경우 지락점에 흐르는 전류는?
① 직류 전류
② 고장상의 영상전압과 동상의 전류
③ 고장상의 영상전압보다 90° 빠른 전류
④ 고장상의 영상전압보다 90° 늦은 전류

Explanation

비접지식의 지락전류
$$I_g = \frac{E}{Z} = j3\omega C_s E$$
∴ 지락전류는 고장상의 영상전압보다 90° 빠른 전류가 된다.

【답】③

03 33[kV] 이하의 단거리 송배전선로에 적용되는 비접지 방식에서 지락전류는 다음 중 어느 것을 말하는가?
① 누설전류
② 충전전류
③ 뒤진전류
④ 단락전류

Explanation

비접지식의 지락전류 : 전압보다 90° 빠른 전류(진상전류, 충전전류)

【답】②

04 유효접지방식에서 변압기에 단절연을 할 수 있는 이유는?
① 고장전류가 크므로
② 이상전압이 낮으므로
③ 중성점 전위가 낮으므로
④ 보호계전기의 동작이 확실하므로

Explanation

직접 접지(유효 접지)방식의 특징
- 1선 지락 시 건전상의 대지전압 상승이 낮다(절연레벨 경감).
- 중성점을 0전위로 유지 가능(단절연 가능)
- 보호계전기 동작이 확실하다.
- 정격이 낮은 피뢰기 사용 가능
- 과도안정도가 낮다(최저).

【답】③

05 송전선로에서 1선 지락 시에 건전상의 전압 상승이 가장 적은 접지방식은?
① 비접지방식
② 직접접지방식
③ 저항접지방식
④ 소호리액터접지방식

Explanation

직접 접지방식의 장점
- 1선 지락 시 건전상의 대지전압 상승이 낮다.(절연레벨 경감)
- 중성점을 0전위로 유지 가능(단절연 가능)
- 보호계전기 동작이 확실하다.
- 정격이 낮은 피뢰기 사용 가능
- 지락전류가 커서 통신유도장해가 크다.
- 과도안정도가 낮다.

【답】②

06 송전선로에서 지락보호계전기의 동작이 가장 확실한 접지 방식은?
① 직접접지식
② 저항접지식
③ 소호리액터접지식
④ 리액터접지식

Explanation

직접 접지 장·단점

장점	단점
• 1선 지락 시 전위 상승이 최소 • 단절연 가능(중성점이 영전위로 유지) • 지락 전류가 크다. • 보호계전기 신속 동작 • 피뢰기 효과 증가	• 1선 지락 시 지락 전류가 최대 : 통신 유도 장해 크다 • 차단기 수명 단축 • 과도 안정도 저하

【답】①

07 직접 접지 방식이 초고압 송전 선로에 채용되는 이유로 가장 타당한 것은?
① 계통의 절연 레벨을 저감하게 할 수 있으므로
② 지락 시의 지락 전류가 적으므로
③ 지락 고장 시 병행 통신선에 유기되는 유도 전압이 작기 때문에
④ 송전선의 안정도가 높으므로

Explanation

직접 접지 방식의 장점
- 1선 지락 시 건전상의 대지 전압 상승이 낮다(절연 레벨 경감).
- 중성점을 0전위로 유지 가능(단절연 가능)
- 보호 계전기 동작이 확실하다.
- 정격이 낮은 피뢰기 사용 가능

【답】①

08 송전선로의 중성점 접지방식 중 지락사고시 건전상의 전압상승이 $\sqrt{3}$ 배까지 올라가며, 지락전류가 최소인 접지방식은?
① 비접지
② 소호 리액터 접지
③ 고저항 접지
④ 직접 접지

Explanation

소호 리액터 접지 장·단점

장점	단점
• 지락 전류 최소 • 과도 안정도 최대 • 고장 중 운전이 가능 • 통신 유도 장해 최소	• 전위 상승 최대($\sqrt{3}$ 배 이상) • 보호 계전기 동작 불확실 • 설비비 고가

【답】②

주요 문제

09 1상의 대지정전용량 C[F], 주파수 f[Hz]인 3상 송전선의 소호리액터 공진 탭의 리액턴스는 몇 [Ω] 인가? (단, 소호리액터를 접속시키는 변압기의 리액턴스는 X_t[Ω]이다)

① $\dfrac{1}{3\omega C}+\dfrac{X_t}{3}$
② $\dfrac{1}{3\omega C}-\dfrac{X_t}{3}$
③ $\dfrac{1}{3\omega C}+3X_t$
④ $\dfrac{1}{3\omega C}-3X_t$

Explanation

소호리액터 접지

$\omega L + \dfrac{1}{3}X_t = \dfrac{1}{3\omega C}$ 에서 여기서, X_t : 소호리액터를 접속시키는 변압기의 리액턴스

$\omega L = \dfrac{1}{3\omega C} - \dfrac{X_t}{3}$ [Ω]

【답】 ②

10 154[kV], 60[Hz], 선로의 길이 200[km]의 병행 2회선 송전선에 설치하는 소호리액터의 공진탭 용량[kVA]은 얼마인가? 단, 1선의 대지정전용량은 0.0043[μF/km]이다.

① 23,074
② 7,696
③ 15,378
④ 30,765

Explanation

소호리액터 용량(3선 일괄의 대지 충전 용량)

$Q_L = EI_L = E\dfrac{E}{\omega L} = 3\omega CE^2$ [kVA]

$= 3 \times 2\pi f C \times 10^{-6} \times (E \times 10^3)^2 \times 10^{-3}$

$= 3 \times 2\pi f C E^2 \times 10^{-3}$ [kVA]

2회선이므로 적용하면

$= 2 \times 3 \times 2\pi \times 60 \times 0.0043 \times 10^{-6} \times 200 \times \left(\dfrac{154,000}{\sqrt{3}}\right)^2 \times 10^{-3}$

$= 15,378$ [kVA]

【답】 ③

6 유도장해 및 안정도

1. 유도장해의 종류

종류	원인	
정전유도장해	영상전압, 상호정전용량	정전유도전압 $E_s = \dfrac{C_m}{C_m + C_s} E$ $E_s = \dfrac{\sqrt{C_a(C_a - C_b) + C_b(C_b - C_c) + C_c(C_c - C_a)}}{C_a + C_b + C_c + C_s} \times E$
전자유도장해	영상전류, 상호인덕턴스	전자유도전압 $E_m = j\omega Ml(3I_0)$

2. 유도장해 방지대책

전력선측	통신선측
• 이격거리 크게 • 상호인덕턴스 적게 • 연가 • 소호리액터 접지 • 고속도 차단기 설치 • 지중전선로 • 고속도 차단방식 • 차폐선을 설치(30~50[%] 경감)	• 전력선과 교차 시 수직교차 • 연피케이블 • 절연변압기 • 배류코일 설치 • 특성이 양호한 피뢰기 시설 • 소호리액터 접지 • 절연성능 강화

3. 안정도의 종류

① 정태안정도(Steady-State Stability)
- 부하가 불변하는 경우나 극히 서서히 증가하는 경우 안정운전 여부
- 정태안정극한전력 : 정태안정 상태에서의 극한 전력

② 과도안정도(Transient-State Stability)
- 부하가 급변하는 경우나 사고발생 시 탈조하지 않고 운전할 수 있는 안정 상태
- 과도안정극한전력 : 과도안정 상태에서의 극한 전력

③ 동태안정도(Dynamic Stability)
- AVR(자동전압조정기)나 조속기 등의 제어효과까지 고려한 안정도

4. 안정도의 향상 대책

① 계통의 직렬 리액턴스를 작게
- 발전기나 변압기의 리액턴스를 작게
- 선로의 병행 회선수를 늘리거나 복도체 또는 다도체 방식 사용
- 직렬 콘덴서를 삽입하여 선로의 유도성 리액턴스에 의한 전압강하 보상

② 전압 변동을 작게
- 속응 여자 방식 채용
- 계통을 연계

③ 중간조상 방식을 채용

④ 고장전류를 줄이고 고장 구간을 신속하게 차단
- 적당한 중성점 접지 방식을 채용하여 지락전류를 작게
- 고속도 계전기, 고속도 차단기를 채용
- 고속도 재폐로 방식을 채용

주요 문제

01 전력선에 영상전류가 흐를 때 통신선로에 발생되는 유도장해는?
① 고조파유도장해 ② 전력유도장해
③ 전자유도장해 ④ 정전유도장해

Explanation

통신선로의 전자유도장해
- 영상(지락)전류 (I_0)에 의해 발생
- 상호인덕턴스에 의해 발생

【답】③

02 통신선과 평행인 주파수 60[Hz]의 3상 1회선 송전선이 있다. 1선 지락 때문에 영상전류가 100[A] 흐르고 있다면 통신선에 유도되는 전자유도전압은 약 몇 [V]인가? 단, 영상전류는 전 전선에 걸쳐서 같으며, 송전선과 통신선과의 상호인덕턴스는 0.06[mH/km], 그 평행 길이는 40[km]이다.
① 156.6 ② 162.8
③ 230.2 ④ 271.4

Explanation

전자유도전압 : $E_m = j\omega M\ell(3I_o) = j\omega M\ell I_g$ [V]   여기서, l은 병행길이
$= j2\pi \times 60 \times 0.06 \times 10^{-3} \times 40 \times 3 \times 100 = 271.4$[V]

【답】④

03 전력선 a의 충전전압을 E, 통신선 b의 대지 정전 용량을 C_b, $a-b$ 사이의 상호 정전 용량을 C_{ab}라고 하면 통신선 b의 정전 유도 전압 E_s는?

① $\dfrac{C_{ab}+C_b}{C_b} \times E$ ② $\dfrac{C_{ab}+C_b}{C_{ab}} \times E$

③ $\dfrac{C_b}{C_{ab}+C_b} \times E$ ④ $\dfrac{C_{ab}}{C_{ab}+C_b} \times E$

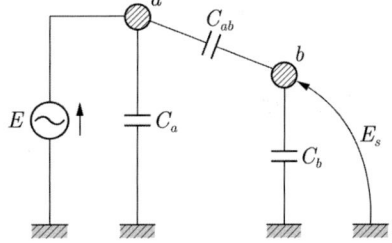

Explanation

정전 유도 전압 $E_s = \dfrac{C_{ab}}{C_{ab}+C_b} \times E$

【답】④

04 3상 송전 선로와 통신선이 병행되어 있는 경우에 통신 유도 장해로서 통신선에 유도되는 정전 유도 전압은?
① 통신선의 길이와는 무관하고 전력선의 대지전압에 반비례 한다.
② 통신선의 길이와 전력선의 대지전압에 비례한다.
③ 통신선의 길이와 전력선의 대지전압에 반비례 한다
④ 통신선의 길이와는 무관하고 전력선의 대지전압에 비례 한다.

Explanation

주요 문제

정전 유도 전압 $E = \dfrac{\sqrt{C_a(C_a - C_b) + C_b(C_b - C_c) + C_c(C_c - C_a)}}{C_a + C_b + C_c + C_s} \times \dfrac{V}{\sqrt{3}}$

∴ 통신선의 대지전압에 비례하고 길이에 관계없다.

【답】 ④

05 유도장해를 방지하기 위한 전력선측의 대책으로 틀린 것은?
① 차폐선을 설치한다.
② 고속도 차단기를 사용한다.
③ 중성점 전압을 가능한 높게 한다.
④ 중성점 접지에 고저항을 넣어서 지락전류를 줄인다.

Explanation

유도 장해 방지 대책

전력선측	통신선측
• 이격 거리를 크게 • 소호 리액터 접지방식 → 지락 전류 소멸 • 고속도 차단기 설치 • 연가 • 차폐선을 설치(30~50[%] 경감) • 지중전선로 설치	• 전력선과 교차 시 수직 교차 • 연피케이블 • 절연변압기 • 배류 코일(쵸크 코일) 설치 • 특성이 양호한 피뢰기 시설 • 소호 리액터접지

【답】 ③

06 전력계통의 안정도 향상대책 방법이 아닌 것은?
① 직렬콘덴서를 삽입하여 선로의 리액턴스를 감소시킨다.
② 전원측 원동기용 조속기의 동작을 늦게 한다.
③ 속응여자방식을 차용하여 전압변동을 작게 한다.
④ 중간 조상 방식을 채택한다.

Explanation

안정도 향상 대책
• 직렬 리액턴스(X)를 작게 한다.
• 전압 변동을 작게 한다.
 ① 속응 여자 방식의 채용
 ② 계통 연계를 한다.
• 중간 조상 방식을 채용한다.
• 고장 전류를 줄이고 고장 구간을 신속하게 차단한다.
• 고장 시 발전기 입·출력의 불평형을 작게 한다.
 ① 조속기의 동작을 빠르게 한다.
 ② 고장 발생과 동시에 발전기 회로의 저항을 직렬 또는 병렬로 삽입하여 발전기 입·출력의 불평형을 작게 한다. 【답】 ②

07 송전선에서 재폐로 방식을 사용하는 목적은?
① 역률 개선
② 안정도 증진
③ 유도장해의 경감
④ 코로나 발생 방지

Explanation

안정도 향상 대책
• 직렬 리액턴스(X)를 작게 한다.
• 전압 변동을 작게 한다.
• 중간 조상 방식을 채용한다.
• 고장전류를 줄이고 고장 구간을 신속하게 차단한다.
 - 고속도 재폐로 방식을 채용한다(과도 안정도 증진).

【답】 ②

08 전력계통의 안정도 향상대책으로 직렬 리액턴스를 적게 하기 위한 방법이 아닌 것은?

① 병행 회선수를 증가한다.　　　　　　　② 변압기의 리액턴스를 적게 한다.
③ 복도체를 사용한다.　　　　　　　　　　④ 단락비가 작은 발전기를 사용한다.

Explanation

직렬 리액턴스를 적게 하기 위해서는
- 발전기의 리액턴스를 작게 한다(단락비를 크게).
- 변압기의 리액턴스를 작게 한다(변압기를 단권변압기 사용).
- 병행 2회선을 사용하거나 복도체 또는 다도체 방식을 사용한다.
- 직렬 콘덴서를 삽입하여 선로의 리액턴스를 보상한다.

【답】④

7 이상전압 및 전력용 개폐장치

1. 이상전압
   ① 내부 이상전압 : 개폐서지(대책 : 개폐저항기, 서지흡수기(SA))
      　　　　　　　 무부하 충전회로 개로 시 가장 크다.
   ② 외부 이상전압 : 직격뢰, 유도뢰

2. 외부 이상전압에 대한 방호대책
   ① 가공지선
      - 직격뢰(유도뢰) 차폐
      - 전자유도장해 경감
      - 차폐각이 작을수록 차폐효과 우수(보통 30~45° 보호율 97[%])
   ② 매설지선 : 탑각 접지저항 값의 감소 → 역섬락 방지
   ③ 아킹혼, 아킹링 : 섬락 시 애자련 보호
   ④ 피뢰기 : 이상전압에 대해 전력기기 보호

3. 뇌의 계수
   - 반사계수 $\rho = \dfrac{Z_2 - Z_1}{Z_2 + Z_1}$, $Z_1 = Z_2$ (무반사 조건)
   - 투과계수 $\tau = \dfrac{2Z_2}{Z_1 + Z_2}$

4. 피뢰기
   이상전압 내습 시 대지로 방전하고 그 속류를 차단. 직렬갭과 특성요소로 구성
   (직렬갭 : 이상전압 내습 시 대지로 방전하고 그 속류를 차단)
   ① 피뢰기의 구비조건
      - 상용주파 방전 개시 전압은 높을 것
      - 충격 방전 개시 전압은 낮을 것
      - 제한전압이 낮을 것
      - 속류 차단 능력 우수
   ② 제한전압
      - 피뢰기 동작 중의 단자전압의 파고값
      - 충격파 전류가 흐르고 있을 때 단자전압
   ③ 정격전압 : 속류가 차단되는 최고의 교류전압(1선 지락 시 건전상의 대지전위가 가장 중요)
   ④ 공칭 방전전류 : 2,500[A], 5,000[A], 10,000[A]
   ⑤ 피뢰기의 제1보호 대상 : 전력용 변압기
   ⑥ 피뢰기의 충격방전개시전압 : 충격파의 최대값

⑦ 절연협조(피뢰기의 제한 전압이 기본)
- 계통 내의 각 기기, 기구 및 애자 등의 상호간에 적정한 절연 강도를 지니게끔 함으로써 계통의 설계를 합리적, 경제적으로 할 수 있게 한 것
- 피뢰기 < 변압기 기준충격절연강도 < 결합콘덴서 < 선로애자

5. 보호계전기

① 보호계전기의 시한특성
- 순한시 계전기 : 정정된 최소 동작 전류 이상의 전류가 흐르면 즉시 동작(고속도 계전기)
- 정한시 계전기 : 정정된 값 이상의 전류가 흐르면 항상 정해진 일정시간에서 동작
- 반한시 계전기 : 계전기 동작 시간과 동작 전류는 서로 반비례
- 반한시 정한시 계전기 : 동작전류가 작은 구간에서는 반한시 특성
  동작전류가 큰 구간에서는 정한시 특성을 갖는 계전기

② 사고 종류에 따른 계전기
- 단락사고 : 과전류계전기(OCR)
  지락사고 : 지락계전기(GR)
  선택지락계전기(SGR) : 2회선 이상의 선로의 고장 회선 선택 차단
- 기기보호 : 비율차동계전기(차동계전기)
  선로보호 : 거리계전기(임피던스계전기, mho계전기)

③ 보호계전기 설치
- 선로 보호
  - 방사상식 : 전원 1군데 : 과전류 계전기
    전원 2군데 : 과전류 계전기 + 방향 단락 계전기
  - 환상식 : 전원 1군데 : 방향 단락 계전기
    전원 2군데 : 방향 거리 계전기
- 기기보호
  - 발전기, 변압기 내부고장 보호 : 비율차동 계전기
  - 변압기 보호 : 부흐홀츠 계전기(변압기 주탱크와 콘서베이터를 연결하는 파이프 도중에 설치)
- 모선 보호 방식
  - 전류차동 보호방식
  - 전압차동 보호방식
  - 방향비교 방식
  - 위상비교 방식

6. 전력용 개폐장치

① 단로기(DS) : 무부하 회로 개폐 장치. 부하전류 차단 불능
   기기의 점검이나 수리를 위하여 회로를 분리하거나 계통의 접속을 바꾸는 데 사용
② 개폐기 : 부하전류 개폐는 가능하나 고장 전류 차단 불능
③ 차단기(CB) : 부하전류 개폐 및 고장 전류 차단

④ 인터록 : 차단기가 열려 있어야만 단로기 조작 가능
- 급전 시 : DS → CB
- 정전 시 : CB → DS

⑤ GIS(Gas Insulated Switchgear) : 가스절연개폐장치
- 밀폐구조로 신뢰성 우수
- 소음이 적고 안전성 우수
- SF_6를 이용하여 절연 성능 우수, 절연거리를 적게 할 수 있다(소형화).
- 공사 기간을 단축할 수 있다.

7. 차단기

① 차단기의 종류

약호	명칭	소호 매질	특성
OCB	유입차단기	절연유	• 화재우려(옥내사용 금지)
VCB	진공차단기	진공	• 소형, 경량, 무소음 • 차단 시 개폐서지 발생 우려
ABB	공기차단기	압축공기	• 차단 시 소음이 크다.
GCB	가스차단기	SF_6 (육불화황)	• 밀폐구조로 소음이 적고 • 신뢰성이 우수, 차단성능 우수 • 현재 154, 345[kV]사용
MBB	자기차단기	자계의 전자력	
ACB	기중차단기	공기(대기)	• 저압용 차단기로 사용

※ SF_6 가스의 특징
- 무색, 무취, 무독성
- 불연성, 불활성 가스
- 소호능력이 공기의 100~200배로 우수
- 절연내력이 공기의 2~3배로 우수

② 차단기의 정격차단용량

정격차단용량[MVA] = $\sqrt{3}$ × 정격전압[kV] × 정격차단전류[kA]

③ 차단기의 정격차단시간
- 트립코일 여자에서 소호까지의 시간(3~8[Hz])
- 개극 시간과 아크 시간의 합

④ 차단기의 재점호 : C회로(충전회로) 차단 시

8. 전력퓨즈(PF)

① 고전압 회로 및 기기의 단락 보호용으로 사용
② 전력용 퓨즈의 장·단점

장점	• 소형, 경량이다. • 차단 용량이 크다. • 유지, 보수가 간단하다. • 가격이 저렴하다. • 정전용량이 작다.
단점	• 재투입이 불가능하다. • 과도 전류에 용단되기 쉽다. • 한류 형은 차단 시 과전압 유기할 수 있다. • 계전기처럼 시한 특성을 자유롭게 할 수 없다.

9. PT 및 CT 점검

① PT(계기용 변압기)
- 고전압을 저전압으로 변성하여 계기나 계전기에 공급하기 위한 목적
- 2차 전압 : 110[V]

② CT(변류기)
- 대전류를 소전류로 변성하여 계기나 계전기에 공급하기 위한 목적
- 2차 전류 : 5[A]
- 점검 시 : 2차측 단락(2차측 절연보호, 2차측 과전압 보호)

10. 지락사고 검출

① 영상변류기(ZCT) : 지락(영상)전류 검출 → 지락(접지)계전기
② 접지형 계기용 변압기(GPT) : 영상 전압 검출

주요 문제

01 송배전 선로의 내부 이상전압의 원인이 아닌 것은?
① 고조파전압
② 아크 접지
③ 전로의 개폐
④ 유도뢰

Explanation

이상 전압(계통의 최고 전압을 넘어서는 전압) 종류
① 내부 이상 전압 : 직격뢰, 유도뢰를 제외한 나머지
② 외부 이상 전압
 • 직격뢰
 • 유도뢰

【답】 ④

02 송전선로에서 이상전압이 가장 크게 발생하기 쉬운 경우는?
① 무부하 송전선로를 폐로하는 경우
② 무부하 송전선로를 개로하는 경우
③ 부하 송전선로를 폐로하는 경우
④ 부하 송전선로를 개로하는 경우

Explanation

개폐이상전압은 송전선 Y전압의 4~6배이며 이상전압이 가장 큰 경우는 무부하 충전회로 개로 시 이다.

【답】 ②

03 구내선로에서 발생하는 개폐서지나 순간과도전압이 2차 기기에 미치는 악영향을 방지하기 위해 설치하는 기기는 무엇인가?
① 차단기
② 서지흡수기
③ 리액터
④ 단로기

Explanation

서지흡수기 : 개폐서지 방지

【답】 ②

04 가공지선의 설치 목적이 아닌 것은?
① 전압강하의 방지
② 직격뢰에 대한 차폐
③ 유도뢰에 대한 정전차폐
④ 통신선에 대한 전자유도 장해 경감

Explanation

가공 지선의 설치 목적
• 직격뢰 차폐
• 유도뢰에 대한 정전 차폐
• 통신선에 대한 전자유도장해 경감(지락전류의 일부가 가공지선에 흐르므로)

【답】 ①

05 다음 중 송전 철탑에서 역섬락을 방지하기 위한 대책으로 옳은 것은?
① 아크혼 설치
② 가공지선 설치
③ 탑각 접지저항 감소
④ 전력선 연가

Explanation

역섬락 방지법
• 탑각 접지 저항을 줄인다.
• 매설 지선을 설치한다.

【답】 ③

주요 문제

06 접지봉으로 탑각의 접지 저항값을 희망하는 접지 저항값까지 줄일 수 없을 때 사용하는 것은?
① 가공지선
② 매설지선
③ 크로스본드선
④ 차폐선

Explanation

역섬락 방지법
- 탑각 접지저항을 줄인다.
- 매설지선을 설치한다.

【답】②

07 다음 중 외부 이상전압에 대한 대책으로 관계가 없는 것은?
① 가공지선
② 매설지선
③ 피뢰기
④ 서지흡수기

Explanation

외부 이상전압에 대한 방호대책
① 가공지선
 - 직격뢰(유도뢰) 차폐
 - 전자유도장해 경감
② 매설지선 : 탑각 접지저항 값의 감소 → 역섬락 방지
③ 아킹혼, 아킹링 : 섬락 시 애자련 보호
④ 피뢰기 : 이상전압에 대해 전력기기 보호

【답】④

08 임피던스 Z_1, Z_2 및 Z_3을 그림과 같이 접속한 선로의 A 쪽에서 전압파 E가 진행해 왔을 때 접속점 B에서 무반사로 되기 위한 조건은?

① $Z_1 = Z_2 + Z_3$
② $\dfrac{1}{Z_3} = \dfrac{1}{Z_1} + \dfrac{1}{Z_2}$
③ $\dfrac{1}{Z_1} = \dfrac{1}{Z_2} + \dfrac{1}{Z_3}$
④ $\dfrac{1}{Z_2} = \dfrac{1}{Z_1} + \dfrac{1}{Z_3}$

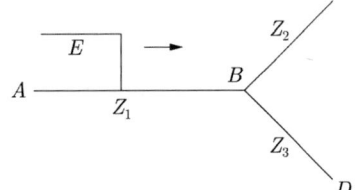

Explanation

- 반사 계수 : $\rho = \dfrac{Z_L - Z_o}{Z_L + Z_o}$
- 무반사 조건 : $Z_L = Z_o$

∴ $Z_1 = \dfrac{1}{\dfrac{1}{Z_2} + \dfrac{1}{Z_3}}$ 이므로 $\dfrac{1}{Z_1} = \dfrac{1}{Z_2} + \dfrac{1}{Z_3}$

【답】③

09 파동 임피던스 Z_1이 300[Ω]인 선로의 종단에 파동 임피던스 Z_2가 1,500[Ω]인 변압기가 접속되어 있다. 선로로부터 파고 e_1가 600[kV]의 전압이 진입하였을 때 접속점에서의 전압의 반사파 파고값[kV]은?
① 450
② 500
③ 550
④ 400

Explanation

반사계수 $\rho = \dfrac{Z_2 - Z_1}{Z_2 + Z_1} = \dfrac{1,500 - 300}{1,500 + 300} = 0.67$

반사파 $= 0.67 \times 600 = 400$[kV]

【답】④

주요 문제

10 피뢰기의 구비조건이 아닌 것은?
① 상용주파 방전개시 전압이 낮을 것
② 충격방전 개시전압이 낮을 것
③ 속류 차단능력이 클 것
④ 제한전압이 낮을 것

Explanation

피뢰기의 구비조건
- 상용주파 방전개시전압이 높을 것
- 충격방전 개시전압이 낮을 것
- 제한전압이 낮을 것
- 속류차단능력이 우수할 것

【답】 ①

11 피뢰기에서 속류를 끊을 수 있는 최고의 교류전압은?
① 피뢰기의 차단전압
② 피뢰기의 정격전압
③ 피뢰기의 제한전압
④ 피뢰기의 방전개시전압

Explanation

피뢰기의 정격 전압 : 속류를 차단할 수 있는 최고의 교류 전압

【답】 ②

12 피뢰기의 충격방전 개시전압은 무엇으로 표시하는가?
① 잔류전압의 크기
② 충격파의 평균치
③ 충격파의 최대치
④ 충격파의 실효치

Explanation

피뢰기 단자에 충격전압을 인가하였을 경우 방전을 개시하는 전압을 충격방전 개시전압이라 하며 충격파의 최대치로 나타낸다.

【답】 ③

13 154[kV] 송전계통의 뇌에 대한 보호에서 절연강도의 순서가 가장 경제적이고 합리적인 것은?
① 피뢰기 → 변압기 코일 → 기기 부싱 → 결합콘덴서 → 선로애자
② 변압기 코일 → 결합콘덴서 → 피뢰기 → 선로애자 → 기기 부싱
③ 결합콘덴서 → 기기 부싱 → 선로애자 → 변압기 코일 → 피뢰기
④ 기기 부싱 → 결합콘덴서 → 변압기 코일 → 피뢰기 → 선로애자

Explanation

절연 협조
계통의 각 기기 및 기구, 선로, 애자 상호간의 균형 있는 적당한 절연 강도를 가지는 것
피뢰기의 제한전압 < 변압기의 기준충격절연강도(BIL) < 부싱, 차단기 < 선로애자

【답】 ①

14 고장 즉시 동작하는 특성을 갖는 계전기는?
① 순시 계전기
② 정한시 계전기
③ 반한시 계전기
④ 반한시성 정한시 계전기

Explanation

보호 계전기의 시한특성
- 순한시 : 최소 동작 전류 이상의 전류가 흐르면 즉시 동작
- 정한시 : 동작 전류의 크기에 관계없이 일정한 시간에 동작
- 반한시 : 동작 전류가 커질수록 동작 시간이 짧게 되는 특성
- 반한시 정한시 특성 : 동작 전류가 적은 동안에는 반한시 동작, 어떤 전류 이상이면 정한시 동작

【답】 ①

15 최소 동작 전류값 이상이면 일정한 시간에 동작하는 한시 특성을 갖는 계전기는?

① 정한시 계전기　　　　　　　　② 반한시 계전기
③ 순한시 계전기　　　　　　　　④ 반한시성 정한시 계전기

> **Explanation**
>
> 정한시 : 동작 전류의 크기에 관계없이 일정한 시간에 동작

【답】①

16 선택 지락 계전기의 용도를 옳게 설명한 것은?

① 단일 회선에서 지락고장 회선의 선택 차단　　② 단일 회선에서 지락전류의 방향 선택 차단
③ 병행 2회선에서 지락고장 회선의 선택 차단　　④ 병행 2회선에서 지락고장의 지속시간 선택 차단

> **Explanation**
>
> 지락사고 보호용 계전기
> - 지락계전기(GR) : 1회선 송전선로의 지락보호
> - 선택지락계전기(SGR) : 2회선 이상의 송전선로의 지락 시 선택차단

【답】③

17 전원이 양단에 있는 환상 선로의 단락 보호에 사용되는 계전기는?

① 방향 거리 계전기　　　　　　　② 부족 전압 계전기
③ 선택 접지 계전기　　　　　　　④ 부족 전류 계전기

> **Explanation**
>
> 환상 선로 단락 보호
> - 전원 1군데 : 방향 단락 계전 방식
> - 전원 2군데 : 방향 거리 계전 방식

【답】①

18 발전기 또는 주변압기의 내부고장 보호용으로 가장 널리 쓰이는 것은?

① 거리계전기　　　　　　　　　　② 과전류계전기
③ 비율차동계전기　　　　　　　　④ 방향단락계전기

> **Explanation**
>
> 비율차동계전기 : 발전기, 변압기 내부고장 보호

【답】③

19 송전 선로의 보호 계전 방식이 아닌 것은?

① 전압 균형 방식　　　　　　　　② 전류 위상 비교 방식
③ 방향 비교 방식　　　　　　　　④ 전류 차동 보호 계전 방식

> **Explanation**
>
> 모선(Bus) 보호 계전 방식
> - 전류 차동 보호 방식
> - 전압 차동 보호 방식
> - 방향 비교 계전 방식
> - 위상 비교 방식

【답】①

주요 문제

20 다음 중 계전기가 동작하여야 할 경우에 동작하지 않는 상태는?
① 오동작
② 정동작
③ 정부동작
④ 오부동작

Explanation

계전기의 동작상태 판정
- 정동작 : 계전기가 동작해야 할 경우 동작
- 오동작 : 계전기가 동작하지 않아야 할 경우 동작
- 정부동작 : 계전기가 동작하지 않아야 할 경우 동작하지 않는 것
- 오부동작 : 계전기가 동작해야 할 경우 동작하지 않는 것

【답】④

21 단로기에 대한 설명으로 틀린 것은?
① 회로의 분리 또는 계통의 접속 변경 시 사용한다.
② 무부하 전류를 개폐하는 데 사용된다.
③ 소전류의 여자전류 및 충전전류를 개폐할 수 있다.
④ 소호장치가 있어 아크를 소멸시킨다.

Explanation

단로기(Disconnecting Switch)
- 무부하 회로 개폐
- 무부하 충전전류, 변압기 여자전류 개폐 가능

여기서, 소호장치는 차단기에만 있다.

【답】④

22 전력계통에서 사용되고 있는 GCB(Gas Circuit Breaker)용 가스는?
① N_2 가스
② SF_6 가스
③ 알곤 가스
④ 네온 가스

Explanation

SF6(육불화황)가스
- 무색, 무취, 무독성 기체
- 난연성, 불활성 기체
- 아크 소호능력은 공기의 100~200배
- 절연내력은 공기의 2~3배 이상

【답】②

23 인터록(interlock)의 기능에 대한 설명으로 옳은 것은?
① 조작자의 의중에 따라 개폐되어야 한다.
② 차단기가 열려 있어야만 단로기를 닫을 수 있다.
③ 차단기가 닫혀 있어야만 단로기를 닫을 수 있다.
④ 차단기와 단로기를 별도로 닫고, 열 수 있어야 한다.

Explanation

인터록(Interlock) : 차단기가 열려 있어야 단로기 조작 가능
- 투입 시 : DS − CB 순
- 차단 시 : CB − DS 순

【답】②

주요 문제

24 정격 전압 7.2[kV], 차단 용량 100[MVA]인 3상 차단기의 정격 차단 전류는 약 몇 [kA]인가?
① 4
② 6
③ 7
④ 8

Explanation

3상용 차단기의 정격 용량
$P_s = \sqrt{3} \times$ 정격전압 $\times$ 정격차단전류[MVA]

정격 차단 전류 : $I_s = \dfrac{P_s}{\sqrt{3}\,V} = \dfrac{100 \times 10^6}{\sqrt{3} \times 7.2 \times 10^3} \times 10^{-3} = 8$[kA]

【답】④

25 수전용 변전설비의 1차 측 차단기의 차단용량은 주로 어느 것에 의하여 정해지는가?
① 수전 계약용량
② 부하설비의 단락용량
③ 공급 측 전원의 단락용량
④ 수전전력의 역률과 부하율

Explanation

차단기의 차단용량은 단락용량보다 크거나 최소한 같게 선정한다.
수전용 변전설비의 1차 측 차단기의 차단용량은 공급측 전원의 단락용량이 적용된다.

【답】③

26 차단기의 정격 차단시간은?
① 고장 발생부터 소호까지의 시간
② 트립코일 여자부터 소호까지의 시간
③ 가동 접촉자의 개극부터 소호까지의 시간
④ 가동 접촉자 동작시간부터 소호까지의 시간

Explanation

차단기의 정격 차단시간 : 트립코일 여자로부터 소호까지의 시간

【답】②

27 차단은 쉽게 가능하나 재점호가 발생하기 쉬운 차단은 어느 것인가?
① $R-L$ 회로 차단
② 단락 전류 차단
③ L 회로 차단
④ C 회로 차단

Explanation

재점호는 콘덴서에 의한 진상 전류 차단 시 발생하기 쉽다.

【답】④

28 전력 퓨즈는 고압, 특고압기기 주로 어떤 전류의 차단을 목적으로 설치하는가?
① 영상전류
② 충전전류
③ 단락전류
④ 부하전류

Explanation

전력 퓨즈(PF : Power Fuse) : 단락전류 차단

【답】③

29 22.9[kV], Y결선된 자가용 수전설비의 계기용 변압기의 2차측 정격전압은 몇 [V]인가?
① 110
② 220
③ $110\sqrt{3}$
④ $220\sqrt{3}$

Explanation

> **주요 문제**

계기용변압기(PT) : 고전압을 저전압으로 변성하여 계측기나 계전기의 전원공급
2차 전압 : 110[V]

【답】①

30 변전소에서 비접지 선로의 접지보호용으로 사용되는 계전기에 영상전류를 공급하는 것은?
① CT　　　　　　　　　　　　② ZCT
③ PT　　　　　　　　　　　　④ GPT

Explanation

영상전류 검출 : 영상 변류기(ZCT)

【답】②

31 영상전류와 영상전압에 의해서 동작하는 계전기는 어떤 목적으로 사용되는가?
① 지락선로의 선택차단　　　　② 중성점 소호리액터 접지계통의 충전전류 차단
③ 변압기의 층간단락 차단　　　④ 계통의 과전압 차단

Explanation

- ZCT(영상변류기) : 영상(지락)전류 검출
- GPT(접지형 계기용변압기) : 영상전압 검출

영상변류기와 접지형 계기용 변압기를 이용하여 지락계전기(선택지락계전기)를 이용하여 지락사고 시 동작하여 지락 차단에 사용된다.

【답】①

32 최근에 우리나라에서 많이 채용되고 있는 가스절연개폐설비(GIS)의 특징으로 틀린 것은?
① 대기 절연을 이용한 것에 비해 현저하게 소형화할 수 있으나 비교적 고가이다.
② 소음이 적고 충전부가 완전한 밀폐형으로 되어 있기 때문에 안전성이 높다.
③ 가스 압력에 대한 엄중 감시가 필요하며 내부 점검 및 부품 교환이 번거롭다.
④ 한랭지, 산악 지방에서도 액화 방지 및 산화 방지 대책이 필요 없다.

Explanation

GIS(Gas Insulated Switchgear) : 가스절연개폐장치
- 밀폐구조로 신뢰성 우수
- 소음이 적고 안전성 우수
- SF_6를 이용하여 절연 성능 우수, 절연거리를 적게 할 수 있다(소형화).
- 공사 기간을 단축할 수 있다.
- 한랭지, 산악 지방에서도 액화 방지 및 산화 방지 대책이 필요

【답】④

33 가스절연 개폐장치(GIS)의 구성으로 옳지 않은 것은?
① 단로기　　　　　　　　　　② 주변압기
③ 계기용 변압기　　　　　　　④ 차단기

Explanation

GIS의 구성
① 가스 차단기(CB)
② 단로기(DS)
③ 접지 개폐기(ES)
④ 피뢰기(LA)
⑤ 계기용 변압기, 변류기 등

【답】②

8 배전선로 공급방식

1. 배전방식

환상식	• 전압강하가 적다.
저압 뱅킹방식	• 전압변동이 적고 전력손실이 적다. • 부하증가에 대한 융통성 향상 • 저압선의 동량이 절감되고 변압기의 용량이 저감 • 플리커 경감 • 단점 : 케스케이딩 현상 발생(저압선의 고장으로 건전한 변압기 일부 또는 전부가 차단되는 현상)
저압 네트워크방식	• 무정전 전원 공급방식 • 전압변동이 적다. • 공급 신뢰도가 가장 우수 • 단점 : 인축의 감전사고 증가 　　　　고장전류 역류 위험

2. 공급방식별 비교(부하 기준)

방식	중량비	
단상 2선식	1	24
단상 3선식	$\frac{3}{8}$	9
3상 3선식	$\frac{3}{4}$	18
3상 4선식	$\frac{1}{3}$	8

☞ 배전방식 : 3상 4선식(1선당 공급전력이 크고 중량비가 적다)

☞ 송전방식 : 3상 3선식(송전은 부하가 없으므로 중성선이 필요치 않음 → 3상 3선 식이 유리하며 1선당 송전전력이 최대가 된다.)

3. 단상 3선식

① 결선조건
- 2차 측 중성선에는 퓨즈를 삽입하지 말 것
- 2차 측 중성선에는 접지 공사를 할 것
- 개폐기는 동시 동작형 개폐기 사용할 것

② 중성선 단선 시 전압불평형 발생(대책 : 저압밸런서)

4. 배전선로 전압조정

① 승압기(말단의 전압강하 방지)
② 유도전압조정기(부하변동이 심한 경우)
③ 주상변압기 탭(tap) 조정

주요 문제

01 고압 배전선로의 구성의 순서로 옳은 것은?

① 배전변전소 → 간선 → 분기선 → 급전선
② 배전변전소 → 간선 → 급전선 → 분기선
③ 배전변전소 → 급전선 → 분기선 → 간선
④ 배전변전소 → 급전선 → 간선 → 분기선

Explanation

고압 배전계통의 구성순서는 배전변전소 → 급전선 → 간선 → 분기선 순이다.
- 급전선 : 배전 변전소 또는 발전소로부터 배전선간에 이르기까지 도중에 부하가 접속되어 있지 않은 선로
- 간선 : 급전선에 접속된 수용 지역에서의 배전선로 가운데에서 부하의 분포 상태에 따라서 배전하거나 분기선을 내어서 배전하는 부분
- 분기선 : 간선으로부터 분기한 배전 선로 부분

【답】④

02 저압뱅킹방식에서 저전압의 고장에 의하여 건전한 변압기의 일부 또는 전부가 차단되는 현상은?

① 아킹(Arcing)
② 플리커(Flicker)
③ 밸런스(Balance)
④ 캐스케이딩(Cascading)

Explanation

저압 뱅킹 방식 단점
캐스케이딩 현상 발생(저압선의 일부 고장으로 건전한 변압기의 일부 또는 전부가 차단되는 현상)

【답】④

03 저압 네트워크 방식에 대한 설명으로 옳지 않은 것은?

① 전압 변동이 적고 전력 손실이 감소된다.
② 공급 신뢰도가 높다.
③ 부하 증가에 대한 적응성이 좋다.
④ 특별한 보호장치가 필요 없다.

Explanation

저압 네트워크 방식
- 무정전 공급 방식(공급 신뢰도가 가장 우수)
- 인축의 접지 사고 증가
- 고장 시 고장전류 역류

대책 : 네트워크 프로텍터(저압용 차단기, 저압용 퓨즈, 전력방향계전기)

【답】④

04 송전전력, 선간전압, 부하역률, 전력손실 및 송전거리를 동일하게 하였을 경우 단상 2선식에 대한 3상 3선식의 총 전선량(중량)비는 얼마인가?(단, 전선은 동일한 전선이다)

① $\frac{2}{3}$
② $\frac{1}{4}$
③ $\frac{1}{2}$
④ $\frac{3}{4}$

Explanation

전기 방식별 비교

	소요전선량 (중량비)
단상2선식	1
단상3선식	3/8=0.375
3상3선식	3/4=0.75
3상4선식	1/3=0.33

【답】④

주요 문제

05 3상3선식에서 전선 한 가닥에 흐르는 전류는 단상2선식의 경우의 몇 배가 되는가?(단, 송전전력, 부하역률, 송전거리, 전력손실 및 선간전압이 같다)

① $\dfrac{1}{\sqrt{3}}$
② $\dfrac{2}{3}$
③ $\dfrac{3}{4}$
④ $\dfrac{4}{9}$

Explanation

송전전력이 동일 $VI_1\cos\theta = \sqrt{3}\,VI_3\cos\theta$

선간전압과 역률이 동일 $\therefore I_3 = \dfrac{1}{\sqrt{3}}I_1$

【답】①

06 배전소용 변전소의 주변압기로 주로 사용되는 것은?

① 강압 변압기
② 체승 변압기
③ 단권 변압기
④ 3권선 변압기

Explanation

- 체승 변압기(승압용) : 송전용
- 체강 변압기(강압용) : 배전용

【답】①

07 고압 배전선로의 중간에 승압기를 설치하는 주목적은?

① 부하의 불평형 방지
② 말단의 전압강하 방지
③ 역률 개선
④ 전력손실의 감소

Explanation

승압기 : 말단의 전압 강하 방지

【답】②

08 변전소 전압의 조정 방법 중 선로 전압강하 보상기(LDC : Line Drop Compensator)에 대한 설명으로 옳은 것은?

① 승압기로 저하된 전압을 보상하는 것
② 분로리액터로 전압 상승을 억제하는 것
③ 부하 전류에 의한 배전선의 전압강하를 고려하여 모선전압을 조정
④ 직렬 콘덴서로 선로의 리액턴스를 보상하는 것

Explanation

선로 전압 강하 보상기(LDC : Line Drop Compensator)
부하 전류에 의한 선로의 전압 강하를 고려하여 모선 전압을 조정

【답】③

주요 문제

09 그림과 같은 배전선이 있다. 급전점 O의 전압을 110[V]라 하면 C점의 전압은? (단, 선로 OA, AB, BC 간의 저항은 각각 0.2[Ω]이며, 부하역률은 100[%]이다)

① 92[V] ② 97[V]
③ 99[V] ④ 104[V]

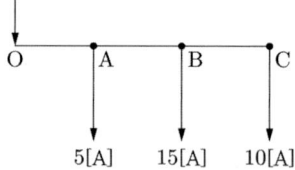

Explanation

전압강하 $e = IR$
$V_A = V_o - e = 110 - 30 \times 0.2 = 104[V]$
$V_B = V_A - e = 104 - 25 \times 0.2 = 99[V]$
$V_c = V_B - e = 99 - 10 \times 0.2 = 97[V]$

【답】②

10 직류 2선식에서 전압변동률과 전력손실률의 관계로 옳은 것은?

① 전압변동률이 전력손실률보다 $\sqrt{3}$ 배 작다. ② 전압변동률과 전력손실률이 같다.
③ 전압변동률이 전력손실률보다 $\sqrt{2}$ 배 크다. ④ 전압변동률은 전력손실률의 $\frac{1}{2}$ 이다.

Explanation

전압변동률 $\epsilon = \dfrac{V_{ro} - V_r}{V_r} \times 100 = \dfrac{V_s - V_r}{V_r} \times 100 = \dfrac{IR}{V_r} \times 100 [\%]$

전력손실률 $K = \dfrac{P_l}{P} \times 100 = \dfrac{I^2 R}{V_r I} \times 100 = \dfrac{IR}{V_r} \times 100 [\%]$

따라서 직류 2선식에서는 전압변동률과 전력손실률은 같다.

【답】②

9 배전선로 계산

1. 부하의 종별

	전압 강하	전력 손실
말단 집중 부하	IR	I^2R
균등 분산 부하	$\frac{1}{2}IR$	$\frac{1}{3}I^2R$

2. 수전설비 용량 계산

① 수용률 $= \dfrac{\text{최대수용전력}}{\text{부하설비용량}} \times 100\,[\%]$

② 부하율 $= \dfrac{\text{평균전력}}{\text{최대전력}} \times 100 = \dfrac{\text{사용전력량/시간}}{\text{최대전력}} \times 100\,[\%]$

③ 부등률 $= \dfrac{\text{각 개별 수용가 최대수용전력의 합}}{\text{합성최대전력}} \geq 1$

전기기기가 동시에 사용되는 정도

3. 변압기 용량 산정

$$[\text{kVA}] = \dfrac{\text{설비용량} \times \text{수용률}}{\text{역률} \times \text{부등률}}$$

3상 변압기 용량(K는 단상 변압기 1대 용량)

$P_{\triangle,Y} = 3K$

$P_V = \sqrt{3}\,K$

4. 손실계수와 부하율의 관계

① 손실계수(H) $= \dfrac{\text{평균전력손실}}{\text{최대전력손실}} \times 100 = \dfrac{\text{사용전력손실량/시간}}{\text{최대전력손실}} \times 100$

② 부하율과 손실계수와의 관계 : $0 \leq F^2 \leq H \leq F \leq 1$

5. 부하가 병렬로 접속되어 있는 경우(불평형 부하 계산)

① 유효전력 : $P = P_1 + P_2$

② 무효전력 : $Q = P_1 \tan\theta_1 + P_2 \tan\theta_2$

③ 피상전력 : $P_a = \sqrt{P^2 + Q^2} = \sqrt{(P_1+P_2)^2 + (P_1\tan\theta_1 + P_2\tan\theta_2)^2}$

④ 역률 : $\cos\theta = \dfrac{P}{P_a} = \dfrac{P_1 + P_2}{\sqrt{(P_1+P_2)^2 + (P_1\tan\theta_1 + P_2\tan\theta_2)^2}}$

주요 문제

01 전력설비의 수용률을 나타낸 것은?

① 수용률 = $\dfrac{\text{평균 전력}[kW]}{\text{부하 설비 용량}[kW]} \times 100[\%]$
② 수용률 = $\dfrac{\text{부하 설비 용량}[kW]}{\text{평균 전력}[kW]} \times 100[\%]$
③ 수용률 = $\dfrac{\text{최대 수용 전력}[kW]}{\text{부하 설비 용량}[kW]} \times 100[\%]$
④ 수용률 = $\dfrac{\text{부하 설비 용량}[kW]}{\text{최대 수용 전력}[kW]} \times 100[\%]$

Explanation

전력수용의 수용률

수용률 = $\dfrac{\text{최대 수용 전력}[kW]}{\text{부하 설비 합계}[kW]} \times 100[\%]$

【답】③

02 수용설비 개개의 최대 수용 전력의 합[kW]을 합성 최대 수용 전력[kW]으로 나눈 값을 무엇이라 하는가?

① 부하율
② 수용률
③ 부등률
④ 역률

Explanation

부등률 = $\dfrac{\text{각 개별 수용가 최대 전력의 합계}}{\text{합성 최대 전력}} \geq 1$

【답】③

03 400[kVA] 단상변압기 3대를 △ − △ 결선으로 사용하다가 1대의 고장으로 V − V 결선을 하여 사용하면 약 몇 [kVA] 부하까지 걸 수 있겠는가?

① 400
② 566
③ 693
④ 800

Explanation

V결선 : $P_V = \sqrt{3}\,K = \sqrt{3} \times 400 = 693[kVA]$
여기서, K는 변압기 1대 용량

【답】③

04 어떤 공장의 수용설비 용량이 1,800[kW], 수용률은 55[%], 평균 부하 역률은 90[%]라 한다. 이 공장의 수전설비는 몇 [kVA]로 하면 되는가?

① 900[kVA]
② 990[kVA]
③ 1,100[kVA]
④ 1,800[kVA]

Explanation

변압기 용량[kVA] = $\dfrac{\text{설비 용량} \times \text{수용률}}{\text{부등률} \times \text{역률}}$

$= \dfrac{1,800 \times 0.55}{1 \times 0.9} = 1,100[kVA]$

【답】③

05 각 수용가의 수용설비용량이 50[kW], 100[kW], 80[kW], 60[kW], 150[kW]이며 각각의 수용률이 0.6, 0.6, 0.5, 0.5, 0.4일 때 부하의 부등률이 1.3이라면 변압기 용량은 약 몇 [kVA]가 필요한가? 단, 평균 부하역률은 80[%]라고 한다.

① 142
② 165
③ 183
④ 212

> **Explanation**

변압기 용량 $[kVA] = \dfrac{\text{설비용량} \times \text{수용률}}{\text{부등률} \times \text{역률}}$

$[kVA] = \dfrac{50 \times 0.6 + 100 \times 0.6 + 80 \times 0.5 + 60 \times 0.5 + 150 \times 0.4}{1.3 \times 0.8} = 212[kVA]$

【답】 ④

06 어느 변전소의 공급구역 내 총 설비부하 용량은 전등 600[kW], 동력 800[kW]이다. 각 부하군의 수용률은 전등 60[%], 동력 80[%], 부등률은 전등 1.2, 동력 1.6이고 변전소에 있어서의 전등과 동력 부하간의 부등률은 1.4라고 하면 이 변전소에서 공급하는 최대전력은 몇 [kW]인가?

① 400   ② 500
③ 600   ④ 700

> **Explanation**

최대전력 $= \dfrac{\text{설비용량} \times \text{수용률}}{\text{부등률}}$ 에서

총 합성 최대 전력 $= \dfrac{\text{최대 전력의 합}}{\text{변압기 상호 부등률}}$

$= \dfrac{\dfrac{600 \times 0.6}{1.2} + \dfrac{800 \times 0.8}{1.6}}{1.4} = 500 \, [kW]$

【답】 ②

07 배전선의 손실계수 H와 부하율 F의 관계는?

① $0 \leq H^2 \leq F \leq H \leq 1$ ② $0 \leq H \leq F^2 \leq F \leq 1$
③ $0 \leq F^2 \leq H \leq F \leq 1$ ④ $0 \leq F \leq H^2 \leq H \leq 1$

> **Explanation**

손실계수$(H) = \dfrac{\text{평균 전력손실}}{\text{최대 전력손실}} \times 100$

부하율과 손실계수와의 관계 : $0 \leq F^2 \leq H \leq F \leq 1$

【답】 ③

08 한 대의 주상변압기에 역률(뒤짐) $\cos\theta_1$, 유효전력 P_1[kW]의 부하와 역률(뒤짐) $\cos\theta_2$, 유효전력 P_2[kW]의 부하가 병렬로 접속되어 있을 때 주상변압기 2차 측에서 본 부하의 종합역률은 어떻게 되는가?

① $\dfrac{P_1 + P_2}{\dfrac{P_1}{\cos\theta_1} + \dfrac{P_2}{\cos\theta_2}}$

② $\dfrac{P_1 + P_2}{\dfrac{P_1}{\sin\theta_1} + \dfrac{P_2}{\sin\theta_2}}$

③ $\dfrac{P_1 + P_2}{\sqrt{(P_1 + P_2)^2 + (P_1\tan\theta_1 + P_2\tan\theta_2)^2}}$

④ $\dfrac{P_1 + P_2}{\sqrt{(P_1 + P_2)^2 + (P_1\sin\theta_1 + P_2\sin\theta_2)^2}}$

> **Explanation**

부하가 병렬로 있는 경우
- 유효전력 : $P = P_1 + P_2$
- 무효전력 : $Q = P_1 \tan\theta_1 + P_2 \tan\theta_2$
- 피상전력 : $P_a = \sqrt{P^2 + Q^2} = \sqrt{(P_1+P_2)^2 + (P_1\tan\theta_1 + P_2\tan\theta_2)^2}$
- 역률 $\cos\theta = \dfrac{P}{P_a} = \dfrac{P_1 + P_2}{\sqrt{(P_1+P_2)^2 + (P_1\tan\theta_1 + P_2\tan\theta_2)^2}}$

【답】③

09 배전선로에 관한 설명으로 틀린 것은?
① 밸런서는 단상 2선식에 필요하다.
② 저압뱅킹방식은 전압 변동을 경감할 수 있다.
③ 배전선로의 부하율이 F일 때 손실계수는 F와 F^2의 사이의 값이다.
④ 수용률이란 최대 수용전력을 설비용량으로 나눈 값을 퍼센트로 나타낸다.

> **Explanation**

- 저압뱅킹방식 : 전압강하 및 전력손실이 적고 플리커 현상 경감
- 밸런서 : 단상 3선식에서 중성선 단선 시 전압 불평형 해소
- 수용률 = $\dfrac{\text{최대 전력}}{\text{설비 용량}} \times 100[\%]$
- 배전선의 손실 계수(H)와 부하율(F)의 관계
  $0 \leq F^2 \leq H \leq F \leq 1$

【답】①

10 역률개선

1. 승압기(단권변압기)

① 단권변압기의 특징
- 1, 2차 권선을 하나로 사용하므로 철량과 동량이 절약되고 손실이 적으며 효율 우수
- 1, 2차간의 절연이 어렵고, 단락 시 대전류
- 누설리액턴스가 적어 전압변동이 적고 안정도 우수
- 자기용량보다 큰 부하용량에 대응 가능
- 단상/3상에 모두 사용

② 단권변압기 계산
- 승압 전압 : $V_h = \left(1 + \dfrac{n_2}{n_1}\right) V_l = \left(1 + \dfrac{1}{a}\right) V_l$
- $\dfrac{\text{자기용량}}{\text{부하용량}} = \dfrac{e_2 I_2}{V_h I_2} = \dfrac{e_2}{V_h} ≒ \dfrac{V_h - V_l}{V_h}$, 부하용량 = 자기용량 $\times \dfrac{V_h}{e_2}$

2. 역률 개선용 콘덴서 용량

① $Q_c = P(\tan\theta_1 - \tan\theta_2) = P\left(\dfrac{\sin\theta_1}{\cos\theta_1} - \dfrac{\sin\theta_2}{\cos\theta_2}\right)$ [kVA]

여기서, $\cos\theta_1$: 개선 전 역률, $\cos\theta_2$: 개선 후 역률

② 전력용 콘덴서의 충전용량
- Y결선인 경우 $Q_Y = 3\omega C E^2 = 3\omega C\left(\dfrac{V}{\sqrt{3}}\right)^2 = \omega C V^2$
- △결선인 경우 $Q_\triangle = 3\omega C E^2 = 3\omega C V^2$
- $\dfrac{Q_\triangle}{Q_Y} = \dfrac{3\omega C V^2}{\omega C V^2} = 3$배 따라서, 콘덴서는 △결선이 유리

③ 역률 개선의 효과
- 전압강하 감소
- 전력손실 감소($P_l \propto \dfrac{1}{\cos^2\theta}$)
- 설비용량의 여유분 증가
- 전기요금 절감

3. 감전 방지

① 누전차단기 설치
② 외함에 접지
③ 저전압 사용

4. 플리커 현상
① 전압의 동요로 인해 발생하는 빛의 명멸 현상
② 플리커 방지 대책
- 전용계통에서 공급
- 전용변압기
- 단락용량이 큰 계통에서 공급

5. 배전선로 손실 경감 대책
① 역률 개선
② 승압
③ 부하 불평형 방지

6. 배전보호협조
① R-S-F(순서반드시 지킬 것)
② R(Recloser) : 리클로저, 자동재폐로 차단기
③ 섹셔널라이저(Sectionalizer)
- 선로 고장발생 시 타 보호기기와의 협조에 의해 고장 구간을 신속히 개방하는 자동구간 개폐기
- 고장전류 차단능력이 없으므로 리클로져와 직렬로 조합하여 사용

7. 자동 부하 전환 개폐기(ALTS)
정전과 동시에 자동적으로 예비전원용 배전선로로 전환하는 장치

주요 문제

01 승압기에 의하여 전압 V_e에서 V_h로 승압할 때, 2차 정격전압 e, 자기용량 W인 단상 승압기가 공급할 수 있는 부하용량은?

① $\dfrac{V_h}{e} \times W$

② $\dfrac{V_e}{e} \times W$

③ $\dfrac{V_e}{V_h - V_e} \times W$

④ $\dfrac{V_h - V_e}{V_e} \times W$

Explanation

$$\dfrac{\text{자기용량}}{\text{부하용량}} = \dfrac{e}{V_h} = \dfrac{V_h - V_e}{V_h}$$

∴ 부하용량 $= \dfrac{V_h}{e} \times \text{자기용량} = \dfrac{V_h}{e} \times W$

【답】①

02 초고압 송전계통에 단권변압기가 사용되는 이유로 볼 수 없는 것은?

① 자로가 단축되어 재료를 절약할 수 있다.
② 효율이 높다.
③ 단락전류가 적다.
④ 전압변동률이 적다.

Explanation

단권변압기 특징
- 1, 2차 권선을 하나로 사용하여 절연이 용이하지 않다.
- 1, 2차 권선을 하나로 사용하여 동량이 감소되어 동손이 적고 효율이 우수하다.
- 누설리액턴스가 적어서 단락 시 대전류가 흐를 수 있다.
- 부하용량은 변압기 고유용량보다 크다.

【답】③

03 진상용 콘덴서 설치장소에 따른 설치효과가 가장 큰 것은?

① 부하 말단에 분산하여 설치하는 방법
② 수전 모선단에 중앙집중으로 설치하는 방법
③ 부하와 모선에 분산 배치하여 설치하는 방법
④ 부하 말단에 집중하여 설치하는 방법

Explanation

진상용 콘덴서 설치
① 고압측에 설치하는 방법
② 고압측과 부하측에 분산하여 설치하는 방법
③ 부하말단에 분산하여 설치하는 방법(효과 가장 큼)

【답】①

04 3,000[kW], 역률 75[%](늦음)의 부하에 전력을 공급하고 있는 변전소에 콘덴서를 설치하여 역률을 93[%]로 향상시키고자 한다. 필요한 전력용 콘덴서의 용량은 약 몇 [kVA]인가?

① 1,460
② 1,540
③ 1,620
④ 1,730

Explanation

역률개선용 콘덴서의 용량 $Q = P(\tan\theta_1 - \tan\theta_2)$ [kVA]

$P = \left(\dfrac{\sin\theta_1}{\cos\theta_1} - \dfrac{\sin\theta_2}{\cos\theta_2}\right) = 3,000 \times \left(\dfrac{\sqrt{1-0.75^2}}{0.75} - \dfrac{\sqrt{1-0.93^2}}{0.93}\right)$

$= 1,460.08$ [kVA]

【답】①

주요 문제

05 3상 배전선로의 말단에 지상역률 60[%](늦음), 60[kW]인 평형 3상 부하가 있다. 부하점에 부하와 병렬로 전력용 콘덴서를 접속하여 선로손실을 최소로 하고자 할 때 콘덴서 용량[kVA]은?

① 40
② 60
③ 80
④ 100

Explanation

선로손실을 최소로 하기 위해서는 역률을 1.0으로 개선해야 한다.

전력용 콘덴서의 용량 : $Q_c = P(\tan\theta_1 - \tan\theta_2) = 60 \times \left(\dfrac{0.8}{0.6} - \dfrac{0}{1}\right) = 80[\text{kVA}]$

【답】③

06 부하역률이 $\cos\theta$인 경우 배전선로의 전력손실은 같은 크기의 부하전력으로 역률이 1인 경우의 전력손실에 비하여 어떻게 되는가?

① $\dfrac{1}{\cos\theta}$
② $\dfrac{1}{\cos^2\theta}$
③ $\cos\theta$
④ $\cos^2\theta$

Explanation

선로 손실 $P_l = I^2 R = \left(\dfrac{P}{V\cos\theta}\right)^2 \times R = \dfrac{P^2 R}{V^2 \cos^2\theta} \propto \dfrac{1}{\cos^2\theta}$

【답】②

07 3상 전원에 접속된 △결선의 콘덴서를 Y결선으로 바꾸면 진상용량은 △결선 시의 몇 배로 되는가?

① $\dfrac{1}{3}$
② 3
③ $\sqrt{3}$
④ $\dfrac{1}{\sqrt{3}}$

Explanation

△결선의 콘덴서를 Y 결선으로 바꾸면
$C_\triangle = 3C_Y$ 이므로
$C_Y = \dfrac{1}{3}C_\triangle$ 가 된다.

【답】①

08 부하의 역률을 개선할 경우 배전선로에 대한 설명으로 틀린 것은?(단, 다른 조건은 동일하다)

① 설비용량의 여유 증가
② 전압강하의 감소
③ 선로전류의 증가
④ 전력손실의 감소

Explanation

역률개선의 효과
- 전력손실 감소(주요 목적)
- 전압강하 감소
- 설비용량의 여유분
- 전기요금 절감

【답】③

주요 문제

09 3상 3선식 배전선로의 수전단에 6,000[V], 뒤진 역률 0.8, 500[kW]의 부하가 있다. 이 부하가 같은 역률에서 600[kW]로 증가되었을 때 수전단 전압 및 선로전류를 불변으로 유지하기 위해서 수전단에 필요한 전력용 커패시터는 몇 [kVA]인가?

① 275
② 325
③ 375
④ 300

Explanation

부하 증가 후의 역률 $\cos\theta_2$ 는
수전단 전압 및 선로 전류를 일정하게 불변으로 유지하여야 하므로
$\dfrac{P_1}{\sqrt{3}\,V\cos\theta_1} = \dfrac{P_2}{\sqrt{3}\,V\cos\theta_2}$ 에서 $\cos\theta_2 = \dfrac{P_2}{P_1}\cos\theta_1 = \dfrac{600}{500}\times 0.8 = 0.96$

∴ 콘덴서 용량 $Q_c = P(\tan\theta_1 - \tan\theta_2) = 600\times\left(\dfrac{0.6}{0.8} - \dfrac{\sqrt{1-0.96^2}}{0.96}\right) = 275[\text{kVA}]$

【답】①

10 플리커 경감을 위한 전력 공급 측의 방안이 아닌 것은?

① 공급 전압을 낮춘다.
② 전용 변압기로 공급한다.
③ 단독 공급 계통을 구성한다.
④ 단락 용량이 큰 계통에서 공급한다.

Explanation

플리커 경감 대책(전력 공급 측의 방법)
- 단락 용량이 큰 계통에서 공급
- 전용 변압기로 공급
- 공급 전압을 승압
- 전압 강하를 보상

【답】①

11 배전선로의 손실을 경감하기 위한 대책으로 적절하지 않은 것은?

① 누전차단기 설치
② 배전전압의 승압
③ 전력용 콘덴서 설치
④ 전류밀도의 감소와 평형

Explanation

배전선로 전력 손실 경감대책
- 역률 개선(전력용 콘덴서의 설치)
- 승압
- 부하 불평형 방지

【답】①

12 선로고장 발생 시 고장전류를 차단할 수 없어 리클로저와 같이 차단 기능이 있는 후비보호 장치와 직렬로 설치되어야 하는 장치는?

① 배선차단기
② 유입개폐기
③ 컷아웃스위치
④ 섹셔널라이저

Explanation

섹셔널라이저(Sectionalizer)
- 선로 고장발생 시 타 보호기기와의 협조에 의해 고장 구간을 신속히 개방하는 자동구간 개폐기
- 고장전류 차단능력이 없으므로 리클로저와 직렬로 조합하여 사용

【답】④

주요 문제

13 다중접지 3상 4선식 배전선로에서 고압측(1차측) 중성선과 저압측(2차측) 중성선을 전기적으로 연결하는 목적은?

① 저압측의 단락 사고를 검출하기 위함
② 저압측의 접지 사고를 검출하기 위함
③ 주상 변압기의 중성선측 부싱을 생략하기 위함
④ 고저압 혼촉 시 수용가에 침입하는 상승전압을 억제하기 위함

Explanation

고압 측(1차 측)중성선과 저압 측(2차 측) 중성선을 전기적으로 연결하는 이유는 고저압 혼촉 시 저압 측 수용가에 침입하는 상승전압을 억제하기 위해서이다. 【답】④

14 사고, 정전 등의 중대한 영향을 받는 지역에서 정전과 동시에 자동적으로 예비전원용 배전선로로 전환하는 장치는?

① 차단기
② 리클로저(Recloser)
③ 섹셔널라이저(Sectionalizer)
④ 자동 부하 전환개폐기(Auto Load Transfer Switch)

Explanation

자동 부하 전환개폐기(Auto Load Transfer Switch)
정전과 동시에 자동적으로 예비전원용 배전선로로 전환하는 장치 【답】④

11 수력발전

1. 수력발전
① 취수방식 : 수로식, 댐식, 댐수로식, 유역 변경식
② 유량을 얻는 방식 : 유입식, 조정지식, 저수지식, 양수식, 조력식
③ 양수발전 : 전력수요가 적은 경부하시에 잉여전력을 이용하여 하부 저수지의 물을 상부 저수지로 양수
하여 저장하였다가 첨두부하 시에 방류하여 발전하는 방식으로 연간 발전비용 절감

양수 펌프용 전동기의 출력 $P = k\dfrac{9.8QH}{\eta}$ [kW]   여기서, k는 비례상수

2. 정수력학
① 수두 : 물이 가지는 에너지를 높이로 환산
- 위치에너지 → 위치수두 : H [m]
- 압력에너지(P [kg/m^2]) → 압력수두 $H_p = \dfrac{P}{1,000}$ [m]
- 운동(속도)에너지 → 속도수두 $H_v = \dfrac{v^2}{2g}$ [m]

② 물의 분출속도 $v = \sqrt{2gH}$ [m/sec]

3. 동수력학
연속의 정리 $Q = A_1 v_1 = A_2 v_2 =$ 일정

4. 수력발전소의 출력
① 이론상 출력 $P = 9.8QH$ [kW]
② 실제 출력 $P = 9.8QH\eta_t \eta_G = 9.8QH\eta$ [kW]

5. 유량을 표시하는 곡선
① 적산 유량곡선 : 유량도를 토대로 하여 가로축에 1년 365일을 역일의 순으로 하고
세로축을 유량의 누계를 표시한 곡선. 댐 설계와 저수지 용량 결정에 사용
② 유황곡선 : 유량도를 토대로 하여 가로축에 1년 365일을 역일의 순으로 하고 세로축을 유량을 표시
하고 유량이 큰 것부터 순차적으로 배열하여 이들을 연결한 곡선
- 평수량 : 1년 365일 중 185일은 이것보다 내려가지 않는 유량
- 저수량 : 1년 365일 중 275일은 이것보다 내려가지 않는 유량
- 갈수량 : 1년 365일 중 355일은 이것보다 내려가지 않는 유량

6. 취수구
제수문 : 하천의 물을 수로에 유입시키기 위한 설비(유량 조절)

7. 수조(tank) : 수로와 수압관을 연결

조압수조 : 부하 변동 시 발생하는 수격작용을 완화, 흡수하여 수압관을 보호

8. 수차 : 물의 속도 에너지를 기계 에너지로 변환
① 펠턴 수차(충동수차) : 노즐의 분사물이 버킷에 충돌하여 이 충동력으로 러너가 회전(특유속도 최저)
- 300[m] 이상의 고낙차
② 반동수차 : 압력과 속도에너지를 가지고 있는 유수를 러너에 작용시켜 반동력으로 회전
- 프란시스 수차 : 10~300[m], 중낙차
- 프로펠러 수차 : 80[m] 이하의 저낙차(특유속도 최대)
- 튜블러(원통형) 수차 : 조력발전용
- 흡출관 : 낙차를 높이는 것이 목적

9. 수차특성

수차의 특유속도 : $N_s = N \dfrac{P^{\frac{1}{2}}}{H^{\frac{5}{4}}}$ [rpm]

- 특유속도 최고 : 프로펠러수차
- 특유속도 최저 : 펠턴수차

주요 문제

01 발전용량 9,800[kW]의 수력발전소 최대 사용 수량이 10[m³/s]일 때, 유효낙차는 몇 [m]인가?
① 100　　　　　　　　　　　　② 125
③ 150　　　　　　　　　　　　④ 175

Explanation

수력발전소 출력 $P = 9.8QH\eta_t\eta_g$ [kW]에서
유효낙차 $H = \dfrac{P}{9.8Q\eta} = \dfrac{9,800}{9.8 \times 10} = 100$[m]　　　【답】①

02 수력 발전소의 댐을 설계하거나 저수지의 용량 등을 결정하는 데 가장 적당한 것은?
① 유량도　　　　　　　　　　② 적산 유량 곡선
③ 유황 곡선　　　　　　　　　④ 수위 유량 곡선

Explanation

적산 유량 곡선 : 수력 발전소의 댐을 설계하거나 저수지의 용량 등을 결정하는 곡선　　　【답】②

03 그림과 같은 유황곡선을 가진 수력발전에서 최대사용수량 0C로 1년간 계속 발전하는 데 추가로 필요한 저수지의 용량은?
① 면적 DEB
② 면적 PCD
③ 면적 0CDBA
④ 면적 0CPBA

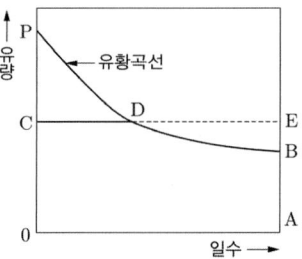

Explanation

최대사용수량 0C로 1년간 계속 발전하는 데 필요한 저수지의 용량(부족수량)은 면적 DEB에 해당하므로 이 면적만큼 저수해 두면 된다.　　　【답】①

04 유황곡선이 비교적 수평이라는 것은 무엇을 의미하는가?
① 하천 유량이 비교적 많다는 것이다.　　② 하천 유량의 변동이 비교적 많다는 것이다.
③ 하천 유량이 비교적 적다는 것이다.　　④ 하천 유량의 변동이 적다는 것이다.

Explanation

유황곡선 : 하천의 유량상태를 파악하기 위한 곡선.
　　　　　가로축에 365일수를, 세로축에는 유량을 취하여 배열
문제에서 유황곡선이 비교적 수평이라는 것은 하천 유량의 변동이 적다는 것을 나타낸다.　　　【답】④

05 1년 365일 중 185일은 이 양 이하로 내려가지 않는 유량은?
① 평수량　　　　　　　　　　② 풍수량
③ 고수량　　　　　　　　　　④ 저수량

Explanation

주요 문제

유황곡선 : 하천의 유량 상태를 파악하기 위한 곡선. 가로축에 365일수를, 세로축에는 유량을 취하여 배열
- 풍수량 : 1년 95일 중 이보다 내려가지 않는 유량
- 평수량 : 1년 185일 중 이보다 내려가지 않는 유량
- 저수량 : 1년 275일 중 이보다 내려가지 않는 유량
- 갈수량 : 1년 355일 중 이보다 내려가지 않는 유량

【답】①

06 조압수조의 설치 목적은?
① 수격작용 완화하여 철관 보호
② 부유물 제거
③ 부하 변동에 대응
④ 침전물 제거

Explanation

조압 수조(surge tank)
부하 변동 시 수압(수격작용)을 완화시켜 수압 철관을 보호하기 위한 장치

【답】①

07 프란시스 수차에 대한 설명으로 적합하지 않은 것은?
① 적용할 수 있는 낙차범위가 가장 넓다.
② 구조가 간단하고 가격이 저렴하다.
③ 비속도가 높아 저낙차 지점에 적합하다.
④ 고낙차 영역에서 펠톤수차에 비해 고속 소형으로 되어 경제적이다.

Explanation

- 고낙차용 수차 - 펠톤수차 : 300[m] 이상
- 중낙차용 수차 - 프란시스수차 : 50~350[m] 정도
- 저낙차용 수차 - 프로펠러수차 : 80[m] 이하

【답】③

08 특유속도가 가장 낮은 수차는?
① 프로펠러수차
② 프란시스수차
③ 사류수차
④ 펠톤수차

Explanation

특유 속도(비속도)
기하학적으로 같은 러너를 가정하여 이것을 단위낙차 1[m]에서 단위출력 1[kW]를 발생하였을 때의 회전수[m·kW]
수차의 낙차가 클수록 특유 속도가 낮으며, 낙차가 가장 큰 것은 펠톤 수차이다.

【답】④

09 유효낙차가 30[%] 저하하고 수차효율이 10[%] 저하되었을 때 출력은 약 몇 [%]가 되는가? (단, 개도 및 이외의 조건은 불변이다)
① 44
② 53
③ 47
④ 50

Explanation

속도 $v = \sqrt{2gH}$
유량 $Q[\text{m}^3/\text{sec}] = A[\text{m}^2] \times v[\text{m/sec}] \propto \sqrt{H}$
출력 $P = 9.8 QH\eta$ 에서
$P \propto H^{\frac{3}{2}}\eta = (0.7)^{\frac{3}{2}} \times 0.9 \times 100 = 53[\%]$

【답】②

10 수력발전설비에서 흡출관을 사용하는 목적으로 옳은 것은?
 ① 압력을 줄이기 위하여
 ② 물의 유선을 일정하게 하기 위하여
 ③ 속도변동률을 적게 하기 위하여
 ④ 낙차를 늘리기 위하여

Explanation

흡출관 : 반동수차(물의 압력 에너지를 이용)의 유효 낙차를 늘리기 위한 관 【답】④

12 화력발전

1. 열역학
① 열량계산
- 1[J]=0.24[cal], 1[cal]=4.2[J]
- 1[kWh]=860[Kcal]
- 1[BTU]=0.252[kcal]=252[cal]

② 엔탈피 : 증기 1[kg]이 보유한 열량[kcal/kg]

2. 화력 발전의 열사이클
① 랭킨사이클 : 가장 기본적인 사이클
  급수펌프 → 보일러 → 과열기 → 터빈 → 복수기 → 다시 급수펌프로
② 재생사이클 : 터빈의 중도에서 증기를 뽑아내어 급수를 예열하는 사이클(복수기의 소형화, 저압터빈의 소형화)
③ 재열사이클 : 터빈에서 팽창된 증기를 보일러로 되돌려 보내 다시 가열하는 방식(터빈 날개의 부식 방지, 열효율 향상)
④ 재생·재열 사이클 : 가장 열효율이 좋은 사이클

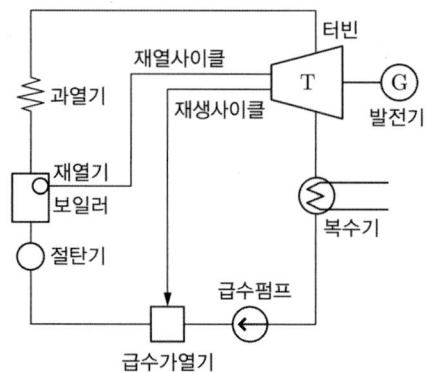

⑤ 카르노 사이클 : 가장 이상적인 사이클

3. 보일러의 부속설비
① 과열기 : 포화증기를 과열증기로 만들어 증기터빈에 공급하기 위한설비
② 재열기 : 고압 터빈 내에서 팽창된 증기를 다시 가열하는 설비
③ 절탄기 : 배기가스의 여열을 이용하여 보일러 급수를 예열하는 여열회수장치 (연료 절약)
④ 공기예열기 : 연도가스의 나머지 여열을 이용하여 연소용 공기를 예열하는 장치, 연도의 맨끝에 시설

4. 복수기
열손실이 가장 크다.

5. 보일러 급수의 불순물에 의한 장해
① 스케일 현상 : Ca, Mg 등이 관벽에 녹아 부착되어 층을 이루는 현상
  열효율 저하, 보일러 용량 감소, 과열에 의해 관벽 파손
② 캐리 오버 : 보일러 급수 중의 불순물이 증기 속에 혼입되어 터빈 날개 등에 부착되는 현상
③ 포밍 : 급수의 불순물로 인해 끓어서 거품이 생기는 현상
  ※ 탈기기 : 급수 중의 산소를 제거하는 장치

6. 화력 발전소의 효율
$$\eta_G = \frac{860Pt}{MH} \times 100[\%]$$
여기서, H : 발열량[kcal/kg],
  M : 연료량[kg],
  $W(Pt)$: 전력량[kWh]

7. 가스터빈 발전
① 공기와 연료가스의 혼합 기체를 연소실내에서 연소시켜 얻은 고온가스를 직접 러너에 작용시킴으로써 회전력을 얻는 것
② 특징
  • 운전, 조작이 간단
  • 구조가 간단하여 신뢰도 우수
  • 기동시간이 짧아 첨두부하용으로 사용
  • 열효율은 기력발전보다 낮다.

주요 문제

01 증기의 엔탈피란?
① 증기 1[kg]의 잠열
② 증기 1[kg]의 현열
③ 증기 1[kg]의 보유열량
④ 증기 1[kg]의 증발열을 그 온도로 나눈 것

Explanation

엔탈피 : 증기 1[kg]이 보유한 열량[kcal/kg](액체열과 증발열의 합) 【답】③

02 화력발전소에서 재열기의 사용 목적은?
① 증기를 가열한다.
② 공기를 가열한다.
③ 급수를 가열한다.
④ 석탄을 건조한다.

Explanation

재열기 : 터빈 내에서의 증기를 다시 가열하는 장치 【답】①

03 화력 발전소에서 절탄기의 용도는?
① 보일러에 공급되는 급수를 예열한다.
② 포화증기를 가열한다.
③ 연소용 공기를 예열한다.
④ 석탄을 건조한다.

Explanation

절탄기 : 보일러의 여열을 이용하여 급수가열에 사용 【답】①

04 화력발전소의 기본 랭킨 사이클(Rankine cycle)을 바르게 나타낸 것은?
① 보일러 → 급수펌프 → 터빈 → 복수기 → 과열기 → 다시 보일러로
② 보일러 → 터빈 → 급수펌프 → 과열기 → 복수기 → 다시 보일러로
③ 급수펌프 → 보일러 → 과열기 → 터빈 → 복수기 → 다시 급수펌프로
④ 급수펌프 → 보일러 → 터빈 → 과열기 → 복수기 → 다시 급수펌프로

Explanation

기력발전소 열사이클 중 기본 싸이클은 랭킨싸이클이다.
급수펌프 → 보일러 → 과열기 → 터빈 → 복수기 → 다시 급수펌프로

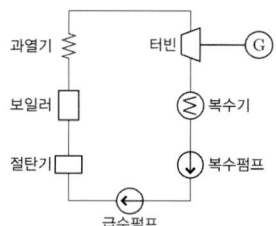

【답】③

05 출력 185,000[kW]의 화력발전소에서 매시간 140[t]의 석탄을 사용한다고 한다. 이 발전소의 열효율은 약 몇 [%]인가? (단, 사용하는 석탄의 발열량은 4,000[kcal/kg]이다)
① 34.5
② 28.4
③ 32.6
④ 30.7

Explanation

주요 문제

화력발전소 열효율 $\eta = \dfrac{860Pt}{mH} \times 100[\%]$

따라서 $\eta = \dfrac{860W}{mH} \times 100 = \dfrac{860 \times 185{,}000}{140 \times 10^3 \times 4{,}000} \times 100 = 28.4[\%]$

【답】②

06 발열량 6,000[kcal/kg]의 석탄을 사용하고 있는 기력발전소가 있다. 이 발전소의 종합효율이 36[%]라면, 18억[kWh]를 발생하는 데 필요한 석탄량은 몇 톤인가?

① 720,000   ② 800,000
③ 880,000   ④ 960,000

Explanation

화력발전소 열효율 $\eta = \dfrac{860Pt}{mH} \times 100[\%]$

석탄량 $m = \dfrac{860W}{\eta H} = \dfrac{860 \times 18 \times 10^8}{0.36 \times 6{,}000} \fallingdotseq 717{,}000{,}000[kg] \fallingdotseq 720{,}000[t]$

【답】①

07 화력발전소의 위치 선정 시에 고려하지 않아도 좋은 것은?

① 전력 수요지에 가까울 것
② 값싸고 풍부한 용수와 냉각수가 얻어질 것
③ 연료의 운반과 저장이 편리하며 지반이 견고할 것
④ 바람이 불지 않도록 산으로 둘러쌓일 것

Explanation

화력발전소 위치 선정
- 전력 수요지에 가까울 것
- 풍부한 용수와 냉각수가 얻어질 것
- 연료의 운반과 저장이 편리할 것
- 지반이 견고할 것

【답】④

13 원자력발전

1. 원자력 발전

① 원자력 발전과 화력발전의 비교
- 화력 발전소의 보일러 대신 원자로와 열교환기를 사용
- 원자력 발전소의 단위 출력당 건설비가 화력 발전소에 비하여 고가
- 동일 출력일 경우 원자력 발전소의 터빈이나 복수기가 화력 발전소에 비하여 대형
- 원자력 발전소는 방사능에 대한 차폐 시설이 필요

② $_{92}U^{235}$ 1[g] 핵분열 시 발생열량 : 6,000[kcal/kg] 석탄 3.3[t]과 같은 양

③ 고속증식로 : 증식비가 1보다 큰 원자로

2. 원자로의 구성

① 감속재 : 중성자의 속도를 감속시키는 역할, 고속 중성자를 열중성자까지 감속시키는 역할
  감속재로서는 중성자 흡수가 적고 감속 효과가 큰 것이 좋다.
  H_2O(경수), D_2O(중수), C(흑연), Be(산화베릴륨) 등이 사용됨

② 제어봉 : 중성자의 밀도를 조절하여 원자로의 출력 조정
  중성자를 잘 흡수하는 물질인 B(붕소), Cd(카드뮴), Hf(하프늄)

③ 냉각재 : 원자로 내의 열을 외부로 운반하는 역할
  H_2O(경수), D_2O(중수), CO_2, He, 액체 Na 등이 사용됨

④ 차폐재 : 방사능(중성자, γ선)이 외부로 나가는 것을 차폐하는 역할
  납, 콘크리트 등이 사용

3. 원자력 발전소의 종류

① 비등수형(BWR) : 원자로 내에서 바로 증기를 발생시켜 직접 터빈에 공급(열교환기가 필요 없음)

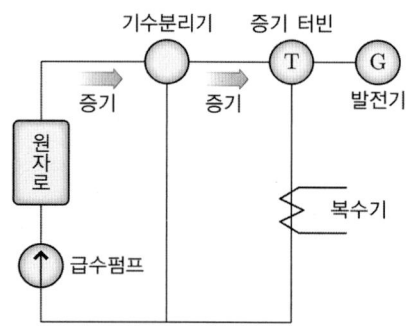

- 핵연료 : 저농축 우라늄
- 감속재, 냉각재 : H_2O(경수)
- 기수분리기 사용(물과 증기 분리)
- 방사능을 포함한 증기 우려

② 가압수형(PWR) : 원자로 내에서의 압력을 매우 높여 물의 비등을 억제함으로써 2차 측에 설치한 증기 발생기를 통하여 증기를 발생시켜 터빈에 공급하는 방식

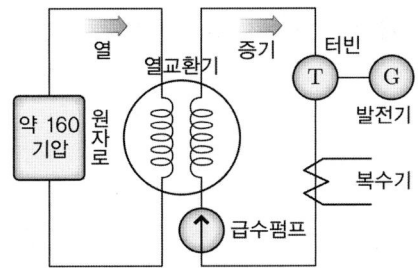

- 핵연료 : 저농축 우라늄
- 감속재, 냉각재 : H_2O(경수)
- 열교환기 필요

주요 문제

01 원자로의 감속재에 대한 설명으로 틀린 것은?

① 감속 능력이 클 것
② 원자 질량이 클 것
③ 사용 재료로 경수를 사용
④ 고속 중성자를 열 중성자로 바꾸는 작용

Explanation

감속재 : 고속의 중성자를 열중성자로 바꾸는 재료
- 중성자 흡수가 적고 원자질량이 적을 것
- 탄성 산란에 의해 감속되는 정도가 큰 것
- 감속능(slowing down power)과 감속비(moderating ratio)가 클 것
- 경수, 중수, 산화베릴륨, 흑연 등이 사용됨

【답】②

02 원자로의 냉각재가 갖추어야 할 조건이 아닌 것은?

① 열용량이 적을 것
② 중성자의 흡수가 적을 것
③ 열전도율 및 열전달 계수가 클 것
④ 방사능을 띠기 어려울 것

Explanation

냉각재
- 원자로 내의 열을 외부로 운반하는 역할
- 열용량이 클 것
- 열전도율과 비열이 클 것
- H_2O(경수), D_2O(중수), CO_2, He, 액체 Na 등

【답】①

03 비등수형 원자로의 특색이 아닌 것은?

① 열교환기가 필요하다.
② 기포에 의한 자기 제어성이 있다.
③ 방사능 때문에 증기는 완전히 기수분리를 해야 한다.
④ 순환펌프로서는 급수펌프뿐이므로 펌프동력이 작다.

Explanation

비등수형 원자로(BWR : Boiled Water Reactor) : 물을 원자로 내에서 직접 비등
- 연료 : 저농축 우라늄
- 감속재, 냉각재 : 경수
- 열교환기가 필요 없다.

【답】①

03 전기기기

1 직류기

1. 직류발전기

① 직류기의 3요소 : 전기자(유기기전력 발생), 계자(주자속 발생), 정류자(AC→DC)
   ※ 철심 : 규소강판(히스테리시스손 감소) 성층철심(와류손 감소)
② 전기자 권선법 : 고상권, 폐로권, 이층권

〈중권과 파권 비교〉

항목	단중 중권	단중 파권
전기자의 병렬회로 수	$a = P$	$a = 2$
브러시 수	$a = P = b$	$b = 2$
용도	저전압, 대전류	고전압, 소전류
균압접속	균압환 필요	불필요

③ 직류발전기 유기기전력 : $E = \dfrac{P}{a} Z \phi \dfrac{N}{60} = K\phi N [\text{V}]$
④ 전기자 반작용 : 전기자 전류에 의한 전기자 기자력이 계자 기자력에 영향을 미치는 현상
   (주자속이 감소하는 현상, 발전기는 유기기전력 감소, 전동기는 토크 감소)
- 전기자 반작용의 영향
  - 전기적 중성축 이동 : 발전기는 회전방향으로 이동, 전동기는 회전 반대방향으로 이동
  - 편자 작용 : 감자 작용, 교차자화 작용
  - 국부적으로 섬락 발생 : 공극의 자속분포 불균형으로 섬락(불꽃) 발생
- 대책 : 보상권선(전기자 전류와 반대 방향)

⑤ 양호한 정류를 얻는 조건
- 보극(전압정류)과 탄소 브러시(저항정류, 브러시 접촉저항이 클 것)
- 리액턴스 전압을 줄인다(인덕턴스를 적게 한다).
- 정류주기를 길게
- 회전속도를 느리게
- 브러시 접촉전압강하 > 리액턴스 전압

- 정류의 종류
  - 직선정류(이상적인 정류) : 불꽃 없는 정류
  - 정현파 정류 : 불꽃 없는 정류
  - 부족 정류 : 브러시 뒤편에 불꽃(정류말기)
  - 과정류 : 브러시 앞면에 불꽃(정류초기)

⑥ 직류발전기 분류
- 타여자 : 외부에서 자속 공급하므로 잔류자기가 없어도 발전 가능
  $E = V + I_a R_a [V], \; I = I_a [A]$
- 자여자 : 잔류자기가 있어야 발전 가능
  - 직권발전기 : 전기자와 계자가 직렬, $E = V + I_a(R_a + R_s)[V], \; I = I_a = I_f[A]$
  - 분권발전기 : 전기자와 계자가 병렬, $E = V + I_a R_a [V], \; I_a = I + I_f = \dfrac{P}{V} + \dfrac{V}{R_f}[A]$
  - 복권발전기 : $E = V + I_a(R_a + R_s)[V], \; I_a = I + I_f[A]$ 여기서, R_s : 직권계자저항[Ω]
    분권 발전기로 사용 : 직권 계자 권선 단락
    직권 발전기로 사용 : 분권 계자 권선 개방

⑦ 전압변동률 $\epsilon = \dfrac{V_0 - V}{V} \times 100 = \dfrac{E - V}{V} \times 100 = \dfrac{I_a R_a}{V} \times 100 [\%]$
- $\epsilon(+)$: 분권, 타여자 발전기($V_0 > V$)
- $\epsilon(0)$: 평복권 ($V_0 = V$: 무부하 전압=정격전압)
- $\epsilon(-)$: 과복권 발전기($V_0 < V$)

⑧ 직류발전기 병렬운전
- 병렬운전 조건
  - 극성, 단자전압 일치할 것, 용량은 임의
  - 외부 특성이 수하 특성일 것
  - 용량이 다를 경우 %부하 전류로 나타낸 외부 특성 곡선이 거의 일치할 것 :
      용량에 비례하여 부하 분담이 이루어질 것
  - 용량이 같은 경우, 외부 특성 곡선이 일치할 것
- 균압선 필요 : 직권, 복권발전기

2. 직류전동기

① 회전력(토크)

$$T = \dfrac{P_m}{\omega} = \dfrac{PZ}{2\pi a}\phi I_a = K\phi I_a [\text{N} \cdot \text{m}]$$

$$T = 0.975 \times \dfrac{P}{N} = 0.975 \times \dfrac{E \cdot I_a}{N} [\text{kg} \cdot \text{m}] \quad \text{여기서, 역기전력 } E = V - I_a R_a$$

② 직류전동기의 특성

종류	직류전동기의 특징
타여자	• (+), (−) 극성을 반대로 하면 ⇨ 회전 방향이 반대 • 정속도 전동기
분권	• 정속도 특성의 전동기 • 위험 상태 ⇨ 정격 전압, 무여자 상태 • (+), (−) 극성을 반대로 하면 ⇨ 회전 방향이 불변 • $T \propto I \propto \dfrac{1}{N}$
직권	• 변속도 전동기(전기철도용) • 부하에 따라 속도가 심하게 변한다. • (+), (−) 극성을 반대로 하면 ⇨ 회전 방향이 불변 • 위험 상태 ⇨ 정격 전압, 무부하 상태 • $T \propto I^2 \propto \dfrac{1}{N^2}$

③ 직류전동기 속도제어 : $n = K' \dfrac{V - I_a R_a}{\phi}$ (K' : 기계정수)

종류	특징
전압 제어	• 광범위 속도 제어 가능 • 워드 레오너드 방식 : 소형부하(엘리베이터에 사용) • 일그너 방식(부하가 급변, 대용량 부하−제철, 제강, 압연) : 플라이 휠 효과(관성 모멘트 증가)
계자 제어	• 정출력 제어
저항 제어	• 효율이 저하

④ 직류전동기 제동법
- 발전제동 : 전원 제거하여 발전기로 동작하여 저항에서 열로 소비
- 회생제동 : 전원 제거하여 발전기로 동작하여 발생전력을 전원으로 되돌리는 방식
- 역전제동 : 전기자와 계자의 접속을 반대로 접속, 역토크에 의한 제동

⑤ 직류전동기 기동법
- 기동저항(R_s) : 최대
- 계자저항기(FR) : 최소(0)

3. 직류기의 손실과 효율

① 직류기의 손실
- 가변손(부하손) : 동손, 표유부하손
- 고정손(무부하손) : 철손, 기계손, 풍손
- 최대 효율 조건 : 고정손=가변손(부하손)

② 직류기의 효율
- 실측효율 $\eta = \dfrac{출력}{입력} \times 100[\%]$

- 규약 효율

$$\eta = \frac{입력 - 손실}{입력} \times 100[\%] (전동기)$$

$$\eta = \frac{출력}{출력 + 손실} \times 100[\%] (발전기)$$

4. 직류기 온도 시험법
① 실부하법
② 반환 부하법(일반적으로 사용) : 블론델법, 홉킨슨법, 카프법

5. 절연물의 최고 허용온도

절연재료	Y	A	E	B	F	H	C
최고 허용온도 (단위 : ℃)	90	105	120	130	155	180	180℃ 초과

주요 문제

01 직류기의 전기자에 사용되는 권선법은?
① 단층권
② 2층권
③ 환상권
④ 개로권

Explanation

직류기 전기자 권선법
• 고상권, 폐로권, 이층권

【답】②

02 직류 분권 발전기의 전기자 권선을 단중 중권으로 감으면?
① 브러시 수는 극수와 같아야 한다.
② 균압선이 필요 없다.
③ 높은 전압, 작은 전류에 적당하다.
④ 병렬 회로수는 항상 2이다.

Explanation

중권과 파권 비교

비교항목	단중 중권	단중 파권
전기자의 병렬 회로수	a=P(mP)	a=2(2m)
브러시 수	a=P=b	b=2
용도	저전압, 대전류	고전압, 소전류
균압접속	균압환 필요	불필요

【답】①

03 정현파형의 회전 자계 중에 정류자가 있는 회전자를 놓으면 각 정류자편 사이에 연결되어 있는 회전자 권선에는 크기가 같고 위상이 다른 전압이 유기된다. 정류자 편수를 K 라 하면 정류자편 사이의 위상차는?
① π/K
② $2\pi/K$
③ K/π
④ $K/2\pi$

Explanation

정류자편 사이의 위상차 $\theta = \dfrac{2\pi}{K}$

【답】②

04 직류기의 전기자 반작용에 의한 영향이 아닌 것은?
① 자속이 감소하므로 유기기전력이 감소한다.
② 발전기의 경우 회전방향으로 기하학적 중성축이 형성된다.
③ 전동기의 경우 회전방향과 반대방향으로 기하학적 중성축이 형성된다.
④ 브러시에 의해 단락된 코일에는 기전력이 발생하므로 브러시 사이의 유기기전력이 증가한다.

Explanation

전기자 반작용
전기자 전류에 의한 전기자 기자력이 계자 기자력에 영향을 미치는 현상(주자속이 감소하는 현상)
발전기는 유기기전력감소, 전동기는 토크 감소

【답】④

05 직류기에서 전기자 반작용을 방지하기 위한 보상 권선의 전류 방향은?
① 전기자 전류의 방향과 같다.
② 전기자 전류의 방향과 반대이다.
③ 계자 전류의 방향과 같다.
④ 계자 전류의 방향과 반대이다.

주요 문제

> **Explanation**
>
> 보상권선 : 전기자 전류의 기전력을 상쇄하기 위하여 전기자 전류와 반대 방향으로 전류가 흐르게 한다.
>
> 【답】②

06 직류기에서 양호한 정류를 얻는 조건은?
① 정류주기를 작게 할 것
② 평균리액턴스 전압과 반대방향으로 정류전압을 유기한다.
③ 브러시의 접촉저항을 작게 할 것
④ 전기자 코일의 인덕턴스를 크게 할 것

> **Explanation**
>
> 양호한 정류를 얻는 방법
> - 보극 설치(평균리액턴스 전압과 반대방향으로 정류전압을 유기)
> - 접촉저항이 큰 탄소브러시 사용
> - 리액턴스 전압을 적게 한다.
> - 정류주기를 길게 한다.
>
> 【답】②

07 직류발전기의 정류 초기에 전류 변화가 크며 이때 발생되는 불꽃정류로 옳은 것은?
① 과정류
② 직선정류
③ 부족정류
④ 정현파정류

> **Explanation**
>
> 정류의 종류
> ① 직선정류(이상적인 정류) : 불꽃 없는 정류
> ② 정현파 정류 : 불꽃 없는 정류
> ③ 부족 정류 : 브러시 뒤편에 불꽃(정류말기)
> ④ 과정류 : 브러시 앞면에 불꽃(정류초기)
> 여기서, 직선정류와 정현파 정류를 양호한 정류라고 한다.
>
>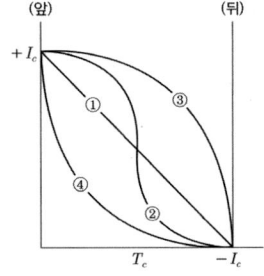
>
> 【답】①

08 4극, 중권, 총도체수 500, 1극의 자속수가 0.01[Wb]인 직류 발전기가 100[V]의 기전력을 발생시키는 데 필요한 회전수는 몇 [rpm]인가?
① 1,000
② 1,200
③ 1,600
④ 2,000

> **Explanation**
>
> 직류발전기 유기기전력 $E = \dfrac{PZ\phi N}{60a}$ [V]에서
>
> 회전수 $N = E \dfrac{60a}{PZ\phi} = 100 \times \dfrac{60 \times 4}{4 \times 500 \times 0.01} = 1,200$ [rpm]
>
> 【답】②

09 포화되지 않은 직류발전기의 회전수가 4배로 증가되었을 때 기전력을 전과 같은 값으로 하려면 자속을 속도 변화 전에 비해 얼마로 하여야 하는가?

① $\frac{1}{2}$ ② $\frac{1}{3}$ ③ $\frac{1}{4}$ ④ $\frac{1}{8}$

Explanation

직류발전기 유기기전력 $E = \frac{p}{a}Z\phi\frac{N}{60} = k\phi N$에서 여자(자속) $\phi \propto \frac{1}{N}$

따라서 기전력을 그대로 유지하기 위해서는 속도가 4배가 되면 여자는 $\frac{1}{4}$이 되어야 한다.

【답】③

10 계자 권선이 전기자에 병렬로만 연결된 직류기는?

① 분권기 ② 직권기
③ 복권기 ④ 타여자기

Explanation

직류 발전기의 종류
- 타여자 발전기 : 계자 권선이 외부에 있는 경우
- 직권 발전기 : 계자 권선이 전기자에 직렬로 있는 경우
- **분권 발전기** : 계자 권선이 전기자에 **병렬**로 있는 경우
- 복권 발전기 : 계자 권선이 전기자에 직렬 및 병렬로 있는 경우

【답】①

11 어떤 직류발전기의 유기기전력은 206[V]이다. 이 발전기에 1.25[Ω]의 부하저항을 연결하였을 때 단자전압은 195[V]였다. 전기자 저항은 약 몇 [Ω]인가?

① 0.0705 ② 0.0321
③ 0.0424 ④ 0.0894

Explanation

직류발전기 유기기전력 $E = V + I_a R_a$
타여자발전기라면 $I_a = I$
부하전류 $I = \frac{V}{R} = \frac{195}{1.25} = 156[A]$
전기자저항 $R_a = \frac{E-V}{I_a} = \frac{206-195}{156} = 0.0705[\Omega]$

【답】①

12 출력 300[kW], 전기자 저항 0.0083[Ω]의 직류 분권 발전기가 전부하에서 운전할 때 단자 전압 250[V] 계자 전류는 14[A]이다. 전부하에서의 유기기전력은 약 몇 [V]인가?

① 270 ② 260
③ 250 ④ 240

Explanation

직류 분권 발전기
$I_a = I + I_f$
부하 전류 $I = \frac{P}{V} = \frac{300 \times 10^3}{250} = 1,200[A]$
전기자 전류 $I_a = I + I_f = 1,200 + 14 = 1,214[A]$
유기기전력 $E = V + I_a R_a = 250 + 1,214 \times 0.0083 = 260.08[V]$

【답】②

주요 문제

13 직류 복권발전기를 안정적으로 병렬 운전하기 위해 필요한 것은?
① 기동보상기　　② 보상권선
③ 균압선　　④ 제동권선

Explanation

균압선 : 병렬 운전을 안정하게하기 위하여 설치하는 것
• 직권 및 복권 발전기

【답】③

14 전체 도체수는 100, 단중 중권이며 자극수는 4, 자속수는 극당 0.628[Wb]인 직류 분권전동기가 있다. 이 전동기의 부하 시 전기자에 5[A]가 흐르고 있었다면 이때의 토크[N·m]는?
① 12.5　　② 25
③ 50　　④ 100

Explanation

토크 $\tau = \dfrac{pz}{2\pi a}\phi I_a = \dfrac{4\times 100}{2\pi \times 4}\times 0.628 \times 5 = 50[\text{N}\cdot\text{m}]$

【답】③

15 직류전동기의 역기전력이 200[V], 매분회전수가 1,500[rpm], 전기자전류 100[A]로 운전하고 있을 때 발생토크는 몇 [kg·m]인가?
① 5.5　　② 16.2
③ 10　　④ 13

Explanation

직류 전동기 토크 $T = 0.975 \times \dfrac{E_c I_a}{N} = 0.975 \times \dfrac{200 \times 100}{1,500} = 13[\text{kg}\cdot\text{m}]$

【답】④

16 단자전압 120[V], 전기자 전류 100[A], 전기자 저항 0.2[Ω]인 직류 분권전동기의 발생 동력은 약 몇 [kW]인가?
① 1　　② 5
③ 10　　④ 3

Explanation

분권전동기 발생 동력 $P = EI_a$[W]에서
역기전력 $E = V - R_a I_a = 120 - 0.2 \times 100 = 100[\text{V}]$
따라서 발생 동력 $P = EI_a = 100 \times 100 \times 10^{-3} = 10[\text{kW}]$

【답】③

17 다음 직류전동기 중에서 속도 변동률이 가장 큰 것은?
① 직권 전동기　　② 분권 전동기
③ 차동 복권 전동기　　④ 가동 복권 전동기

Explanation

전동기의 속도변동률이 큰 순서
직권 〉 가동복권 〉 분권 〉 차동복권

【답】①

18 부하 전류가 크지 않을 때 직류 직권 전동기의 발생 토크는? 단, 자기 회로가 불포화인 경우이다.
① 전류의 제곱에 반비례한다. ② 전류에 반비례한다.
③ 전류에 비례한다. ④ 전류의 제곱에 비례한다.

Explanation

직류 직권 전동기의 특성
$I = I_a = I_f$, $T \propto I^2 \propto \dfrac{1}{N^2}$
따라서 토크는 전기자 전류의 제곱에 비례한다.

【답】 ④

19 직류 직권 전동기가 벨트를 걸고 운전하지 않도록 되어 있는 이유는?
① 벨트는 쉽게 고장나고 보수가 어려우므로 ② 손실을 적게 하기 위하여
③ 벨트가 벗겨지면 위험속도에 도달하므로 ④ 속도제어를 위해서

Explanation

직류 직권 전동기의 속도
$n = K \dfrac{V - I_a(R_a + R_s)}{\phi} = K' \cdot \dfrac{V - I(R_a + R_s)}{I}$
따라서 I(부하전류)가 변하면 속도가 크게 변하며 무부하 시에는 위험속도에 이를 수 있으므로 벨트 운전을 하다가 벨트가 벗겨지면 무부하가 되므로 위험속도가 된다.

【답】 ③

20 전동차에 적합한 직류 전동기의 종류는?
① 분권 전동기 ② 직권 전동기
③ 복권 전동기 ④ 타여자 전동기

Explanation

직류 직권전동기의 특징
- 변속도 전동기(전기철도용 전동차에 적합)
- 부하에 따라 속도가 심하게 변한다.
- +, - 극성을 반대로 하면 ⇨ 회전 방향이 불변
- 위험 상태 ⇨ 정격 전압, 무부하 상태
- $T \propto I^2 \propto \dfrac{1}{N^2}$

【답】 ②

21 직류전동기 속도제어 방법이 아닌 것은?
① 1차 저항 제어 ② 극수 제어
③ 전압 제어 ④ 계자 제어

Explanation

직류전동기 속도제어 $n = K' \dfrac{V - I_a R_a}{\phi}$ (K' : 기계정수)

종류	특징
전압 제어	• 광범위 속도제어 가능 • 워드 레오너드 방식 : 소형부하(엘리베이터에 사용) • 일그너 방식(부하 급변, 대용량 부하-제철, 제강, 압연) : 플라이휠 효과(관성 모멘트 증가) • 정토크 제어
계자 제어	• 정출력 제어
저항 제어	• 효율이 저하

【답】 ②

> 주요 문제

22 타여자 직류전동기에서 부하의 변동이 심할 때 광범위하고 안정되게 속도를 제어하는 가장 적당한 방식은?

① 계자 제어 방식
② 승압기 방식
③ 저항제어 방식
④ 일그너 방식

Explanation

직류 전동기 속도 제어 $n = K' \dfrac{V - I_a R_a}{\phi}$ (K' : 기계정수)

종류	특징
전압제어	• 광범위 속도 제어 가능, 운전 효율 우수 • 워드 레오너드 방식(광범위한 속도 조정(1 : 20), 효율 양호) • 일그너 방식(부하가 급변하는 곳, 플라이휠 효과 이용, 제철용 압연기) • 정토크 제어
계자제어	• 정출력 제어
저항제어	• 효율이 저하

【답】④

23 직류 전동기의 속도 제어법에서 워드 레오나드법은 다음 중 어떤 방식에 해당하는가?

① 계자 제어법
② 전기자 저항 제어법
③ 전압 제어법
④ 직병렬 제어법

Explanation

직류 전동기 속도 제어 $n = K' \dfrac{V - I_a R_a}{\phi}$ (K' : 기계정수)

종류	특징
전압 제어	• 광범위 속도 제어 가능 • 워드 레오나드 방식 : 소형부하(엘리베이터에 사용) • 일그너 방식(부하가 급변, 대용량 부하– 제철,제강,압연) : 플라이 휠 효과(관성 모멘트 증가) • 정토크 제어
계자 제어	• 정출력 제어
저항 제어	• 효율이 저하

【답】③

24 전기자저항 0.1[Ω], 직권계자 저항 0.2[Ω]의 직권 직류전동기에 200[V]를 가했더니 부하전류가 20[A]일 때 전동기의 속도는 약 몇 [rpm]인가?(단, 기계정수는 2.61이다)

① 1,519
② 1,613
③ 1,550
④ 1,488

Explanation

직류 직권전동기 : $I = I_a = I_f$

속도 $n = k \dfrac{V - I(R_a + R_s)}{I}$ [rps] (여기서, k는 기계정수)

$= 2.61 \times \dfrac{200 - 20(0.1 + 0.2)}{20} = 25.32$ [rps]

따라서 전동기속도 $N = 25.32 \times 60 = 1,519$ [rpm]

【답】①

주요 문제

25 직류전동기의 규약효율을 나타낸 식으로 옳은 것은?

① $\dfrac{출력}{입력} \times 100[\%]$

② $\dfrac{입력}{입력+손실} \times 100[\%]$

③ $\dfrac{출력}{출력+손실} \times 100[\%]$

④ $\dfrac{입력-손실}{입력} \times 100[\%]$

Explanation

규약 효율

- 전동기 : $\eta = \dfrac{입력-손실}{입력} \times 100[\%]$
- 발전기 : $\eta = \dfrac{출력}{출력+손실} \times 100[\%]$

【답】 ④

26 직류기의 손실 중에서 기계손으로 옳은 것은?

① 풍손
② 와류손
③ 표류 부하손
④ 브러시의 전기손

Explanation

직류기의 손실
- 고정손 (무부하손) : 철손(히스테리시스손, 와류손), 기계손(베어링 마찰손, 풍손)
- 부하손 (가변손) : 동손(전기자동손, 계자동손), 표유부하손

【답】 ①

27 직류기의 철손에 관한 설명으로 틀린 것은?

① 성층철심을 사용하면 와전류손이 감소한다.
② 철손에는 풍손과 와전류손 및 저항손이 있다.
③ 철에 규소를 넣게 되면 히스테리시스손이 감소한다.
④ 전기자 철심에는 철손을 작게하기 위해 규소강판을 사용한다.

Explanation

규소강판 : 히스테리시스손 감소, 성층철심 : 와류손 감소

【답】 ②

2 동기기

1. 동기발전기

① 동기속도 : $N_s = \dfrac{120f}{p}$ [rpm] $N_s \propto \dfrac{1}{p}$ (동기속도는 극수에 반비례)

② 회전계자형(전기자를 고정자로 하고 계자극을 회전자, 동기기)
- 절연이 용이하고 기계적으로 튼튼하다.
- 계자권선의 전원이 직류전압으로 소모 전력이 작다.
- 전기자권선은 전압이 높고 결선으로 복잡하다.
  ※ 유도자(inductor)형 : 계자와 전기자를 고정하고 유도자(권선이 없는 전기자)를 사용
  수백 ~ 수만 [Hz] 정도의 고주파 발전기로 사용
  ※ 초동기전동기 : 기동 토크가 크고 기동 전류가 적은 것이 특징이며, 단점으로는 2중
  베어링 장치와 브레이크 밴드 등의 특수 구조가 있어 고속 운전에는 부적당하다.

③ 전기자 권선법
- 분포권
  - 고조파 제거하여 기전력의 파형 개선, 누설리액턴스 감소
  - 분포권 계수 : $K_d = \dfrac{\sin\dfrac{\pi}{2m}}{q\sin\dfrac{\pi}{2mq}}$ 여기서, q : 매극매상의 슬롯수

  ※ 집중권 : 매극매상의 슬롯(홈)이 1개
- 단절권
  - 고조파 제거하여 기전력의 파형 개선, 동량 감소(권선 절약)
  - 단절권 계수 : $k_p = \sin\dfrac{\beta\pi}{2}$ 여기서, $\beta = \dfrac{코일피치}{극피치}$

  ※ 분포권, 단절권 사용 시 단점 : 유기기전력이 감소

④ 동기발전기 유기기전력
- $E = 4.44 f \phi \omega k_w$ [V]   여기서, k_ω : 권선계수, ω : 한 상당 직렬 권회수

- 전기자 주변속도 : $v = \pi D n = \pi D \dfrac{N_s}{60}$ [m/sec]

⑥ 전기자 반작용
- 횡축 반작용(교차 자화 작용)
  - 전기자 전류가 유기기전력과 동위상
  - 크기 : $I\cos\theta$
- 직축 반작용(발전기 : 전동기는 반대)
  - 감자 작용 : 전기자 전류가 유기기전력보다 위상이 $\pi/2$ 뒤질 때
  - 증자 작용 : 전기자 전류가 유기기전력보다 위상이 $\pi/2$ 앞설 때

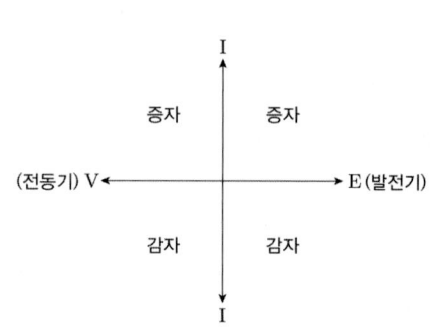

⑦ 동기 임피던스 : $Z_s = r_a + jx_s = r_a + j(x_a + x_l) = \sqrt{r_a^2 + (x_a + x_l)^2}\,[\Omega]$

    여기서, x_s : 동기리액턴스(지속적인 단락전류 제한)

           x_a : 반작용리액턴스

           x_l : 누설리액턴스(돌발 단락전류 제한)

- 단락전류 $I_s = \dfrac{E}{Z_s} \fallingdotseq \dfrac{E}{x_s}\,[A]$: 단락전류는 처음은 큰 전류이나 점차 감소

- %동기임피던스

  - $\%Z_s = \dfrac{I_n Z_s}{E} \times 100 = \dfrac{\frac{P_n}{\sqrt{3}\,V} Z_s}{\frac{V}{\sqrt{3}}} \times 100 = \dfrac{P_n Z_s}{V^2} \times 100\,[\%]$

  - % 동기 임피던스[PU] : $Z_s{'} = \dfrac{1}{K_s} = \dfrac{P_n Z_s}{V^2} = \dfrac{I_n}{I_s}\,[\text{PU}]$

  - 단락전류 $I_s = \dfrac{E}{Z_s}$ 에서 $\%Z = \dfrac{I_n}{I_s} \times 100\,[\%]$

⑧ 동기발전기 출력(원통형, 비돌극형)

- 1상 출력 : $P = \dfrac{EV}{x_s} \sin\delta\,[\text{W}]$

- 3상 출력 : $P = 3 \times \dfrac{EV}{x_s} \sin\delta\,[\text{W}]$(단상 출력의 3배)

⑨ 단락비

- 단락비를 구하기 위한 시험 : 무부하 포화곡선, 3상 단락 곡선

- 단락비 $K_s = \dfrac{1}{Z_s{'}\,[\text{PU}]} = \dfrac{V^2}{P_n Z_s} = \dfrac{I_s}{I_n}$

$$K_s = \dfrac{\text{무부하에서 정격 전압을 유기하는 데 필요한 계자 전류}}{\text{정격 전류와 같은 3상 단락 전류를 흘리는 데 필요한 계자 전류}}$$

$$= \dfrac{I_s}{I_n} = \dfrac{i_2}{i_1}$$

- "단락비가 크다"의 의미
  - 과부하 내량이 크다.
  - 기기치수가 크므로 손실이 크고 효율이 떨어진다.
  - 동기 임피던스가 적으므로 전압변동이 적고 안정도 우수하다.
  - 계자극이 커져서 전기자 반작용이 적다.
  - 수차형, 저속기

⑩ 동기발전기의 병렬운전

병렬운전 조건	문제점
기전력의 크기가 같을 것	무효순환전류(무효횡류)
기전력의 위상이 같을 것	동기화 전류(유효횡류) 수수전력 : $P_s = \dfrac{E^2}{2Z_s}\sin\delta$
기전력의 주파수가 같을 것	난조 발생
기전력의 파형이 같을 것	고조파 무효순환전류
상회전 방향이 같을 것	

※ 병렬운전 시 여자 조정
- A발전기 여자전류 증가
  - A발전기에는 지상전류가 흘러 A발전기의 역률이 저하
  - B발전기에는 진상전류가 흘러 B발전기의 역률은 개선
- B발전기 여자전류 증가
  - B발전기에는 지상전류가 흘러 B발전기의 역률이 저하
  - A발전기에는 진상전류가 흘러 A발전기의 역률은 개선

⑪ 동기발전기 자기여자 방지대책
- 수전단에 리액턴스가 큰 변압기 사용
- 발전기를 2대 이상 병렬 운전
- 동기 조상기를 부족여자로 사용

⑫ 난조
- 난조의 원인
  - 원동기의 조속기 감도가 너무 예민할 때
  - 전기자 저항이 너무 클 때
  - 부하가 급변할 때
  - 원동기 토크에 고조파가 포함될 때
- 난조의 방지 대책
  - 제동권선을 설치
  - 관성 모멘트를 크게(플라이 휠 효과를 크게)

⑬ 발전기 내부고장 보호 : 비율 차동 계전기

⑭ 발전기 안정도 증진법
- 단락비를 크게 한다.
- 동기 임피던스를 작게 한다.
- 관성모멘트를 크게(플라이휠 효과 크게) 한다.
- 조속기의 동작을 신속하게 한다.
- 속응 여자 방식을 선택한다.
- 동기 탈조 계전기를 사용한다.
- 정상 임피던스는 작게, 영상 및 역상 임피던스는 크게

2. 동기전동기

① 동기전동기 특징
- 정속도 전동기(속도 조정이 어렵다)
- 기동 어려움(자기기동법, 기동전동기법(극수가 2극 적은 유도기를 기동기로 사용)).
- 난조 발생 우려
- 역률 1.0으로 운전 가능(유도기에 비해 효율이 우수)
- 저속도 대용량의 전동기 : 대형 송풍기, 압축기, 압연기, 분쇄기

② 동기전동기 제동권선
- 난조 방지
- 기동토크 발생

③ 동기전동기의 위상 특성 곡선(V곡선)
- I_a(전기자 전류)와 I_f(계자 전류) 관계 곡선(출력 P는 일정)
- 과여자 : 앞선 역률(진상), 콘덴서로 작용
  부족여자 : 늦은 역률(지상), 리액터로 작용
- 역률 $\cos\theta = 1$ 일 때, 전기자 전류 최소

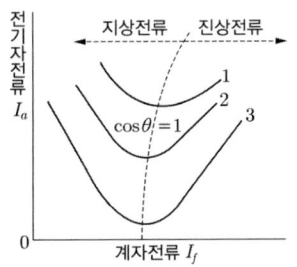

주요 문제

01 1상의 유도기전력이 6,000[V]인 동기발전기에서 1분간 회전수를 900[rpm]에서 1,800[rpm]으로 하면 유도기전력은 약 몇 [V]인가?

① 6,000
② 12,000
③ 24,000
④ 36,000

Explanation

동기속도 $N_s = \dfrac{120f}{p}$ 에서 $N_s = \dfrac{120f}{p} \propto f = \dfrac{1,800}{900} = 2$배

주파수가 2배이므로
유기기전력 $E = 4.44 f \omega k_w \Phi$ 에서 주파수가 2배가 되면 유기기전력도 2배가 된다.
∴ $E' = 6,000 \times 2 = 12,000 [V]$

【답】 ②

02 동기발전기에 회전계자형을 사용하는 경우에 대한 이유로 틀린 것은?

① 기전력의 파형을 개선한다.
② 전기자가 고정자이므로 고압 대전류용에 좋고, 절연하기 쉽다.
③ 계자가 회전자지만 저압 소용량의 직류이므로 구조가 간단하다.
④ 전기자보다 계자극을 회전자로 하는 것이 기계적으로 튼튼하다.

Explanation

동기 발전기 : 회전 계자형
- 계자는 기계적으로 튼튼하고 구조가 간단하여 회전 유리
- 계자회로는 직류로 소요 전력이 적다.
- 절연이 용이

【답】 ①

03 동기발전기에서 전기자 권선과 계자 권선이 모두 고정되고 유도자가 회전하는 것은?

① 수차 발전기
② 고주파 발전기
③ 터빈 발전기
④ 엔진 발전기

Explanation

유도자형 : 계자극과 전기자를 함께 고정시키고 그 중앙에 유도자라고 하는 권선이 없는 회전자를 갖춘 것으로 수백~수만 [Hz] 정도의 고주파 발전기로 사용

【답】 ②

04 중부하에서도 기동할 수 있도록 제작된 동기전동기 중 고정자인 전기자 부분이 회전자의 주위를 회전할 수 있도록 베어링부를 2중으로 하고 있는 것은?

① 유도자형 전동기
② 유도 동기 전동기
③ 초동기 전동기
④ 반작용 전동기

Explanation

초동기 전동기(자기기동 동기전동기)
기동 토크가 크고 기동 전류가 적은 것이 특징이며, 단점으로는 2중 베어링 장치와 브레이크 밴드 등의 특수 구조가 있어 고속 운전에는 부적당하다.

【답】 ③

05 3상 동기발전기의 전기자 권선을 2중 성형결선으로 했을 때 발전기의 용량은?

① $2\sqrt{3}\,EI$
② $\sqrt{3}\,EI$
③ $3EI$
④ $6EI$

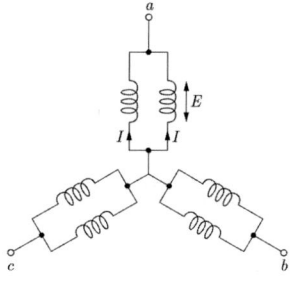

Explanation

2개의 권선 병렬연결
- 전압은 동일
- 임피던스는 $\dfrac{1}{2}$

Y결선
$V_l = \sqrt{3}\,V_p$ 에서 선간전압 $V_l = \sqrt{3}\,E$
$I_p = I_l = \dfrac{V_p}{Z}$ 에서 $I_l = \dfrac{E}{\dfrac{Z}{2}} = 2I$

피상전력 $P_a = \sqrt{3}\,V_l I_l = \sqrt{3} \times \sqrt{3}\,E \times 2I = 6EI$

【답】④

06 동기발전기에서 제 5고조파를 제거하기 위해서는 (β=코일피치/자극피치)가 얼마되는 단절권으로 해야 하는가?

① 0.9　　　　　　　　　　　　② 0.8
③ 0.7　　　　　　　　　　　　④ 0.6

Explanation

제 n고조파에 대한 단절권 계수 : $K_{pn} = \sin\dfrac{n\beta\pi}{2}$

제 5고조파를 제거 : $K_{pn} = \sin\dfrac{5\beta\pi}{2} = 0$

$\beta = 0, 0.4, 0.8, 1.2, \cdots$ 가 구해지나 이 중에서 1보다 작고 1에 가장 가까운 $\beta = 0.8$이 적당하다.

【답】②

07 동기발전기의 전기자권선을 분포권으로 하면 어떻게 되는가?

① 난조를 방지한다.　　　　　　　② 기전력의 파형이 좋아진다.
③ 권선의 리액턴스가 커진다.　　　④ 집중권에 비하여 합성 유기기전력이 증가한다.

Explanation

분포권 : 매극 매상의 도체를 각각의 슬롯에 분포시켜 감아주는 권선법
- 고조파 제거에 의한 기전력의 파형을 개선
- 누설 리액턴스를 감소
- 집중권에 비해 유기기전력이 K_d배로 감소

【답】②

주요 문제

08 3상 동기발전기의 매극 매상의 슬롯수를 3이라 할 때 분포권 계수는?

① $6\sin\dfrac{\pi}{18}$ ② $3\sin\dfrac{\pi}{36}$

③ $\dfrac{1}{6\sin\dfrac{\pi}{18}}$ ④ $\dfrac{1}{12\sin\dfrac{\pi}{36}}$

Explanation

분포권 계수 $K_d = \dfrac{\sin\dfrac{\pi}{2m}}{q\sin\dfrac{\pi}{2mq}} = \dfrac{\sin\dfrac{\pi}{2\times3}}{3\sin\dfrac{\pi}{2\times3\times3}} = \dfrac{1}{6\sin\dfrac{\pi}{18}}$

【답】 ③

09 3상 동기발전기에 유기기전력보다 90° 뒤진 전기자 전류가 흐를 때 전기자 반작용은?

① 증자 작용을 한다. ② 자기여자 작용을 한다.
③ 감자 작용을 한다. ④ 교차자화 작용을 한다.

Explanation

동기기의 전기자 반작용
① 횡축 반작용(교차 자화 작용)
 • 전기자 전류가 유기기전력과 동위상
 • 크기 : $I\cos\theta$
② 직축 반작용(발전기 : 전동기는 반대)
 • 감자 작용 : 전기자 전류가 유기기전력보다 위상이 $\pi/2$ 뒤질 때
 • 증자 작용 : 전기자 전류가 유기기전력보다 위상이 $\pi/2$ 앞설 때

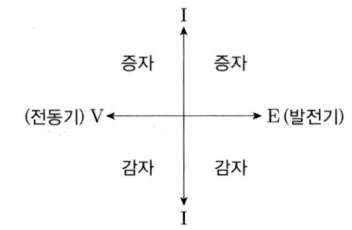

【답】 ③

10 동기발전기의 단자부근에서 단락 시 단락전류는?

① 서서히 증가하여 큰 전류가 흐른다. ② 처음부터 일정한 큰 전류가 흐른다.
③ 무시할 정도의 작은 전류가 흐른다. ④ 단락된 순간은 크나, 점차 감소한다.

Explanation

단락 초기에는 전기자 반작용이 순간적으로 나타나지 않기 때문에 막대한 과도전류가 흐르고, 수 초 후에는 영구단락 전류 값에 이르게 된다.

【답】 ④

11 원통형 회전자를 가진 동기발전기는 부하각 δ가 몇 도일 때 최대 출력을 낼 수 있는가?

① 0° ② 30°
③ 60° ④ 90°

Explanation

동기발전기의 출력(원통형 회전자(비철극기))은
$P = \dfrac{EV}{x_s}\sin\delta$ 이며
따라서 부하각 $\delta = 90°$에서 최대출력이 발생

【답】 ④

12 동기 리액턴스 $x_s = 10[\Omega]$, 전기자 저항 $r_a = 0.1[\Omega]$인 Y결선 3상 동기 발전기가 있다. 1상의 단자 전압은 $V = 4,000[V]$이고 유기기전력 $E = 6,400[V]$이다. 부하각 $\delta = 30°$라고 하면 발전기의 3상 출력[kW]은 약 얼마인가?

① 1,250
② 2,830
③ 3,840
④ 4,650

Explanation

3상 동기 발전기의 출력(원통형 회전자(비철극기))
$$P = 3\frac{EV}{x_s}\sin\delta = 3 \times \frac{6,400 \times 4,000}{10} \times \sin 30° \times 10^{-3} = 3,840[kW]$$

【답】③

13 동기발전기의 단락비를 개선하는 데 필요한 시험은?

① 무부하시험과 3상 단락시험
② 부하시험과 온도상승시험
③ 구속시험과 3상 단락시험
④ 정상, 역상, 영상 임피던스의 측정시험

Explanation

단락비 계산 : 무부하 포화 시험, 3상 단락시험

【답】①

14 정격출력 5,000[kVA], 정격전압 3.3[kV], 동기임피던스가 매상 1.8[Ω]인 3상 동기발전기의 단락비는 약 얼마인가?

① 1.1
② 1.2
③ 1.3
④ 1.4

Explanation

%동기임피던스
- $Z_s' = \frac{I_n Z_s}{E} \times 100 = \frac{P_n Z_s}{V^2} \times 100 = \frac{I_n}{I_s} \times 100[\%]$
- %동기임피던스[PU] $Z_s' = \frac{1}{K_s} = \frac{P_n Z_s}{V^2}$
- 단락비 $K_s = \frac{1}{Z_s'[PU]} = \frac{V^2}{P_n Z_s} = \frac{3,300^2}{5,000 \times 10^3 \times 1.8} = 1.21$

【답】②

15 동기발전기의 단락비가 1.2이면 이 발전기의 %동기임피던스[p·u]는?

① 0.12
② 0.25
③ 0.52
④ 0.83

Explanation

단락비 $K_s = \frac{1}{Z_s'[PU]} = 1.2$

$Z_s'[PU] = \frac{1}{K_s} = \frac{1}{1.2} = 0.83$

【답】④

16 단락비가 큰 동기기에 대한 설명으로 옳은 것은?

① 안정도가 높다.
② 기계가 소형이다.
③ 전압변동률이 크다.
④ 전기자 반작용이 크다.

주요 문제

> **Explanation**

단락비가 큰 동기기
- 전기자 반작용이 작다(동기 임피던스가 작다).
- 과부하 내량이 크다.
- 기계의 중량이 무겁고 고가이다.
- 전압 변동률이 작다.
- 송전 선로의 충전 용량이 크다.
- 안정도가 우수하다.
- 극수가 적은 저속기(수차형)

【답】①

17 3상 동기발전기를 병렬 운전시키는 경우 고려하지 않아도 되는 조건은?
① 기전력의 파형이 같을 것
② 기전력의 주파수가 같을 것
③ 회전수가 같을 것
④ 기전력의 크기가 같을 것

> **Explanation**

동기 발전기의 병렬 운전 조건

기전력의 크기가 같을 것	무효 순환 전류(무효 횡류)
기전력의 위상이 같을 것	동기화 전류(유효 횡류)
기전력의 주파수가 같을 것	난조 발생
기전력의 파형이 같을 것	고조파 무효 순환 전류
상회전 방향이 같을 것(3상)	

【답】③

18 병렬 운전을 하고 있는 두 대의 3상 동기 발전기 사이에 무효 순환 전류가 흐르는 경우는?
① 여자 전류의 변화
② 부하의 감소
③ 부하의 증가
④ 원동기의 출력 변화

> **Explanation**

동기 발전기의 병렬 운전 조건

기전력의 크기가 같을 것	무효 순환 전류(무효 횡류)

여자 전류의 변화는 유기기전력의 크기가 변하므로 두 발전기 사이에는 무효 순환 전류가 흐른다.

【답】①

19 동기발전기의 병렬 운전 중 위상차가 생기면 어떤 현상이 발생하는가?
① 무효 횡류가 흐른다.
② 무효 전력이 생긴다.
③ 유효 횡류가 흐른다.
④ 출력이 요동하고 권선이 가열된다.

> **Explanation**

동기 발전기의 병렬 운전 조건

기전력의 크기가 같을 것	무효순환전류(무효 횡류)
기전력의 위상이 같을 것	**동기화 전류(유효 횡류)**
기전력의 주파수가 같을 것	난조발생
기전력의 파형이 같을 것	고조파 무효 순환 전류
상회전 방향이 같을 것(3상)	

【답】③

주요 문제

20 2대의 3상 동기 발전기가 무부하로 운전하고 있을 때 대응하는 기전력 사이의 상차각이 30°라면 한쪽 발전기에서 다른 쪽 발전기로 공급하는 1상당 전력은 몇 [kW]인가?(단, 발전기 1상의 기전력은 2,000[V], 동기 임피던스 5[Ω]이고 전기자 저항은 무시한다)

① 100　　　　　　　　　　　　② 200
③ 300　　　　　　　　　　　　④ 400

Explanation

수수전력
동기 발전기를 무부하로 병렬 운전시킬 때 대응하는 기전력 사이에 δ_s의 위상차가 있으면 한 쪽 발전기에서 다른 쪽 발전기에 공급되는 전력

$P = \dfrac{E^2}{2Z_s}\sin\delta = \dfrac{2,000^2}{2\times 5}\sin 30° = \dfrac{2,000^2}{10}\times\dfrac{1}{2}\times 10^{-3} = 200[\text{kW}]$

【답】②

21 병렬 운전 중의 A, B 두 동기발전기 중에서 A발전기의 여자를 B발전기보다 강하게 하였을 경우 B발전기는?

① 90° 앞선 전류가 흐른다.　　　　② 90° 뒤진 전류가 흐른다.
③ 동기화 전류가 흐른다.　　　　　④ 부하 전류가 증가한다.

Explanation

병렬운전 시
① A발전기 여자전류 증가
　• A발전기에는 지상전류가 흘러 A발전기의 역률이 저하되며
　• B발전기에는 진상전류가 흘러 B발전기의 역률은 좋아지게 된다.

【답】①

22 동기 발전기의 제동권선의 주요 작용은?

① 제동작용　　　　　　　　　　② 난조방지작용
③ 시동권선작용　　　　　　　　④ 자려작용(自勵作用)

Explanation

동기발전기 제동 권선의 역할 : 난조 방지

【답】②

23 장거리 고압송전선이나 케이블 송전선을 무부하에서 충전하는 동기발전기의 자기여자현상 방지법으로 틀린 것은?

① 발전기에 콘덴서를 병렬로 접속한다.　　② 단락비가 큰 발전기를 사용한다.
③ 발전기 여러 대를 모선에 병렬로 접속한다.　④ 수전단에 리액턴스를 병렬로 접속한다.

Explanation

동기발전기 자기여자 현상
발전기 단자에 장거리 선로가 연결되어 있을 때 무부하 시 선로의 충전전류에 의해 단자 전압이 상승하여 절연이 파괴되는 현상
• 동기발전기 자기여자 방지책
　- 수전단에 리액턴스가 큰 변압기 사용
　- 발전기를 2 대 이상 병렬 운전
　- 동기 조상기를 부족여자(분로리엑터 채용)
　- 단락비가 큰 기계 사용

【답】①

주요 문제

24 동기발전기의 안정도를 증진시키기 위한 대책이 아닌 것은?
① 정상 임피던스를 작게 한다.   ② 속응 여자 방식을 사용한다.
③ 역상+영상 임피던스를 작게 한다.   ④ 회전자의 플라이 휠 효과를 크게 한다.

Explanation

동기발전기 안정도 증진법
- 단락비를 크게 한다.
- 동기 임피던스를 작게 한다.
- 관성모멘트를 크게(플라이휠 효과 크게) 한다.
- 조속기의 동작을 신속하게 한다.
- 속응 여자 방식을 선택한다.
- 동기 탈조 계전기를 사용한다.
- 정상 임피던스는 작게 하고 영상 및 역상 임피던스는 크게 한다.

【답】③

25 동기 전동기에 관한 설명 중 옳지 않은 것은?
① 기동 토크가 작다.   ② 난조가 일어나기 쉽다.
③ 여자기가 필요하다.   ④ 역률을 조정할 수 없다.

Explanation

동기전동기의 특징

장 점	단 점
① 속도가 N_s로 일정	① 기동토크가 작다.
② 역률 1로 조정 가능	② 속도 제어가 어렵다.
③ 효율이 좋다.	③ 직류 여자가 필요
④ 공극이 크고 기계적으로 튼튼하다	④ 난조가 일어나기 쉽다.

【답】④

26 동기 전동기에서 전기자 반작용을 설명한 것 중 옳은 것은?
① 공급전압보다 앞선 전류는 감자작용을 한다.
② 공급전압보다 뒤진 전류는 감자작용을 한다.
③ 공급전압보다 앞선 전류는 교차자화작용을 한다.
④ 공급전압보다 뒤진 전류는 교차자화작용을 한다.

Explanation

동기 전동기의 전기자 반작용
- 증자작용 : 전기자 전류가 단자전압보다 $\frac{\pi}{2}$ 뒤진 전류가 흐를 때
- 감자작용 : 전기자 전류가 단자전압보다 $\frac{\pi}{2}$ 앞선 전류가 흐를 때

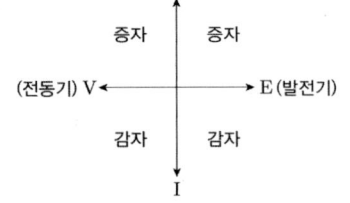

【답】①

주요 문제

27 동기 전동기에서 위상 특성 곡선은? 단, P는 출력, I는 전기자 전류, I_f는 계자 전류, $\cos\theta$는 역률이라 한다.

① P-I 곡선, I_f 일정
② P-I_f 곡선, I 일정
③ I_f-I 곡선, P 일정
④ I_f-I 곡선, $\cos\theta$ 일정

Explanation

동기 전동기의 위상 특성 곡선(V곡선)
- I_a 와 I_f 관계곡선(P는 일정)

【답】③

28 동기전동기의 전기자 전류가 최소일 때 역률은?

① 0.866
② 0
③ 0.707
④ 1

Explanation

동기 전동기의 위상 특성 곡선(V곡선)
- I_a 와 I_f 관계곡선 (P는 일정)
- 역률 $\cos\theta = 1$ 일 때, 전기자 전류 최소

【답】④

29 동기전동기의 여자전류를 증가하면 발생하는 현상으로 맞는 것은?

① 전기자 전류의 위상이 앞선다.
② 난조가 생긴다.
③ 토크가 증가한다.
④ 뒤진 무효전류가 흐르고 유도기전력은 높아진다.

Explanation

동기 전동기의 위상특성곡선(V곡선)
- I_a와 I_f 관계곡선(P는 일정)
- 계자전류의 변화에 대한 전기자 전류의 변화를 나타낸 곡선
- 과여자 : 앞선 역률(진상), 콘덴서
- 부족여자 : 늦은 역률(지상), 리액터
  역률 $\cos\theta = 1$일 때, 전기자 전류 최소

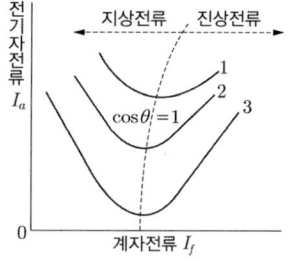

【답】①

30 동기전동기에서 출력이 100[%]일 때 역률이 1이 되도록 계자전류를 조정한 다음에 공급전압 V 및 계자전류 I_1를 일정하게 하고, 전부하 이하에서 운전하면 동기전동기의 역률은?

① 뒤진 역률이 되고, 부하가 감소할수록 역률은 낮아진다.
② 뒤진 역률이 되고, 부하가 감소할수록 역률은 좋아진다.
③ 앞선 역률이 되고, 부하가 감소할수록 역률은 낮아진다.
④ 앞선 역률이 되고, 부하가 감소할수록 역률은 좋아진다.

Explanation

전부하 운전시 역률이 1이므로
전부하 이하에서 운전하면 역률은 앞선 역률이 되어 부하가 감소할수록 역률은 더 낮아지게 된다.

【답】③

주요 문제

31 공장 선로에 뒤진 역률 0.85인 부하를 연결하는 경우 이 선로에 동기조상기를 병렬로 결선하여 부족여자로 운전할 때 선로의 역률로 옳은 것은?

① 앞선역률이며 역률은 더욱 나빠진다.
② 뒤진역률이며 역률은 더욱 좋아진다.
③ 뒤진역률이며 역률은 더욱 나빠진다.
④ 앞선역률이며 역률은 더욱 좋아진다.

Explanation

역률 $\cos\theta = 1$ 일 때, 전기자 전류 최소여기서, 부하의 역률이 뒤진(지상)이므로 부족여자로 공급하면 더욱 큰 지상이 되므로 역률은 나빠진다.
【답】③

32 동기 전동기에 설치된 제동 권선의 효과는?

① 정지 시간의 단축
② 출력 전압의 증가
③ 기동 토크의 발생
④ 과부하 내량의 증가

Explanation

제동 권선의 역할
- 난조 방지
- 기동 토크 발생
【답】③

33 다음 중 난조를 일으키는 원인으로 잘못된 것은 무엇인가?

① 원동기 토크에 고조파가 포함된 경우
② 원동기의 조속기 감도가 너무 예민한 경우
③ 부하가 갑자기 크게 변할 때
④ 전기자 저항이 상당히 작은 값인 경우

Explanation

난조의 원인
- 원동기의 조속기 감도가 너무 예민할 때
- 전기자 저항이 너무 클 때
- 부하의 급변
- 원동기 토크에 고조파가 포함될 때
- 관성모멘트가 작은 경우
【답】④

34 다음 전동기 중 역률이 가장 좋은 것은?

① 농형 유도 전동기
② 반발 기동 전동기
③ 동기 전동기
④ 교류 정류자 전동기

Explanation

동기 전동기 특징
- 정속도 전동기
- 기동이 어렵다(설비비가 고가).
- 역률 1.0로 조정 가능, 진상과 지상전류를 연속 공급 가능(동기조상기)
【답】③

35 동기전동기 중 반작용 전동기의 용도로 맞지 않는 것은?

① 전기화학용 전원
② 공업계기
③ 전기시계
④ 수차발전기의 조속기 구동용

Explanation

반작용 전동기(reaction motor), 릴럭턴스 모터(reluctance motor)
- 원리 : 고정자 회전자계의 자기유도에 의해 돌극 부분에서 발생하는 회전자계를 이용하는 동기전동기
- 응용분야 : 전기시계, 공업계기, 수차발전기의 조속기 구동 등
【답】①

36 우리나라 발전소에 설치되어 3상 교류를 발생하는 발전기는?
① 동기 발전기　　　　　　② 분권 발전기
③ 직권 발전기　　　　　　④ 복권 발전기

Explanation

동기발전기 : 우리나라 발전소에 설치되어 3상 교류 발전기

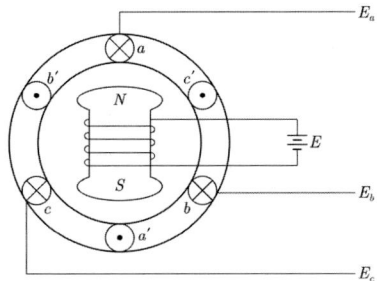

【답】①

3 변압기

1. 권수비

$$a = \frac{N_1}{N_2} = \frac{E_1}{E_2} = \frac{V_1}{V_2} = \frac{I_2}{I_1} = \sqrt{\frac{Z_1}{Z_2}} = \sqrt{\frac{R_1}{R_2}} = \sqrt{\frac{L_1}{L_2}}$$

2. 절연유의 구비조건

① 절연내력이 클 것
② 비열이 크고, 점도가 낮고, 냉각효과가 클 것
③ 인화점은 높고, 응고점은 낮을 것
④ 고온에서 산화하지 않고, 석출물이 생기지 않을 것

3. 절연열화 방지대책

① 콘서베이터(conservator) 설치
② 질소 봉입 방식
③ 흡착제 방식

4. 유기기전력

$$E = 4.44 f N \phi_m = 4.44 f N B_m S [\text{V}] \quad \text{여기서, } B_m \text{은 최대자속밀도}$$

최대자속밀도 $B_m = \dfrac{E}{4.44fSN}$ [Wb/m²]

5. 무부하 전류

$$I_o = Y_o V_1 = I_i + jI_\phi = \sqrt{I_i^2 + I_\phi^2} \ [\text{A}]$$

여기서, 자화전류 $I_\phi = \sqrt{I_0^2 - I_i^2} = \sqrt{I_0^2 - \left(\dfrac{P_i}{V_1}\right)^2}$ [A] (자속만을 공급)

6. 변압기 등가회로(2차를 1차로 환산)

① 등가회로 작성을 위한 시험 : 무부하 시험, 단락시험, 권선저항측정
- 단락 시험 : 임피던스 전압, 임피던스 와트, 동손
- 무부하 시험 : 여자 전류, 철손, 여자 어드미턴스

② 2차 전압 : $V_2' = V_1 = aV_2$

2차 전류 : $I_2' = I_1 = \dfrac{I_2}{a}$

2차 임피던스 : $Z_2' = \dfrac{V_2'}{I_2'} = \dfrac{aV_2}{\frac{I_2}{a}} = a^2 \dfrac{V_2}{I_2} = a^2 Z_2 \ (r_2' = a^2 r_2, \ x_2' = a^2 x_2)$

③ 2차를 1차로 환산한 등가 임피던스

$$Z_{21} = Z_1 + Z_2' = r_{21} + jx_{21} = \sqrt{r_{21}^2 + x_{21}^2} = \sqrt{(r_1 + a^2 r_2)^2 + (x_1 + a^2 x_2)^2} \, [\Omega]$$

④ 1차 단락전류 $I_{s1} = \dfrac{V_1}{Z_{21}} = \dfrac{V_1}{\sqrt{(r_1 + a^2 r_2)^2 + (x_1 + a^2 x_2)^2}}$

7. 백분율 강하

① %저항강하

$$p = \dfrac{I_{1n} r_{21}}{V_{1n}} \times 100 = \dfrac{P_s}{P_n} \times 100 [\%] \quad \text{여기서, } P_s \text{는 임피던스 와트(동손)[W]}$$

② %리액턴스 강하

$$q = \dfrac{I_{1n} x_{21}}{V_{1n}} \times 100 = \dfrac{I_{2n} x_{12}}{V_{2n}} \times 100 = \sqrt{Z^2 - p^2} \, [\%]$$

③ %임피던스(전압) 강하

$$\%Z = \dfrac{I_{1n} Z_{21}}{V_{1n}} \times 100 = \dfrac{V_{1s}}{V_{1n}} \times 100 = \dfrac{I_n}{I_s} \times 100 [\%]$$

여기서, V_{1s} : 임피던스 전압[V]

※ 임피던스 전압 : 정격전류가 흐를 때 변압기 내 전압 강하

④ 단락전류 $I_s = \dfrac{100}{\%Z} I_n \, [A]$

8. 전압변동률 : 전부하 시와 무부하 시의 2차 단자전압이 다른 정도

① 전압변동률 $\epsilon = \dfrac{V_{20} - V_{2n}}{V_{2n}} \times 100 [\%]$

$\quad\quad\quad\quad\quad\quad = p\cos\theta \pm q\sin\theta \quad\quad$ 여기서, + : 지상, - : 진상

② 최대 전압변동률 : $\epsilon_{max} = \%Z = \sqrt{p^2 + q^2}$

③ 무부하시 1차 단자전압 : $V_{10} = V_{1n}\left(1 + \dfrac{\epsilon}{100}\right) = a V_{2n}\left(1 + \dfrac{\epsilon}{100}\right) [V]$

9. 변압기 결선(단상 변압기 이용)

① Y, △결선 : $P_{Y,\triangle} = 3K \quad$ 여기서, K는 변압기 1대 용량

② V결선 : $P_V = \sqrt{3}\,K$

- 이용률 = $\dfrac{\sqrt{3}\,K}{2K} \times 100 = 86.6 [\%]$

- 출력비 = $\dfrac{\sqrt{3}\,K}{3K} \times 100 = 57.7 [\%]$

10. 변압기 상수 변환

① 3상 - 2상 : scott(스코트) 결선(=T결선, 권수비 $\frac{\sqrt{3}}{2}a$)

　　　　　　　Meyer(메이어) 결선

　　　　　　　wood bridge(우드 브리지) 결선

② 3상 - 6상 : Fork 결선, 2중 성형 결선, 환상 결선, 대각 결선, 2중 △결선

11. 변압기 병렬운전

① 병렬운전 조건
- 극성이 같을 것
- 1, 2차 정격전압 및 권수비가 같을 것(용량, 출력 무관)
- %강하가 같을 것(임피던스 전압이 같을 것)
- 내부저항과 리액턴스의 비가 같을 것
- 상회전 방향과 각 변위가 같을 것(3상 변압기)

② 변압기의 병렬운전이 가능한 결선과 불가능한 결선

가능	불가능
Y-Y와 Y-Y	Y-Y와 Y-△
Y-△와 Y-△	Y-△와 △-△
Y-△와 △-Y	
△-△와 △-△	△-Y와 Y-Y
△-Y와 △-Y	△-△와 △-Y
△-△와 Y-Y	

③ 부하분담
- 누설임피던스에는 역비례하고 변압기의 용량에는 비례
- $\dfrac{P_a}{P_b} = \dfrac{P_A}{P_B} \times \dfrac{\%Z_b}{\%Z_a}$

12. 단권변압기

① 특징
- 1, 2차 권선을 하나로 사용
  - 철량과 동량이 적고 손실이 적으며 효율이 우수
  - 1, 2차 간의 절연이 어렵다.
- 1, 2차 권선을 하나로 사용하므로 누설자속이 없어 누설리액턴스가 감소
  - 전압변동이 적고 안정도가 우수
  - 누설리액턴스가 적어 단락 시 대전류 발생
- 자기용량에 비해 큰 부하용량을 사용
- 단상과 3상 모두 사용

② $\dfrac{V_h}{V_l} = \dfrac{n_1 + n_2}{n_1} = \left(1 + \dfrac{n_2}{n_1}\right) = \left(1 + \dfrac{1}{a}\right)$

$\dfrac{자기용량}{부하용량} = \dfrac{e_2 I_2}{V_h I_2} = \dfrac{e_2}{V_h} \fallingdotseq \dfrac{V_h - V_l}{V_h}$

③ 단권변압기의 3상 결선

- V 결선 $\dfrac{자기용량}{부하용량} = \dfrac{2}{\sqrt{3}} \cdot \dfrac{V_h - V_l}{V_h}$

- Y 결선 $\dfrac{자기용량}{부하용량} = \dfrac{V_h - V_l}{V_h}$

- △ 결선 $\dfrac{자기용량}{부하용량} = \dfrac{V_h^2 - V_l^2}{\sqrt{3}\, V_h V_l}$

13. 변압기의 손실과 효율

① 변압기의 손실

- 동손 : 부하손($I^2 R$에 의한 손실)
- 철손 : 히스테리시스손+와류손($P_i = k\dfrac{E^2}{f}$), 와류손은 인가전압이 일정하면 $P_e \propto V^2$

② 효율

- 전부하 시 효율

$$\eta = \dfrac{출력}{출력 + 손실} \times 100 = \dfrac{P_n \cos\theta}{P_n \cos\theta + P_i + P_c} \times 100[\%] \quad 여기서,\ P_n : 변압기$$

- $\dfrac{1}{m}$ 부하 시 효율

$$\eta_{\frac{1}{m}} = \dfrac{\dfrac{1}{m} P_n \cos\theta}{\dfrac{1}{m} P_n \cos\theta + P_i + \left(\dfrac{1}{m}\right)^2 P_c} \times 100[\%]$$

- 최대효율조건
  - $P_i = P_c$(철손=동손) : 전부하시
  - $P_i \neq P_c$(철손≠동손) : $\dfrac{1}{m}$ 부하 시 $P_i = \left(\dfrac{1}{m}\right)^2 P_c$

    최대 효율 부하 : $\dfrac{1}{m} = \sqrt{\dfrac{P_i}{P_c}}$

- 최대효율

$$\eta_{\max} = \dfrac{\dfrac{1}{m} P_n \cos\theta}{\dfrac{1}{m} P_n \cos\theta + 2P_i} \times 100[\%]$$

• 전일효율(T 시간 운전)

$$\eta_{day} = \frac{T \times \frac{1}{m} P_n \cos\theta}{T \times \frac{1}{m} P_n \cos\theta + 24 P_i + T \times \left(\frac{1}{m}\right)^2 P_c} \times 100[\%]$$

14. 변압기 보호
① 전기적인 보호 방식 : 비율 차동 계전기(내부고장 보호 : 층간단락, 상간단락 등)
② 기계적인 보호 방식 : 부흐홀츠 계전기, 충격압력계전기, 방압안전장치, 유온계(온도계전기)

주요 문제

01 그림과 같은 변압기 회로에서 부하 R_2에 공급되는 전력이 최대로 되는 변압기의 권수비 a는?

① $\sqrt{5}$
② $\sqrt{10}$
③ 5
④ 10

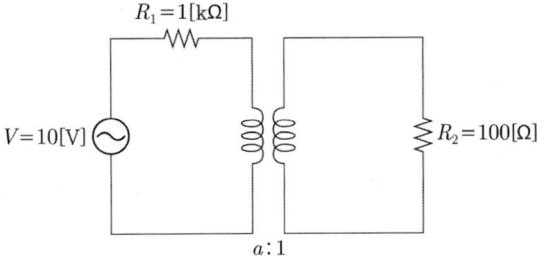

> **Explanation**
>
> 권수비 $a = \dfrac{N_1}{N_2} = \dfrac{V_1}{V_2} = \dfrac{I_2}{I_1} = \sqrt{\dfrac{Z_1}{Z_2}} = \sqrt{\dfrac{1,000}{100}} = \sqrt{10}$
>
> 【답】②

02 1차 전압 6,600[V], 권수비 30인 단상 변압기로 전등부하에 30[A]를 공급할 때 입력[kW]은? 단, 변압기의 손실은 무시한다.

① 4.4
② 5.5
③ 6.6
④ 7.7

> **Explanation**
>
> 변압기의 권수비
> $a = \dfrac{N_1}{N_2} = \dfrac{E_1}{E_2} = \dfrac{V_1}{V_2} = \dfrac{I_2}{I_1} = \sqrt{\dfrac{Z_1}{Z_2}}$ 에서 1차 전류 $I_1 = \dfrac{I_2}{a} = \dfrac{30}{30} = 1[A]$
> 전등 부하는 역률 $\cos\theta = 1$
> 입력 $P_1 = V_1 I_1 \cos\theta = 6,600 \times 1 \times 1 \times 10^{-3} = 6.6[kW]$
>
> 【답】③

03 권수비 $a = 6,600/220$, 60[Hz], 변압기의 철심 단면적 0.02[m²], 최대자속 밀도 1.2 [Wb/m²]일 때 1차 유기기전력은 약 몇 [V]인가?

① 1,407
② 3,521
③ 42,198
④ 49,814

> **Explanation**
>
> 유기기전력 $E_1 = 4.44 f \phi_m N_1 = 4.44 f B_m S N_1$ (자속 $\Phi_m = B_m S$)
> $= 4.44 \times 60 \times 1.2 \times 0.02 \times 6,600 ≒ 42,198[V]$
>
> 【답】③

04 철심의 단면적이 100[cm²]이고, 최대 자속밀도가 1.4[wb/m²]인 변압기가 있다. 60[Hz]의 정현파로서 1차에 6,300[V] 2차에 210[V]를 유도시키려면 각 권선의 권수는 약 얼마인가?(단, 철심의 점적률은 90[%]이다)

① 1차 : 1,877   2차 : 63
② 1차 : 1,523   2차 : 54
③ 1차 : 1,954   2차 : 67
④ 1차 : 1,780   2차 : 58

> **Explanation**
>
> 점적률이란, 철심을 자기회로로 사용하기 때문에 철심 내를 흐르는 자속의 양이 철심 단면에 대해서 어느 정도 유효하게 사용 되는가의 정도를 의미한다. 문제에서 주어진 철심의 점적률이 90[%]이므로 단면적 100[cm²]에 점적률을 곱하여 90[cm²]을 실제 단면적으로 보고 계산한다.

주요 문제

기전력 $E = 4.44 f B_m SN$에서 $N = \dfrac{E}{4.44 f B_m S}$ 이므로,

1차 권수 $N_1 = \dfrac{6{,}300}{4.44 \times 60 \times 1.4 \times 90 \times 10^{-4}} = 1{,}876.88$

2차 권수 $N_2 = \dfrac{210}{4.44 \times 60 \times 1.4 \times 90 \times 10^{-4}} = 62.56$

【답】①

05 변압기에 대한 설명으로 틀린 것은? (단, N_1, N_2은 1, 2차 권수 E_1, E_2는 1, 2차 유도기전력, I_1, I_2는 1, 2차 부하전류, f는 주파수, Φ_m는 자속이다)

① 3상 변압기의 권수비 $\dfrac{N_1}{N_2} = \dfrac{E_1}{E_2}$로 나타낸다.

② 전자유도작용에 의해 그 권선에 비례하여 유도기전력이 발생한다.

③ 1차 부하전류 $I_1 = \dfrac{N_1}{N_2} I_2$로 나타낸다.

④ 2차 유도기전력 $E_2 = 4.44 f N_2 \Phi_m$ [V]으로 나타낸다.

> **Explanation**
>
> 1) 변압기의 권수비 $a = \dfrac{N_1}{N_2} = \dfrac{E_1}{E_2} = \dfrac{V_1}{V_2} = \dfrac{I_2}{I_1} = \sqrt{\dfrac{Z_1}{Z_2}}$
> 2) 1차 유기기전력 $E_1 = 4.44 f N_1 \Phi_m$ [V]
>   2차 유기기전력 $E_2 = 4.44 f N_2 \Phi_m$ [V]

【답】③

06 변압기에서 사용되는 변압기유의 구비 조건으로 틀린 것은?

① 점도가 높을 것
② 응고점이 낮을 것
③ 인화점이 높을 것
④ 절연 내력이 클 것

> **Explanation**
>
> 절연유(변압기유)의 구비조건
> - 절연내력이 클 것
> - 점도가 적고 비열이 커서 냉각 효과가 클 것
> - 인화점은 높고, 응고점은 낮을 것
> - 고온에서 산화하지 않고, 침전물이 생기지 않을 것

【답】①

07 변압기에 콘서베이터의 용도는?

① 통풍장치
② 변압유의 열화방지
③ 강제순환
④ 코로나 방지

> **Explanation**
>
> 절연열화 방지대책
> - 콘서베이터(보조탱크) 설치
> - 질소 봉입 방식
> - 흡착제 방식

【답】②

주요 문제

08 변압기의 여자 어드미턴스 $Y_o[\mho]$를 표현하는 식은?(단, I_o는 여자전류, I_i는 철손전류, I_ϕ는 자화전류, g_o는 콘덕턴스, V_1는 인가전압이다)

① $Y_o = \dfrac{I_o}{V_1}$ ② $Y_o = \dfrac{I_i}{V_1}$

③ $Y_o = \dfrac{I_\phi}{V_1}$ ④ $Y_o = \dfrac{g_o}{V_1}$

Explanation

- 무부하 전류(여자전류) $I_o = Y_0 V_1$ [A]   (여기서, Y_o는 여자 어드미턴스)
- 여자 어드미턴스 $Y_o = \dfrac{I_o}{V_1}[\mho]$

【답】①

09 1차 전압 2,200[V], 무부하 전류 0.088[A], 철손 110[W]인 단상 변압기의 자화 전류는 약 몇 [A]인가?

① 0.05   ② 0.038
③ 0.072   ④ 0.088

Explanation

무부하 전류 $I_0 = \sqrt{I_i^2 + I_\phi^2}$
철손 전류 $I_i = \dfrac{P_i}{V_1} = \dfrac{110}{2,200} = 0.05$[A]이고
$0.088 = \sqrt{0.05^2 + I_\phi^2}$ 에서 $I_\phi = \sqrt{0.088^2 - 0.05^2}$
자화 전류 $I_\phi = 0.072$[A]

【답】③

10 전력용 변압기에서 1차에 정현파 전압을 인가하였을 때, 2차에 정현파 전압이 유기되기 위해서는 1차에 흘러들어가는 여자전류는 기본파 전류 외에 주로 몇 고조파 전류가 포함되는가?

① 제2고조파   ② 제3고조파
③ 제4고조파   ④ 제5고조파

Explanation

변압기 여자전류에는 제3고조파가 포함되어 있다.

【답】②

11 변압기의 무부하시험, 단락시험에서 구할 수 없는 것은?

① 철손   ② 전압변동률
③ 동손   ④ 절연내력

Explanation

변압기의 시험
- 무부하시험 : 여자 어드미턴스, 철손
- 단락시험 : 임피던스와트, 임피던스전압, 동손, 전압변동률

【답】④

12 변압기의 등가회로 작성에 필요한 시험이 아닌 것은?

① 단락시험   ② 권수비 측정
③ 무부하시험   ④ 저항 측정 시험

> **주요 문제**

Explanation

변압기의 시험
- 무부하시험 : 여자 어드미턴스, 철손
- 단락시험 : 임피던스와트, 임피던스전압, 동손, 전압변동률
- 권선 저항 측정

【답】②

13 변압기 2차를 단락할 경우 1차 단락전류는? (단, 여자전류에 의한 전압 강하는 무시하고, a는 권수비, 각각의 1차, 2차 전압, 전류 및 임피던스는 $V_1, I_1, Z_1, V_2, I_2, Z_2$이다)

① $(Y_1 + a^2 Y_2) V_2$
② $\dfrac{V_1}{Z_1 + a^2 Z_2}$
③ $\dfrac{V_1}{a^2 Z_1 + Z_2}$
④ $\dfrac{V_2}{Z_1 + a^2 Z_2}$

Explanation

1차 단락전류 $I_{s1} = \dfrac{E_1}{Z_{21}} = \dfrac{E_1}{Z_1 + Z_2{'}} = \dfrac{E_1}{Z_1 + a^2 Z_2}$

【답】②

14 3[kVA], 3,000/200[V]의 변압기의 단락시험에서 임피던스 전압 120[V], 동손 150[W]라 하면 %저항강하는 약 몇 [%]인가?

① 1
② 3
③ 5
④ 7

Explanation

%저항 강하 $p = \dfrac{I_{1n} r_{21}}{V_{1n}} \times 100 = \dfrac{I_{1n}^2 r_{21}}{V_{1n} I_{1n}} \times 100$

$= \dfrac{P_c}{P_n} \times 100 = \dfrac{150}{3,000} \times 100 = 5[\%]$ 여기서, P_n은 정격용량, P_c는 동손

【답】③

15 10[kVA], 2,000/100[V] 변압기에서 1차에 환산한 등가 임피던스는 $6.2 + j7[\Omega]$이다. 이 변압기의 %리액턴스 강하는?

① 3.5
② 0.175
③ 0.35
④ 1.75

Explanation

변압기 1차 정격전류 $I_{1n} = \dfrac{P}{V_{1n}} = \dfrac{10 \times 10^3}{2,000} = 5[A]$

리액턴스 강하 $q = \dfrac{I_{1n} x_{21}}{V_{1n}} \times 100 = \dfrac{5 \times 7}{2,000} \times 100 = 1.75[\%]$

【답】④

16 변압기 단락시험에서 변압기의 임피던스 전압이란?
① 여자 전류가 흐를 때의 2차측 단자 전압
② 정격 전류가 흐를 때의 2차측 단자 전압
③ 2차 단락 전류가 흐를 때의 변압기 내의 전압 강하
④ 정격 전류가 흐를 때의 변압기 내의 전압 강하

> **Explanation**

임피던스 전압 : 정격 전류가 흐를 때의 변압기 내의 전압 강하

【답】 ④

17 %임피던스가 5[%]인 변압기가 운전 중 단락되었을 때 단락전류는 정격전류의 몇 배가 되는가?
① 2 ② 5
③ 10 ④ 20

> **Explanation**

단락 전류 $I_s = \dfrac{100}{\%Z}I_n = \dfrac{100}{5} \times I_n = 20I_n$

【답】 ④

18 단상 변압기에 있어서 부하역률 80[%]의 지상 역률에서 전압변동률 4[%]이고, 부하역률 100[%]에서 전압변동률 3[%]라고 한다. 이 변압기의 퍼센트 리액턴스 약 몇 [%]인가?
① 2.7 ② 3.0
③ 3.3 ④ 3.6

> **Explanation**

전압변동률 $\epsilon = p\cos\theta + q\sin\theta$(+ : 지상, - : 진상)
부하역률 100(%)에서는 저항강하 $\epsilon = p = 3$
따라서 전압변동률 $\epsilon = p\cos\theta + q\sin\theta$에서
$4 = 3 \times 0.8 + q \times 0.6$ ∴ $q = 2.7$

【답】 ①

19 역률 100[%]일 때의 전압 변동률 ϵ은 어떻게 표시되는가?
① %저항강하 ② %리액턴스강하
③ %서셉턴스강하 ④ %임피던스강하

> **Explanation**

전압 변동률 $\epsilon = p\cos\theta + q\sin\theta$(+ : 지상, - : 진상)
부하역률 100[%]에서 $\epsilon = p$

【답】 ①

20 210/105[V]의 변압기를 그림과 같이 결선하고 고압측에 200[V]의 전압을 가하면 전압계의 지시는 몇 [V]인가?(단, 변압기는 가극성이다)
① 100
② 200
③ 300
④ 400

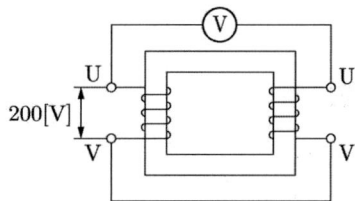

> **Explanation**

권수비 $a = \dfrac{210}{105} = 2$

$E_1 = 200$ [V]일 때, $E_2 = \dfrac{E_1}{a} = \dfrac{200}{2} = 100[V]$
가극성인 경우 $E_1 + E_2 = 200 + 100 = 300$
감극성인 경우 $E_1 - E_2 = 200 - 100 = 100$

【답】 ③

주요 문제

21 정격 부하에서 역률 0.8(뒤짐)로 운전될 때, 전압 변동률이 12[%]인 변압기가 있다. 이 변압기에 역률 100[%]의 정격 부하를 걸고 운전할 때의 전압 변동률은 약 몇 [%]인가?(단, %저항강하는 %리액턴스 강하의 1/12이라고 한다)

① 0.909　　　　② 1.5
③ 6.85　　　　　④ 16.18

Explanation

%저항강하는 %리액턴스강하의 $\frac{1}{12}$ 이므로

$p = \frac{1}{12}q$, $q = 12p$

전압 변동률 $\epsilon = p\cos\theta + q\sin\theta$ (+ : 지상, - : 진상)
$= p \times 0.8 + q \times 0.6 = 12[\%]$
$= p \times 0.8 + 12p \times 0.6 = 12[\%]$

$8p = 12$에서 %저항강하 $p = \frac{12}{8} = 1.5$이므로 %리액턴스강하 $q = 12p = 12 \times 1.5 = 18$

따라서 전압 변동률 $\epsilon = p\cos\theta + q\sin\theta$ (+ : 지상, - : 진상)에서
역률 100[%]이므로 $\epsilon = p = 1.5[\%]$

【답】②

22 어떤 변압기의 전부하운전 시 전압변동률이 부하역률 100[%]에서 2[%], 부하역률 80[%]에서 3[%]이다. 이 변압기의 전부하운전 시 최대 전압변동률[%]은 약 얼마인가?

① 4.2　　　　② 5.1
③ 6.2　　　　④ 3.1

Explanation

전압 변동률 $\epsilon = \frac{V_{20} - V_{2n}}{V_{2n}} \times 100 = p\cos\theta \pm q\sin\theta$ (지상 : +, 진상 : -)

문제에서
- 부하역률 100[%]일 때 $\epsilon = p = 2[\%]$
- 부하역률 80[%]일 때 $3 = 2 \times 0.8 + q \times 0.6$에서 $q = 2.3[\%]$

따라서 최대 전압변동률 $\epsilon_m = \sqrt{p^2 + q^2} = \sqrt{2^2 + 2.3^2} = 3.1[\%]$

【답】④

23 단상 변압기에서 전부하의 2차 전압은 100[V]이고, 전압변동률은 4[%]이다. 1차 단자 전압[V]은? 단, 1차, 2차 권선비는 20:1이다.

① 1,920　　　　② 2,080
③ 2,160　　　　④ 2,260

Explanation

전압 변동률 $\epsilon = \frac{V_{20} - V_{2n}}{V_{2n}} \times 100 = \frac{aV_{20} - aV_{2n}}{aV_{2n}} \times 100 = \frac{V_{10} - V_{1n}}{V_{1n}} \times 100$

따라서 무부하 1차 전압
$V_{10} = V_{1n}\left(1 + \frac{\epsilon}{100}\right) = aV_{2n}\left(1 + \frac{\epsilon}{100}\right) = 20 \times 100 \times \left(1 + \frac{4}{100}\right) = 2,080$ [V]

【답】②

24 단상 변압기의 병렬운전 시 요구사항으로 틀린 것은?

① 극성이 같을 것
② 정격출력이 같을 것
③ 정격전압과 권수비가 같을 것
④ 저항과 리액턴스의 비가 같을 것

> **Explanation**

변압기 병렬 운전 조건
- 극성, 권수비, 1, 2차 정격전압이 같을 것
- [%]임피던스 강하가 같을 것
- 내부저항과 리액턴스의 비인 $\dfrac{x}{r}$가 같을 것

【답】②

25 단상 변압기를 병렬 운전하는 경우 부하 전류의 분담은 어떻게 되는가?
① 용량에 비례하고 누설 임피던스에 비례한다.
② 용량에 비례하고 %임피던스 강하에 역비례한다.
③ 용량에 역비례하고 %임피던스 강하에 비례한다.
④ 용량에 역비례하고 누설 임피던스에 역비례한다.

> **Explanation**

변압기의 병렬 운전 시 부하분담

$\dfrac{I_a}{I_b} = \dfrac{I_A}{I_B} \times \dfrac{\%Z_b}{\%Z_a}$: 분담전류는 정격전류(용량)에 비례하고 누설 임피던스에 반비례

【답】②

26 변압기의 1차측을 Y결선, 2차측을 △결선으로 한 경우 1차와 2차 간의 전압의 위상차는?
① 0°   ② 30°
③ 45° ④ 60°

> **Explanation**

Y결선과 △결선과는 30°의 위상차가 존재한다.

【답】②

27 400[kVA] 단상변압기 3대를 △ − △ 결선으로 사용하다가 1대의 고장으로 V − V 결선을 하여 사용하면 약 몇 [kVA] 부하까지 걸 수 있겠는가?
① 400   ② 566
③ 693   ④ 800

> **Explanation**

V결선 : $P_V = \sqrt{3}\,K = \sqrt{3} \times 400 = 693\,[\text{kVA}]$ 여기서, K는 변압기 1대 용량

【답】③

28 3상 배전선에 접속된 V결선의 변압기에서 전부하 시의 출력을 100[kVA]라 하면 같은 용량의 변압기 한 대를 증설하여 △결선하였을 때의 정격출력은 몇 [kVA]인가?
① 50   ② $100\sqrt{3}$
③ 100   ④ $50\sqrt{3}$

> **Explanation**

- V결선 $P_V = \sqrt{3}\,K$ (여기서, K는 변압기 1대 용량)
- △결선 $P_\triangle = 3K = \sqrt{3}\,P_V = \sqrt{3} \times 100 = 100\sqrt{3}$

【답】②

주요 문제

29 3권선(Y-Y-△) 변압기의 3차 권선에 대한 설명으로 틀린 것은?
① 3차 권선에서 발전소내용 전력 등 별개의 방식으로 전력을 공급한다.
② 3차 권선에 조상기를 접속하여 송전선의 전압조정에 사용된다.
③ 고압배전선의 전압을 승압하는 용도로 사용된다.
④ 제3고조파 전압이 생겨서 파형 변형을 방지하기 위해 제3의 권선을 별도로 설치한다.

Explanation

초고압 송전용 3권선 변압기(Y-Y-△)결선
3차권선(안정권선)의 용도
- 제3고조파 제거
- 소내전력공급용
- 조상설비 채용

【답】③

30 3상 전원을 이용하여 2상 전압을 얻고자 할 때 사용하는 결선 방법은?
① Scott 결선
② Fork 결선
③ 환상 결선
④ 2중 3각 결선

Explanation

변압기 상수 변환법
- 3상에서 2상 변환 : scott 결선(=T결선), Meyer 결선, wood bridge 결선
- 3상에서 6상 변환 : Fork 결선, 2중 성형 결선 환상 결선, 대각 결선, 2중△결선

【답】①

31 정격전압, 정격주파수가 6,600/220[V], 60[Hz] 와류손이 720[W]인 단상변압기가 있다. 이 변압기를 3,300[V], 50[Hz]의 전원에 사용하는 경우 와류손은 약 몇 [W]인가?
① 120
② 150
③ 180
④ 200

Explanation

전압이 일정한 경우 와류손은 전압의 제곱에 비례하므로
$P_e' = 720 \times \left(\dfrac{3,300}{6,600}\right)^2 = 180[\text{W}]$

【답】③

32 일정 전압 및 일정 파형에서 주파수가 상승하면 변압기 철손은 어떻게 변하는가?
① 증가한다.
② 감소한다.
③ 불변이다.
④ 증가와 감소를 반복한다.

Explanation

철손 $P_i = k\dfrac{E^2}{f}$ ∴ 전압이 일정하고 주파수가 상승하면 철손은 감소한다.

【답】②

33 출력 10[kVA] 정격전압에서 철손이 120[W], 뒤진 역률 0.7, 3/4부하에서 효율이 가장 큰 단상변압기가 있다. 역률 1일 때의 최대효율[%]은?
① 96.9
② 99.0
③ 98.5
④ 97.8

Explanation

최대효율 $\eta = \dfrac{\dfrac{1}{m}P_n\cos\theta}{\dfrac{1}{m}P_n\cos\theta + 2P_i} \times 100[\%] = \dfrac{10 \times \dfrac{3}{4} \times 10^3 \times 1}{10 \times \dfrac{3}{4} \times 10^3 \times 1 + 120 \times 2} \times 100 = 96.9[\%]$ 【답】①

34 변압기의 전일효율을 최대로 하기 위한 조건은?
① 전부하 시간과 관계없이 전부하 철손과 동손을 같게 한다.
② 전부하 시간이 길수록 철손을 적게 한다.
③ 전부하 시간이 짧을수록 무부하 손을 적게 한다.
④ 전부하 시간이 짧을수록 철손을 크게 한다.

Explanation

전일효율 $\eta_{day} = \dfrac{T \times \dfrac{1}{m}P_n\cos\theta}{T \times P_n\cos\theta + 24P_i + T \times (\dfrac{1}{m})^2 P_c} \times 100[\%]$

즉, 전부하 시간이 길수록 철손 P_i를 크게 하고 짧을수록 철손 P_i를 작게 한다. 【답】③

35 단권 변압기의 설명으로 틀린 것은?
① 분로권선과 직렬권선으로 구분된다.
② 1차 권선과 2차 권선의 일부가 공통으로 사용된다.
③ 3상에는 사용할 수 없고 단상으로만 사용한다.
④ 분로권선에서 누설자속이 없기 때문에 전압변동률이 적다.

Explanation

단권 변압기의 특징
- 1, 2차 권선이 하나이므로 동량과 철량이 감소되어 손실이 적고 효율이 우수
- 누설 리액턴스가 적어 전압 변동이 적다.
- 단락 시 대전류가 흐를 수 있다.
- 자기 용량 보다 큰 부하 용량 사용 가능
- 단상 및 3상에서 사용이 가능

【답】③

36 1차 전압 100[V], 2차 전압 200[V], 선로 출력 60[kVA]인 단권 변압기의 자기 용량은 몇 [kVA]인가?
① 15　　　　② 20
③ 25　　　　④ 30

Explanation

$\dfrac{\text{자기 용량}}{\text{부하 용량}} = \dfrac{e_2 I_2}{V_h I_2} = \dfrac{e_2}{V_h} \fallingdotseq \dfrac{V_h - V_l}{V_h}$

자기 용량 $= \dfrac{V_h - V_l}{V_h} \times$ 부하 용량 $= \dfrac{200 - 100}{200} \times 60 = 30[\text{kVA}]$ 【답】④

주요 문제

37 1차 전압 V_1, 2차 전압 V_2인 단권변압기를 Y결선했을 때, 부하용량에 대한 자기용량의 비는? (단, $V_1 > V_2$이다)

① $\dfrac{V_1 - V_2}{\sqrt{3}\, V_1}$
② $\dfrac{\sqrt{3}\,(V_1 - V_2)}{2V_1}$
③ $\dfrac{V_1 - V_2}{V_1}$
④ $\dfrac{V_1^2 - V_2^2}{\sqrt{3}\, V_1 V_2}$

Explanation

단권변압기 Y결선
$\dfrac{\text{자기 용량}}{\text{부하 용량}} = \dfrac{V_h - V_l}{V_h} = \dfrac{V_1 - V_2}{V_1}$ (승압용)

【답】③

38 변압기의 보호에 사용되지 않는 것은?
① 온도 계전기
② 과전류 계전기
③ 임피던스 계전기
④ 비율 차동 계전기

Explanation

변압기 보호 : 비율차동 계전기, 부흐홀츠 계전기, 압력 계전기, 온도 계전기

【답】③

39 변압기의 내부고장 보호에 사용되지 않는 계전기는?
① 과전압 계전기
② 비율차동 계전기
③ 차동전류 계전기
④ 부흐홀츠 계전기

Explanation

변압기 내부 고장 보호용
- 전기적인 보호 : 비율 차동 계전기
- 기계적인 보호 : 부흐홀츠 계전기, 유온계(온도계전기), 유위계, 충격압력 계전기

【답】①

4 유도기

1. 슬립과 전부하 속도

① 슬립 : $s = \dfrac{N_s - N}{N_s}$

② 전부하속도 : $N = (1-s)N_s$

③ 유도전동기, 유도발전기, 유도제동기
- 유도전동기 : $0 < s < 1$
- 유도발전기($N_s < N$) : $s < 0$
- 유도제동기(역회전) : $1 < s < 2$

④ 유도전동기와 동기전동기의 비교
- 동기기의 회전속도 : N_s
- 유도기의 회전속도 : $N = (1-s)N_s = N_s - sN_s$
- 같은 극수로는 유도기는 동기속도보다 sN_s 만큼 늦기 때문에 2극 적은 것을 사용

2. 회전 시 슬립과의 관계

① 회전 시 2차 주파수 : $f_{2s} = sf_1$

② 회전 시 2차 유도기전력 : $E_{2s} = sE_2$

③ 회전 시 2차 전류 : $I_{2s} = \dfrac{E_{2s}}{Z_{2s}} = \dfrac{sE_2}{r_2 + jsx_2} = \dfrac{sE_2}{\sqrt{(r_2)^2 + (sx_2)^2}} = \dfrac{E_2}{\sqrt{\left(\dfrac{r_2}{s}\right)^2 + x_2^2}}$ [A]

3. 등가회로

① 등가저항
- $R = \dfrac{1-s}{s} r_2'$ [Ω]
- 등가저항은 기계적인 2차 출력을 발생시키는 상수

② 3상 출력 : $P_0 = 3I_1^2 R$ [W]

4. 전력변환

① 출력(P_0) = 2차 입력(P_2) − 2차 동손(P_{c2})

② $P_0 = P_2 - P_{c2} = P_2 - sP_2 = (1-s)P_2$

$P_2 = \dfrac{P_0}{1-s}$ 이며 $P_{c2} = sP_2$ 이므로 2차 동손 $P_{c2} = \dfrac{s}{1-s} P_0$

cf) 만약 기계손(P_m)이 있다면 2차 동손 $P_{c2} = \dfrac{s}{1-s}(P_0 + P_m)$

③ 2차 효율 $\eta_2 = \dfrac{P_0}{P_2} = \dfrac{(1-s)P_2}{P_2} = 1-s = \dfrac{N}{N_s} = \dfrac{\omega}{\omega_s}$

5. 토크(회전력)

① $\tau = 0.975 \times \dfrac{P_2}{N_s}$ [kg·m], 동기와트 : $P_2 = 1.026 N_s \tau$ [W]

② $\tau = 0.975 \times \dfrac{P_0}{N}$ [kg·m]

③ $\tau \propto V^2$, $s \propto \dfrac{1}{V^2}$

④ 최대 토크가 되기 위한 슬립 : $s_{Tm} = \dfrac{r_2}{\chi_2}$

6. 비례추이(권선형 유도전동기)

① 2차 합성저항의 변화에 따라 슬립이 변화. 기동 시 기동토크가 크고 기동전류가 감소
   최대토크는 불변

② $\dfrac{r_2}{s_1} = \dfrac{r_2 + R}{s_2}$

③ 비례추이 할 수 있는 특성 : 1차 전류, 2차 전류, 역률, 동기 와트 등
   비례추이 할 수 없는 특성 : 출력, 2차 동손, 효율 등

7. 원선도(원선도의 지름은 전압에 비례하고 리액턴스에 반비례)

① 원선도를 그리기 위한 시험
- 저항 측정
- 무부하(개방) 시험 : 철손, 여자전류
- 구속(단락) 시험 : 동손, 임피던스 전압, 단락전류

② 원선도에서 구할 수 없는 것 : 기계적 출력, 기계손
   원선도에서 구할 수 있는 것 : 1차 입력, 2차 입력(동기와트), 철손, 1차 동손, 2차 동손

8. 유도전동기 기동법

① 농형 유도전동기의 기동법
- 전전압 기동(직입기동) : 5 [kW] 이하의 소형
- Y-△기동 : 기동전류 제한을 위해(5~15[kW] 정도)
  기동전류 : 1/3, 기동전압 : $1/\sqrt{3}$
- 기동 보상기법 : 단권변압기를 이용한 감전압 기동, 15[kW] 이상
- 리액터 기동 : 리액터에 의한 감전압 기동

② 권선형 전동기의 기동법
- 2차 저항기동법 : 비례추이 이용
- 게르게스(Gerges)법

9. 유도전동기 속도 제어

	특징
농형	① 주파수 변환법 • 역률이 양호하며 연속적인 속도 제어가 되지만, 전용 전원이 필요 • 인견·방직 공장의 포트 모터, 선박의 전기추진장치 ② 극수 변환법 ③ 전압 제어법 : 전원 전압의 크기를 조절하여 속도 제어
권선형	① 2차 저항법 : 비례추이를 이용한 것 ② 2차 여자법 : 회전자 기전력과 같은 주파수 전압을 인가하여 속도 제어 ③ 종속접속법 • 직렬종속법 : $N = \dfrac{120}{P_1 + P_2} f$ • 차동종속법 : $N = \dfrac{120}{P_1 - P_2} f$ • 병렬종속법 : $N = 2 \times \dfrac{120}{P_1 + P_2} f$

① 직류 분권전동기와 3상 권선형 유도 전동기의 특징
- 속도 변동률 적음
- 저항으로 속도 조정

② 2중 농형유도전동기
- 기동 토크가 크고, 기동 전류가 작다. 열이 많이 발생하여 효율은 낮다.
- 기동용 권선 : 저항이 크고 리액턴스가 적다.
- 운전용 권선 : 저항이 적고 리액턴스가 크다.

10. 단상유도전동기(기동토크가 큰 순서)

반발기동형 > 반발유도형 > 콘덴서기동형 > 분상기동형 > 셰이딩코일형 > 모노사이클릭형

11. 유도 전압조정기

유도전동기와 변압기 원리를 이용한 전압조정기

종류	단상 유도 전압조정기	3상 유도 전압조정기
전압조정 범위	$V_2 = V_1 + E_2 \cos\theta [V]$	$V_2 = \sqrt{3}(V_1 \pm E_2)[V]$
조정 용량	$P_2 = E_2 I_2 \times 10^{-3} [kVA]$	$P_2 = \sqrt{3} E_2 I_2 \times 10^{-3} [kVA]$
특징	• 단권변압기의 원리(교번자계) • 입력과 출력 위상차 없음 • 단락권선 필요	• 3상 유도전동기의 원리(회전자계) • 입력과 출력 위상차 있음 • 단락권선 필요 없음

12. 제동법

① 발전제동 : 운전 중의 전동기를 전원에서 분리하여 단자에 적당한 저항을 접속하고 이것을 발전기로 동작시켜 저항에서 열로 소비하여 제동
② 회생제동 : 전동기를 발전기로 동작시켜 그 유도기전력을 전원 전압보다 크게 함으로써 전력을 전원에 되돌려 보내면서 제동시키는 경제적인 방법

③ 역상 제동(플러깅) : 3상 중 2상의 접속을 변경하여 회전 방향과 반대의 토크를 발생시켜, 갑자기 정지 또는 역전시키는 방법
④ 전기각과 기계각

전기각$(\alpha_e) = \dfrac{p}{2} \times$기하각$(\alpha)$

주요 문제

01 주파수 60[Hz], 슬립 0.2인 경우 회전자 속도가 720[rpm]일 때 유도전동기의 극수는?

① 4
② 6
③ 8
④ 12

Explanation

슬립 $s = \dfrac{N_s - N}{N_s}$, $N = (1-s)N_s$

동기속도 $N_s = \dfrac{N}{1-s} = \dfrac{720}{1-0.2} = 900[\text{rpm}]$

$N_s = \dfrac{120f}{p}$, $p = \dfrac{120f}{N_s} = \dfrac{120 \times 60}{900} = 8[\text{극}]$

【답】③

02 유도전동기로 동기전동기를 기동하는 경우, 유도전동기의 극수는 동기전동기의 극수보다 2극 적은 것을 사용하는 이유로 옳은 것은? (단, s는 슬립이며 N_s는 동기속도이다)

① 같은 극수의 유도전동기는 동기속도보다 sN_s 만큼 늦으므로
② 같은 극수의 유도전동기는 동기속도보다 sN_s 만큼 빠르므로
③ 같은 극수의 유도전동기는 동기속도보다 $(1-s)N_s$ 만큼 늦으므로
④ 같은 극수의 유도전동기는 동기속도보다 $(1-s)N_s$ 만큼 빠르므로

Explanation

- 동기기의 회전속도 : N_s
- 유도기의 회전속도 : $N = (1-s)N_s = N_s - sN_s$

같은 극수로는 유도기는 동기속도보다 sN_s 만큼 늦기 때문에 2극 적은 것을 사용한다.

【답】①

03 3상 유도전동기의 회전방향은 이 전동기에서 발생되는 회전자계의 회전 방향과 어떤 관계가 있는가?

① 아무 관계도 없다.
② 회전자계의 회전 방향으로 회전한다.
③ 회전자계의 반대 방향으로 회전한다.
④ 부하 조건에 따라 정해진다.

Explanation

3상 유도전동기
대칭 3상 권선에 3상 교류 전압을 공급하며 3상 평형전류가 흐르면 회전자계가 발생하게 되고, 이 회전자계에 의해 회전자는 회전자계 방향으로 회전한다.

【답】②

04 50[Hz], 6극, 200[V], 10[kW]의 3상 유도 전동기가 960[rpm]으로 회전하고 있을 때의 2차 주파수 [Hz]는?

① 2
② 4
③ 6
④ 8

Explanation

동기속도 $N_s = \dfrac{120f}{P} = \dfrac{120 \times 50}{6} = 1,000[\text{rpm}]$

슬립 $s = \dfrac{N_s - N}{N_s} = \dfrac{1,000 - 960}{1,000} = 0.04$

회전 시 2차주파수 $f_{2s} = sf_1 = 0.04 \times 50 = 2[\text{Hz}]$

【답】①

> 주요 문제

05 3상 유도기에서 출력의 변환 식으로 옳은 것은?

① $P_0 = P_2 + P_{2c} = \dfrac{N}{N_s}P_2 = (2-s)P_2$

② $(1-s)P_2 = \dfrac{N}{N_s}P_2 = P_0 - P_{2c} = P_0 - sP_2$

③ $P_0 = P_2 - P_{2c} = P_2 - sP_2 = \dfrac{N}{N_s}P_2 = (1-s)P_2$

④ $P_0 = P_2 + P_{2c} = P_2 + sP_2 = \dfrac{N}{N_s}P_2 = (1+s)P_2$

Explanation

유도전동기 출력변환 식
$P_2 : P_o : P_{c2} = 1 : 1-s : s$

출력 $P_o = P_2 - P_{c2} = P_2 - sP_2 = (1-s)P_2 = \dfrac{N}{N_s}P_2 = \dfrac{\omega}{\omega_s}P_2$

【답】③

06 정격 출력이 7.5[kW]의 3상 유도전동기가 전부하 운전에서 2차 저항손이 300[W]이다. 슬립은 약 몇 [%]인가?

① 3.85
② 4.61
③ 7.51
④ 9.42

Explanation

2차 입력 $P_2 = P_0 + P_{c2} = 7.5 + 0.3 = 7.8[\text{kW}]$

2차 동손 $P_{c2} = sP_2$ 따라서 슬립 $s = \dfrac{P_{c2}}{P_2}\times 100 = \dfrac{0.3}{7.8}\times 100 = 3.85[\%]$

【답】①

07 3상 유도전동기의 기계적 출력 P[W], 회전수 N[rpm]인 전동기의 토크는 약 몇 [kg·m]인가?

① $0.46\dfrac{P}{N}$
② $0.55\dfrac{P}{N}$
③ $0.855\dfrac{P}{N}$
④ $0.975\dfrac{P}{N}$

Explanation

전동기 토크 $\tau = 0.975\times\dfrac{P[\text{W}]}{N} = 975\times\dfrac{P[\text{kW}]}{N}[\text{kg}\cdot\text{m}]$

【답】④

08 극수 P의 3상 유도전동기가 주파수 f, 슬립 s, 토크 T[N·m]로 회전하고 있을 때 출력은 몇 [W]인가?

① $T\dfrac{4\pi f}{P}s$
② $T\dfrac{4\pi f}{P}(1-s)$
③ $T\dfrac{4Pf}{\pi}s$
④ $T\dfrac{\pi f}{2P}(1-s)$

Explanation

토크 $\tau = \dfrac{P_0}{\omega} = \dfrac{P_0}{2\pi \dfrac{N}{60}} = \dfrac{P_0}{\dfrac{2\pi}{60}(1-s)N_s} = \dfrac{P_0}{\dfrac{2\pi}{60}(1-s)\dfrac{120f}{p}} = \dfrac{P_0}{\dfrac{4\pi f(1-s)}{p}}$ [N·m]

출력 $P_0 = \dfrac{4\pi f(1-s)}{p} T$

【답】②

09 6극인 유도전동기의 토크가 τ이다. 극수를 12극으로 변환하였다면 변환한 후의 토크는?

① τ ② 2τ ③ $\dfrac{\tau}{2}$ ④ $\dfrac{\tau}{4}$

Explanation

$N_s = \dfrac{120f}{p}$

$\tau = 0.975 \times \dfrac{P_2}{N_s} = 0.975 \times \dfrac{P_2\, p}{120f}$

∴ $\tau \propto p$

토크는 극수에 비례하므로 극수가 2배가 되면 토크도 2배가 된다.

【답】②

10 유도전동기의 특성에서 토크와 2차 입력, 동기속도의 관계로 옳은 것은?

① 토크는 2차 입력에 비례하고 동기속도에 비례한다.
② 토크는 2차 입력에 비례하고 동기속도에 반비례한다.
③ 토크는 2차 입력과 동기속도에 모두 반비례한다.
④ 토크는 2차 입력과 동기속도에 모두 비례한다.

Explanation

유도전동기 토크 $T = 0.975 \times \dfrac{P_2}{N_s}$ [kg·m]

토크는 2차 입력에 비례하고 동기속도에 반비례한다.

【답】②

11 3상 유도전동기의 슬립이 s일 때 2차 효율[%]은?

① $(1-s) \times 100$ ② $(2-s) \times 100$
③ $(3-s) \times 100$ ④ $(4-s) \times 100$

Explanation

2차 효율 $\eta_2 = \dfrac{P_0}{P_2} \times 100 = \dfrac{(1-s)P_2}{P_2} \times 100 = (1-s) \times 100 = \dfrac{N}{N_s} \times 100 = \dfrac{\omega}{\omega_0} \times 100$ [%]

【답】①

12 200[V], 60[Hz], 4극, 20[kW]의 3상 유도 전동기가 있다. 전부하일 때의 회전수가 1,728[rpm]이면 2차 효율[%]은?

① 45 ② 56
③ 96 ④ 100

Explanation

동기속도 $N_s = \dfrac{120f}{p} = \dfrac{120 \times 60}{4} = 1,800$[rpm]

2차 효율 $\eta_2 = \dfrac{P_o}{P_2} \times 100 = (1-s) \times 100 = \dfrac{N}{N_s} \times 100 = \dfrac{1,728}{1,800} \times 100 = 96$[%]

【답】③

주요 문제

13 75[kW], 6극, 200[V]인 3상 유도전동기가 있다. 정격전압으로 기동하면 기동전류는 정격전류의 615[%]이고, 기동토크는 전부하 토크의 225[%]이다. 기동토크를 전부하 토크의 150[%]로 하기 위해서는 기동전압을 약 몇 [V]로 하면 되는가?
① 163
② 153
③ 143
④ 133

Explanation

유도전동기의 토크는 전압의 제곱에 비례 : $T \propto V^2$
따라서 기동전압 $V' = \sqrt{\dfrac{T'}{T}}\, V = \sqrt{\dfrac{150}{225}} \times 200 = 163[V]$

【답】①

14 비례추이와 관계있는 전동기로 옳은 것은?
① 동기전동기
② 농형 유도전동기
③ 단상정류자전동기
④ 권선형 유도전동기

Explanation

비례추이의 원리 : 권선형 유도전동기

【답】④

15 3상 권선형 유도전동기의 토크 비례추이곡선에서 비례추이 제량은 무엇인가?
① 2차 저항
② 회전수
③ 슬립
④ 공급전압의 크기

Explanation

비례추이의 원리 : 권선형 유도 전동기에서 2차 저항이 증가하면 토크 곡선 등이 슬립이 증가하는 방향으로 2차 저항에 비례하며 이동

【답】①

16 3상 권선형 유도전동기에서 2차측 저항을 2배로 하면 그 최대토크는 어떻게 되는가?
① 불변이다.
② 2배 증가한다.
③ $\dfrac{1}{2}$ 로 감소한다.
④ $\sqrt{2}$ 배 증가한다.

Explanation

비례추이의 원리 : 권선형 유도전동기
- 슬립이 2차 합성저항에 비례
- 최대 토크는 불변, 최대 토크의 발생 슬립은 변화
- 기동 전류는 감소하고, 기동 토크는 증가
- $\dfrac{r_2}{s} = \dfrac{r_2 + R}{s'}$

【답】①

17 3상 권선형 유도전동기의 전부하 슬립이 4[%], 2차 1상의 저항이 0.3[Ω]이다. 이 유도전동기의 기동토크를 전부하 토크와 같도록 하기 위해 외부에서 2차에 삽입해야 할 저항의 크기는 몇 [Ω]인가?
① 2.8
② 3.5
③ 4.8
④ 7.2

Explanation

비례추이의 원리 : 권선형 유도전동기
$\dfrac{r_2}{s} = \dfrac{r_2 + R}{s'}$ 에서 $\dfrac{0.3}{0.04} = \dfrac{0.3 + R}{1}$
2차 외부저항 $R = 7.5 - 0.3 = 7.2\,[\Omega]$

【답】 ④

18 3상 농형 유도전동기의 기동방법으로 틀린 것은?

① Y-△ 기동
② 전전압 기동
③ 리액터 기동
④ 2차 저항에 의한 기동

Explanation

3상 유도전동기 기동법

농형 유도전동기	① 전전압 기동(직입기동) : 5[HP] 이하(3.7[kW]) ② Y-△ 기동(5~15[kW])급 : 전류 1/3배, 전압 $1/\sqrt{3}$ 배 ③ 기동 보상기법 : 단권변압기 사용하여 감전압기동 ④ 리액터 기동법
권선형 유도전동기	① 2차 저항 기동법 ⇨ 비례 추이 이용 ② 게르게스법

【답】 ④

19 농형 유도전동기에 주로 사용되는 속도 제어법은?

① 극수 변환법
② 종속 접속법
③ 2차 저항 제어법
④ 2차 여자 제어법

Explanation

농형 유도전동기 속도 제어법
- 주파수 변환법
- 극수 변환법
- 전압 제어법

【답】 ①

20 유도전동기의 2차 회로에 2차 주파수와 같은 주파수로 적당한 크기와 적당한 위상의 전압을 외부에서 가해주는 속도제어법은?

① 1차 전압 제어
② 2차 저항 제어
③ 2차 여자 제어
④ 극수 변환 제어

Explanation

2차 여자법(슬립 제어)
유도전동기 회전자의 외부에서 슬립링을 통해 슬립 주파수 전압을 인가하여 회전자 슬립에 의한 속도를 제어하는 방식

【답】 ③

21 유도 전동기에서 권선형 회전자에 비해 농형 회전자의 특성이 아닌 것은?

① 구조가 간단하고 효율이 좋다.
② 견고하고 보수가 용이하다.
③ 중, 소형 전동기에 사용된다.
④ 대용량에서 기동이 용이하다.

Explanation

권선형과 농형의 비교

주요 문제

구분	비교
농형	① 구조가 간단, 보수용이 ② 효율이 좋다. ③ 속도 조정이 곤란하다. ④ 기동 토크가 작아 대형이 되면 기동이 곤란하다.
권선형	① 중형과 대형에 많이 사용 ② 기동이 쉽고 속도 조정 용이

【답】④

22 농형 유도전동기의 기동 특성상의 결함은?
① 기동 [kVA]가 작고 기동토크가 적다.
② 기동 [kVA]가 작고 기동토크가 크다.
③ 기동 [kVA]가 크고 기동토크가 크다.
④ 기동 [kVA]가 크고 기동토크가 적다.

Explanation

농형유도전동기 : 기동용량이 크고 기동토크가 적고 기동전류가 크므로
　　　　　　　　대용량에는 사용하기 어렵다.

【답】④

23 유도전동기의 슬립에 대한 설명으로 옳은 것은?
① 2차 효율 η_2는 슬립이 클수록 커진다.
② 회전 시 2차 유도기전력 주파수는 정지 시 2차 유도기전력 주파수의 $\frac{1}{s}$ 배이다.
③ 정지 상태에서 $s = 0$이다.
④ 슬립이 작을수록 동기속도에 가깝게 회전한다.

Explanation

① 슬립
$$s = \frac{N_s - N}{N_s} \quad (여기서, 고정자속도 \ N_s = \frac{120f}{p} [rpm])$$
유도전동기 : $0 < s < 1$ 여기서, $N=0$ 즉, 정지 시 슬립은 1
　　　　　　　　　　　　　　$N=N_s$ 슬립이 0이면 동기속도와 같은 속도로 회전
② 운전 시 2차 유도기전력 $E_{2s} = sE_2$
③ 2차 효율 $\eta_2 = \frac{P_0}{P_2} = \frac{(1-s)P_2}{P_2} = 1-s$ 즉, 슬립이 커지면 2차 효율은 감소

【답】④

24 유도 전동기에 게르게스(Gorges) 현상이 생기는 슬립은 대략 얼마인가?
① 0.25
② 0.50
③ 0.70
④ 0.80

Explanation

게르게스(Gorges) 현상 : 3상 권선형 유도 전동기의 2차회로 중 1선이 단선된 경우에 약간의 과부하 상태에서
　　　　　　　　　　　슬립 $s = 0.5$ 부근에서 가속되지 않는 현상

【답】②

25 유도전동기의 원선도에 대한 설명으로 옳은 것은?
① 원선도 상에서 직접 기계적 출력을 얻을 수 있다.
② 원선도를 작성하기 위해서는 부하시험을 하여야 한다.
③ 원선도를 작성하기 위해서는 슬립을 측정하여야 한다.
④ 원선도의 지름은 전압에 비례하고 리액턴스에 반비례한다.

> **Explanation**

유도전동기 원선도
- 원선도에서 구할 수 있는 것 : 1차 입력, 1차 동손, 동기 와트
- 원선도에서 구할 수 없는 것 : 기계적 출력, 기계손

유도전동기 원선도 : 전류에 의한 궤적이므로 반경 $r \propto \dfrac{E}{x}$

【답】 ④

26 유도전동기에서 인가전압이 일정하고 주파수가 정격치에서 수 [%] 감소할 때 다음 현상 중 해당되지 않는 것은?

① 누설리액턴스가 증가한다. ② 동기속도가 감소한다.
③ 효율이 감소한다. ④ 철손이 증가한다.

> **Explanation**

주파수가 감소
- 철손 $P_i \propto \dfrac{E^2}{f}$ 이므로 철손이 증가 ⇒ 철손(손실)이 증가하면 효율은 저하
- 동기속도 $N_s = \dfrac{120f}{p}$ 이므로 속도는 감소
- 누설리액턴스 $X_L = \omega L = 2\pi f L$ 이므로 누설리액턴스는 감소

【답】 ①

27 단상 유도전동기의 기동방법 중 기동토크가 가장 큰 것은?

① 반발기동형 ② 분상기동형
③ 셰이딩 코일형 ④ 콘덴서 분상 기동형

> **Explanation**

단상유도전동기(기동 토크가 큰 순서)
반발기동형 > 반발유도형 > 콘덴서기동형 > 분상기동형 > 셰이딩코일형 > 모노사이클릭형

【답】 ①

28 단상 유도전압 조정기의 1차 전압 100[V], 2차 전압 100±50[V], 2차 전류는 50[A]이다. 이 유도전압 조정기의 정격용량은 몇 [kVA]인가?

① 2.5 ② 3.5
③ 5.0 ④ 6.5

> **Explanation**

단상 유도전압조정기 용량 $W = E_2 I_2 \times 10^{-3}$ [KVA]
$= 50 \times 50 \times 10^{-3} = 2.5$ [kVA] 여기서, E_2 : 조정전압

【답】 ①

29 극수가 24일 때, 전기각 180°에 해당되는 기계각은?

① 7.5° ② 15°
③ 22.5° ④ 30°

> **Explanation**

전기각 $(\alpha_e) = \dfrac{p}{2} \times$ 기하각(α)
기하각 $(\alpha) = \dfrac{2}{p} \times$ 전기각$(\alpha_e) = \dfrac{2}{24} \times 180 = 15°$

【답】 ②

5 교류정류자기

1. 단상 정류자 전동기
① 반발 전동기 : 브러시를 단락시켜 기동하며 브러시를 이용하여 토크 및 속도 제어
  아트킨손형, 톰슨형, 데리형
② 단상 직권 정류자 전동기(만능 전동기(Universal motor))
- 직·교류 양용
- 종류 : 직권형, 보상형, 유도보상형
- 특징
  - 역률 및 정류 개선을 위해 약계자, 강전기자형으로 함
  - 역률 개선을 위해 보상권선 설치
  - 회전속도를 증가시킬수록 역률이 개선됨
  - 저항도선 : 단락전류 작게
- 용도 : 75[W] 미만의 가정용 미싱, 소형 공구, 치과 의료용 엔진 등에 사용

2. 3상 직권 정류자 전동기
① 3상 직권 정류자 전동기의 특징
- $T \propto I^2 \propto \dfrac{1}{N^2}$ 로서 변속도 특성
- 토크는 거의 전류의 제곱에 비례하며 기동 토크가 크다.
- 효율은 저속에서는 나쁘나 동기속도 근처에서 가장 좋다.
- 역률은 동기속도 근처나 그 이상에서는 매우 양호

② 중간 변압기를 사용하는 목적
- 전원 전압의 크기에 관계없이 정류자의 전압 조정이 가능
- 중간 변압기의 권수비를 조정하여 전동기 특성을 조정
- 경부하시 직권 특성($T \propto I^2 \propto \dfrac{1}{N^2}$)이므로 속도 상승을 억제
- 실효권수비 조정

3. 스텝 모터(Stepping Motor)
① 피드백 루프가 필요 없이 오픈 루프로 손쉽게 속도 및 위치 제어가 가능
② 디지털 신호를 직접 제어 가능, 디지털 기기와 인터페이스가 용이
③ 가속, 감속이 용이하며 정·역전 및 변속이 용이
④ 위치 제어를 할 때 각도 오차가 적음
⑤ 회전각과 속도는 펄스 수에 비례

4. 서보모터(Servo Motor)

위치, 방향, 자세, 각도 제어. 조작기기로 사용함

① 기동토크가 커야 한다(기동토크가 교류용보다 크다).
② 급가감속, 정역 운전이 가능
③ 직류용과 교류용
④ 관성모멘트가 적을 것(회전자를 가늘고 길게 할 것)
⑤ 토크 – 속도곡선이 수하특성
⑥ 제어 권선 전압이 0일 때 정지

5. 브러시레스(Brushless) DC 서보 모터

① 기동 토크가 크고 효율이 우수하다.
② 기계적 시정수가 적고 응답이 빠르다.
③ 맥동이 적고 안정하다.
④ 관성 모멘트가 적다(회전자가 가늘고 길다).

주요 문제

01 단상 정류자 전동기의 일종인 단상 반발 전동기에 해당되는 것은?
① 시라게 전동기
② 아트킨손형 전동기
③ 단상 직권 정류자 전동기
④ 반발 유도 전동기

Explanation

반발 전동기(브러시를 단락시켜 브러시 이동으로 기동 토크, 속도 제어)
• 종류 : 아트킨손형, 톰슨형, 데리형

【답】②

02 브러시의 위치를 이동시켜 회전방향을 역회전 시킬 수 있는 단상 유도전동기는?
① 반발기동형 전동기
② 콘덴서 전동기
③ 분상기동형 전동기
④ 세이딩코일형 전동기

Explanation

반발 기동형 유도 전동기
• 회전자 권선의 전부 혹은 일부를 브러시를 통해 단락시켜 기동하는 방식
• 브러시의 위치를 이동 시켜 회전 방향 변경
• 단상 유도 전동기 중에서 기동 토크가 가장 크다.

【답】①

03 단상 직권 전동기의 종류가 아닌 것은?
① 직권형
② 아트킨손형
③ 보상직권형
④ 유도보상직권형

Explanation

단상 정류자 전동기
• 반발 전동기(브러시를 단락시켜 브러시 이동으로 기동 토크, 속도 제어)
  - 종류 : 아트킨손형, 톰슨형, 데리형
• 단상 직권 정류자 전동기=만능 전동기(직·교류 양용)
  - 종류 : 직권형, 보상형, 유도보상형

【답】②

04 직류 직권 전동기를 교류 단상 정류자 전동기로 사용하기 위하여 교류를 가했을 때 발생하는 문제점이 아닌 것은?
① 계자 권선이 필요 없다.
② 정류가 불량하다
③ 역률이 떨어진다.
④ 효율이 나빠진다.

Explanation

직류 직권 전동기 : 교류 전원 사용이 가능하나 교류의 경우에는 주파수가 있기 때문에 철손을 비롯한 손실이 증가하고 효율이 저하되며, 역률이 저하되어 정류 불량으로 이어진다.

【답】①

05 직류 직권전동기를 교류용으로 사용하기 위한 대책이 아닌 것은?
① 자계는 성층 철심, 원통형 고정자 적용
② 계자 권선수 감소, 전기자 권선수 증대
③ 보상 권선 설치, 브러시 접촉저항 증대
④ 정류자편 감소, 전기자 크기 감소

Explanation

단상 직권 정류자 전동기=만능 전동기(직교류 양용)
• 종류 : 직권형, 보상형, 유도보상형
• 특징 : 성층 철심, 역률 및 정류 개선을 위해 약계자, 강전기자형으로 함.
  역률 개선을 위해 보상권선 설치
  회전속도를 증가시킬수록 역률이 개선됨

【답】④

주요 문제

06 단상 직권 정류자전동기에서 보상권선과 저항도선의 작용을 설명한 것으로 틀린 것은?
① 역률을 좋게 한다.
② 변압기 기전력을 크게 한다.
③ 전기자 반작용을 감소시킨다.
④ 저항도선은 변압기 기전력에 의한 단락전류를 적게 한다.

Explanation

단상 직권 정류자 전동기=만능 전동기(직·교류 양용)
- 종류 : 직권형, 보상형, 유도보상형
- 특징 : 성층 철심, 역률 및 정류 개선을 위해 약계자, 강전기자형으로 함
  역률 개선을 위해 보상권선 설치(전기자반작용 제거)
  저항 도선 : 단락 전류를 적게
  회전속도를 증가시킬수록 역률이 개선

【답】②

07 3상 직권 정류자전동기에 중간 변압기를 사용하는 이유로 적당하지 않은 것은?
① 중간 변압기를 이용하여 속도 상승을 억제할 수 있다.
② 회전자 전압을 정류작용에 맞는 값으로 선정할 수 있다.
③ 중간 변압기를 사용하여 누설 리액턴스를 감소할 수 있다.
④ 중간 변압기의 권수비를 바꾸어 전동기 특성을 조정할 수 있다.

Explanation

3상 직권 정류자 전동기에서 중간 변압기를 사용하는 목적
- 전원 전압의 크기에 관계없이 정류자 전압 조정
- 중간 변압기의 권수비를 조정하여 전동기 특성을 조정
- 경부하시 직권 특성 $T \propto I^2 \propto \dfrac{1}{N^2}$ 이므로 속도가 크게 상승할 수 있어 중간 변압기를 사용하여 속도 상승을 억제
- 실효권수비 조정

【답】③

08 스텝각이 2°, 스테핑주파수(pulse rete)가 1,800[rps]인 스테핑모터의 축속도[rps]는?
① 8   ② 10   ③ 12   ④ 14

Explanation

스텝각 2°라면 1회전 시 180개의 펄스가 필요하므로 180[Hz]=180[rps]이며
따라서 1,800[rps]라면 초 당 10회전되므로 10[rps]가 된다.

【답】②

09 스테핑 모터에 대한 설명으로 틀린 것은?
① 위치제어를 하는 분야에 주로 사용된다.
② 입력된 펄스 신호에 따라 특정 각도만큼 회전하도록 설계된 전동기이다.
③ 스텝각이 클수록 1회전당 스텝수가 많아지고 축 위치의 정밀도는 높아진다.
④ 양방향 회전이 가능하고 설정된 여러 위치에 정지하거나 해당 위치로부터 기동할 수 있다.

Explanation

스텝 모터
- 피드백 루프가 필요 없이 오픈 루프로 손쉽게 속도 및 위치제어
- 디지털 신호를 직접 제어할 수 있으므로 다른 디지털 기기와 인터페이스가 용이
- 가속, 감속이 용이하며 정·역전 및 변속이 쉽다.
- 위치제어를 할 때 각도오차가 적다.
- 회전각과 속도는 펄스 수에 비례(따라서 스텝각이 적을수록 스텝수가 많아지며 정확한 제어가 된다)

【답】③

주요 문제

10 서보 모터의 특징에 대한 설명으로 틀린 것은?

① 발생 토크는 입력신호(入力信號)에 비례하고, 그 비가 클 것
② 직류 서보 모터에 비하여 교류 서보 모터의 시동토크가 매우 클 것
③ 시동토크는 크나 회전부의 관성 모멘트가 작고, 전기적 시정수가 짧을 것
④ 빈번한 시동, 정지, 역전 등의 가혹한 상태에 견디도록 견고하고, 큰 돌입 전류에 견딜 것

Explanation

서보 모터가 갖추어야 할 조건
- 기동토크가 클 것(직류용이 교류용보다 기동토크가 크다)
- 급가감속, 정역 운전이 가능할 것
- 관성모멘트가 적을 것 : 회전자를 가늘고 길게 할 것
- 토크 – 속도곡선이 수하특성을 가질 것
- 제어 권선 전압이 0일 때 정지

【답】②

6 정류기

1. 회전변류기

① 전압비 $\dfrac{E_a}{E_d} = \dfrac{1}{\sqrt{2}} \sin \dfrac{\pi}{m}$

② 전류비 $\dfrac{I_a}{I_d} = \dfrac{2\sqrt{2}}{m \cdot cos\theta}$

③ 전압 조정법
- 직렬 리액터에 의한 방법
- 유도 전압조정기에 의한 방법
- 동기 승압기에 의한 방법
- 부하 시 전압조정 변압기에 의한 방법

2. 수은정류기

① 직류전압 $E_d = \dfrac{\sqrt{2}\,E\sin\dfrac{\pi}{m}}{\dfrac{\pi}{m}}$ [V]   여기서, m : 상수

② 전류비 $\dfrac{I_a}{I_d} = \dfrac{1}{\sqrt{m}}$

③ 역호 : 음극에 대하여 부 전위로 있는 양극에 어떠한 원인에 의해 음극점이 형성되어 정류기의 밸브 작용이 상실

3. 정류기

① 다이오드
- 다이오드 : 정류용(제어 불능)
  - 직렬 연결 : 과전압 보호
  - 병렬 연결 : 과전류 보호
- 제너 다이오드 : 정전압용
- 발광 다이오드(LED)

② 서미스터 : 온도 보상용, 부(-)의 온도 계수

③ 바리스터(Varistor) : 서지(Surge) 전압에 대한 회로 보호용

4. 사이리스터 정리

① 반도체 소자(괄호 안은 극(단자) 수)
- 단방향성 : SCR(3), GTO(3), LASCR(3), SCS(4)
- 양방향성 : SSS(2), DIAC(2), TRIAC(3)

② SCR(Silicon Controlled Rectifier)

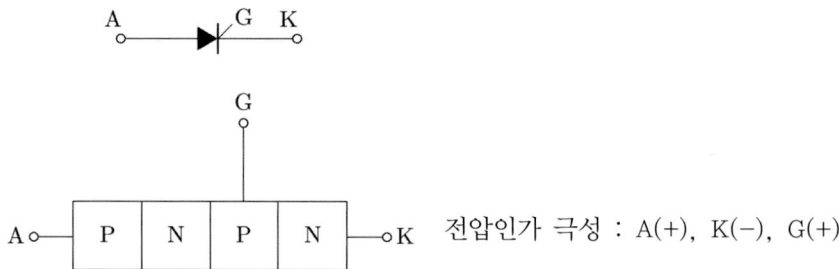

전압인가 극성 : A(+), K(-), G(+)

- 효율이 높고 고속 동작이 용이
- 소형이고 고전압 대전류에 적합한 대전력 정류기
- ON → OFF : 전원전압(애노드)을 (0) 또는 (-)으로 한다.
- turn on 상태 : 게이트 전류에 의해서
- 래칭전류 : SCR이 ON되기 위해 애노드에서 캐소드로 흘려야 할 최소 전류
- 주파수, 위상, 전압 제어용
- 단점 : 과전압에 약함

③ GTO : 게이트로 turn-off 가능(자기소호 기능)
④ TRIAC : SCR 역병렬 구조, 교류 전력 제어용

5. 다이오드를 이용한 정류회로 정리

- 단상 반파정류회로 : $E_{dc} = \dfrac{\sqrt{2}\,E}{\pi} - e = 0.45E - e$, 역첨두 전압 $PIV = \sqrt{2}\,E = \pi E_d$

- 단상 전파정류회로 : $E_{dc} = \dfrac{2\sqrt{2}\,E}{\pi} - e = 0.9E - e$, 역첨두 전압 $PIV = 2\sqrt{2}\,E = \pi E_d$

구분	단상 반파	단상 전파	3상 반파	3상 전파
직류전압	$E_d = 0.45E$	$E_d = 0.9E$	$E_d = 1.17E$	$E_d = 1.35E$
정류효율	40.6[%]	81.2[%]	96.5[%]	99.8[%]
맥동률	121[%]	48[%]	17[%]	4[%]
맥동 주파수	f	2f	3f	6f

- 맥동률 $= \dfrac{\text{교류분}}{\text{직류분}} \times 100 = \sqrt{\dfrac{\text{실효값}^2 - \text{평균값}^2}{\text{평균값}^2}} \times 100\,[\%]$

6. 사이리스터를 이용한 정류회로 정리

① 단상 반파정류회로 : $E_{d\alpha} = \dfrac{\sqrt{2}\,E}{\pi}\left(\dfrac{1+\cos\alpha}{2}\right) = E_{d0}\left(\dfrac{1+\cos\alpha}{2}\right)$

② 단상 전파정류회로(저항부하) : $E_{d\alpha} = \dfrac{2\sqrt{2}\,E}{\pi}\left(\dfrac{1+\cos\alpha}{2}\right) = E_{d0}\left(\dfrac{1+\cos\alpha}{2}\right)$

③ 단상 전파정류회로(유도성 부하, R-L부하) : $E_d = \dfrac{2\sqrt{2}\,E}{\pi}\cos\alpha = 0.9\,E\cos\alpha$

④ 3상 반파정류회로 : $E_d = \dfrac{3\sqrt{6}\,E}{2\pi}\cos\alpha = 1.17E\cos\alpha \;\; (0° \leq \alpha < 30°)\;\; E$: 상전압

⑤ 3상 전파정류회로 : $E_d = \dfrac{3\sqrt{2}\,E}{\pi}\cos\alpha = 1.35E\cos\alpha \;\; (\alpha \leq 60°)\;\; E$: 상전압

7. 전력변환장치

① 교류 → 가변주파수 교류 : 사이클로 컨버터
② 교류 → 직류 : 정류기(컨버터)
③ 직류 → 교류 : 인버터
④ 직류 → 직류 : 초퍼

주요 문제

01 다이오드를 사용한 정류 회로에서 다이오드를 여러 개 직렬로 연결하면?
① 고조파전류를 감소시킬 수 있다.
② 출력 전압의 맥동률을 감소시킬 수 있다.
③ 입력전압을 증가시킬 수 있다.
④ 부하 전류를 증가시킬 수 있다.

Explanation
- 직렬 연결 : 과전압 방지(입력전압을 증대)
- 병렬 연결 : 과전류 방지

【답】③

02 SCR에 대한 설명으로 틀린 것은?
① 게이트 전류로 통전 전압을 가변시킨다.
② 주전류를 차단하려면 게이트 전압을 (0) 또는 (-)로 해야 한다.
③ 게이트 전류의 위상각으로 통전 전류의 평균값을 제어시킬 수 있다.
④ 대전류 제어 정류용으로 이용된다.

Explanation
SCR(Silicon Controlled Rectifier) : 실리콘 제어 정류기
- 실리콘 정류 소자 역저지 3단자
- 부성저항 특성이 없다.
- 동작 최고온도가 가장 높다(200[℃])
- 차단하려면 애노드 전압을 (0) 또는 (-)
- 위상 제어, 인버터, 초퍼 등에 사용
- 역방향 내전압 : 약 500~1,000[V](역방향 내전압이 가장 크다)

【답】②

03 사이리스터를 이용한 교류전압 제어방식은?
① 초퍼 방식
② 정지레오나드 방식
③ 위상제어 방식
④ 일그너제어 방식

Explanation
사이리스터(SCR)에 의한 제어 : 위상제어

【답】③

04 반도체 정류기에 적용된 소자 중 첨두 역방향 내전압이 가장 큰 것은?
① 셀렌 정류기
② 실리콘 정류기
③ 게르마늄 정류기
④ 아산화동 정류기

Explanation
SCR(Silicon Controlled Rectifier) : 실리콘 제어 정류기
- 실리콘 정류 소자, 역저지 3단자
- 동작 최고 온도가 가장 높다(200[℃]).
- 위상 제어, 인버터, 초퍼 등에 사용
- 역방향 내전압 : 약 500~1,000[V](역방향 내전압이 가장 크다)

【답】②

05 게이트 조작에 의해 부하전류 이상으로 유지전류를 높일 수 있어 게이트의 턴온, 턴오프가 가능한 사이리스터는?
① GTO
② TRIAC
③ SCR
④ LASCR

Explanation

GTO 사이리스터
게이트 조작에 의해 부하전류 이상으로 유지 전류를 높일 수 있어 게이트의 턴 온, 턴 오프가 가능한 사이리스터로 단방향 소자임.

【답】①

06 반도체 소자 중 3단자 사이리스터가 아닌 것은?

① SCS ② SCR
③ GTO ④ TRIAC

Explanation

반도체 소자(괄호 안은 극(단자) 수)
- 단방향성 : SCR(3), GTO(3), LASCR(3), SCS(4)
- 양방향성 : SSS(2), DIAC(2), TRIAC(3)

【답】①

07 2방향성 3단자 사이리스터는 어느 것인가?

① SCR ② SSS
③ SCS ④ TRIAC

Explanation

반도체 소자(괄호 안은 극(단자) 수)
- 단방향성 : SCR(3), GTO(3), LASCR(3), SCS(4)
- 양방향성 : SSS(2), DIAC(2), TRIAC(3)

【답】④

08 단상 반파 정류로 직류전압 100[V]을 얻으려고 할 때, 최대 역전압은 몇 [V] 이상의 다이오드를 사용하여야 하는가?

① 223 ② 156
③ 100 ④ 314

Explanation

단상 반파 최대 역전압 $PIV = \sqrt{2}\,E = \pi E_d = \pi \times 100 = 314.2[V]$

【답】④

09 그림과 같은 브리지 정류기는 어느 점에 교류 입력을 연결하여야 하는가?

① A-C점
② A-B점
③ B-C점
④ B-D점

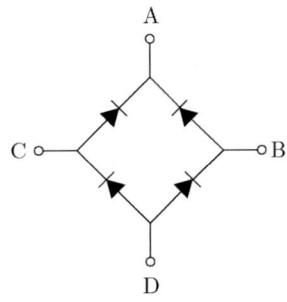

Explanation

두 다이오드의 애노드와 캐소드가 만나는 지점 두 곳에 교류전원을 입력한다(아래 그림에서 B, C 지점).

주요 문제

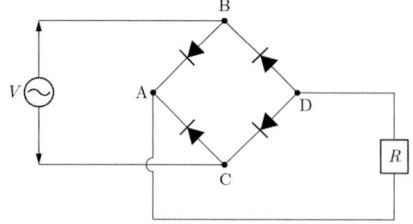

【답】③

10 상전압 200[V]의 3상 반파정류회로의 각 상에 SCR을 사용하여 정류제어 할 때 위상각을 $\pi/6$로 하면 순 저항부하에서 얻을 수 있는 직류전압[V]은?

① 90
② 180
③ 203
④ 234

Explanation

SCR의 위상 제어
- 3상 반파 정류 회로 $E_d = \dfrac{3\sqrt{6}}{2\pi}E\cos\alpha = 1.17E\cos\alpha$

$E_d = 1.17E\cos\alpha = 1.17 \times 200 \times \cos 30° = 202.6[V]$

【답】③

11 단상 반파의 정류 효율은?

① $\dfrac{4}{\pi^2} \times 100[\%]$
② $\dfrac{\pi^2}{4} \times 100[\%]$
③ $\dfrac{8}{\pi^2} \times 100[\%]$
④ $\dfrac{\pi^2}{8} \times 100[\%]$

Explanation

정류 효율
$\eta = \dfrac{P_{dc}}{P_{ac}} \times 100 = \dfrac{I_{dc}^2 R}{I_{ac}^2 R} \times 100 = \dfrac{(I_m/\pi)^2 R}{(I_m/2)^2 R} \times 100 = \dfrac{4}{\pi^2} \times 100 = 40.6[\%]$

【답】①

12 어떤 정류회로의 부하전압이 50[V]이고 맥동률이 3[%]이면 직류 출력전압에 포함된 교류분은 몇 [V]인가?

① 1.2
② 1.5
③ 1.8
④ 2.1

Explanation

맥동률 = $\dfrac{교류분}{직류분} \times 100 = \sqrt{\dfrac{실효값^2 - 평균값^2}{평균값^2}} \times 100[\%]$

교류분 = 직류분(부하전압) × 맥동률 = 50 × 0.03 = 1.5[V]

【답】②

13 단상 전파 정류 회로에서 저항 부하 시 맥동률은 약 얼마인가?

① 17[%]
② 48[%]
③ 52[%]
④ 83[%]

Explanation

정류 회로 비교

구분	단상 반파	**단상 전파**	3상 반파	3상 전파
직류 전압	$E_d = 0.45E$	$E_d = 0.9E$	$E_d = 1.17E$	$E_d = 1.35E$
맥동 주파수	f	2f	3f	6f
맥동률	121[%]	48[%]	17[%]	4[%]

【답】②

14 무정전 전원장치(UPS)에 컨버터의 주된 사용 목적은?
① 교류 전압의 주파수를 변환하기 위함이다.
② 교류 전압의 변화를 안정화하기 위함이다.
③ 교류 전압을 다른 교류 전압으로 변환하기 위함이다.
④ 교류 전압을 직류 전압으로 변환하기 위함이다.

Explanation

- AC → DC : 정류기(컨버터, Converter)
- DC → AC : 인버터(Inverter)
- DC → DC : 초퍼(Chopper)
- AC → AC : 사이클로 컨버터

【답】④

15 제어 정류기 중 특정 고조파를 제거할 수 있는 방법은?
① 대칭각 제어기법
② 소호각 제어기법
③ 대칭 호소각 제어기법
④ 펄스폭 변조 제어기법

Explanation

PWM(Pulse Width Modulation) : 펄스 폭 변조방식. 특정 고조파 제거

【답】④

04 회로이론

1 직류회로

1. 전기회로에 필요한 기본적인 전기량 요약

	기호	단위	기본식 직류	기본식 교류
전하량	Q, q	C	$Q = I \cdot t$	$q = \int i \, dt$
전류	I, i	A	$I = \dfrac{Q}{t}$	$i = \dfrac{dq}{dt}$
전압	V, v	V	$V = \dfrac{W}{Q}$	$v = \dfrac{dw}{dq}$
전력	P, p	W	$P = VI$	$p = vi$

2. 직·병렬 회로 요약

직렬회로(전압 분배)	병렬회로(전류 분배)
합성저항 $R_0 = R_1 + R_2$ $V_1 = R_1 I = \dfrac{R_1}{R_1 + R_2} V$ $V_2 = R_2 I = \dfrac{R_2}{R_1 + R_2} V$	합성저항 $R_0 = \dfrac{R_1 R_2}{R_1 + R_2}$ $I_1 = \dfrac{V}{R_1} = \dfrac{R_2}{R_1 + R_2} I$ $I_2 = \dfrac{V}{R_2} = \dfrac{R_1}{R_1 + R_2} I$

3. 배율기, 분류기

① 배율기 : 전압계의 측정범위를 확대하기 위해 내부저항 $R_a [\Omega]$의 전압계에 직렬로 연결하는 저항 $R_m [\Omega]$

   배율 : $m = 1 + \dfrac{R_m}{R_a}$, 배율기 저항 : $R_m = (m-1) R_a [\Omega]$

② 분류기 : 전류계의 측정범위를 확대하기 위해 내부저항 $R_a [\Omega]$의 전류계에 병렬로 연결하는 저항 $R_s [\Omega]$

   배율 : $n = 1 + \dfrac{R_a}{R_s}$, 분류기 저항 : $R_s = \dfrac{R_a}{n-1} [\Omega]$

01 단위 길이당의 저항이 같은 도선을 사용하여 그림과 같은 무한히 긴 사다리형 회로를 만든다. 각 지로의 저항을 R이라 할 때 a, b 간의 합성 저항은?

① $(\sqrt{3}+1)R$
② $(\sqrt{3}-1)R$
③ R
④ $\sqrt{3}R$

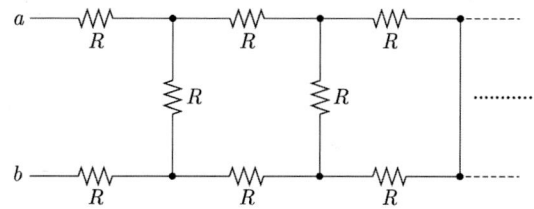

Explanation

무한대 회로의 해법 $\infty-1=\infty$이므로
등가 회로를 그리면
$R_{ab}=2R+\dfrac{R\cdot R_x}{R+R_x}$ 이며 $R_{ab}=R_x$ 이므로
$RR_{ab}+R_{ab}^2=2R^2+2R\cdot R_{ab}+R\cdot R_{ab}$에서 $R=1[\Omega]$를 대입하면
$R_{ab}^2-2R_{ab}-2=0$이므로 근의 공식에 대입하여 풀면
$R_{ab}=1+\sqrt{3}$

■ 기본 풀이

전체 합성저항은 $R_{ab}=2r+\dfrac{r\cdot R_x}{r+R_x}=2+\dfrac{R_x}{1+R_x}$ 이므로
1과 R_x의 병렬저항은 작은 것보다 작으므로 1보다 작게 되어 전체 저항은 2.xxx가 된다.

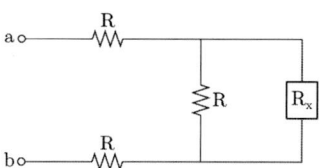

【답】①

2 정현파교류

1. 교류 용어

① 주파수와 주기의 관계 : $f=\dfrac{1}{T}[\text{Hz}]$, 주기 $T=\dfrac{1}{f}[\sec]$

② 각속도 : $\omega=2\pi\dfrac{1}{T}=2\pi f[\text{rad/sec}]$

2. 교류의 표시

순시값	$i(t)=I_m\sin\omega t\,[\text{A}]$ 순시값 = 최대값 $\sin(\omega t+$위상$)$
평균값	$I_{av}=\dfrac{1}{T}\displaystyle\int_0^T |i(t)|dt$
실효값	$I=\sqrt{\dfrac{1}{T}\displaystyle\int_0^T i^2 dt}=\sqrt{1\text{주기 동안의 } i^2 \text{의 평균}}$

3. 교류의 페이저 표시

① 정현파 교류를 크기와 위상으로 표시

② 크기 : 실효값, 위상 $\dot{V}=\dfrac{v_m}{\sqrt{2}}\angle\theta$

4. 파형률과 파고율

① 파형률(form factor) = $\dfrac{실효값}{평균값}$

② 파고율(crest factor) = $\dfrac{최대값}{실효값}$

5. 각 파형의 평균값 및 실효값

	파형	실효값	평균값
정현파		$\dfrac{I_m}{\sqrt{2}}$	$\dfrac{2}{\pi}I_m$
정현전파		$\dfrac{I_m}{\sqrt{2}}$	$\dfrac{2}{\pi}I_m$
정현반파		$\dfrac{I_m}{2}$	$\dfrac{1}{\pi}I_m$
삼각파		$\dfrac{I_m}{\sqrt{3}}$	$\dfrac{I_m}{2}$
톱니파		$\dfrac{I_m}{\sqrt{3}}$	$\dfrac{I_m}{2}$
구형파		I_m	I_m
구형반파		$\dfrac{I_m}{\sqrt{2}}$	$\dfrac{I_m}{2}$

01 처음 10초간은 100[A]의 전류를 흘리고, 다음 20초간은 20[A]의 전류를 흘리면 전류의 실효값은 몇 [A]인가?

① 50
② 55
③ 60
④ 65

Explanation

$I = \sqrt{\dfrac{1}{T}\int i^2 dt} = \sqrt{i^2 \text{의 1주기간의 평균값}}$

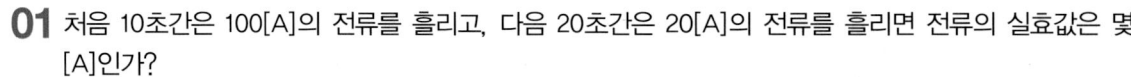

【답】③

3 기본교류회로

- 직류회로 $\dfrac{V}{I} = R[\Omega]$

- 교류회로 $\dfrac{V}{I} = R[\Omega]$: 저항

$$\dfrac{V}{I} = j\omega L, \dfrac{1}{j\omega C}[\Omega] : 리액턴스$$

$$\dfrac{V}{I} = Z = R + jX[\Omega] : 임피던스$$

주의 : 임피던스는 저항, 리액턴스, 저항과 리액턴스 전부를 지칭하는 값

1. 단일소자

① 저항
- 전압, 전류 동위상
- $Z = R\ [\Omega]$

② 인덕턴스
- 전압이 전류보다 위상 90° 앞섬
- $Z = j\omega L[\Omega]$ (유도성 리액턴스)

③ 커패시턴스
- 전류가 전압보다 위상 90° 앞섬
- $Z = \dfrac{1}{j\omega C} = -j\dfrac{1}{\omega C}\ [\Omega]$ (용량성 리액턴스)

2. 직렬회로(전압분배. 임피던스로 계산)

회로명	특징
$R-L$ 직렬회로	① 임피던스 $\dot{Z} = R + j\omega L = R + jX_L$ • 크기 : $Z = \sqrt{R^2 + X_L^2} = \sqrt{R^2 + (\omega L)^2}$ • 위상 : $\theta = \tan^{-1}\dfrac{\omega L}{R}$ ② $\dot{V} = \dot{V_R} + \dot{V_L} = \sqrt{V_R^2 + V_L^2}$ ③ 역률 : $\cos\theta = \dfrac{R}{Z} = \dfrac{R}{\sqrt{R^2 + (\omega L)^2}}$
$R-C$ 직렬회로	① 임피던스 $\dot{Z} = R - j\dfrac{1}{\omega C} = R - jX_C$ • 크기 : $Z = \sqrt{R^2 + X_C^2} = \sqrt{R^2 + \left(\dfrac{1}{\omega C}\right)^2}$ • 위상 : $\theta = -\tan^{-1}\dfrac{1}{\omega CR}$ ② $\dot{V} = \dot{V_R} + \dot{V_C} = \sqrt{V_R^2 + V_C^2}$ ③ 역률 : $\cos\theta = \dfrac{R}{Z} = \dfrac{R}{\sqrt{R^2 + \left(\dfrac{1}{\omega C}\right)^2}}$

회로명	특징
$R-L-C$ 직렬회로	① 임피던스 $\dot{Z}=R+j(X_L-X_C)=R+j\left(\omega L-\dfrac{1}{\omega C}\right)$ • 크기 : $Z=\sqrt{R^2+(X_L-X_C)^2}=\sqrt{R^2+\left(\omega L-\dfrac{1}{\omega C}\right)^2}$ • 위상 : $\theta=\tan^{-1}\dfrac{\left(\omega L-\dfrac{1}{\omega C}\right)}{R}$ ② $\dot{V}=\dot{V_R}+\dot{V_L}+\dot{V_C}=\sqrt{V_R^2+(V_L-V_C)^2}$ ③ 역률 : $\cos\theta=\dfrac{R}{Z}=\dfrac{R}{\sqrt{R^2+\left(\omega L-\dfrac{1}{\omega C}\right)^2}}$

3. 병렬회로

회로명	특징
$R-L$ 병렬회로	① 어드미턴스 $\dot{Y}=\dfrac{1}{R}-j\dfrac{1}{X_L}=\dfrac{1}{R}-j\dfrac{1}{\omega L}$ • 크기 : $Y=\sqrt{\left(\dfrac{1}{R}\right)^2+\left(\dfrac{1}{\omega L}\right)^2}$ • 위상 : $\theta=-\tan^{-1}\dfrac{R}{\omega L}$ ② $\dot{I}=\dot{I_R}+\dot{I_L}=\sqrt{I_R^2+I_L^2}$ ③ 역률 : $\cos\theta=\dfrac{\dfrac{1}{R}}{Y}=\dfrac{X_L}{\sqrt{R^2+X_L^2}}=\dfrac{\omega L}{\sqrt{R^2+(\omega L)^2}}$
$R-C$ 병렬회로	① 어드미턴스 $\dot{Y}=\dfrac{1}{R}+j\dfrac{1}{X_C}=\dfrac{1}{R}+j\omega C$ • 크기 : $Y=\sqrt{\left(\dfrac{1}{R}\right)^2+\left(\dfrac{1}{X_C}\right)^2}=\sqrt{\left(\dfrac{1}{R}\right)^2+(\omega C)^2}$ • 위상 : $\theta=\tan^{-1}\omega CR$ ② $\dot{I}=\dot{I_R}+\dot{I_C}=\sqrt{I_R^2+I_C^2}$ ③ 역률 : $\cos\theta=\dfrac{\dfrac{1}{R}}{Y}=\dfrac{1}{\sqrt{1+(\omega CR)^2}}$
$R-L-C$ 병렬회로	① 어드미턴스 $\dot{Y}=\dfrac{1}{R}+j\left(\omega C-\dfrac{1}{\omega L}\right)$ • 크기 : $Y=\sqrt{\left(\dfrac{1}{R}\right)^2+\left(\omega C-\dfrac{1}{\omega L}\right)^2}$ • 위상 : $\theta=\tan^{-1}\left(R\left(\omega C-\dfrac{1}{\omega L}\right)\right)$ ② $\dot{I}=\dot{I_R}+\dot{I_L}+\dot{I_C}=\sqrt{I_R^2+(I_L-I_C)^2}$ ③ 역률 : $\cos\theta=\dfrac{\dfrac{1}{R}}{Y}=\dfrac{\dfrac{1}{R}}{\sqrt{\left(\dfrac{1}{R}\right)^2+\left(\omega C-\dfrac{1}{\omega L}\right)}}$

4. 공진회로

	직렬공진	병렬공진(반공진)
공진 조건	$\omega_r L = \dfrac{1}{\omega_r C}$	$\omega_r C = \dfrac{1}{\omega_r L}$
공진주파수	$f_r = \dfrac{1}{2\pi\sqrt{LC}}$	$f_r = \dfrac{1}{2\pi\sqrt{LC}}$
임피던스	최소	최대
전류	최대	최소
양호도	전압확대율(선택도) $Q = \dfrac{1}{R}\sqrt{\dfrac{L}{C}}$	전류확대율(선택도) $Q = R\sqrt{\dfrac{C}{L}}$

* 일반적인 공진회로

- 공진 시 어드미턴스 : $Y = \dfrac{CR}{L}$

- 공진주파수 : $f_r = \dfrac{1}{2\pi\sqrt{LC}}\sqrt{1 - \dfrac{CR^2}{L}}$ [Hz]

- 공진을 위한 용량성 리액턴스 : $X_c = \dfrac{R^2 + (\omega L)^2}{\omega L}$ [Ω]

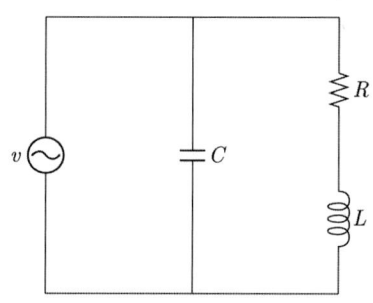

주요 문제

01 어떤 회로에 전압 $v(t) = V_m \cos \omega t$를 가했더니 이 회로에 $i(t) = I_m \sin \omega t$의 전류가 흘렀다. 이 회로가 한 개의 회로 소자로 구성되어 있다면 이 소자의 종류는?(단, $V_m > 0$, $I_m > 0$이다)

① 정전 용량
② 인덕턴스
③ 콘덕턴스
④ 저항

Explanation

전압 $v(t) = V_m \cos \omega t = V_m \sin(\omega t + 90°)$
전류 $i(t) = I_m \sin \omega t$
전압의 위상이 전류의 위상보다 90° 앞서므로 소자는 인덕턴스이다.

【답】②

02 최대값이 10[V]인 정현파 전압이 있다. $t=0$에서의 순시값이 5[V]이고 이 순간에 전압이 증가하고 있다. 주파수가 60[Hz]일 때, $t=2$[ms]에서의 전압의 순시값[V]은?

① 10sin30°
② 10sin43.2°
③ 10sin73.2°
④ 10sin103.2°

Explanation

순시값으로 표현하면 $v = 10 \sin(\omega t + 30°)$이며
주기는 $T = \dfrac{1}{f} = \dfrac{1}{60} = 0.0167$[sec]이므로
4등분하면 90도에서 시간은 0.00417
　　　　180도에서 시간은 0.0083
　　　　270도에서 시간은 0.0125
　　　　360도에서 시간은 0.0167
$t=2$[ms]=0.002이므로 약 43.2도 뒤의 시간이 되고
$v=10\sin(\omega t + 30°) = 10\sin(43.2° + 30°) = 10\sin 73.2°$가 된다.

【답】③

03 $R=30[\Omega]$, $L=0.127$[H]의 직렬 회로에 $V=100\sqrt{2}\sin 100\pi t$[V]의 전압이 인가되었을 때 이 회로 역률은 약 얼마인가?

① 0.2
② 0.4
③ 0.6
④ 0.8

Explanation

리액턴스 $X_L = \omega L = 100\pi \times 0.127 = 40[\Omega]$
직렬 회로에서의 역률 $\cos\theta = \dfrac{V_R}{V} = \dfrac{R}{Z} = \dfrac{R}{\sqrt{R^2+X^2}} = \dfrac{30}{\sqrt{30^2+40^2}} = 0.6$

【답】③

04 A, B 2개의 코일이 있다. 각 코일의 저항과 유도 리액턴스는 A가 3[Ω]과 5[Ω], B가 5[Ω]과 1[Ω]일 때, 두 코일을 직렬로 접속하고 100[V]를 가한다면 I[A]는 약 얼마인가?

① $10 \angle 53°$
② $10 \angle 37°$
③ $10 \angle -53°$
④ $10 \angle -37°$

Explanation

임피던스 $Z = 3+j5+5+j = 8+j6[\Omega]$
임피던스 $Z = 8+j6 = \sqrt{8^2+6^2} \angle \tan^{-1}\dfrac{6}{8} = 10\angle 37°$
전류 $I = \dfrac{V}{Z} = \dfrac{100}{10\angle 37°} = 10\angle -37°$

【답】④

주요 문제

05 그림과 같은 회로의 역률은 얼마인가?

① $\dfrac{1}{1+(\omega RC)^2}$ ② $1+(\omega RC)^2$

③ $\sqrt{1+(\omega RC)^2}$ ④ $\dfrac{1}{\sqrt{1+(\omega RC)^2}}$

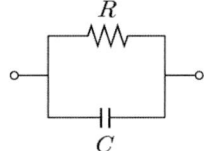

Explanation

역률 $\cos\theta = \dfrac{\frac{1}{R}}{Y} = \dfrac{X_C}{\sqrt{R^2+X_C^2}} = \dfrac{1}{\sqrt{1+\frac{R^2}{X_C^2}}} = \dfrac{1}{\sqrt{1+(\omega CR)^2}}$

【답】 ④

06 그림과 같은 $R-C$ 병렬회로에서 전원전압이 $e_s(t)=3e^{-5t}$인 경우 이 회로의 임피던스는?

① $\dfrac{j\omega RC}{1+j\omega RC}$ ② $\dfrac{R}{1-5RC}$

③ $\dfrac{1}{1+RCs}$ ④ $\dfrac{1+j\omega RC}{R}$

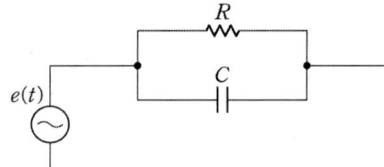

Explanation

병렬회로에서의 임피던스 $Z = \dfrac{\dfrac{R}{j\omega C}}{R+\dfrac{1}{j\omega C}} = \dfrac{R}{1+j\omega CR}$

여기서, 전압을 페이저로 나타내면
$V = V\angle\omega t = V(\cos\omega t + j\sin\omega t) = Ve^{j\theta} = Ve^{j\omega t}$
$e_s(t) = 3e^{-5t}$에서 $j\omega = -5$이므로
$Z = \dfrac{R}{1+jwCR} = \dfrac{R}{1-5CR}$

【답】 ②

07 회로에서 노드 a와 b사이에 나타나는 전압[V]의 크기는?

① 60
② 20
③ 80
④ 100

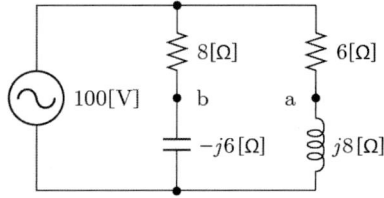

Explanation

각 지로의 전류
$I_1 = \dfrac{V}{Z_1} = \dfrac{100}{8-j6} = \dfrac{100(8+j6)}{(8-j6)(8+j6)} = 8+j6 = \sqrt{8^2+6^2} = 10[\text{A}]$

$I_2 = \dfrac{V}{Z_2} = \dfrac{100}{6+j8} = \dfrac{100(6-j8)}{(6+j8)(6-j8)} = 6-j8 = \sqrt{6^2+8^2} = 10[\text{A}]$

$V_{ab} = 8\times 10 - 6\times 10 = 20[\text{V}]$

【답】 ②

주요 문제

08 직렬공진회로에서 공진주파수 f_r[Hz]는?

① $f_r = \dfrac{1}{2\sqrt{LC}}$ ② $f_r = \dfrac{1}{2\pi LC}$

③ $f_r = \dfrac{1}{\pi\sqrt{LC}}$ ④ $f_r = \dfrac{1}{2\pi\sqrt{LC}}$

Explanation

직렬공진회로 공진주파수 $f_r = \dfrac{1}{2\pi\sqrt{LC}}$ [Hz]

【답】 ④

09 $R = 2[\Omega]$, $L = 10$[mH], $C = 4[\mu F]$의 직렬 공진 회로의 양호도 Q는?

① 25   ② 45
③ 65   ④ 85

Explanation

양호도(선택도, 첨예도, 전압확대율) : 저항 대 리액턴스 비

양호도 $Q = \dfrac{1}{R}\sqrt{\dfrac{L}{C}} = \dfrac{1}{2}\sqrt{\dfrac{10\times 10^{-3}}{4\times 10^{-6}}} = 25$

【답】 ①

4 교류전력

1. 단상 교류 전력

저항	유효전력, 소비전력, 평균전력	$P = VI\cos\theta = P_a\cos\theta = I^2 R = \dfrac{V^2}{R}$ [W]
리액턴스	무효전력	$P_r = VI\sin\theta = P_a\sin\theta = I^2 X = \dfrac{V^2}{X}$ [Var]
임피던스	피상전력	$P_a = VI = I^2 Z = \dfrac{V^2}{Z}$ [VA]

- 역률 : $\cos\theta = \dfrac{P}{P_a} \times 100 = \dfrac{P}{VI} \times 100$ [%]

  피상전력에 대한 유효전력의 백분율 값
  전압과 전류의 위상차의 여현값

2. 복소 전력

전압, 전류의 복소수를 이용

피상전력 $P_a = VI^* = P \pm jP_r$

 여기서 $P_r < 0$: 용량성 (진상회로), $P_r > 0$: 유도성 (지상회로)

3. 최대 전력 전달조건

① 저항부하
- 최대 전력 조건 : $R_L = R_g$ (내부저항=부하저항)
- 최대 전력 : $P_{\max} = \dfrac{E^2}{4R_L}$

② 내부가 임피던스이며 부하도 임피던스 Z_L인 경우
- 최대 전력 조건 : $Z_g^* = Z_L$ (내부임피던스의 공액 = 부하임피던스)
- 최대전력 : $P_{\max} = \dfrac{E^2}{4R}$

4. 역률 개선 콘덴서 용량

$$Q_c = P(\tan\theta_1 - \tan\theta_2) = P\left(\dfrac{\sin\theta_1}{\cos\theta_1} - \dfrac{\sin\theta_2}{\cos\theta_2}\right)$$

$$= P\left(\dfrac{\sqrt{1-\cos^2\theta_1}}{\cos\theta_1} - \dfrac{\sqrt{1-\cos^2\theta_2}}{\cos\theta_2}\right) \text{[kVA]}$$

 여기서, $\cos\theta_1$: 개선 전 역률, $\cos\theta_2$: 개선 후 역률

주요 문제

01 어떤 회로에서 전압과 전류가 각각 $e = 50\sin(\omega t + \theta)$[V], $i = 4\sin(\omega t + \theta - 30°)$[A]일 때 무효 전력[Var]은 얼마인가?

① 100
② 86.6
③ 70.7
④ 50

Explanation

무효 전력 $P_r = VI\sin\theta = I^2 X$[Var]
$= \dfrac{V_m}{\sqrt{2}} \times \dfrac{I_m}{\sqrt{2}} \sin\theta = \dfrac{50 \times 4}{2} \sin 30° = 50$ [Var]

【답】 ④

02 전원의 내부 임피던스가 순저항 R과 리액턴스 X로 구성되고 외부에 부하 저항 R_L을 연결하여 최대 전력을 전달하려면 R_L의 값은?

① $R_L = \sqrt{R^2 + X^2}$
② $R_L = \sqrt{R^2 - X^2}$
③ $R_L = R$
④ $R_L = R + X$

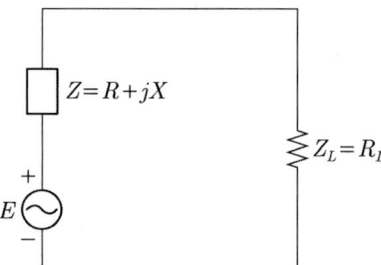

Explanation

최대 전력 전송 조건 : 내부임피던스=부하저항
$R_L = \sqrt{R^2 + X^2}$

【답】 ①

03 내부 임피던스가 $0.3 + j2$[Ω]인 발전기에 임피던스가 $1.7 + j3$[Ω]인 선로를 연결하여 전력을 공급한다. 부하 임피던스가 몇 [Ω]일 때 최대 전력이 전달되겠는가?

① 2[Ω]
② $\sqrt{29}$[Ω]
③ $2 - j5$[Ω]
④ $2 + j5$[Ω]

Explanation

전체 내부 임피던스
$Z_g = 0.3 + j2 + 1.7 + j3 = 2 + j5$[Ω]
최대 전력 전달 조건
부하 임피던스 $Z_o = \overline{Z_g}$이므로 $Z_0 = 2 - j5$[Ω]

【답】 ③

04 회로에서 $I_1 = 2e^{-j\frac{\pi}{6}}$[A], $I_2 = 5e^{j\frac{\pi}{6}}$[A], $I_3 = 5.0$[A], $Z_3 = 1.0$[Ω]일 때 부하(Z_1, Z_2, Z_3) 전체에 대한 복소 전력은 약 몇 [VA]인가?

① $55.3 - j7.5$
② $55.3 + j7.5$
③ $45 - j26$
④ $45 + j26$

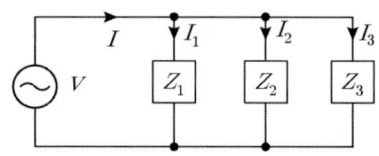

Explanation

전체 전류 $I = I_1 + I_2 + I_3 = 2e^{-j\frac{\pi}{6}} + 5e^{j\frac{\pi}{6}} + 5$
$= 2\left(\cos\frac{\pi}{6} - j\sin\frac{\pi}{6}\right) + 5\left(\cos\frac{\pi}{6} + j\sin\frac{\pi}{6}\right) + 5 = 11.06 + j1.5 \text{ [A]}$

병렬회로이므로 전압은 같으므로 1[Ω]에 걸리는 전압은
$E = I_3 Z_3 = 5 \times 1 = 5\text{[V]}$에서
복소전력으로 구하면
$P_a = VI^* = 5(11.06 - j1.5) = 55.3 - j7.5 \text{[VA]}$

【답】①

5 상호유도결합회로

1. 상호 인덕턴스와 결합계수

① $M = k\sqrt{L_1 L_2}$

② 결합계수 : $k = \dfrac{M}{\sqrt{L_1 L_2}}$

2. 유기기전력

$$e_1 = -L_1 \dfrac{di_1}{dt} = -M \dfrac{di_2}{dt}$$

$$e_2 = -L_2 \dfrac{di_2}{dt} = -M \dfrac{di_1}{dt}$$

3. 인덕턴스 접속

	직렬접속	병렬접속
가동접속	$L_0 = L_1 + L_2 + 2M$	$L_0 = \dfrac{L_1 L_2 - M^2}{L_1 + L_2 - 2M}$
차동접속	$L_0 = L_1 + L_2 - 2M$	$L_0 = \dfrac{L_1 L_2 - M^2}{L_1 + L_2 + 2M}$

4. 이상변압기

권수비 : $a = \dfrac{N_1}{N_2} = \dfrac{E_1}{E_2} = \dfrac{V_1}{V_2} = \dfrac{I_2}{I_1} = \sqrt{\dfrac{Z_1}{Z_2}} = \sqrt{\dfrac{R_1}{R_2}} = \sqrt{\dfrac{L_1}{L_2}}$

01 권수 200, 150회의 코일 A, B가 있다. A코일의 자속이 0.2[Wb]인데, 이 중 80[%]가 B코일과 쇄교한다. A코일의 전류가 4[A]일 때 상호인덕턴스는 몇 [H]인가?

① 5 ② 6
③ 7 ④ 8

Explanation

자기인덕턴스 $L_1 = \dfrac{N_1 \phi_1}{I_1} = \dfrac{200 \times 0.2}{4} = 10[H]$

상호인덕턴스 $M = \dfrac{N_2}{N_1} L_1$ 이므로

$M = \dfrac{N_2}{N_1} L_1 = \dfrac{150}{200} \times 10 \times 0.8 = 6 \; [H]$

【답】②

02 그림의 교류 브리지 회로가 평형이 되는 조건은?

① $L = \dfrac{R_1 R_2}{C}$

② $L = \dfrac{C}{R_1 R_2}$

③ $L = R_1 R_2 C$

④ $L = \dfrac{R_2}{R_1} C$

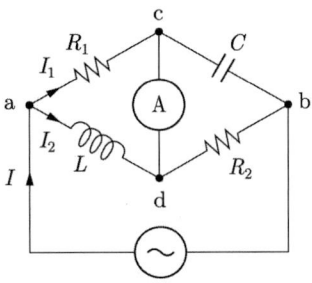

Explanation

브리지평형 조건 : $R_1 R_2 = j\omega L \cdot \dfrac{1}{j\omega C}$

$\therefore R_1 R_2 = \dfrac{L}{C}$ 에서 $L = R_1 R_2 C$

【답】③

6 벡터궤적

회로별 궤적의 정리

	임피던스 궤적	어드미턴스 궤적
$R-L$ 직렬	가변하는 축에 평행한 반직선 벡터 궤적(1상한)	가변하지 않는 축에 원점이 위치한 반원 벡터 궤적(4상한)
$R-C$ 직렬	가변하는 축에 평행한 반직선 벡터 궤적(4상한)	가변하지 않는 축에 원점이 위치한 반원 벡터 궤적(1상한)
$R-L$ 병렬	가변하지 않는 축에 원점이 위치한 반원 벡터 궤적(1상한)	가변하는 축에 평행한 반직선 벡터 궤적(4상한)
$R-C$ 병렬	가변하지 않는 축에 원점이 위치한 반원 벡터 궤적(4상한)	가변하는 축에 평행한 반직선 벡터 궤적(1상한)

7 선형회로망

1. 전압원과 전류원
  ① 전압원 : 내부 임피던스 = 0
  ② 전류원 : 내부 임피던스 ∞

2. 회로망의 여러 정리들
  ① 중첩의 정리(principle of superposition) : 선형회로
   • 다수의 독립 전압원 및 전류원을 포함하는 회로
   • 어떤 지로에 흐르는 전류는 각각 전원이 단독으로 존재할 때 그 지로에 흐르는 전류의 대수합과 같다는 원리
   • 전압원은 단락(shot), 전류원은 개방(open)시켜 전류의 특성을 파악

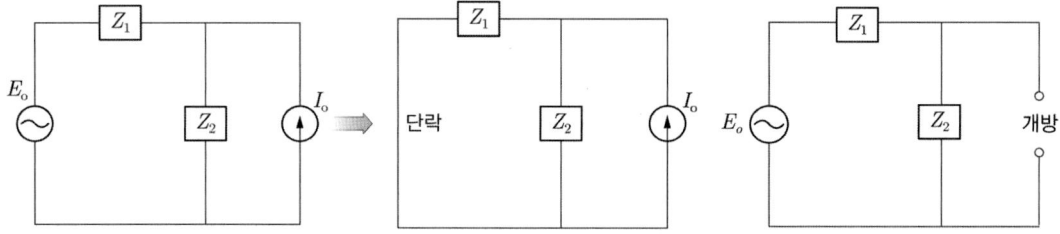

  ② 테브난의 정리(Thevenin's theorem) : 등가 전압원의 원리
   • 테브난 등가회로 구성
    – 회로에서 R_L을 분리
    – 개방단자 a, b에 나타나는 전압 : 테브난 전압(V_{TH})
    – 전압원 단락, 전류원 개방 후 개방단자에서 본 임피던스 : 테브난 임피던스(Z_{TH})

• 테브난 등가회로

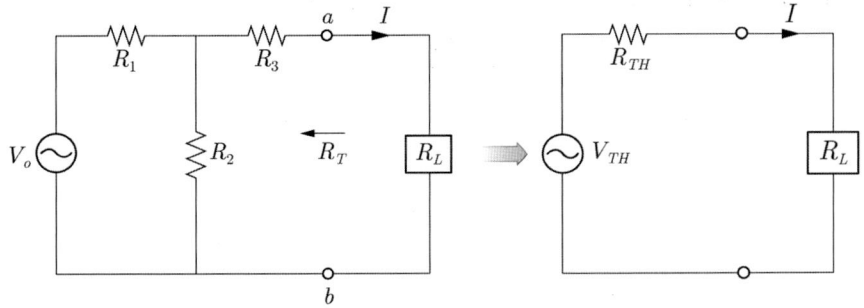

- 테브난 전압 $V_{TH} = \dfrac{R_2}{R_1 + R_2} \times V_0 [\mathrm{V}]$

- 테브난 등가 저항 $R_{TH} = R_3 + \dfrac{R_1 R_2}{R_1 + R_2} [\Omega]$

③ 노튼의 정리 : 등가 전류원의 정리

• 전원의 변환(테브난 회로와 노튼의 회로 상호등가변환)

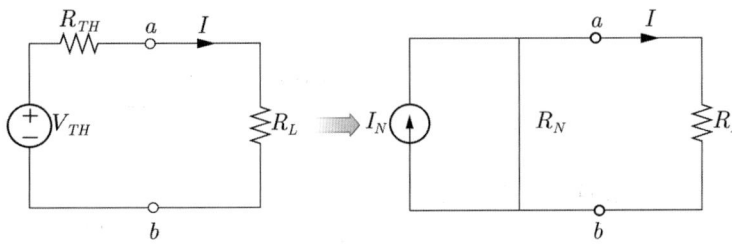

- $V_{TH} = I_N \, R_N$

- $I_N = \dfrac{V_{TH}}{R_{TH}}$

- $R_{TH} = R_N$

④ 밀만의 정리(Millman's theorem)

• 내부 임피던스를 갖는 여러 개의 전압원이 병렬로 접속된 경우 병렬 접속점에 나타나는 전압

$$V_{ab} = \dfrac{\dfrac{E_1}{Z_1} + \dfrac{E_2}{Z_2} + \cdots + \dfrac{E_n}{Z_n}}{\dfrac{1}{Z_1} + \dfrac{1}{Z_2} + \cdots + \dfrac{1}{Z_n}} = \dfrac{I_1 + I_2 + \cdots + I_n}{Y_1 + Y_2 + \cdots + Y_n} = \dfrac{Y_1 E_1 + Y_2 E_2 + \cdots + Y_n E_n}{Y_1 + Y_2 + \cdots + Y_n}$$

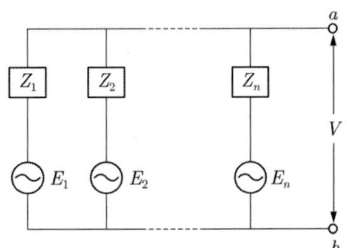

주요 문제

01 그림 (a)를 그림 (b)와 같은 등가 전류원으로 변환할 때 $I[A]$와 $R[\Omega]$은?

① $I=6, R=2$
② $I=3, R=5$
③ $I=4, R=0.5$
④ $I=3, R=2$

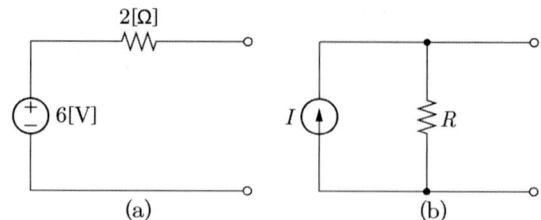

Explanation

전압원을 전류원으로 변경하면
$I = \dfrac{V}{R} = \dfrac{6}{2} = 3[A]$ $R = R' = 2[\Omega]$

【답】 ④

02 회로에서 전압 $V_{ab}[V]$는?

① 2
② 3
③ 6
④ 9

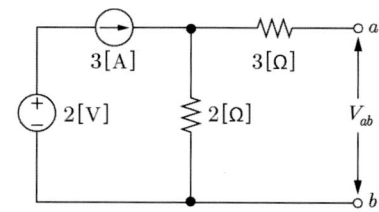

Explanation

전압원 단락 시 : $V_{ab} = 6[V]$

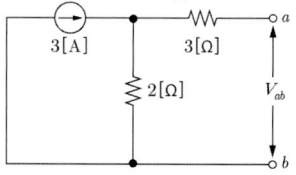

전류원 개방 시 : $V_{ab} = 0[V]$

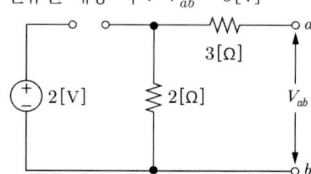

【답】 ③

03 회로에서 $6[\Omega]$에 흐르는 전류[A]는?

① 2.5
② 5
③ 7.5
④ 10

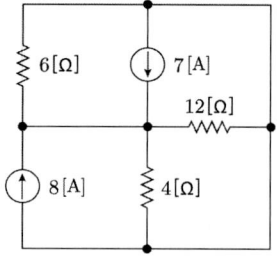

Explanation

【답】 ②

04 다음의 회로 단자 a, b에 나타나는 전압은?

① 3.6[V] ② 8.4[V]
③ 10[V]   ④ 16[V]

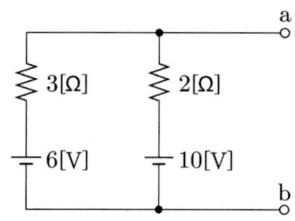

Explanation

밀만의 정리를 사용하여

$$V_{ab} = \frac{\dfrac{E_1}{Z_1} + \dfrac{E_2}{Z_2}}{\dfrac{1}{Z_1} + \dfrac{1}{Z_2}} = \frac{\dfrac{6}{3} + \dfrac{10}{2}}{\dfrac{1}{3} + \dfrac{1}{2}} = 8.4[V]$$

【답】②

8 대칭 n 상교류

1. Y ↔ △ 회로의 상호 변환

Y → △ 변환(3배)	△ → Y 변환($\frac{1}{3}$배)

저항, 임피던스, 선전류, 소비전력

2. Y, △ 회로의 특징

① 대칭 n상 교류 회로
- 대칭 n상 Y결선 회로의 전압, 전류
  - $V_l = 2\sin\frac{\pi}{n} V_P \angle \frac{\pi}{2}\left(1-\frac{2}{n}\right)$, 대칭3상 : 30°, 대칭 5상 : 54°
  - $I_l = I_P$
- 대칭 n상 △결선 회로의 전압, 전류
  - $V_l = V_P$
  - $I_l = 2\sin\frac{\pi}{n} I_P \angle -\frac{\pi}{2}\left(1-\frac{2}{n}\right)$

② 3상 회로 Y, △ 회로

Y 결선 특징	△ 결선 특징
① $V_l = \sqrt{3}\, V_p \angle 30°$ ② $I_l = I_p$	① $V_l = V_p$ ② $I_l = \sqrt{3}\, I_p \angle -30°$

3. 3상 전력 계산

① 유효전력 : $P = 3V_p I_p \cos\theta = \sqrt{3}\, V_l I_l \cos\theta = 3I_p^2 R$ [W]

② 무효전력 : $P_r = 3V_p I_p \sin\theta = \sqrt{3}\, V_l I_l \sin\theta = 3I_p^2 X$ [Var]

③ 피상전력 : $P_a = 3V_p I_p = \sqrt{3}\, V_l I_l = 3I_p^2 Z$ [VA]

4. V 결선(단상 변압기 2대로 3상 공급)

① 출력 : $P_V = \sqrt{3}\, VI = \sqrt{3}\, K$ 여기서, K는 변압기 1대 용량

② 출력비 : $\dfrac{V\text{ 결선출력}}{\triangle\text{ 결선출력}} = \dfrac{\sqrt{3}\, VI}{3VI} \times 100 = \dfrac{\sqrt{3}}{3} \times 100 = 57.7\,[\%]$

③ 이용률 : $\dfrac{V\text{ 결선 허용용량}}{2\text{대 허용용량}} = \dfrac{\sqrt{3}\, VI}{2VI} \times 100 = \dfrac{\sqrt{3}}{2} \times 100 = 86.6\,[\%]$

5. 2전력계법

① 소비전력(유효전력) : $P = P_1 + P_2$ [W]

② 무효전력 : $P_r = \sqrt{3}\,(P_1 - P_2)$ [Var]

③ 피상전력 : $P_a = \sqrt{P^2 + P_r^2} = 2\sqrt{P_1^2 + P_2^2 - P_1 P_2}$ [VA]

④ 역률 $\cos\theta = \dfrac{P}{P_a} = \dfrac{P_1 + P_2}{2\sqrt{P_1^2 + P_2^2 - P_1 P_2}}$

여기서, $P_1 = P_2$ $\cos\theta = 1$

$P_1 = 2P_2$ $\cos\theta = 0.866$

$P_1 = 3P_2$ $\cos\theta = 0.75$

$P_1 = 0$ $\cos\theta = 0.5$

※ 주의
- 3상 회로의 모든 계산은 상(phase)을 기준으로 계산
- 부하의 임피던스는 각 상에 있는 것으로 계산

$I_p = \dfrac{V_p}{Z}$

주요 문제

01 $R[\Omega]$의 저항 3개를 Y로 접속한 것을 전압 200[V]의 3상 교류 전원에 연결할 때 선전류가 10[A] 흐른다면, 이 3개의 저항을 △로 접속하고 동일 전원에 연결하면 선전류는 몇 [A]인가?

① 30
② 25
③ 20
④ $\frac{20}{\sqrt{3}}$

Explanation

Y결선에 비해 △결선의 선전류가 3배이므로 10×3=30[A]가 된다.

【답】①

02 대칭 5상 교류 성형결선에서 선간전압과 상전압 간의 위상차는 몇 도인가?

① 27°
② 36°
③ 54°
④ 72°

Explanation

대칭 n상인 경우 선간전압과 상전압간의 위상차
$\theta = \frac{\pi}{2}\left(1-\frac{2}{n}\right) = \frac{180}{2}\left(1-\frac{2}{5}\right) = 54°$

【답】③

03 대칭 n 상에서 선전류와 상전류 사이의 위상차(rad)는?

① $\frac{n}{2}\left(1-\frac{\pi}{2}\right)$[rad]
② $\frac{\pi}{2}\left(1-\frac{n}{2}\right)$[rad]
③ $2\left(1-\frac{2}{n}\right)$[rad]
④ $\frac{\pi}{2}\left(1-\frac{2}{n}\right)$[rad]

Explanation

대칭 n상 △결선인 경우
선전류과 상전류간의 위상차는 $\theta = \frac{\pi}{2}\left(1-\frac{2}{n}\right)$

【답】④

04 각상의 임피던스가 $6+j8[\Omega]$인 평형 Y부하에 선간 전압 220[V]인 대칭 3상 전압을 가하였을 때 선전류는?

① 10.7[A]
② 11.7[A]
③ 12.7[A]
④ 13.7[A]

Explanation

$I_p = \frac{V_p}{Z} = \frac{\frac{220}{\sqrt{3}}}{\sqrt{6^2+8^2}} = 12.7$

Y결선이므로 선전류 $I_l = I_P = 12.7[A]$

【답】③

05 성형(Y)결선의 부하가 있다. 선간전압 300[V]의 3상 교류를 가했을 때 선전류가 40[A]이고, 역률이 0.8이라면 리액턴스는 약 몇 [Ω]인가?

① 1.66
② 2.60
③ 3.56
④ 4.33

Explanation

$I_p = \dfrac{V_p}{Z}$ 에서

임피던스 $Z = \dfrac{V_p}{I_p} = \dfrac{300/\sqrt{3}}{40} = 4.33[\Omega]$

따라서 리액턴스 $X = Z\sin\theta = 4.33 \times 0.6 = 2.598[\Omega]$

【답】②

06 전원과 부하가 △ 결선된 3상 평형회로가 있다. 전원전압이 200[V], 부하 1상의 임피던스가 $6+j8$ [Ω]일 때 선전류[A]는?

① 20
② $20\sqrt{3}$
③ $\dfrac{20}{\sqrt{3}}$
④ $\dfrac{\sqrt{3}}{20}$

Explanation

△결선 $I_l = \sqrt{3}I_p$

상전류 $I_p = \dfrac{V_p}{Z} = \dfrac{200}{\sqrt{6^2+8^2}} = 20[A]$

선전류 $I_l = \sqrt{3}I_p = 20\sqrt{3}[A]$

【답】②

07 그림과 같은 3상 평형회로에서 전원 전압이 $V_{ab} = 220[V]$이고 부하 한 상의 임피던스가 $Z = 2.0 - j2.0[\Omega]$인 경우 전원과 부하 사이 선전류 I_a는 약 몇 [A]인가? 단, 3상 전압의 상순은 $a-b-c$이다.

① $134.72\angle -45°$
② $134.72\angle -15°$
③ $134.72\angle 15°$
④ $134.72\angle 45°$

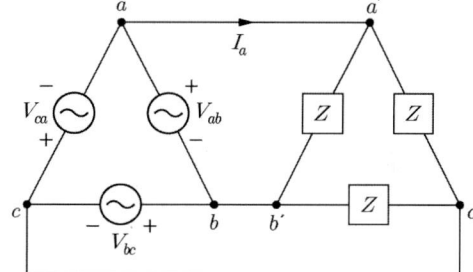

Explanation

△결선은 $V_l = V_p$이므로

부하의 상전류 $I_p = \dfrac{V_p}{Z} = \dfrac{220}{2-j2} = \dfrac{220}{\sqrt{2^2+2^2}} = \dfrac{220}{2.82\angle -\tan^{-1}\dfrac{2}{2}} = \dfrac{220}{2.82\angle -45°} = 77.78\angle 45°$

△ 결선은 $I_l = \sqrt{3}I_p\angle -30°[A]$이므로

선전류 $I_l = 77.78\sqrt{3}\angle 45°-30° = 134.72\angle 15°$

【답】③

08 그림과 같은 부하에 선간전압이 $V_a = 100\angle 0°[V]$인 평형 3상 전압을 가했을 때 선전류 $I_a[A]$는?

① $\dfrac{100}{\sqrt{3}}\left(\dfrac{1}{R}+j3\omega C\right)$
② $100\left(\dfrac{1}{R}+j\omega C\right)$
③ $\dfrac{100}{\sqrt{3}}\left(\dfrac{1}{R}+j\omega C\right)$
④ $100\left(\dfrac{1}{R}+j3\omega C\right)$

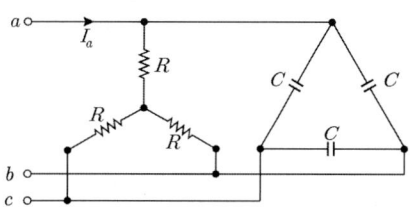

> **Explanation**
>
> △결선 된 콘덴서를 Y로 바꾸면 $C \to 3C$가 되며
>
> 각 상의 어드미턴스 $Y = \dfrac{1}{R} + j3\omega C$
>
> 상전류 $I_p = \dfrac{V_p}{Z} = YV_p = \left(\dfrac{1}{R} + j3\omega C\right) \times \dfrac{V_p}{\sqrt{3}} = \dfrac{100}{\sqrt{3}}\left(\dfrac{1}{R} + j3\omega C\right)$
>
> 따라서 Y결선은 $I_l = I_p = \dfrac{100}{\sqrt{3}}\left(\dfrac{1}{R} + j3\omega C\right)$
>
> 【답】①

09 그림의 성형 불평형 회로에 각 상전압이 E_a, E_b, E_c [V]이고, 부하는 Z_a, Z_b, Z_c [Ω]이라면 중성선 임피던스가 Z_n [Ω]일 때 중성점 간의 전위는 어떻게 되는가?

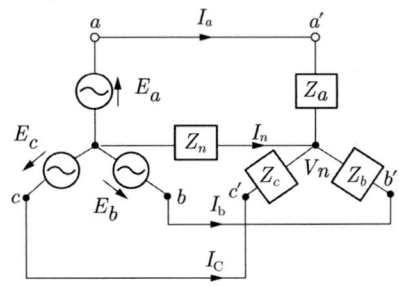

① $V_n = \dfrac{E_a + E_b + E_c}{Z_a + Z_b + Z_c}$

② $V_n = \dfrac{E_a + E_b + E_c}{Z_a + Z_b + Z_c + Z_n}$

③ $V_n = \dfrac{\dfrac{E_a}{Z_a} + \dfrac{E_b}{Z_b} + \dfrac{E_c}{Z_c}}{\dfrac{1}{Z_a} + \dfrac{1}{Z_b} + \dfrac{1}{Z_c} + \dfrac{1}{Z_n}}$

④ $V_n = \dfrac{\dfrac{E_a}{Z_a} + \dfrac{E_b}{Z_b} + \dfrac{E_c}{Z_c}}{\dfrac{1}{Z_a} + \dfrac{1}{Z_b} + \dfrac{1}{Z_c}}$

> **Explanation**
>
> 밀만의 정리를 적용하면 $V_n = \dfrac{\dfrac{E_a}{Z_a} + \dfrac{E_b}{Z_b} + \dfrac{E_c}{Z_c}}{\dfrac{1}{Z_a} + \dfrac{1}{Z_b} + \dfrac{1}{Z_c} + \dfrac{1}{Z_n}}$
>
> 【답】③

10 그림과 같은 3상 Y결선 불평형 회로가 있다. 전원은 3상 평형전압 E_1, E_2, E_3이고 부하는 Y_1, Y_2, Y_3일 때 전원의 중성점과 부하의 중성점 간의 전위차를 나타내는 것은?

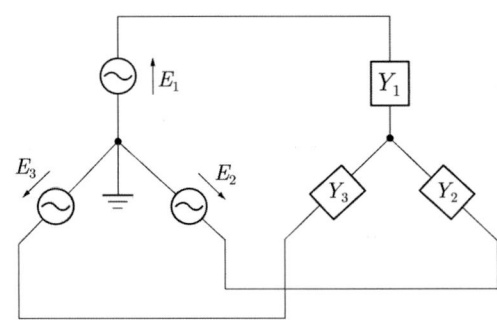

① $\dfrac{E_1 Y_1 + E_2 Y_2 + E_3 Y_3}{Y_1 Y_2 Y_3}$ ② $\dfrac{E_1 Y_1 - E_2 Y_2 - E_3 Y_3}{Y_1 Y_2 Y_3}$

③ $\dfrac{E_1 Y_1 - E_2 Y_2 - E_3 Y_3}{Y_1 + Y_2 + Y_3}$ ④ $\dfrac{E_1 Y_1 + E_2 Y_2 + E_3 Y_3}{Y_1 + Y_2 + Y_3}$

Explanation

밀만의 정리

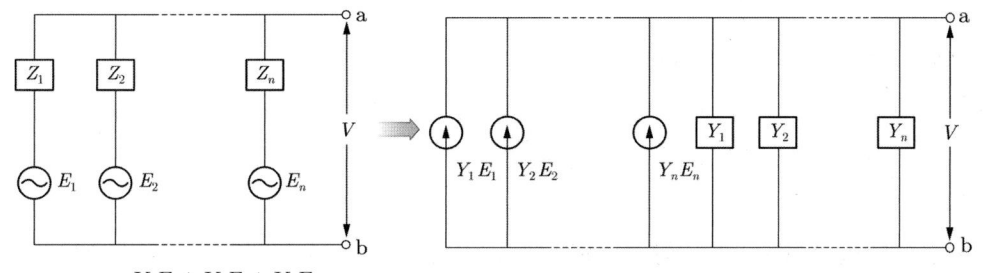

중성점 전위 $V_n = \dfrac{Y_1 E_1 + Y_2 E_2 + Y_3 E_3}{Y_1 + Y_2 + Y_3}$ [V]

【답】④

11 한 상의 임피던스 $6 + j8[\Omega]$인 △ 부하에 대칭 선간전압 200[V]를 인가할 때 3상 전력은 몇 [W]인가?

① 2,400 ② 3,600
③ 7,200 ④ 10,800

Explanation

3상 전력은 $P = 3V_p I_p \cos\theta = 3I_p^2 R$ [W]

△결선이므로 $V_l = V_p$ 여기서, 상전류는 $I_p = \dfrac{V_p}{Z} = \dfrac{200}{6+j8} = \dfrac{200}{\sqrt{6^2+8^2}} = 20$ [A]

3상 전력은 $P = 3I_p^2 R = 3 \times 20^2 \times 6 = 7,200$ [W]

【답】③

12 △ 결선된 대칭 3상부하가 있다. 역률이 0.8(지상)이고 소비전력이 1,800[W]이다. 선로의 저항 0.5 [Ω]에서 발생하는 선로손실이 50[W]이면 부하단자 전압[V]은?

① 627 ② 525
③ 326 ④ 225

Explanation

전선로의 선로손실 $P_l = 3I^2 R$ 여기서, I는 선로전류(선전류)

$I^2 = \dfrac{P_l}{3R} = \dfrac{50}{3 \times 0.5} = \dfrac{100}{3}$에서 선전류 $I = \dfrac{10}{\sqrt{3}}$ [A]

소비전력 $P = \sqrt{3} VI\cos\theta$

부하의 단자전압(선간전압) $V = \dfrac{P}{\sqrt{3} I \cos\theta} = \dfrac{1,800}{\sqrt{3} \times \dfrac{10}{\sqrt{3}} \times 0.8} = 225$ [V]

【답】④

주요 문제

13 3상 유도전동기의 출력이 5[HP], 전압 200[V], 효율 90[%], 역률 85[%]일 때, 이 전동기에 유입되는 선전류는 약 몇 [A]인가?

① 4
② 6
③ 8
④ 14

Explanation

유도전동기의 효율 $\eta = \dfrac{P_0}{P_i} \times 100[\%]$

여기서, 입력은 $P_i = \dfrac{P_0}{\eta} = \sqrt{3}\,VI\cos\theta$

1[HP]=746[W]

따라서 선전류 $I = \dfrac{P_0}{\eta\sqrt{3}\,V\cos\theta} = \dfrac{5 \times 746}{0.9 \times \sqrt{3} \times 200 \times 0.85} = 14[\text{A}]$

【답】 ④

14 2전력계법을 이용한 평형 3상 회로의 전력이 각각 500[W] 및 300[W]로 측정되었을 때, 부하의 역률은 약 몇 [%]인가?

① 70.7
② 87.7
③ 89.2
④ 91.8

Explanation

2전력계법
유효전력 $P = P_1 + P_2$
무효전력 $P_r = \sqrt{3}(P_1 - P_2)$
피상전력 $P_a = 2\sqrt{P_1^2 + P_2^2 - P_1 P_2}$

$\cos\theta = \dfrac{P}{P_a} = \dfrac{P_1 + P_2}{2\sqrt{P_1^2 + P_2^2 - P_1 P_2}} = \dfrac{500 + 300}{2\sqrt{500^2 + 300^2 - 500 \times 300}} \times 100 = 91.8[\%]$

【답】 ④

15 그림과 같이 3상 평형의 순저항 부하에 단상 전력계를 연결하였을 때 전력계가 $W[\text{W}]$를 지시하였다. 이 3상 부하에서 소모하는 전체 전력[W]은?

① $2W$
② $3W$
③ $\sqrt{2}\,W$
④ $\sqrt{3}\,W$

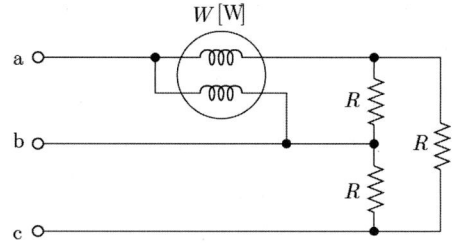

Explanation

2전력계법
유효전력 $P = W + W = 2W$

【답】 ①

16 그림과 같이 결선된 회로의 단자(a, b, c)에 선간전압이 V[V]인 평형 3상 전압을 인가할 때 상전류 I[A]의 크기는?

① $\dfrac{V}{4R}$ ② $\dfrac{3V}{4R}$

③ $\dfrac{\sqrt{3}\,V}{4R}$ ④ $\dfrac{V}{4\sqrt{3}\,R}$

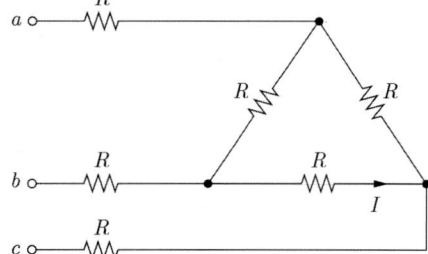

Explanation

I : △결선의 상전류
따라서, 우선 회로를 Y결선으로 전환하면
△→Y로 변환 : 저항은 $\dfrac{1}{3}$이 되므로 $\dfrac{R}{3}$
따라서 전체 1상의 저항은 $R_T = R + \dfrac{R}{3} = \dfrac{4}{3}R$

$I_p = \dfrac{V_p}{R_T} = \dfrac{\dfrac{V}{\sqrt{3}}}{\dfrac{4}{3}R} = \dfrac{3V}{4\sqrt{3}\,R} = \dfrac{\sqrt{3}\,V}{4R}$ 이므로 선전류도 $I_l = \dfrac{\sqrt{3}\,V}{4r}$

문제에서 I는 △결선의 상전류이므로 선전류를 $\sqrt{3}$으로 나누어야 하며
$I = \dfrac{\sqrt{3}\,V}{4R} \times \dfrac{1}{\sqrt{3}} = \dfrac{V}{4R}$

【답】①

9 대칭좌표법

3상 불평형 회로를 대칭성분으로 해석하는 방법
대칭좌표법의 구성 : 영상분(0), 정상분(1), 역상분(2)

1. 벡터연산자

① $a = 1\angle 120° = \cos 120° + j\sin 120° = -\dfrac{1}{2} + j\dfrac{\sqrt{3}}{2}$

② $a^2 + a + 1 = 0$

2. 불평형 회로의 해석

대칭성분을 이용한 각 상 표현	각 상을 이용한 대칭분 표현
$\begin{bmatrix} V_a \\ V_b \\ V_c \end{bmatrix} = \begin{bmatrix} 1 & 1 & 1 \\ 1 & a^2 & a \\ 1 & a & a^2 \end{bmatrix} \begin{bmatrix} V_0 \\ V_1 \\ V_2 \end{bmatrix}$	$\begin{bmatrix} V_0 \\ V_1 \\ V_2 \end{bmatrix} = \dfrac{1}{3}\begin{bmatrix} 1 & 1 & 1 \\ 1 & a & a^2 \\ 1 & a^2 & a \end{bmatrix} \begin{bmatrix} V_a \\ V_b \\ V_c \end{bmatrix}$

3. 발전기의 기본 식

① $V_0 = -Z_0 I_0$

② $V_1 = E_a - Z_1 I_1$

③ $V_2 = -Z_2 I_2$

4. 사고 해석

① 1선 지락 : $I_0 = I_1 = I_2$ ∴ $I_g = 3I_0 = \dfrac{3E_a}{Z_0 + Z_1 + Z_2}$

② 선간 단락 : $I_0 = 0, V_0 = 0$ $I_1 = -I_2$, $V_1 = V_2$

③ 3상 단락 : $I_1 = \dfrac{E_a}{Z_1}$

※ △결선 : 비접지식으로 영상전류는 흐르지 않는다.

5. 불평형률

불평형률 $= \dfrac{\text{역상분}}{\text{정상분}} \times 100[\%] = \dfrac{V_2}{V_1} \times 100[\%]$

주요 문제

01 불평형 3상 전류 $I_a = 25 + j4$[A], $I_b = -18 - j16$[A], $I_c = 7 + j15$[A]일 때 영상전류 I_0[A]는?

① $2.67 + j$
② $2.67 + j2$
③ $4.67 + j$
④ $4.67 + j2$

Explanation

영상분 전류 $I_0 = \dfrac{1}{3}(I_a + I_b + I_c)$
$= \dfrac{1}{3}(25 + j4 - 18 - j16 + 7 + j15) = 4.67 + j$

【답】 ③

02 상의 순서가 $a - b - c$인 불평형 3상 교류회로에서 각 상의 전류가 $I_a = 7.28 \angle 15.95°$[A], $I_b = 12.81 \angle -128.66°$[A], $I_c = 7.21 \angle 123.69°$[A]일 때 역상분 전류는 약 몇 [A]인가?

① $8.95 \angle -1.14°$
② $8.95 \angle 1.14°$
③ $2.51 \angle -96.55°$
④ $2.51 \angle 96.55°$

Explanation

역상분 $I_2 = \dfrac{1}{3}(I_a + a^2 I_b + a I_c)$
$= \dfrac{1}{3}\{(7.28 \angle 15.95°) + (1 \angle 240° \times 12.81 \angle -128.66) + (1 \angle 120° \times 7.21 \angle 123.69°)\}$
$= 2.51 \angle 96.55°$

【답】 ④

03 상순이 $a - b - c$인 3상 회로에 있어서 대칭분 전압이 $V_0 = -8 + j3$ [V], $V_1 = 6 - j8$[V], $V_2 = 8 + j12$[V]일 때 a상의 전압 V_a는 약 몇 [V]인가?

① $2.43 \angle -17°$
② $9.22 \angle 49°$
③ $32.44 \angle 175°$
④ $3.07 \angle 49°$

Explanation

대칭좌표법을 이용하면
$\begin{bmatrix} V_a \\ V_b \\ V_c \end{bmatrix} = \begin{bmatrix} 1 & 1 & 1 \\ 1 & a^2 & a \\ 1 & a & a^2 \end{bmatrix} \begin{bmatrix} V_0 \\ V_1 \\ V_2 \end{bmatrix}$ 에서

a상 전압 $V_a = V_0 + V_1 + V_2 = -8 + j3 + 6 - j8 + 8 + j12 = 6 + j7$[V]
$V_a = 6 + j7 = \sqrt{6^2 + 7^2} \angle \tan^{-1}\dfrac{7}{6} = 9.22 \angle 49°$

【답】 ②

04 3상 △ 부하에서 각 선전류를 I_a, I_b, I_c라 하면 전류의 영상분은? 단, 회로는 평형 상태임

① ∞
② $\dfrac{1}{3}$
③ 1
④ 0

Explanation

△부하 : 비접지식
영상분은 접지식 회로에서만 발생하므로 $I_o = \dfrac{1}{3}(I_a + I_b + I_c) = 0$

【답】 ④

주요 문제

05 전류의 대칭분을 I_0, I_1, I_2, 유기기전력을 E_a, E_b, E_c, 단자전압의 대칭분을 V_0, V_1, V_2라 할 때 3상 교류발전기의 기본식 중 정상분 V_1 값은? 단, Z_0, Z_1, Z_2는 영상, 정상, 역상 임피던스이다.

① $-Z_0 I_0$
② $-Z_2 I_2$
③ $E_a - Z_1 I_1$
④ $E_b - Z_2 I_2$

Explanation

발전기 기본식
$V_0 = -Z_0 I_0$
$V_1 = E_a - Z_1 I_1$
$V_2 = -Z_2 I_2$

【답】③

06 대칭좌표법에서 불평형률을 나타내는 것은?

① $\dfrac{영상분}{정상분} \times 100$
② $\dfrac{정상분}{역상분} \times 100$
③ $\dfrac{정상분}{영상분} \times 100$
④ $\dfrac{역상분}{정상분} \times 100$

Explanation

불평형률 $= \dfrac{역상분}{정상분} \times 100 [\%]$

【답】④

07 3상 불평형 전압에서 역상전압이 35[V]이고 정상전압이 100[V], 영상전압이 10[V]라 할 때, 전압의 불평형률은?

① 0.10
② 0.25
③ 0.35
④ 0.45

Explanation

불평형률 $= \dfrac{역상분(V_2)}{정상분(V_1)} \times 100 = \dfrac{35}{100} \times 100 = 35[\%]$

【답】③

10 비정현파 교류

1. 비정현파의 푸리에 변환

비정현파 교류 = 직류분 + 기본파 + 고조파

$$f(t) = a_0 + \sum_{n=1}^{\infty} a_n \cos n\omega t + \sum_{n=1}^{\infty} b_n \sin n\omega t$$

2. 여러 파형의 푸리에 변환

기함수, 정현대칭	sin항 (n : 정수)	$f(t) = -f(-t)$ $a_0, a_n = 0$ $f(t) = \sum_{n=1}^{\infty} b_n \sin n\omega t$
우함수, 여현대칭	a_0, cos항 (n : 정수)	$f(t) = f(-t)$ $b_n = 0$ $f(t) = a_0 + \sum_{n=1}^{\infty} a_n \cos n\omega t$
반파대칭	sin항과 cos항 (n : 홀수항)	$f(t) = -f(t+\pi) = -f\left(\frac{T}{2}+t\right)$ $f(t) = \sum_{n=1}^{\infty} a_n \cos n\omega t + \sum_{n=1}^{\infty} b_n \sin n\omega t$ 단, $n = 1, 3, 5, \cdots, 2n-1$

3. 비정현파의 실효값

각 파의 실효값 제곱의 합의 제곱근

$$V_{r.m.s} = \sqrt{V_0^2 + \left(\frac{V_{m1}}{\sqrt{2}}\right)^2 + \left(\frac{V_{m2}}{\sqrt{2}}\right)^2 + \left(\frac{V_{m3}}{\sqrt{2}}\right)^2 + \cdots} = \sqrt{V_0^2 + V_1^2 + V_2^2 + \cdots + V_n^2} \text{ [V]}$$

4. 비정현파의 전력

① 유효(소비)전력 : $P = V_0 I_0 + \sum_{n=1}^{\infty} V_n I_n \cos \theta_n$

비정현파의 소비전력 계산은 주파수가 같지 않으면 전력이 발생되지 않는다.

② 무효전력 : $P_r = \sum_{n=1}^{\infty} V_n I_n \sin \theta_n$

③ 피상전력 : $P_a = VI = \sqrt{(V_0^2 + V_1^2 + V_2^2 + \cdots + V_n^2)} \sqrt{(I_0^2 + I_1^2 + I_2^2 + \cdots + I_n^2)}$

5. 비정현파의 임피던스

$R-L$ 직렬회로
$Z_1 = R + j\omega L = \sqrt{R^2 + (\omega L)^2}$ $\vdots$ $Z_n = R + jn\omega L = \sqrt{R^2 + (n\omega L)^2}$

※ $R-L$ 회로에서 제3고조파 전류 $I_3 = \dfrac{V_3}{Z_3} = \dfrac{V_3}{\sqrt{R^2 + (3\omega L)^2}}$

6. 왜형률

① 비정현파에서 기본파에 대해 고조파 성분이 포함된 정도를 나타내는 값

② 왜형률$(\epsilon) = \dfrac{\text{전고조파의 실효값}}{\text{기본파의 실효값}} = \dfrac{\sqrt{V_2^2 + V_3^2 + \cdots + V_n^2}}{V_1}$

주요 문제

01 반파 대칭의 왜형파에 포함되는 고조파는?
① 제2고조파 ② 제4고조파
③ 제5고조파 ④ 제6고조파

Explanation

반파대칭 : 홀수항(기수차항) 【답】③

02 그림과 같은 파형을 푸리에 급수로 전개하면?

① $\dfrac{A}{\pi} + \dfrac{\sin 2x}{2} + \dfrac{\sin 4x}{4} + \cdots$

② $\dfrac{4A}{\pi}\left(\sin\alpha \sin x + \dfrac{1}{9}\sin 3\alpha \sin 3x + \cdots\right)$

③ $\dfrac{4A}{\pi}\left(\sin x + \dfrac{1}{3}\sin 3x + \dfrac{1}{5}\sin 5x + \cdots\right)$

④ $\dfrac{4}{\pi}\left(\dfrac{\cos 2x}{1\times 3} + \dfrac{\cos 4x}{3\times 5} + \dfrac{\cos 6x}{5\times 7} + \cdots\right)$

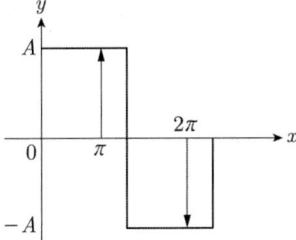

Explanation

구형파는 정현반파대칭이므로 홀수항의 sin항만 존재하며
$f(t) = b_1 \sin t + b_3 \sin 3t + b_5 \sin 5t + \cdots$의 형태이므로 무수히 많은 주파수 성분을 가지게 된다.

따라서 $y = \dfrac{4A}{\pi}\left(\sin x + \dfrac{1}{3}\sin 3x + \dfrac{1}{5}\sin 5x + \cdots\right)$ 【답】③

03 전류 $I = 30\sin\omega t + 40\sin(3\omega t + 45°)$[A]의 실효값[A]은?
① 25 ② $25\sqrt{2}$
③ 50 ④ $50\sqrt{2}$

Explanation

비정현파의 실효값 : 각 파의 실효값 제곱의 합의 제곱근
$I = \sqrt{I_0^2 + I_1^2 + I_2^2 + I_3^2 + \cdots}$
$= \sqrt{\left(\dfrac{30}{\sqrt{2}}\right)^2 + \left(\dfrac{40}{\sqrt{2}}\right)^2} = \dfrac{1}{\sqrt{2}}\sqrt{30^2 + 40^2} = \dfrac{50}{\sqrt{2}} = 25\sqrt{2}$ [A] 【답】②

04 다음과 같은 비정현파 기전력 및 전류에 의한 평균전력을 구하면 몇 [W]인가?

$$e = 100\sin\omega t - 50\sin(3\omega t + 30°) + 20\sin(5\omega t + 45°)[V]$$
$$I = 20\sin\omega t + 10\sin(3\omega t - 30°) + 5\sin(5\omega t - 45°)[A]$$

① 825 ② 875
③ 925 ④ 1,175

Explanation

유효전력(평균전력)은 주파수가 같을 때만 발생되므로
$P = V_1 I_1 \cos\theta_1 + V_3 I_3 \cos\theta_3 + V_5 I_5 \cos\theta_5$

$\therefore P = \dfrac{100}{\sqrt{2}} \times \dfrac{20}{\sqrt{2}} \cos 0° - \dfrac{50}{\sqrt{2}} \times \dfrac{10}{\sqrt{2}} \cos 60° + \dfrac{20}{\sqrt{2}} \times \dfrac{5}{\sqrt{2}} \cos 90° = 875$[W] 【답】②

주요 문제

05 다음과 같은 비정현파 교류전압 $v(t)$와 전류 $i(t)$에 의한 평균전력 P[W]와 피상전력 P_a[VA]는 약 얼마인가?

$$v(t) = 150\sin\left(\omega t + \frac{\pi}{6}\right) - 50\sin\left(3\omega t + \frac{\pi}{3}\right) + 25\sin 5\omega t \,[\text{V}]$$

$$i(t) = 20\sin\left(\omega t - \frac{\pi}{6}\right) + 15\sin\left(3\omega t + \frac{\pi}{6}\right) + 10\cos\left(5\omega t - \frac{\pi}{3}\right) [\text{A}]$$

① $P = 283.5$[W], $P_a = 1,542$[VA]　　② $P = 533.5$[W], $P_a = 1,542$[VA]
③ $P = 283.5$[W], $P_a = 2,155$[VA]　　④ $P = 533.5$[W], $P_a = 2,155$[VA]

Explanation

유효전력

$$P = \frac{150}{\sqrt{2}} \times \frac{20}{\sqrt{2}} \times \cos 60° - \frac{50}{\sqrt{2}} \times \frac{15}{\sqrt{2}} \times \cos 30° + \frac{25}{\sqrt{2}} \times \frac{10}{\sqrt{2}} \times \cos 30° = 533.5[\text{W}]$$

$$V = \sqrt{\left(\frac{150}{\sqrt{2}}\right)^2 + \left(\frac{50}{\sqrt{2}}\right)^2 + \left(\frac{25}{\sqrt{2}}\right)^2} = 113.19[\text{V}]$$

$$I = \sqrt{\left(\frac{20}{\sqrt{2}}\right)^2 + \left(\frac{15}{\sqrt{2}}\right)^2 + \left(\frac{10}{\sqrt{2}}\right)^2} = 19.04[\text{A}]$$

피상전력 $P_a = VI = 113.19 \times 19.04 = 2,155[\text{VA}]$

【답】④

06 비정현파 전류가 $i(t) = 56\sin\omega t + 20\sin 2\omega t + 30\sin(3\omega t + 30°) + 40\sin(4\omega t + 60°)$로 표현될 때, 왜형률은 약 얼마인가?

① 1.0　　② 0.96
③ 0.55　　④ 0.11

Explanation

왜형률 $= \dfrac{\sqrt{\text{각 고조파 실효값의 제곱의 합}}}{\text{기본파의 실효값}}$

$$= \frac{\sqrt{\left(\frac{20}{\sqrt{2}}\right)^2 + \left(\frac{30}{\sqrt{2}}\right)^2 + \left(\frac{40}{\sqrt{2}}\right)^2}}{\frac{56}{\sqrt{2}}} = \frac{\sqrt{20^2 + 30^2 + 40^2}}{56} = 0.96$$

【답】②

07 $e = 100\sqrt{2}\sin\omega t + 75\sqrt{2}\sin 3\omega t + 20\sqrt{2}\sin 5\omega t$[V]인 전압을 R-L직렬회로에 가할 때 제3고조파 전류의 실효값은 몇 [A]인가? (단, $R = 4[\Omega]$, $\omega L = 1[\Omega]$이다)

① 15　　② $15\sqrt{2}$
③ 20　　④ $20\sqrt{2}$

Explanation

제3고조파에 의하여 흐르는 전류의 실효값
여기서, 제3고조파에 대한 임피던스는 $Z_3 = R + j3\omega L = 4 + j3 = 5[\Omega]$이므로

$$I_3 = \frac{V_3}{Z_3} = \frac{75}{5} = 15[\text{A}]$$

【답】①

08 $R = 4\,[\Omega]$, $\omega L = 3\,[\Omega]$인 $R-L$ 직렬회로에 $e = 100\sqrt{2}\sin\omega t + 50\sqrt{2}\sin 3\omega t\,[V]$ 전압을 인가 시 저항에서 소비되는 전력은 약 몇 [W]인가?

① 2,128
② 2,000
③ 1,703
④ 1,600

Explanation

전압이 기본파와 제3고조파이므로 전류도 기본파와 제3고조파로 이루어진다.

기본파 임피던스 $Z_1 = R + j\omega L = 4 + j3\,[\Omega]$

기본파 전류 $I_1 = \dfrac{V_1}{Z} = \dfrac{100}{\sqrt{3^2 + 4^2}} = 20\,[A]$

제3고조파 임피던스 $Z_3 = R + j3\omega L = 4 + j3 \times 3 = 4 + j9\,[\Omega]$

제3고조파전류 $I_3 = \dfrac{V_3}{Z} = \dfrac{V_3}{\sqrt{R^2 + (3wL)^2}} = \dfrac{50}{\sqrt{4^2 + 9^2}} = 5.08\,[A]$

저항에서의 소비전력 $P = I_1^2 R + I_2^2 R = 20^2 \times 4 + 5.08^2 \times 4 = 1,703\,[W]$

【답】③

11 2단자망

1. 구동점 임피던스
① 저항 : $Z(s) = R$
② 인덕턱스 : $Z(s) = j\omega L = sL$
③ 커패시턴스 : $Z(s) = \dfrac{1}{j\omega C} = \dfrac{1}{sC}$

2. 2단자망 회로의 극점, 영점
$$Z(s) = \frac{Q(s)}{P(s)} = \frac{(s+Z_1)(s+Z_2)(s+Z_3)\cdots}{(s+P_1)(s+P_2)(s+P_3)\cdots}$$

① 영점(zero) : 회로망 함수 $Z(s)$가 0이 되는 s의 값 (단락상태)
$Z(s)$의 영점 $s = -Z_1, \ -Z_2, \ -Z_3, \cdots$

② 극점(pole) : 회로망 함수 $Z(s)$가 ∞가 되는 s의 값 (개방상태)
$Z(s)$의 극점 $s = -P_1, \ -P_2, \ -P_3, \cdots$

3. 정저항회로
주파수에 관계없는 일정한 저항 → 주파수에 무관한 회로

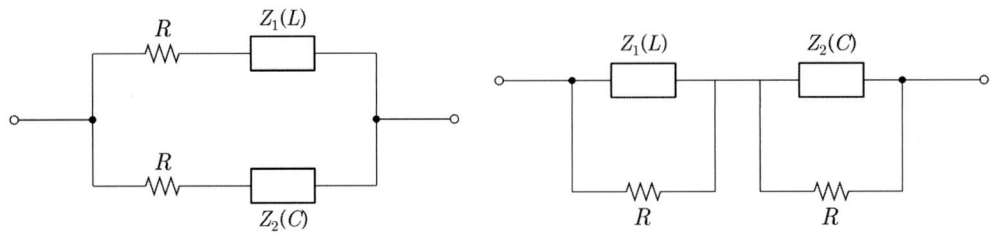

$$\therefore R = \sqrt{\dfrac{L}{C}}\,[\Omega]$$

4. 역회로(쌍대회로)

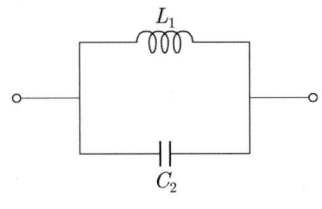
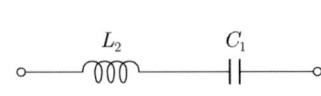

$$K^2 = \dfrac{L_1}{C_1} = \dfrac{L_2}{C_2}$$

주요 문제

01 그림과 같은 회로의 구동점 임피던스 Z_{ab}는?

① $\dfrac{2(2s+1)}{2s^2+s+2}$ ② $\dfrac{2s+1}{2s^2+s+2}$

③ $\dfrac{2(2s-1)}{2s^2+s+2}$ ④ $\dfrac{2s^2+s+2}{2(2s+1)}$

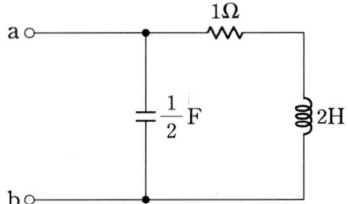

Explanation

구동점 임피던스
① $R \rightarrow Z_R(s) = R$
② $L \rightarrow Z_L(s) = j\omega L = sL$
③ $C \rightarrow Z_c(s) = \dfrac{1}{j\omega C} = \dfrac{1}{sC}$

$Z_{ab}(s) = \dfrac{(1+2s)\cdot \dfrac{2}{s}}{1+2s+\dfrac{2}{s}} = \dfrac{2(2s+1)}{2s^2+s+2}$

【답】①

02 2단자 임피던스 함수 $Z(s)$가 $Z(s) = \dfrac{(s+3)}{(s+4)(s+5)}$ 일 때의 영점은?

① -4, -5 ② 4, 5
③ 3 ④ -3

Explanation

전달함수 $G(s) = \dfrac{Q(s)}{P(s)}$ 에서
• $Q(s) = 0$가 되는 s값을 영점이라 하며 회로단락
따라서 영점은 $s = -3$

【답】④

03 구동점 임피던스 함수에 있어서 극점(pole)은?

① 개방 회로 상태를 의미한다. ② 단락 회로 상태를 의미한다.
③ 아무 상태도 아니다. ④ 전류가 많이 흐르는 상태를 의미한다.

Explanation

구동점 임피던스 $Z(s) = \dfrac{Q(s)}{P(s)} = \dfrac{(s+z_1)(s+z_2)\cdots}{(s+P_1)(s+P_2)\cdots}$ 에서
극점 $P(s) = 0$: $s = -P_1, -P_2, \cdots$ 회로의 개방상태

【답】①

12 4단자망

1. 4단자망 회로

임피던스 파라미터	$\dot{V}_1 = \dot{Z}_{11}\dot{I}_1 + \dot{Z}_{12}\dot{I}_2$ $\dot{V}_2 = \dot{Z}_{21}\dot{I}_1 + \dot{Z}_{22}\dot{I}_2$	$Z_{11} = \dfrac{A}{C},\ Z_{12} = Z_{21} = \dfrac{1}{C},\ Z_{22} = \dfrac{D}{C}$
어드미턴스 파라미터	$I_1 = Y_{11}V_1 + Y_{21}V_2$ $I_2 = Y_{21}V_1 + Y_{22}V_2$	$Y_{11} = \dfrac{D}{B},\ Y_{12} = Y_{21} = \dfrac{1}{B},\ Y_{22} = \dfrac{A}{B}$
ABCD 파라미터	$\dot{V}_1 = \dot{A}\dot{V}_2 + \dot{B}\dot{I}_2$ $\dot{I}_1 = \dot{C}\dot{V}_2 + \dot{D}\dot{I}_2$	A : 전압비, B : 임피던스 C : 어드미턴스, D : 전류비 선형조건 : $\dot{A}\dot{D} - \dot{B}\dot{C} = 1$

2. 임피던스 파라미터

임피던스 파라미터(T형 회로망)

$Z_{11} = Z_1 + Z_3$,
$Z_{12} = Z_{21} = Z_3$,
$Z_{22} = Z_2 + Z_3$

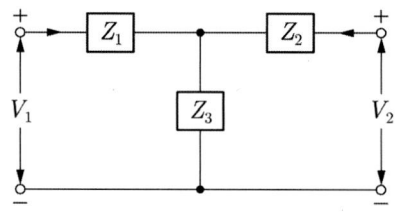

3. T형 회로의 ABCD파라미터

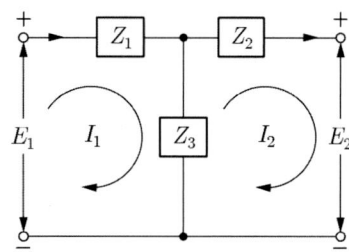

$$\begin{bmatrix} A & B \\ C & D \end{bmatrix} = \begin{bmatrix} 1 & Z_1 \\ 0 & 1 \end{bmatrix} \begin{bmatrix} 1 & 0 \\ \dfrac{1}{Z_3} & 1 \end{bmatrix} \begin{bmatrix} 1 & Z_2 \\ 0 & 1 \end{bmatrix} = \begin{bmatrix} 1 + \dfrac{Z_1}{Z_3} & Z_1 + Z_2 + \dfrac{Z_1 Z_2}{Z_3} \\ \dfrac{1}{Z_3} & 1 + \dfrac{Z_2}{Z_3} \end{bmatrix}$$

4. 영상 임피던스와 전달정수

영상 임피던스 Z_{01}, Z_{02}	$Z_{01} = \sqrt{\dfrac{AB}{CD}}\,[\Omega],\ Z_{02} = \sqrt{\dfrac{DB}{CA}}\,[\Omega]$
영상 임피던스 Z_{01}, Z_{02}의 관계	$Z_{01}Z_{02} = \dfrac{B}{C},\ \dfrac{Z_{01}}{Z_{02}} = \dfrac{A}{D}$
영상 전달정수	$\theta = \log_e(\sqrt{AD} + \sqrt{BC})$ $= \cosh^{-1}\sqrt{AD}$ $= \sinh^{-1}\sqrt{BC}$

주요 문제

01 다음과 같은 T형 회로의 임피던스 파라미터 Z_{22}의 값은?

① Z_1 ② Z_3
③ $Z_1 + Z_3$ ④ $Z_2 + Z_3$

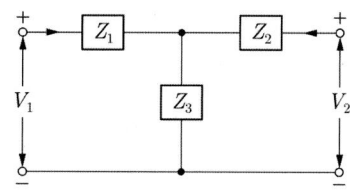

Explanation

임피던스 파라미터(T형 회로망)
$Z_{11} = Z_1 + Z_3$, $Z_{12} = Z_{21} = Z_3$, $Z_{22} = Z_2 + Z_3$

■ 기본 풀이

임피던스 파라미터 $Z_{22} = \dfrac{V_2}{I_2}\bigg|_{I_1=0} = Z_2 + Z_3$

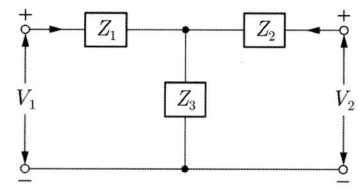

【답】 ④

02 그림과 같은 회로의 4단자 정수 중 A는?

① $1 + \dfrac{R}{j\omega L}$ ② R
③ 1 ④ $\dfrac{1}{j\omega L}$

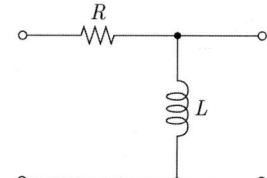

Explanation

여기서, $j\omega = s$로 치환하면 $j\omega L = sL$이 되며

$\begin{bmatrix} A & B \\ C & D \end{bmatrix} = \begin{bmatrix} 1 & R \\ 0 & 1 \end{bmatrix}\begin{bmatrix} 1 & 0 \\ \dfrac{1}{sL} & 1 \end{bmatrix} = \begin{bmatrix} 1+\dfrac{R}{sL} & R \\ \dfrac{1}{sL} & 1 \end{bmatrix}$ 이므로 $A = 1 + \dfrac{R}{sL} = 1 + \dfrac{R}{j\omega L}$

【답】 ①

03 다음과 같은 4단자 회로에서 A의 값은?

① 0
② 1
③ 2
④ $\dfrac{8}{3}$

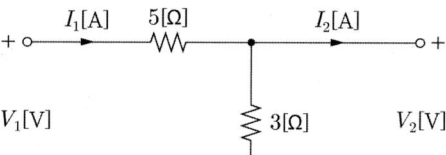

Explanation

T형 4단자 정수

$\begin{bmatrix} A & B \\ C & D \end{bmatrix} = \begin{bmatrix} 1 & 5 \\ 0 & 1 \end{bmatrix}\begin{bmatrix} 1 & 0 \\ \dfrac{1}{3} & 1 \end{bmatrix} = \begin{bmatrix} \dfrac{8}{3} & 5 \\ \dfrac{1}{3} & 1 \end{bmatrix}$

【답】 ④

주요 문제

04 다음 T형 회로의 ABCD파라미터 중 C의 값은?

① Z_3 ② $1 + \dfrac{Z_2}{Z_3}$

③ $\dfrac{1}{Z_3}$ ④ $1 + \dfrac{Z_1}{Z_3}$

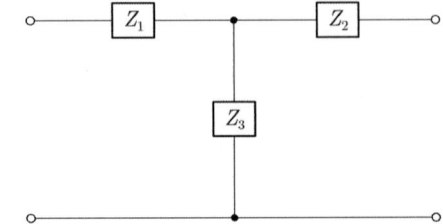

Explanation

$$\begin{bmatrix} A & B \\ C & D \end{bmatrix} = \begin{bmatrix} 1 & Z_1 \\ 0 & 1 \end{bmatrix} \begin{bmatrix} 1 & 0 \\ \frac{1}{Z_3} & 1 \end{bmatrix} \begin{bmatrix} 1 & Z_2 \\ 0 & 1 \end{bmatrix}$$

$$= \begin{bmatrix} 1 + \dfrac{Z_1}{Z_3} & Z_1 + Z_2 + \dfrac{Z_1 Z_2}{Z_3} \\ \dfrac{1}{Z_3} & 1 + \dfrac{Z_2}{Z_3} \end{bmatrix}$$

【답】③

05 그림과 같은 H형의 4단자 회로망에서 4단자 정수(전송 파라미터) A는? (단, V_1은 입력전압이고, V_2는 출력전압이고, A는 출력 개방 시 회로망의 전압 이득 $\left(\dfrac{V_1}{V_2}\right)$이다)

① $\dfrac{Z_1 + Z_2 + Z_3}{Z_3}$ ② $\dfrac{Z_1 + Z_3 + Z_4}{Z_3}$

③ $\dfrac{Z_2 + Z_3 + Z_5}{Z_3}$ ④ $\dfrac{Z_3 + Z_4 + Z_5}{Z_3}$

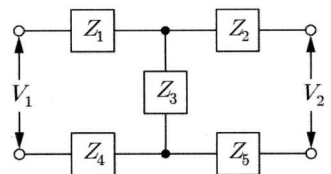

Explanation

전압이득 $A = \dfrac{V_1}{V_2}\bigg|_{I_2=0} = \dfrac{Z_1 + Z_3 + Z_4}{Z_3}$

【답】②

06 4단자 정수 A, B, C, D 중에서 어드미턴스 차원을 가진 정수는?

① A   ② B
③ C   ④ D

Explanation

전송파라미터(ABCD 파라미터)

$A = \dfrac{V_1}{V_2}\bigg|_{I_2=0}$ 전압비 $B = \dfrac{V_1}{I_2}\bigg|_{V_2=0}$ 임피던스[Ω]

$C = \dfrac{I_1}{V_2}\bigg|_{I_2=0}$ 어드미턴스[℧] $D = \dfrac{I_1}{I_2}\bigg|_{V_2=0}$ 전류비

【답】③

13 분포정수 회로

1. 분포정수 회로

① 특성 임피던스 : $Z_0 = \sqrt{\dfrac{Z}{Y}} = \sqrt{\dfrac{R+j\omega L}{G+j\omega C}}$

② 전파정수 : $\gamma = \sqrt{ZY} = \sqrt{(R+j\omega L)(G+j\omega C)} = \alpha + j\beta$

　　여기서, α : 감쇠정수,　β : 위상정수

③ 전파속도 $v = f\lambda = \dfrac{\omega}{\beta} = \dfrac{2\pi f}{\beta}$ [m/sec]

④ 파장 $\lambda = \dfrac{2\pi}{\beta}$ [m]

2. 무손실 회로와 무왜형 회로

	무손실 선로	무왜형 선로
조건	$R=0,\ \ G=0$	$\dfrac{R}{L} = \dfrac{G}{C}$
특성 임피던스	$Z_0 = \sqrt{\dfrac{Z}{Y}} = \sqrt{\dfrac{L}{C}}$	$Z_0 = \sqrt{\dfrac{Z}{Y}} = \sqrt{\dfrac{L}{C}}$
전파정수	$\gamma = \sqrt{ZY},\ \alpha = 0,\ \ \beta = \omega\sqrt{LC}$	$\gamma = \sqrt{ZY},\ \alpha = \sqrt{RG},\ \beta = \omega\sqrt{LC}$ (최소)
전파속도	$v = \dfrac{\omega}{\beta} = \dfrac{\omega}{\omega\sqrt{LC}} = \dfrac{1}{\sqrt{LC}}$	$v = \dfrac{\omega}{\beta} = \dfrac{\omega}{\omega\sqrt{LC}} = \dfrac{1}{\sqrt{LC}}$

3. 반사계수와 투과계수

① 반사계수 $\rho = \dfrac{반사파}{입사파} = \dfrac{Z_L - Z_o}{Z_L + Z_o}$　　무반사 조건 : $Z_0 = Z_L$

　정재파비 : $S = \dfrac{1+|\rho|}{1-|\rho|}$　여기서, ρ는 반사계수

② 투과계수 $\tau = \dfrac{투과파}{입사파} = \dfrac{2Z_L}{Z_o + Z_L}$

주요 문제

01 송전 선로가 무손실 선로일 때, $L = 96[\text{mH}]$이고 $C = 0.6[\mu\text{F}]$이면 특성 임피던스$[\Omega]$는?

① 100 ② 200
③ 400 ④ 600

Explanation

무손실 선로 조건 $R = G = 0$

특성 임피던스 $Z_0 = \sqrt{\dfrac{Z}{Y}} = \sqrt{\dfrac{R+j\omega L}{G+j\omega C}} = \sqrt{\dfrac{L}{C}} = \sqrt{\dfrac{96 \times 10^{-3}}{0.6 \times 10^{-6}}} = 400[\Omega]$

【답】③

02 무손실 선로에 있어서 감쇠정수 α, 위상정수를 β라 하면 α와 β의 값은? 단, R, G, L, C는 선로 단위 길이당의 저항, 컨덕턴스, 인덕턴스, 커패시턴스이다.

① $\alpha = \sqrt{RG}$, $\beta = 0$
② $\alpha = 0$, $\beta = \dfrac{1}{\sqrt{LC}}$
③ $\alpha = 0$, $\beta = \omega\sqrt{LC}$
④ $\alpha = \sqrt{RG}$, $\beta = \omega\sqrt{LC}$

Explanation

무손실 선로 조건 $R = G = 0$
전파정수 $\gamma = \sqrt{ZY} = \sqrt{(R+j\omega L)(G+j\omega C)} = j\omega\sqrt{LC}$
$\qquad = \alpha + j\beta$
여기서, α는 감쇠정수, β는 위상정수
$\alpha = 0$, $\beta = \omega\sqrt{LC}$

【답】③

03 분포정수 회로가 무왜선로로 되는 조건은? 단, 선로의 단위 길이당 저항은 R, 인덕턴스는 L, 정전용량은 C, 누설 컨덕턴스는 G이다.

① $RC = CG$
② $RC = LG$
③ $R = \sqrt{L/C}$
④ $R = \sqrt{LC}$

Explanation

무왜형선로(일그러짐이 없는 선로) : $RC = LG$

【답】②

04 분포정수회로에서 선로의 단위길이 당 저항을 100$[\Omega]$, 인덕턴스를 200[mH], 누설 컨덕턴스를 0.5$[\mho]$라 할 때 일그러짐이 없는 조건을 만족하기 위한 정전 용량은 몇$[\mu\text{F}]$인가?

① 0.001 ② 0.1
③ 10   ④ 1,000

Explanation

무왜형선로(일그러짐이 없는 선로) : $RC = LG$

$C = \dfrac{LG}{R} = \dfrac{200 \times 10^{-3} \times 0.5}{100}$
$\quad = 1 \times 10^{-3} = 1,000[\mu\text{F}]$

【답】④

주요 문제

05 분포 정수회로에서 선로정수가 R, L, C, G이고 무왜형 조건이 $RC = GL$과 같은 관계가 성립될 때 선로의 특성 임피던스 Z_0는? (단, 선로의 단위길이당 저항을 R, 인덕턴스를 L, 정전용량을 C, 누설컨덕턴스를 G라 한다)

① $Z_0 = \dfrac{1}{\sqrt{CL}}$
② $Z_0 = \sqrt{\dfrac{L}{C}}$
③ $Z_0 = \sqrt{CL}$
④ $Z_0 = \sqrt{RG}$

Explanation

무왜형 조건($RC = GL$)

특성임피던스 $Z_0 = \sqrt{\dfrac{Z}{Y}} = \sqrt{\dfrac{R+j\omega L}{G+j\omega C}} = \sqrt{\dfrac{L}{C}}$

【답】②

06 위상정수가 $\dfrac{\pi}{8}$ [rad/m]인 선로의 1[MHz]에 대한 전파속도는 몇 [m/s]인가?

① 1.6×10^7
② 3.2×10^7
③ 5.0×10^7
④ 8.0×10^7

Explanation

전파속도 $v = f\lambda$

위상정수 $\beta = \dfrac{2\pi}{\lambda}$에서

파장 $\lambda = \dfrac{2\pi}{\beta} = \dfrac{2\pi}{\dfrac{\pi}{8}} = 16$

전파속도 $v = f\lambda = 1 \times 10^6 \times 16 = 1.6 \times 10^7$ [m/s]

【답】①

07 송전 선로에서 전압이 3×10^8 [m/s]인 광속으로 전파할 때 200 [MHz]인 주파수에 대한 위상 정수는 몇 [rad/m]인가?

① $\dfrac{4}{3}\pi$
② $\dfrac{2}{3}\pi$
③ $\dfrac{\pi}{3}$
④ π

Explanation

파장 $\lambda = \dfrac{v}{f} = \dfrac{3 \times 10^8}{200 \times 10^6} = 1.5$ [m]

위상 정수 β의 단위는 [rad/m]이므로 $\beta = \dfrac{2\pi}{\lambda} = \dfrac{2\pi \times 2}{3} = \dfrac{4\pi}{3}$ [rad/m]

【답】①

08 특성임피던스 400 [Ω]의 회로 말단에 1,200 [Ω]의 부하가 연결되어 있다. 전원 측에 20[kV]의 전압을 인가할 때 반사파의 크기[kV]는?(단, 선로에서의 전압 감쇠는 없는 것으로 간주한다)

① 1
② 5
③ 10
④ 50

Explanation

> **주요 문제**

반사계수 $\rho = \dfrac{Z_2 - Z_1}{Z_2 + Z_1} = \dfrac{Z_L - Z_0}{Z_L + Z_0} = \dfrac{1,200 - 400}{1,200 + 400} = 0.5$

따라서 반사파는 $20 \times 0.5 = 10[kV]$

【답】③

09 1[km]당 인덕턴스 25[mH], 정전용량 0.005[μF]의 선로가 있다. 무손실 선로라고 가정한 경우 진행파의 위상(전파) 속도는 약 몇 [km/s]인가?

① 8.95×10^4
② 9.95×10^4
③ 89.5×10^4
④ 99.5×10^4

Explanation

위상속도 : $v = \dfrac{\omega}{\beta} = \dfrac{1}{\sqrt{LC}}$ (일정)

따라서 $v = \dfrac{\omega}{\beta} = \dfrac{1}{\sqrt{LC}} = \dfrac{1}{\sqrt{25 \times 10^{-3} \times 0.005 \times 10^{-6}}} = 8.95 \times 10^4 [km/sec]$

【답】①

14 과도현상과 시간응답

1. $R-L$ 직렬회로(L은 초기 : 개방, 최종 : 단락)

$R-L$ 직렬회로	직류 기전력 인가 시(S/W on)	직류 기전력 제거 시(S/W off)
전류 $i(t)$	$i(t) = \dfrac{E}{R}(1-e^{-\frac{R}{L}t})$	$i(t) = \dfrac{E}{R}e^{-\frac{R}{L}t}$
특성근	$P = -\dfrac{R}{L}$	
시정수	$\tau = \dfrac{L}{R}$ [sec]	
V_R	$V_R = E(1-e^{-\frac{R}{L}t})$ [V]	
V_L	$V_L = Ee^{-\frac{R}{L}t}$ [V]	

2. $R-C$ 직렬회로(C는 초기 : 단락, 최종 : 개방)

$R-C$ 직렬회로	직류 기전력 인가 시(S/W on)	직류 기전력 제거 시(S/W off)
전류 $i(t)$	$i = \dfrac{E}{R}e^{-\frac{1}{RC}t}$ [A]	$i = -\dfrac{E}{R}e^{-\frac{1}{RC}t}$ [A]
특성근	$P = -\dfrac{1}{RC}$	
시정수	$\tau = RC$ [sec]	
V_R	$V_R = Ee^{-\frac{1}{RC}t}$ [V]	
V_C	$V_C = E(1-e^{-\frac{1}{RC}t})$ [V]	

3. $R-L-C$ 직렬회로

① $R > 2\sqrt{\dfrac{L}{C}}$: 과제동(비진동적)

② $R = 2\sqrt{\dfrac{L}{C}}$: 임계 제동(임계적)

③ $R < 2\sqrt{\dfrac{L}{C}}$: 부족 제동(진동적)

4. $L-C$ 직렬회로

① 전류 $i(t) = \dfrac{E}{\sqrt{\dfrac{L}{C}}}\sin\dfrac{1}{\sqrt{LC}}t$ [A] (불변의 진동전류)

② 인덕턴스에서의 전압 $V_L = E\cos\dfrac{1}{\sqrt{LC}}t$ [V]

③ 커패시턴스에서의 전압 $V_C = E(1-\cos\dfrac{1}{\sqrt{LC}}t)$ [V]

   전압은 $0 \sim 2E$까지 변동

주요 문제

01 그림과 같은 회로에서 스위치 S를 $t=0$에서 닫았을 때 $v_{L(t)}|_{t=0} = 90$[V], $\dfrac{di(t)}{dt}|_{t=0} = 30$ [A/s]이다. L[H]의 값은?

① 20
② 2
③ 3
④ 10

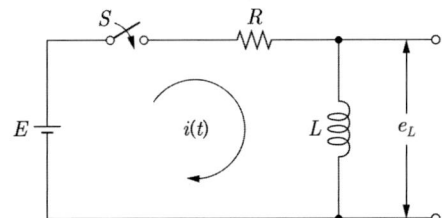

Explanation

인덕터의 단자전압 $V_L = L\dfrac{di}{dt}$ 에서 $90 = L \times 30$

인덕턴스 $L = \dfrac{90}{30} = 3$[H]

【답】③

02 그림의 회로에서 $t=0$[s]에 스위치(S)를 닫은 후 $t=3$[s]일 때 이 회로에 흐르는 전류는 약 몇 [A]인가?

① 1.52
② 2.02
③ 2.52
④ 3.80

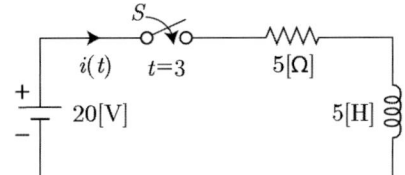

Explanation

$R-L$ 직렬 회로

전류 $i = \dfrac{E}{R}\left(1 - e^{-\frac{R}{L}t}\right) = \dfrac{20}{5}\left(1 - e^{-\frac{5}{5} \times 3}\right) = 4(1 - e^{-3}) = 3.80$[A]

【답】④

03 시정수가 커지면 과도현상은 어떻게 되는가?

① 짧아진다.
② 짧아진 후 길어진다.
③ 길어진다.
④ 변함 없다.

Explanation

시정수(Time constant) : 목표값에 63.2[%]에 도달하는 시간
• 시정수가 크면 과도현상이 길어진다.

【답】③

04 $R-L$ 직렬회로에서 $R = 20$[Ω], $L = 40$[mH]이다. 이 회로의 시정수[sec]는?

① 2×10^3
② 2×10^{-3}
③ $\dfrac{1}{2} \times 10^3$
④ $\dfrac{1}{2} \times 10^{-3}$

Explanation

$R-L$ 직렬회로에서 시정수 $\tau = \dfrac{L}{R} = \dfrac{40 \times 10^{-3}}{20} = 2 \times 10^{-3}$[sec]

【답】②

주요 문제

05 $t=0$에서 스위치(S)를 닫았을 때 $t=0^+$에서의 $i(t)$는 몇 [A]인가? 단, 커패시터에 초기 전하는 없다.

① 0.1 ② 0.2
③ 0.4 ④ 1.0

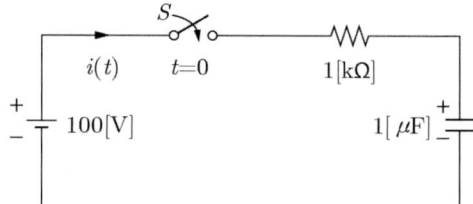

Explanation

$R-C$ 직렬회로
커패시터의 직류인가 특성
- 초기 : 단락
- 최종 : 개방

따라서 초기상태 단락이므로 $i(0^+) = \dfrac{E}{R} = \dfrac{100}{1 \times 10^3} = 0.1\text{[A]}$

【답】①

06 $R-C$ 직렬회로에 $t=0$[s]일 때 직류전압 100[V]를 인가하면, 0.2초에 흐르는 전류[mA]는? (단, $R=1,000$[Ω], $C=50[\mu F]$이고, 커패시터의 초기충전 전하는 없다)

① 1.37 ② 1.83
③ 2.98 ④ 3.25

Explanation

$R-C$ 직렬회로 직류인가 시

$i = \dfrac{E}{R}e^{-\frac{1}{RC}t} = \dfrac{100}{1,000}e^{-\frac{1}{1,000 \times 50 \times 10^{-6}} \times 0.2} \times 10^3 = 1.83\text{[mA]}$

【답】②

07 회로에서 $t=0$초 일 때 닫혀 있는 스위치 S를 열었다. 이 때 $\dfrac{dv(0^+)}{dt}$의 값은? (단, C의 초기 전압은 0[V]이다)

① $\dfrac{1}{RI}$ ② $\dfrac{C}{I}$
③ RI ④ $\dfrac{I}{C}$

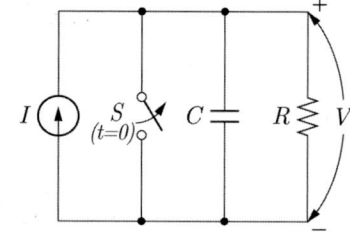

Explanation

병렬회로의 과도현상으로 보면

스위치 개방 시 회로의 전류 방정식 : $I = C\dfrac{dv(t)}{dt} + \dfrac{v(t)}{R}$

초기에는 $I = C\dfrac{dv(0+)}{dt} + \dfrac{v(0+)}{R}$ 이므로 전류 $I = C\dfrac{dv(0+)}{dt}$

따라서 $\dfrac{dv(0+)}{dt} = \dfrac{I}{C}$

【답】④

08 다음 회로에서 커패시터에 0.5[C]의 전하가 충전되어 있고 스위치 S를 $t=0$에 닫을 때 이 회로에 흐르는 전류($i(0^+)$)는 몇 [A]인가?

① 1
② 50
③ 5
④ 10

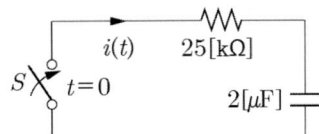

Explanation

초기 콘덴서에 충전된 전압 $V = \dfrac{Q}{C} = \dfrac{0.5}{2 \times 10^{-6}} = 250,000[V]$

따라서 초기전류 $i = \dfrac{V}{R} = \dfrac{250,000}{25 \times 10^3} = 10[A]$

【답】④

09 저항 R, 인덕턴스 L, 콘덴서 C의 직렬 회로에서 발생되는 과도 현상이 진동이 되지 않을 조건은?

① $\left(\dfrac{R}{2L}\right)^2 - \dfrac{1}{LC} > 0$

② $\left(\dfrac{R}{2L}\right)^2 - \dfrac{1}{LC} < 0$

③ $\left(\dfrac{R}{2L}\right)^2 - \dfrac{1}{LC} = 0$

④ $\dfrac{R}{2L} - \dfrac{1}{LC} = 0$

Explanation

$R-L-C$ 직렬 회로에서 직류 전압 인가

- 비진동 조건 $\left(\dfrac{R}{2L}\right)^2 - \dfrac{1}{LC} > 0$에서 $R^2 > \dfrac{4L}{C}$
- 임계적 조건 $\left(\dfrac{R}{2L}\right)^2 - \dfrac{1}{LC} = 0$에서 $R^2 = \dfrac{4L}{C}$
- 진동적 조건 $\left(\dfrac{R}{2L}\right)^2 - \dfrac{1}{LC} < 0$에서 $R^2 < \dfrac{4L}{C}$

【답】①

05 제어공학

1 자동 제어 시스템

1. 피드백 제어 시스템의 기본구성
① 구성요소 용어 정리

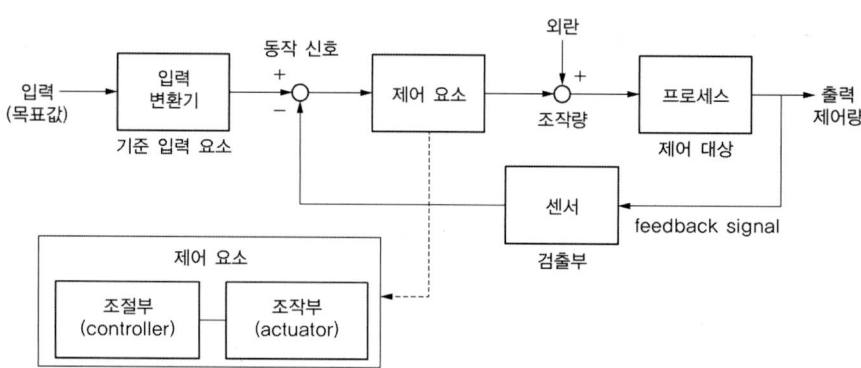

- 목표 값 : 입력 값, 설정 값
- 동작신호 : 제어요소에 가해지는 신호, 기준입력과 주궤환의 차
- 제어요소 : 동작신호를 조작량으로 변환, 조절부와 조작부로 구성
- 제어량 : 출력 값

② 피드백 제어계의 특징
- 정확성 증가(오차 감소)
- 시스템의 특성 변화에 대한 입력 대 출력비의 감도 감소
- 대역폭 증가
- 시스템의 전체 이득 감소
- 필요장치 : 입력과 출력을 비교하는 장치

2. 제어 시스템의 분류
① 목표 값에 의한 분류 : 입력에 의한 분류
- 정치 제어 : 시간에 관계없이 값이 일정한 제어
- 추치 제어 : 시간에 따라 값이 변화하는 제어
 - 추종 제어 : 목표 값이 임의의 시간적 변화(대공포, 레이더, 태양고도 추적)
 - 프로그램 제어 : 미리 정해진 신호에 따라 동작(무인 제어)
 - 비율 제어

② 제어량에 의한 분류
- 서보 기구 : 위치, 방향, 자세, 거리, 각도
- 프로세스 제어 : 농도, 온도, 압력, 유량, 습도
- 자동 조정 : 회전수, 전압, 주파수

③ 연속 제어
- 비례제어(P 제어) : 잔류 편차(off set) 발생
- 비례·적분제어(PI 제어) : 잔류 편차 제거, 시간 지연(정상상태 개선), 간헐 현상 발생
- 비례·미분제어(PD 제어) : 속응성 향상, 진동 억제(과도상태 개선)
- 비례·미분·적분제어(PID 제어) : 속응성 향상, 잔류 편차 제거

④ 불연속 제어
- 샘플링제어(sampling 제어)
- ON-OFF 제어(2위치 제어계)

주요 문제

01 그림에서 ①에 알맞은 신호 이름은?
① 조작량　　　　② 제어량
③ 기준입력　　　④ 동작신호

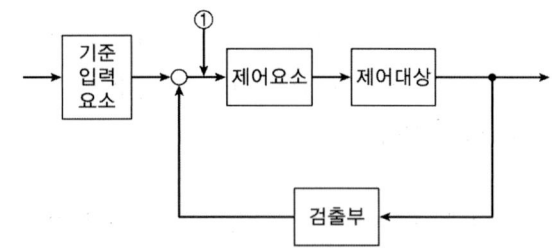

Explanation

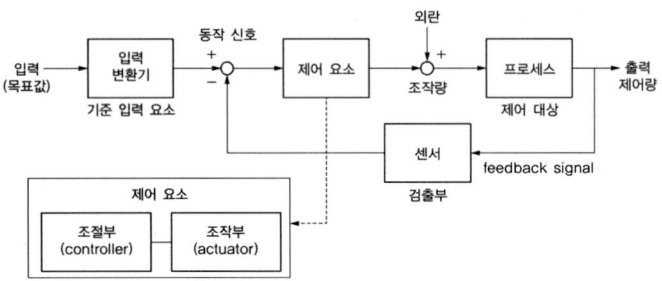

【답】④

02 기준 입력과 주궤환량과의 차로서, 제어계의 동작을 일으키는 원인이 되는 신호는?
① 조작 신호　　　② 동작 신호
③ 주궤환 신호　　④ 기준 입력 신호

Explanation

동작 신호 : 제어 요소에 가해지는 신호(기준 입력과 주궤환량과의 차)

【답】②

03 물체의 위치, 방위, 각도 등의 기계적 변위량으로 임의의 목표 값에 추종하는 제어장치는?
① 프로세서 제어　　② 서보기구
③ 자동 조정　　　　④ 프로그램 제어

Explanation

제어량에 의한 분류
- 서보 기구(servo mechanism) : 기계적인 변위량. 위치, 방향, 자세, 거리, 각도 등
- 프로세서 제어(process control) : 공업 공정의 상태량. 밀도, 농도, 온도, 압력, 유량, 습도 등
- 자동 조정(auto regulating) : 전기적, 기계적 신호. 회전수, 전압, 주파수 등

【답】②

04 추치제어가 아닌 것은?
① 프로세스 제어　　② 비율제어
③ 추종제어　　　　④ 프로그램제어

Explanation

추치 제어 : 시간에 따라 값이 변화하는 제어
- 추종 제어 : 목표값이 임의의 시간적 변화(대공포, 레이더)
- 프로그램 제어 : 미리 정해진 신호에 따라 동작
- 비율 제어 : 시간에 비례하여 변화(배터리, 공기량)

【답】①

05 열차의 무인운전을 위한 제어는 어느 것에 속하는가?
  ① 정치 제어
  ② 추종 제어
  ③ 비율 제어
  ④ 프로그램 제어

> **Explanation**
> 추치 제어 : 시간에 따라 값이 변화하는 제어
> • 추종 제어 : 목표값이 임의의 시간적 변화(대공포, 레이더)
> • 프로그램 제어 : 미리 정해진 신호에 따라 동작(무인열차, 무인엘리베이터, 무인자판기)
> • 비율 제어 : 시간에 비례하여 변화(배터리, 공기량)
> 【답】④

06 일정 입력에 대해 잔류 편차가 있는 제어계는?
  ① 비례 제어계
  ② 적분 제어계
  ③ 비례 적분 제어계
  ④ 비례 적분 미분 제어계

> **Explanation**
> • 비례제어(P제어) : 잔류 편차(off-set) 발생
> • 비례·적분제어(PI제어) : 잔류 편차 제거, 시간지연(정상상태 개선)
> • 비례·미분제어(PD제어) : 속응성 향상, 진동억제(과도상태 개선)
> • 비례·미분·적분제어(PID제어) : 속응성 향상, 잔류 편차 제거
> 【답】①

07 제어 오차가 검출될 때 오차가 변화하는 속도에 비례하여 조작량을 조절하는 동작으로 오차가 커지는 것을 미연에 방지하는 제어 동작은 무엇인가?
  ① 비례제어
  ② 미분제어
  ③ 적분제어
  ④ ON-OFF

> **Explanation**
> 미분제어(D제어) : rate제어, 오차가 변화하는 속도에 비례하여 조작량을 조절하는 동작
> 【답】②

2 라플라스 변환

1. 라플라스 변환의 정의

$$F(s) = \mathcal{L}[f(t)] = \int_0^\infty f(t)e^{-st}dt$$

2. 라플라스 변환표

	$f(t)$	$F(s)$
단위 임펄스 함수	$\delta(t)$	1
단위 계단 함수	$u(t)$	$\dfrac{1}{s}$
단위 램프 함수	t	$\dfrac{1}{s^2}$
	t^n	$\dfrac{n!}{s^{n+1}}$
지수 감쇠 함수	e^{-at}	$\dfrac{1}{s+a}$
정현(여현)파 함수	$\sin\omega t$	$\dfrac{\omega}{s^2+\omega^2}$
	$\cos\omega t$	$\dfrac{s}{s^2+\omega^2}$
쌍곡선 함수	$\sinh\omega t$	$\dfrac{\omega}{s^2-\omega^2}$
	$\cosh\omega t$	$\dfrac{s}{s^2-\omega^2}$

3. 라플라스 변환의 성질

선형 정리	$\mathcal{L}[af_1(t)+bf_1(t)] = aF_1(s)+bF_2(s)$
시간이동 정리	$\mathcal{L}[f(t-a)] = e^{-as}F(s)$
복소이동 정리	$\mathcal{L}[e^{\pm at}f(t)] = F(s \mp a)$
복소 미분 정리	$\mathcal{L}[t^n f(t)] = (-1)^n \dfrac{d^n}{ds^n}F(s)$
실미분 정리	$\mathcal{L}\left[\dfrac{d^n}{dt^n}f(t)\right] = s^n F(s) - s^{n-1}f(0+) - s^{n-2}f'(0+) \cdots - s^0 f^{n-1}(0+)$ $= s^n F(s) - \sum_{k=1}^{n} s^{n-k} f^{k-1}(0+)$
실적분 정리	$\mathcal{L}\int\int\cdots\int f(t)dt^n = \dfrac{1}{s^n}F(s)$
초기값 정리	$f(0_+) = \lim_{t \to 0} f(t) = \lim_{s \to \infty} sF(s)$
최종값 정리	$f(\infty) = \lim_{t \to \infty} f(t) = \lim_{s \to 0} sF(s)$

4. 역라플라스 변환 : $\mathcal{L}^{-1}[F(s)] = f(t)$
 ① 라플라스 변환표를 이용하는 방법
 ② 라플라스 변환된 함수가 유리수인 경우
  • 분모가 인수분해 되는 경우 : 부분분수 전개 방식
  • 분모가 인수분해 되지 않는 경우 : 완전제곱형

주요 문제

01 $f(t) = e^{j\omega t}$의 라플라스 변환은?

① $\dfrac{1}{s-j\omega}$ ② $\dfrac{1}{s+j\omega}$

③ $\dfrac{1}{s^2+\omega^2}$ ④ $\dfrac{\omega}{s^2+\omega^2}$

Explanation

라플라스변환

$f(t)$		$F(s)$
지수함수	$e^{\pm at}$	$\dfrac{1}{s \mp a}$

$\mathcal{L}[f(t)] = \mathcal{L}[e^{j\omega t}] = \dfrac{1}{s-j\omega}$

【답】①

02 $f(t) = t^n$의 라플라스 변환은?

① $\dfrac{n+1}{s^n}$ ② $\dfrac{n}{s^n}$

③ $\dfrac{n!}{s^{n+1}}$ ④ $\dfrac{n+1}{s^{n+1}}$

Explanation

램프함수의 라플라스 변환 식 $\mathcal{L}[t^n] = \dfrac{n!}{s^{n+1}}$

【답】③

03 $f(t) = \sin t \cdot \cos t$를 라플라스 변환하면?

① $\dfrac{1}{s^2+1^2}$ ② $\dfrac{1}{s^2+2^2}$

③ $\dfrac{1}{(s+2)^2}$ ④ $\dfrac{1}{(s+4)^2}$

Explanation

삼각함수 2배각 공식
$\sin 2\alpha = 2\sin\alpha\cos\alpha$에서
$\sin t \cos t = \dfrac{1}{2}\sin 2t$ 이므로

$F(s) = \mathcal{L}[\sin t \cos t] = \mathcal{L}\left[\dfrac{1}{2}\sin 2t\right] = \dfrac{1}{2} \cdot \dfrac{2}{s^2+2^2} = \dfrac{1}{s^2+2^2}$

【답】②

04 다음과 같은 전류의 초기값 $i(0_+)$은?

$$I(s) = \dfrac{12}{2s(s+6)}$$

① 0 ② 6
③ 1 ④ 2

Explanation

초기값 정리
$$i(0^+) = \lim_{t \to 0} i(t) = \lim_{s \to \infty} s I(s)$$
$$= \lim_{s \to \infty} s \cdot \frac{12}{2s(s+6)} = \lim_{s \to \infty} \frac{12}{2s+12} = \lim_{s \to \infty} \frac{\frac{6}{s}}{s+\frac{6}{s}} = 0$$

【답】①

05 $F(s) = \dfrac{(2s+6)}{s(s^2+3s+2)}$ 일 때 $f(t)$의 최종값은?

① 2 ② 3
③ 5 ④ 8

Explanation

최종값 정리 $f(\infty) = \lim_{t \to \infty} f(t) = \lim_{s \to 0} sF(s) = \lim_{s \to 0} s \dfrac{2s+6}{s(s^2+3s+2)} = \dfrac{6}{2} = 3$

【답】②

06 $f(t) = \mathcal{L}^{-1}\left[\dfrac{1}{s^2+a^2}\right]$ 을 나타낸 것으로 옳은 것은?

① $\dfrac{1}{a}\sin at$ ② $\dfrac{1}{a}\cos at$
③ $\cos at$ ④ $\sin at$

Explanation

라플라스 변환 식 $\mathcal{L}[\sin \omega t] = \dfrac{\omega}{s^2+\omega^2}$

$f(t) = \mathcal{L}^{-1}\left[\dfrac{1}{s^2+a^2}\right] = \mathcal{L}^{-1}\left[\dfrac{1}{a}\dfrac{a}{s^2+a^2}\right] = \dfrac{1}{a}\sin at$

【답】①

07 라플라스 변환 함수 $F(s) = \dfrac{s+2}{s^2+4s+13}$ 에 대한 역변환 함수 $f(t)$는?

① $e^{-2t}\cos 3t$ ② $e^{-3t}\cos 2t$ ③ $e^{3t}\cos 2t$ ④ $e^{2t}\cos 3t$

Explanation

라플라스 역변환
분모가 인수분해 불가능 : 완전제곱의 형태
$F(s) = \dfrac{s+2}{s^2+4s+13} = \dfrac{s+2}{s^2+4s+4+9} = \dfrac{s+2}{(s+2)^2+3^2}$ 이므로
복소추이를 이용하면 $\therefore f(t) = e^{-2t}\cos 3t$

【답】①

08 $F(s) = \dfrac{2s+4}{s^2+2s+5}$ 의 라플라스 역변환은?

① $2e^{-t}(\cos 2t - \sin 2t)$ ② $2e^{-t}(\cos 2t + \sin 2t)$
③ $e^{-t}(\cos 2t - \sin 2t)$ ④ $e^{-t}(2\cos 2t + \sin 2t)$

Explanation

완전제곱의 형태로 역변환하면
$F(s) = \dfrac{2s+4}{s^2+2s+5} = \dfrac{2(s+1)}{(s+1)^2+2^2} + \dfrac{2}{(s+1)^2+2^2}$
$= 2e^{-t}\cos 2t + e^{-t}\sin 2t = e^{-t}(2\cos 2t + \sin 2t)$

【답】④

주요 문제

09 $F(s) = \dfrac{2s+3}{(s+1)(s+2)}$ 의 라플라스 역변환은?

① $e^{-t} - e^{-2t}$
② $e^{t} - e^{-2t}$
③ $e^{-t} + e^{-2t}$
④ $e^{t} + e^{-2t}$

Explanation

분모가 인수분해되는 경우 : 부분분수 전개

$F(s) = \dfrac{2s+3}{s^2+3s+2} = \dfrac{2s+3}{(s+2)(s+1)} = \dfrac{k_1}{s+2} + \dfrac{k_2}{s+1}$

여기서, $k_1 = \lim\limits_{s \to -2} \dfrac{(2s+3)}{(s+1)} = 1$, $k_2 = \lim\limits_{s \to -1} \dfrac{(2s+3)}{(s+2)} = 1$

따라서 $\mathcal{L}^{-1}\left[\dfrac{1}{s+2} + \dfrac{1}{s+1}\right] = e^{-t} + e^{-2t}$

【답】③

10 $F(s) = \dfrac{1}{s(s+a)}$ 의 라플라스 역변환은?

① e^{-at}
② $1 - e^{-at}$
③ $a(1 - e^{-at})$
④ $\dfrac{1}{a}(1 - e^{-at})$

Explanation

분모가 인수분해 되는 경우 : 부분분수 전개

$F(s) = \dfrac{1}{s(s+a)} = \dfrac{k_1}{s} + \dfrac{k_2}{s+a}$

여기서, $k_1 = \lim\limits_{s \to 0} \dfrac{1}{(s+a)} = \dfrac{1}{a}$, $k_2 = \lim\limits_{s \to -a} \dfrac{1}{s} = -\dfrac{1}{a}$

따라서 $\mathcal{L}^{-1}\left[\dfrac{1}{a}\dfrac{1}{s} - \dfrac{1}{a}\dfrac{1}{s+a}\right] = \dfrac{1}{a} - \dfrac{1}{a}e^{-at} = \dfrac{1}{a}(1 - e^{-at})$

【답】④

3 전달함수

1. 전달함수

① 전달함수의 정의
- 모든 초기값을 0으로 했을 경우 입력에 대한 출력의 라플라스 변환 비
- 임펄스 응답의 라플라스 변환 $G(s) = \dfrac{C(s)}{R(s)}$
- 특성방정식 : 전달함수의 분모를 0으로 놓은 방정식

② 각 제어 요소의 전달함수

비례 요소	$G(s) = K$
적분 요소	$G(s) = \dfrac{K}{s}$
미분 요소	$G(s) = Ks$
1차 지연 요소	$G(s) = \dfrac{K}{1+Ts}$ T : 시정수
2차 지연 요소	$G(s) = \dfrac{\omega_n^2}{s^2 + 2\zeta\omega_n s + \omega_n^2}$ ζ : 제동비, ω_n : 고유 각주파수
부동작 시간요소	$G(s) = Ke^{-Ts}$ T : 부동작 시간

③ 회로에서 전압비 전달함수
- 저항 : $R \to R$
- 인덕턴스 : $L \to j\omega L \to sL$
- 캐패시턴스 : $C \to \dfrac{1}{j\omega C} \to \dfrac{1}{sC}$

④ 미분방정식에 의한 전달함수
- 미분 기호 : $\dfrac{d}{dt} \to s$
- 적분 기호 : $\displaystyle\int dt \to \dfrac{1}{s}$

2. 보상회로

① 진상보상회로(미분회로) : 출력위상이 앞서는 경우

$R-C$ 회로에서는 입력단에 "C"가 존재하는 경우.
과도특성개선(속응성, 진동억제, PD제어)

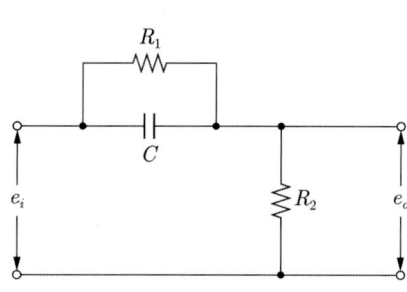

② 지상보상회로(적분회로)

$R-C$회로에서는 출력단에 "C"가 존재하는 경우 정상특성개선(잔류편차제거, PI제어)

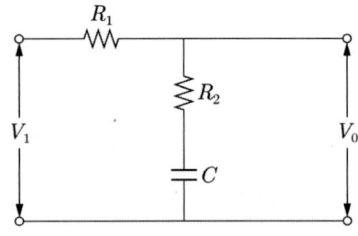

주요 문제

01 그림과 같은 RLC 회로에서 입력전압 $e_i(t)$, 출력전류가 $i(t)$인 경우 이 회로의 전달 함수 $I(s)/E_i(s)$는?(단, 모든 초기조건은 0)

① $\dfrac{C_s}{RCs^2 + LCs + 1}$ ② $\dfrac{1}{RCs^2 + LCs + 1}$
③ $\dfrac{Cs}{LCs^2 + RCs + 1}$ ④ $\dfrac{1}{LCs^2 + RCs + 1}$

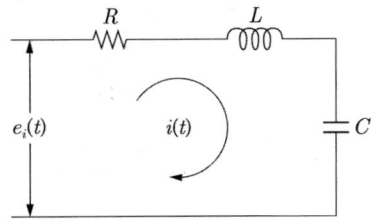

Explanation

전달 함수
$$G(s) = \frac{I(s)}{E_i(s)} = \frac{1}{Z(s)} = Y(s)$$
$$G(s) = \frac{I(s)}{E_i(s)} = \frac{1}{Z(s)} = \frac{1}{R + Ls + \dfrac{1}{Cs}} = \frac{Cs}{LCs^2 + RCs + 1}$$

【답】③

02 그림과 같은 요소는 제어계의 어떤 요소인가?

① 적분요소 ② 미분요소
③ 1차 지연요소 ④ 1차 지연 미분요소

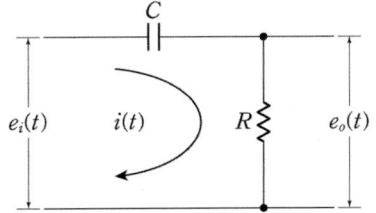

Explanation

전압비 전달함수는 임피던스비로 구하며

전달함수 $G(s) = \dfrac{RC_S}{1 + RCs} = \dfrac{Ts}{1 + Ts}$ 이므로

1차 지연요소 : $G(s) = \dfrac{K}{1 + Ts}$

미분요소 : $G(s) = Ks$
따라서 1차 지연 요소와 미분요소의 결합이므로 1차 지연미분요소이다.

【답】④

03 계단 응답이 입력 신호와 같은 파형이고 시간만이 뒤졌을 때 이 계의 요소는?

① 미분 요소 ② 부동작 시간 요소
③ 1차 지연 요소 ④ 2차 지연 요소

Explanation

부동작시간요소 : 입력 신호와 같은 파형이고 시간만이 뒤졌을 때
　　　　　　　여기서, T는 부동작시간(dead time)

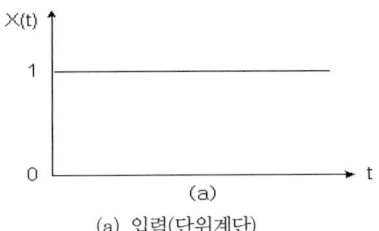
(a) 입력(단위계단)

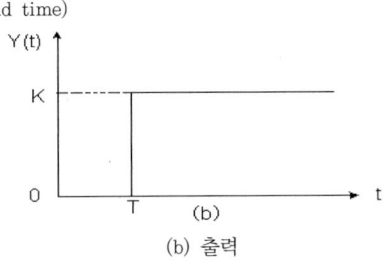
(b) 출력

【답】②

주요 문제

04 어떤 시스템을 표시하는 미분 방정식이 $2\dfrac{d^2y(t)}{dt^2}+3\dfrac{dy(t)}{dt}+4y(t)=\dfrac{dx(t)}{dt}+3x(t)$인 경우 $x(t)$를 입력, $y(t)$를 출력이라면 이 시스템의 전달 함수는? 단, 모든 초기조건은 0이다.

① $G(s)=\dfrac{s+3}{2s^2+3s+4}$ ② $G(s)=\dfrac{s-3}{2s^2-3s+4}$

③ $G(s)=\dfrac{s+3}{2s^2+3s-4}$ ④ $G(s)=\dfrac{s-3}{2s^2-3s-4}$

Explanation

미분 방정식을 라플라스 변환하면
$2s^2Y(s)+3sY(s)+4Y(s)=sX(s)+X(s)$
$Y(s)(2s^2+3s+4)=(s+3)X(s)$
$G(s)=\dfrac{Y(s)}{X(s)}=\dfrac{s+3}{2s^2+3s+4}$

【답】①

05 어떤 제어계의 전달함수가 $G(s)=\dfrac{2s+1}{s^2+s+1}$로 표시될 때, 이 계에 입력 $x(t)$를 가했을 경우 출력 $y(t)$를 구하는 미분방정식으로 알맞은 것은?

① $\dfrac{d^2y}{dt^2}+\dfrac{dy}{dt}+y=2\dfrac{dy}{dx}+x$ ② $\dfrac{d^2y}{dt^2}+\dfrac{dy}{dt}+y=2\dfrac{dx}{dt}+x$

③ $\dfrac{d^2x}{dt}+\dfrac{dy}{dt}+y=2\dfrac{dx}{dt}+x$ ④ $\dfrac{d^2x}{dt}+\dfrac{dy}{dx}+y=2\dfrac{dx}{dt}+x$

Explanation

전달함수 $G(s)=\dfrac{Y(s)}{X(s)}=\dfrac{2s+1}{s^2+s+1}$
$(s^2+s+1)Y(s)=(2s+1)X(s)$
따라서 $\dfrac{d^2y(t)}{dt^2}+\dfrac{dy(t)}{dt}+y(t)=2\dfrac{dx(t)}{dt}+x(t)$

【답】②

06 선형 자동제어계에서 특성 방정식이란?
① 폐루프 전달함수의 분자를 0으로 놓은 방정식
② 폐루프 전달함수의 절대치를 1로 놓은 방정식
③ 개루프 전달함수의 절대치를 1로 놓은 방정식
④ 폐루프 전달함수의 분모를 0으로 놓은 방정식

Explanation

특성방정식 : 폐루프 전달함수의 분모를 0으로 놓은 방정식

【답】④

07 그림과 같은 회로망은 어떤 보상기로 사용될 수 있는가? 단, $1 < R_1 C$ 인 경우로 한다.

① 지연 보상기
② 지·진상 보상기
③ 지상 보상기
④ 진상 보상기

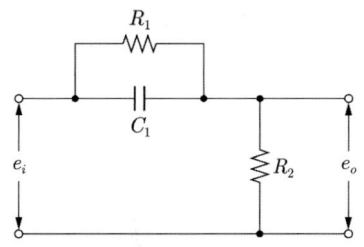

Explanation

- 입력 단에 캐패시터가 존재하면 : 진상 보상(미분기)
- 출력 단에 캐패시터가 존재하면 : 지상 보상(적분기)

【답】④

4 블록선도와 신호흐름선도

1. 블록선도와 신호흐름선도 비교

구분	블록선도	신호흐름선도
신호의 흐름	화살표	화살표
전달함수	블록	표기
입·출력 변수	표기	마디(node)
신호의 가합점	존재	존재하지 않음

2. 각각에서의 전달함수(이득)

① 블록선도에서의 전달함수

$$G(s) = \frac{\Sigma G}{1 - \Sigma L_1 + \Sigma L_2}$$

여기서, ΣL_1 : 각각의 모든 폐루프 이득의 합

ΣG : 각각의 전향 경로의 합

② 신호흐름선도에서의 전달함수 : 메이슨의 이득공식

$$M = \frac{y_{out}}{y_{in}} = \sum_{k=1}^{N} \frac{M_k \triangle_k}{\triangle}$$

여기서, M_k = 전향 경로의 이득

$$\triangle = 1 - \sum_m P_{m1} + \sum_m P_{m2} - \sum_m P_{m3} + \cdots$$

P_{mr} = r개 접촉 루프의 가능한 m번째 조합의 이득 곱

△ = 1 − (모든 각각의 루프 이득의 합) + (2개의 비접촉 루프의 가능한 모든 조합의 이득 곱의 합) − (3개의 ⋯) + ⋯

$\triangle_k$ = k번째 전향 경로와 접촉하지 않는 신호흐름선도 부분에 대한 △값

주요 문제

01 다음과 같은 블록선도의 전달함수는?

① $\dfrac{G(s)}{1+H(s)}$ ② $\dfrac{G(s)}{1+G(s)H(s)}$

③ $\dfrac{1}{1+H(s)}$ ④ $\dfrac{1}{1+G(s)H(s)}$

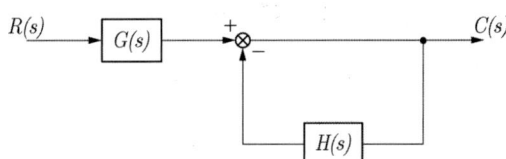

Explanation

블록선도의 전달 함수 $G(s) = \dfrac{\Sigma G}{1-\Sigma L_1 + \Sigma L_2 + \cdots}$

여기서, L_1 : 각각의 모든 폐루프 이득의 합
L_2 : 서로 접촉하지 않는 2개의 폐루프 이득의 곱의 합
ΣG : 각각의 전향 경로의 합

따라서 전달 함수 $G(s) = \dfrac{C}{R} = \dfrac{G(s)}{1-(-H(s))} = \dfrac{G(s)}{1+H(s)}$

【답】 ①

02 그림의 블록선도에 대한 전달함수 $\dfrac{C}{R}$ 는?

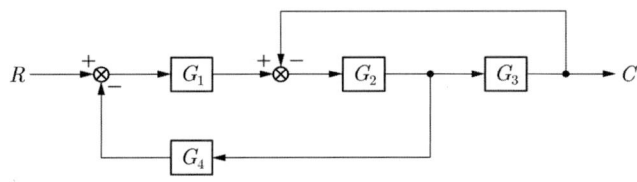

① $\dfrac{G_1 G_2 G_3}{1+G_1 G_3 + G_1 G_2 G_4}$ ② $\dfrac{G_1 G_2 G_4}{1+G_1 G_2 + G_1 G_2 G_4}$

③ $\dfrac{G_1 G_2 G_3}{1+G_2 G_3 + G_1 G_2 G_4}$ ④ $\dfrac{G_1 G_2 G_4}{1+G_2 G_3 + G_1 G_2 G_3}$

Explanation

블록 선도의 전달 함수 $G(s) = \dfrac{\Sigma G}{1-\Sigma L_1 + \Sigma L_2 + \cdots}$

$G(s) = \dfrac{G_1 G_2 G_3}{1-(-G_2 G_3 - G_1 G_2 G_4)} = \dfrac{G_1 G_2 G_3}{1+G_2 G_3 + G_1 G_2 G_4}$

【답】 ③

03 다음 블록선도의 전달함수 $\left(\dfrac{C(s)}{R(s)}\right)$ 는?

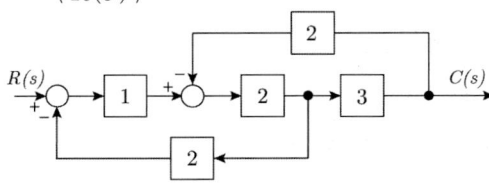

① $\dfrac{5}{11}$ ② $\dfrac{6}{17}$

③ $\dfrac{5}{17}$ ④ $\dfrac{6}{11}$

> **Explanation**

블록선도의 전달 함수 $G(s) = \dfrac{\Sigma G}{1-\Sigma L_1 + \Sigma L_2 + \cdots}$

따라서 전달함수 $G(s) = \dfrac{C(s)}{R(s)} = \dfrac{1\times 2\times 3}{1-[(-2\times 3\times 2)+(-1\times 2\times 2)]} = \dfrac{6}{17}$

【답】②

04 그림의 두 블록 선도가 등가인 경우 A 요소의 전달 함수는?

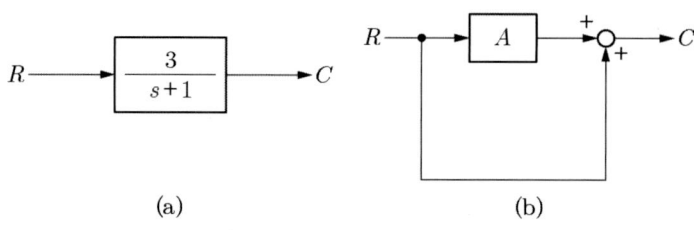

(a)　　　　　　　　　　　(b)

① $\dfrac{-s+2}{s+1}$ 　　　　　② $\dfrac{s+2}{s+1}$

③ $\dfrac{-s-2}{s+1}$ 　　　　　④ $\dfrac{s-2}{s+1}$

> **Explanation**

블록선도의 전달 함수 $G(s) = \dfrac{\Sigma G}{1-\Sigma L_1 + \Sigma L_2 + \cdots}$

전달 함수 $G(s) = \dfrac{C}{R} = A+1$

따라서 $\dfrac{3}{s+1} = A+1$에서

$A = \dfrac{3}{s+1} - 1 = \dfrac{3-s-1}{s+1} = \dfrac{-s+2}{s+1}$

【답】①

05 그림의 블록선도와 같이 표현되는 제어시스템에서 $A=1$, $B=1$일 때, 블록선도의 출력 C는 얼마인가?

① 0.22
② 0.33
③ 1.22
④ 3.1

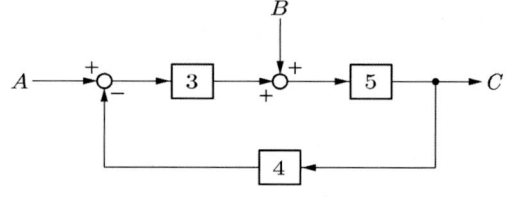

> **Explanation**

블록선도의 전달함수 $G(s) = \dfrac{\Sigma G}{1-\Sigma L_1 + \Sigma L_2 + \cdots}$

입력(R)과 외란입력(D)을 이용한 출력을 구하면

$C = \dfrac{3\times 5}{1+3\times 4\times 5}R + \dfrac{5}{1+3\times 4\times 5}D = \dfrac{15}{61}\times 1 + \dfrac{5}{61}\times 1$

$= \dfrac{15+5}{61} = 0.33$

【답】②

06 그림과 같은 신호 흐름 선도에서 $\dfrac{C}{R}$를 구하면?

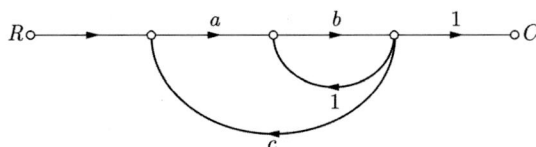

① $\dfrac{ab}{1+b-abc}$ ② $\dfrac{ab}{1-b-abc}$

③ $\dfrac{ab}{1-b+abc}$ ④ $\dfrac{ab}{1+ab+abc}$

Explanation

메이슨의 이득 공식을 적용하면

$G = \dfrac{\sum G_i \triangle_i}{\triangle}$ 에서 $G_i : ab$ $\triangle_i : 1-0 = 1$

$\triangle = 1-(b+abc) = 1-b-abc$ 전체 이득 $G = \dfrac{C}{R} = \dfrac{ab}{1-b-abc}$

【답】②

07 다음의 신호 흐름 선도에서 C/R는?

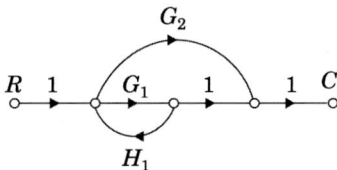

① $\dfrac{G_1 + G_2}{1 - G_1 H_1}$ ② $\dfrac{G_1 G_2}{1 - G_1 H_1}$

③ $\dfrac{G_1 + G_2}{1 + G_1 H_1}$ ④ $\dfrac{G_1 G_2}{1 + G_1 H_1}$

Explanation

메이슨의 이득공식을 적용하면

$G = \dfrac{\sum G_i \triangle_i}{\triangle}$ 에서

$G_i : G_1$ $\triangle_i : 1-0 = 1$
$ G_2$ $ 1-0 = 1$

$\triangle = 1 - G_1 H_1$

전체이득 $G = \dfrac{C}{R} = \dfrac{G_1 + G_2}{1 - G_1 H_1}$

【답】①

주요 문제

08 그림의 신호 흐름 선도에서 전달함수 $\dfrac{y_2}{y_1}$ 은?

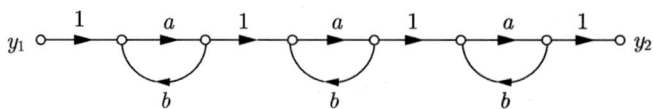

① $\dfrac{a^3}{1-3ab}$
② $\dfrac{a^3}{(1-ab)^3}$
③ $\dfrac{a^3}{1-3ab+a^2b^2}$
④ $\dfrac{a^3}{1-3ab+2ab}$

Explanation

신호흐름선도

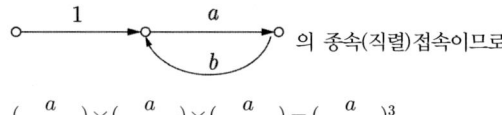 의 종속(직렬)접속이므로

$(\dfrac{a}{1-ab}) \times (\dfrac{a}{1-ab}) \times (\dfrac{a}{1-ab}) = (\dfrac{a}{1-ab})^3$

【답】②

5 과도(시간)응답

1. 시간응답
과도응답 + 정상응답

2. 과도응답을 위한 시험입력

계단응답 인디셜 응답 (단위계단입력)	$R(s) = \dfrac{1}{s}$	$C(t) = \mathcal{L}^{-1}[C(s)] = \mathcal{L}^{-1}[G(s) \cdot \dfrac{1}{s}]$
임펄스 응답	$R(s) = 1$	$C(t) = \mathcal{L}^{-1}[C(s)] = \mathcal{L}^{-1}[G(s)]$
경사 응답 (램프 응답)	$R(s) = \dfrac{1}{s^2}$	$C(t) = \mathcal{L}^{-1}[C(s)] = \mathcal{L}^{-1}[G(s)\dfrac{1}{s^2}]$

3. 과도응답 명세

① 최대오버슈트
- 과도 상태 중 계단 입력을 초과하여 나타나는 출력의 최대 편차량. 안정성의 기준
- 감쇠비 : 과도응답의 소멸되는 정도를 나타내는 양

$$감쇠비 = \dfrac{제2오버슈트}{최대오버슈트}$$

② 지연시간 : 정상값의 50[%]에 도달하는 시간
③ 상승시간(입상시간) : 정상값의 10~90[%]에 도달하는 시간, 속응성 판단 기준
④ 정정시간(응답시간) : 응답의 최종값의 허용 범위가 ±2~5[%] 내에 들어오는 시간

4. 자동제어계의 과도응답

① 특성방정식 : 폐루프 전달함수의 분모를 0으로 놓은 식
- $F(s) = 1 + G(s)H(s) = 0$: 특성방정식, 특성근

$$= K\dfrac{(s+Z_1)(s+Z_2) + \cdots + (s+Z_n)}{(s+P_1)(s+P_2) + \cdots + (s+P_n)}$$

- 전달함수에서의 영점과 극점
  - 영점(Zero) : $C(s) = 0$, $G(s)$의 값을 0으로 하는 s의 모든 값 표시
  - 극점(Pole) : $R(s) = 0$, $G(s)$의 값을 ∞로 하는 s의 모든 값 표시

② 특성방정식의 근(극점)의 위치와 과도응답
- 우반면 → 불안정
- 좌반면 → 안정
- 허수축 → 임계

③ 2차 제어시스템의 과도응답

$$G(s) = \frac{C(s)}{R(s)} = \frac{\omega_n^2}{s^2 + 2\zeta\omega_n s + \omega_n^2}$$

여기서, ζ : 제동비(감쇠비), ω_n : 고유 각주파수

- 특성방정식 : $s^2 + 2\zeta\omega_n s + \omega_n^2 = 0$
- 제동비에 따른 응답
  - $\zeta > 1$ (과제동)
  - $\zeta = 1$ (임계제동)
  - $0 < \zeta < 1$ (부족제동)
  - $\zeta = 0$ (무제동)
  - $\zeta < 0$ (불안정)

주요 문제

01 전달 함수 $G(s) = \dfrac{1}{s+1}$ 인 제어계의 단위계단 응답은?

① $1 - e^{-t}$
② $1 - e^{t}$
③ e^{-t}
④ e^{t}

Explanation

인디셜 응답 : 단위계단 응답
전달 함수 $G(s) = \dfrac{C(s)}{R(s)} = \dfrac{1}{s+1}$
출력 $C(s) = \dfrac{1}{s+1} \cdot R(s)$ 에서 $R(s) = \dfrac{1}{s}$ 이며
$= \dfrac{1}{s+1} \cdot \dfrac{1}{s} = \dfrac{1}{s(s+1)} = \dfrac{1}{s} - \dfrac{1}{s+1}$
따라서 라플라스 역변환하면 인디셜 응답은
∴ $c(t) = 1 - e^{-t}$

【답】 ①

02 전달 함수가 $G(s) = \dfrac{\omega_n^2}{s^2 + 2\zeta\omega_n s + \omega_n^2}$ 으로 표시되는 2차계에서 $\omega_n = 1$, $\zeta = 1$ 인 경우의 단위 임펄스 응답은?

① e^{-t}
② te^{-t}
③ $1 - te^{-t}$
④ $1 - e^{-t}$

Explanation

임펄스 응답(Impulse Response) : $r(t) = \delta(t)$
출력 $C(s) = G(s)R(s)$ 에서 $R(s) = 1$
$C(s) = G(s)$
∴ $C(t) = \mathcal{L}^{-1}[C(s)] = \mathcal{L}^{-1}[G(s)]$ 이므로
$G(s) = \dfrac{\omega_n^2}{s^2 + 2\zeta\omega_n s + \omega_n^2} = \dfrac{1}{s^2 + 2s + 1} = \dfrac{1}{(s+1)^2}$
임펄스 응답 $c(t) = \mathcal{L}^{-1}[C(s)] = te^{-t}$

【답】 ②

03 자동제어계의 과도응답의 설명으로 틀린 것은?

① 지연시간은 최종값의 50[%]에 도달하는 시간이다.
② 정정시간은 응답의 최종값의 허용범위가 ±5[%]내에 안정되기까지 요하는 시간이다.
③ 백분율 오버슈트 $= \dfrac{\text{최대오버슈트}}{\text{최종목표값}} \times 100$
④ 상승시간은 최종값의 10[%]에서 100[%]까지 도달하는 데 요하는 시간이다.

Explanation

과도 응답 명세
- 오버슈트 : 과도 상태 중 계단 입력을 초과하여 나타나는 출력의 최대 편차량
  안정성의 기준
- 감쇠비 : 과도응답의 소멸되는 정도를 나타내는 양. 감쇠비 $= \dfrac{\text{제2오버슈트}}{\text{최대오버슈트}}$
- 지연시간(시간 늦음) : 정상값의 50[%]에 도달하는 시간
- 상승시간(입상시간) : 정상값의 10~90[%]에 도달하는 시간, 속응성 판단 기준
- 정정시간(정착시간, 응답시간) : 응답의 최종값의 허용 범위가 2~5[%] 내에 안정되기까지 요하는 시간

【답】 ④

주요 문제

04 자동제어계에서 과도응답 중 최종값의 10[%]에서 90[%]에 도달하는 데 걸리는 시간은?
① 정정 시간(settling time)
② 지연 시간(delay time)
③ 상승 시간(rise time)
④ 응답 시간(response time)

Explanation

상승 시간(입상 시간) : 정상값의 10~90[%]에 도달하는 시간. 속응성 판단 기준

【답】③

05 제어계의 과도 응답에서 감쇠비란?
① 제2오버슈트를 최대오버슈트로 나눈 값이다.
② 최대오버슈트를 제2오버슈트로 나눈 값이다.
③ 제2오버슈트와 최대오버슈트를 곱한 값이다.
④ 제2오버슈트와 최대오버슈트를 더한 값이다.

Explanation

감쇠비(과도 응답의 소멸 정도) $= \dfrac{\text{제2 오버슈트}}{\text{최대오버슈트}}$

【답】①

06 2차계 과도응답에 대한 특성 방정식의 근은 $s_1, s_2 = -\zeta\omega_n \pm j\omega_n\sqrt{1-\zeta^2}$ 이다. 감쇠비 ζ가 $0 < \zeta < 1$ 사이에 존재할 때 나타나는 현상은?
① 과제동
② 무제동
③ 부족제동
④ 임계제동

Explanation

감쇠계수(ζ)와의 관계
- $\zeta > 1$ (과제동)
- $\zeta = 1$ (임계제동)
- $0 < \zeta < 1$ (부족제동)
- $\zeta = 0$ (무제동)

【답】③

07 2차 시스템의 감쇠율 ζ가 $\zeta > 1$이면 어떤 경우인가?
① 비 제동
② 과제동
③ 부족 제동
④ 발산

Explanation

감쇠 계수(ζ)와의 관계
- $\zeta > 1$ (과제동)

【답】②

08 2차 시스템의 감쇠율(damping ratio, ζ)이 $\zeta < 0$인 경우 제어시스템의 과도응답 특성은?
① 발산
② 무제동
③ 임계제동
④ 과제동

Explanation

감쇠계수(ζ)와의 관계
- $\zeta < 0$ (불안정, 발산)

【답】①

09 전달함수 $\dfrac{C(s)}{R(s)} = \dfrac{1}{4s^2+3s+1}$ 인 제어계는 다음 중 어느 경우인가?

① 무제동
② 부족제동
③ 임계제동
④ 과제동

Explanation

$$G(s) = \dfrac{\omega_n^2}{s^2 + 2\zeta\omega_n s + \omega_n^2} = \dfrac{1}{4s^2+3s+1} = \dfrac{\dfrac{1}{4}}{\dfrac{1}{4}s^2 + \dfrac{3}{4}s + \dfrac{1}{4}}$$

$\omega_n^2 = \dfrac{1}{4}, \ \omega_n = \dfrac{1}{2}$

$2\zeta\omega_n = \dfrac{3}{4}, \quad \zeta = 0.75$

따라서 부족제동

【답】 ②

6 편차와 감도

1. 정상응답 : 정상상태 오차

① 오차 : $E(s) = \dfrac{1}{1+G(s)} R(s)$

② 정상상태 오차 : $e_{ss} = \lim_{t\to\infty} e(t) = \lim_{s\to 0} sE(s) = \lim_{s\to 0} s \dfrac{1}{1+G(s)} R(s)$

③ 시스템의 형 : $G(s)H(s) = k \dfrac{s^j(s+Z_1)(s+Z_2)\cdots(s+Z_{n-a})}{s^\ell(s+P_1)(s+P_2)\cdots(s+P_{n-b})}$

$\quad \ell - j = 0 \to$ 0형 제어계
$\quad \ell - j = 1 \to$ 1형 제어계
$\quad \ell - j = 2 \to$ 2형 제어계

④ 정상상태 오차

제어계	편차 상수 K_p, K_v, K_a	정상 위치 편차(계단 입력)	정상 속도 편차(램프 입력)
0형	K 0 0	$e_{ss} = \dfrac{R}{1+K_p}$	$e_{ss} = \infty$
1형	∞ K 0	$e_{ss} = 0$	$e_{ss} = \dfrac{R}{K_v}$

• 정상위치편차 상수 : $K_p = \lim_{s\to 0} G(s)$

• 정상속도편차 상수 : $K_v = \lim_{s\to 0} sG(s)$

2. 감도

시스템을 구성하는 한 요소의 특성 변화가 전체 시스템의 특성 변화에 미치는 영향의 정도

$S_K^T = \dfrac{K}{T} \dfrac{dT}{dK}$ (여기서, $T = \dfrac{C(s)}{R(s)}$)

주요 문제

01 다음 중 $G(s)H(s) = \dfrac{K}{Ts+1}$ 일 때 이 계통은 어떤 형 제어계인가?

① 0형 ② 1형
③ 2형 ④ 3형

Explanation

시스템의 형(Type) : $G(s)H(s) = k\dfrac{s^n(s+Z_1)(s+Z_2)\cdots(s+Z_{n-a})}{s^\ell(s+P_1)(s+P_2)\cdots(s+P_{n-b})}$

$G(s)H(s) = k\dfrac{s^n}{s^\ell}$ $\ell - n = 0 \to$ 0형 제어계
$\ell - n = 1 \to$ 1형 제어계
$\ell - n = 2 \to$ 2형 제어계 이며

$G(s)H(s) = \dfrac{K}{Ts+1}$ 이므로 0형 제어계

【답】①

02 그림과 같은 블록선도로 표시되는 제어계는 무슨 형인가?

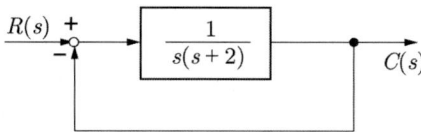

① 0 ② 1
③ 2 ④ 3

Explanation

시스템의 형(Type) : $G(s)H(s) = k\dfrac{s^n(s+Z_1)(s+Z_2)\cdots(s+Z_{n-a})}{s^\ell(s+P_1)(s+P_2)\cdots(s+P_{n-b})}$

$G(s)H(s) = \dfrac{1}{s(s+1)}$ 에서 $1 - 0 = 1$ 이므로 1형 제어계

【답】②

03 단위 피드백 제어계에서 개루프 전달 함수 $G(s)$가 다음과 같이 주어지는 계의 단위 램프 입력에 대한 정상 편차는?

$$G(s) = \dfrac{s+5}{s(s+4)(s+2)}$$

① 0 ② 무한대
③ $\dfrac{5}{8}$ ④ $\dfrac{8}{5}$

Explanation

속도편차 상수 $K_v = \lim_{s \to 0} sG(s)$ 에서 $K_v = \lim_{s \to 0} s\dfrac{s+5}{s(s+4)(s+2)} = \dfrac{5}{8}$

따라서 정상상태오차 $e_{ss} = \dfrac{R}{K_v} = \dfrac{1}{\frac{5}{8}} = \dfrac{8}{5}$ (여기서, 단위 램프 입력이므로 $R = 1$)

【답】④

주요 문제

04 그림과 같은 제어시스템에서 k에 대한 폐루프 전달함수$\left(T(s) = \dfrac{C(s)}{R(s)}\right)$의 감도 S_k^T는?

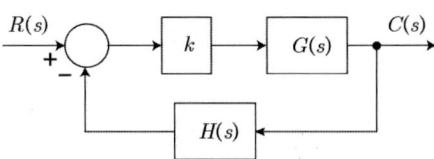

① $\dfrac{k}{1-G(s)H(s)}$

② $\dfrac{-G(s)H(s)}{1+G(s)H(s)}$

③ $\dfrac{1}{1+kG(s)H(s)}$

④ $\dfrac{1}{1-kG(s)H(s)}$

Explanation

감도(Sensitivity)

$S_k^T = \dfrac{k}{T}\dfrac{dT}{dk}$

• 전체 시스템 $T = \dfrac{C(s)}{R(s)} = \dfrac{kG}{1+kGH}$

$\therefore S_k^T = \dfrac{k}{T} \cdot \dfrac{dT}{dk} = \dfrac{k}{\dfrac{kG}{1+kGH}} \cdot \dfrac{d}{dk}\left(\dfrac{kG}{1+kGH}\right) = \dfrac{1+kGH}{G} \cdot \dfrac{G(1+kGH)-kG(GH)}{(1+kGH)^2} = \dfrac{1}{1+kGH}$

【답】③

7 주파수응답

1. 주파수 응답에 필요한 입력 : 정현파 입력

2. 주파수 전달함수 : $G(s) \to G(j\omega)$
   ① 주파수 전달함수 크기 : $|G(j\omega)|$
   ② 주파수 전달함수의 위상 : $\theta = \angle G(j\omega)$

3. 벡터궤적

주파수 전달함수의 ω가 0~∞까지 변화하였을 때의 $G(j\omega)$의 크기와 위상각의 변화를 극좌표에 그린 궤적

비례 요소 $G(s) = K$	$G(j\omega) = K$	크기	$|G(j\omega)| = K$
		위상	$\theta = 0°$
미분 요소 $G(s) = S$	$G(j\omega) = j\omega$	크기	$|G(j\omega)| = \omega$
		위상	$\theta = 90°$
적분 요소 $G(s) = \dfrac{1}{s}$	$G(j\omega) = -j\dfrac{1}{\omega}$	크기	$|G(j\omega)| = \dfrac{1}{\omega}$
		위상	$\theta = -90°$
1차 지연 요소 $G(s) = \dfrac{1}{1+sT}$	$G(j\omega) = \dfrac{1}{1+j\omega T}$	크기	$|G(j\omega)| = \dfrac{1}{\sqrt{1+(\omega T)^2}}$
		위상	$\theta = -\tan^{-1}\omega T$

※ 벡터궤적을 쉽게 그리는 방법
- 미분요소 : 90°
- 적분요소 : -90°
- 1차 지연요소 : 0 ~ -90°

4. 보드선도
   ① 이득 : $g = 20\log_{10}|G(j\omega)|$ [dB]
   ② 위상선도 : $\theta = \angle G(j\omega)$ [°]

비례 요소 $G(s) = K$	크기	$g = 20\log_{10}K$ [dB]
	위상	$\theta = 0°$
미분 요소 $G(s) = s$	크기	$g = 20\log_{10}\omega$ [dB]
	위상	$\theta = 90°$
	기울기	$+20$ [dB/decade]
적분 요소 $G(s) = \dfrac{1}{s}$	크기	$g = -20\log_{10}\omega$ [dB]
	위상	$\theta = -90°$
	기울기	-20 [dB/decade]

③ 절점 주파수
- 주파수 전달함수의 실수부=허수부를 만족하는 주파수 ω
- 보드선도에서의 굴곡점
- 이득이 -3[dB]에서의 주파수

④ 고유주파수 : 보드선도에서 이득곡선의 두 점근선이 만나는 주파수

주요 문제

01 $G(j\omega) = j0.1\omega$ 에서 $\omega = 0.01$[rad/s]일 때, 계의 이득[dB]은 얼마인가?

① -100
② -80
③ -60
④ -40

Explanation

이득 $g = 20\log_{10}|G(j\omega)| = 20\log_{10}|j0.1\omega| = 20\log_{10}|j0.001|$
$= 20\log_{10}|10^{-3}| = -60$[dB]

【답】③

02 $G(s) = 20s$ 에서 $\omega = 5$[rad/sec]일 때 이득[dB]은?

① 20
② 30
③ 40
④ 60

Explanation

주파수 전달함수 $G(j\omega) = j20\omega$에서 $\omega = 5$이므로
$G(j\omega) = j20 \times 5 = j100$
크기 $|G(j\omega)| = 100$
이득 $g = 20\log_{10}|G(j\omega)| = 20\log_{10}100 = 40$[dB]

【답】③

03 $G(s) = \dfrac{1}{1+Ts}$ 와 같이 주어진 제어 시스템에서 절점 주파수의 이득은 약 얼마인가?

① -2[dB]
② -3[dB]
③ -4[dB]
④ -5[dB]

Explanation

절점 주파수 : 이득이 -3[dB] 되는 주파수
- 기본 풀이

$G(s) = \dfrac{1}{1+Ts}$ 에서 $G(j\omega) = \dfrac{1}{1+j\omega T}$

$\omega T = 1$에서 절점 주파수 $\omega = \dfrac{1}{T}$

이득 $g = 20\log|G(j\omega)| = 20\log\left|\dfrac{1}{1+j}\right| = 20\log_{10}\left(\dfrac{1}{\sqrt{2}}\right) \fallingdotseq -3$[dB]

【답】②

04 제어시스템의 전달함수가 $G(s) = \dfrac{10}{s+10}$ 로 주어지는 시스템의 절점주파수는 몇 [rad/sec]인가?

① 0.1
② 0.5
③ 1
④ 10

Explanation

절점주파수 : 이득이 -3[dB] 되는 주파수
주파수전달함수의 실수부=허수부 되는 주파수

$G(s) = \dfrac{10}{s+10}$ 에서 주파수 전달함수 $G(j\omega) = \dfrac{10}{j\omega+10}$ 에서

$\omega = 10$[rad/sec]

【답】④

주요 문제

05 안정한 보드 선도에서 이득여유에 대한 정보를 얻을 수 있는 것은?
① 위상곡선 0°에서의 이득과 0[db]과의 차이
② 위상곡선 -90°에서의 이득과 0[db]과의 차이
③ 위상곡선 90°에서의 이득과 0[db]과의 차이
④ 위상곡선 -180°에서의 이득과 0[db]과의 차이

Explanation

- 이득여유 : 위상 곡선이 -180°에서의 이득값
- 위상여유 : 이득 곡선이 0[dB]인 점에서의 위상값

【답】 ④

06 $G(j\omega) = K(j\omega)^2$인 보드 선도의 기울기는 몇 [dB/dec]인가?
① -40
② -20
③ 20
④ 40

Explanation

미분 요소

크기	$g = 20\log \omega$[dB]
위상	$\theta = 90°$

- 이득 $g = 20\log|G(j\omega)| = 20\log|K(j\omega)^2|$
  $= 20\log K\omega^2 = 20\log K + 40\log\omega$
  $\omega = 0.1$일 때 $g = 20\log K - 40$[dB]
  $\omega = 1$일 때 $g = 20\log K$[dB]
  $\omega = 10$일 때 $g = 20\log K + 40$[dB]
  따라서 40[dB/decade]의 경사

【답】 ④

07 전달함수가 $G(s) = \dfrac{10}{s^2 + 3s + 2}$으로 표현되는 제어시스템에서 직류에 대한 이득은 얼마인가?
① 5
② 2
③ 1
④ 3

Explanation

직류는 주파수가 0이므로 $j\omega = 0$
따라서 $s = 0$이므로, $G(s) = \dfrac{10}{s^2 + 3s + 2}|s \rightarrow 0$대입 $= \dfrac{10}{2} = 5$
$G(s) = 5$

【답】 ①

08 2차 지연요소의 보드 선도에서 이득 곡선의 두 점근선이 만나는 점의 주파수는?
① 고유 주파수
② 차단 주파수
③ 영 주파수
④ 공진 주파수

Explanation

고유주파수 : 보드 선도에서 이득 곡선의 두 점근선이 만나는 점의 주파수

【답】 ①

09 자동제어계를 주파수 영역에서 관찰할 때 필요없는 요소는?

① 분리도　　　　　　　　　　　　② 오차
③ 공진정점　　　　　　　　　　　④ 대역폭

Explanation

주파수 영역 해석 : 분리도, 공진정점, 대역폭

【답】②

8 안정도

절대안정도 : 극점의 위치, Routh-Hurwitz판별법
상대안정도 : 보드선도, 나이퀴스트선도, 니콜스선도

1. 특성방정식의 근(극점)의 위치에 따른 안정도

① 극점이 좌반면에 위치 : 안정상태
② 극점이 우반면에 위치 : 불안정상태
③ 극점이 허수축에 위치 : 임계상태

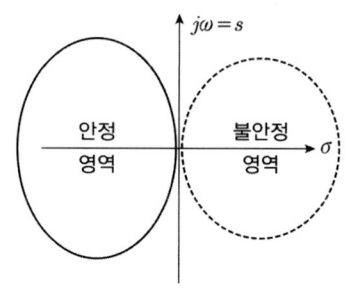

2. Routh-Hurwitz 안정도 판별법
① 전제 조건
  - 모든 계수의 부호가 (+)로 동일할 것
  - 모든 계수가 존재할 것
② Routh표의 제1열의 모든 값의 부호가 변하지 않을 것 : 제1열의 부호가 변하는 회수만큼의 극점이 우반면에 존재

3. 나이퀴스트 안정도 판별법
① 시스템의 주파수 응답에 관한 정보
② 시스템의 안정을 개선하는 방법
③ 나이퀴스트 선도의 임계점 : (-1, 0)
④ 이득 여유

$$g_m = 20\log_{10}\frac{1}{|G(j\omega)H(j\omega)|}[\text{dB}]$$

⑤ 나이퀴스트 선도에서 안정 조건
  - 이득 여유 : $g_m > 0$
  - 위상 여유 : $\theta_m > 0$

4. 보드선도 안정도 판별법
① 안정조건 : 이득곡선 0[dB]선과 교차하는 점에서의 위상차가 -180° 보다 크고 위상곡선의 위상각이 -180° 일 경우에 이득 값이 음(-)
  - 위상 여유 $\theta_m > 0$
  - 이득 여유 $g_m > 0$
② 보드선도의 임계점 : 0[dB], -180°

③ 이득여유와 위상여유
- 이득여유(g_m, gain margin) : 위상곡선 $-180°$에서 이득이 0[dB]와의 차
- 위상여유(θ_m, phase margin) : 이득곡선 0[dB]에서 $-180°$와의 차

④ 보드선도의 약점 : 극점과 영점이 s평면의 우반면에 존재하는 경우 판정이 불가능

주요 문제

01 s 평면상에서 전달 함수의 극점이 그림과 같은 위치에 있으면 이 회로망의 상태는?

① 점점 더 작게 진동한다.
② 진동하지 않는다.
③ 완전 진동한다.
④ 점점 더 크게 진동한다.

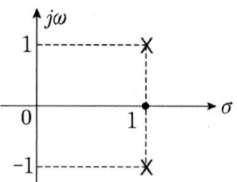

Explanation

극점의 위치에 따른 시간응답
- 좌반면에 실근 : 0으로 수렴(안정)
- 우반면에 실근 : ∞로 발산(불안정)
- 허수축 : 임계진동(임계)
- 좌반면에 실·허근 : 감쇠진동 후 0으로 수렴(안정)
- 우반면에 실·허근 : 진폭이 커지는 진동 후 ∞로 발산(불안정)

【답】 ④

02 특성방정식의 모든 근이 s 평면(복소평면)의 $j\omega$ 측(허수축)에 있을 때 이 제어시스템의 안정도는?

① 알 수 없다.   ② 안정하다.
③ 불안정하다.   ④ 임계안정이다.

Explanation

극점 위치에 따른 안정도
- s 평면의 좌반면 : 안정
- s 평면의 우반면 : 불안정
- s 평면의 허수축 : 임계

【답】 ④

03 특성 방정식 중에서 안정된 시스템인 것은?

① $2s^3 + 3s^2 + 4s + 5 = 0$
② $s^4 + 3s^3 - s^2 + s + 10 = 0$
③ $s^5 + s^3 + 2s^2 + 4s + 3 = 0$
④ $s^4 - 2s^3 - 3s^2 + 4s + 5 = 0$

Explanation

Routh-Hurwitz 안정도 판별법
전제 조건(전제조건이 성립하지 않으면 무조건 불안정)
- 모든 계수의 부호가 (+)로 동일할 것
- 모든 계수가 존재할 것
②, ④는 음수가 있다.
③은 s^4 항이 없다.

【답】 ①

04 특성방정식이 $s^5 + 3s^4 + 2s^3 + 2s^2 + 3s + 1 = 0$ 인 경우 우반면에 존재하는 근의 수는?

① 0   ② 1
③ 2   ④ 3

Explanation

Routh-Hurwitz 판별식을 이용하여 1열의 부호가 모두 양수이면 안정하며

s^5	1	2	3
s^4	3	2	1
s^3	$\frac{6-2}{3}=\frac{4}{3}$	$\frac{9-1}{3}=\frac{8}{3}$	0
s^2	-4	1	
s^1	$\frac{9}{4}$		
s^0	1		

제1열의 부호가 2번 바뀌었으므로 불안정하며 s평면의 우반면에 근 2개를 갖는다. 【답】③

05 제어시스템의 특성방정식이 $s^3 - 2s^2 + 2s - 40 = 0$인 경우, 양의 실수부를 갖는 근은 몇 개인가?
① 0　　② 1
③ 2　　④ 3

Explanation

Routh-Hurwitz판별식을 이용하여 1열의 부호가 모두 양수이면 안정하며

s^3	1	2	0
s^2	-2	-40	0
s^1	$\frac{-4+40}{-2}=-18$	0	0
s^0	-40		

1열의 부호변화가 1번 있으므로 불안정하며 우반면에 극점(양의 실수부)이 1개 존재한다. 【답】②

06 다음과 같은 궤환 제어계가 안정하기 위한 K의 범위는?
① $K > 0$
② $K > 1$
③ $0 < K < 1$
④ $0 < K < 2$

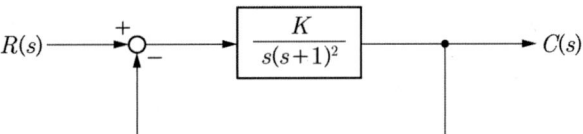

Explanation

Routh-Hurwitz 판별식을 이용하여 안정도를 구하기 위하여 폐루프 특성 방정식을 구하면
폐루프의 특성 방정식은 개루프 전달 함수의(분모+분자) $s(s+1)^2 + K = s^3 + 2s^2 + s + K = 0$
Routh-Hurwitz 판별식을 이용하여 1열의 부호가 모두 양수이면 안정하며

s^3	1	1
s^2	2	K
s^1	$\frac{2-K}{2}$	0
s^0	K	

제1열의 부호 변화가 없어야 안정하므로 $2-K>0$, $2>K$, $K>0$
∴ $0<K<2$ 【답】④

주요 문제

07 특성방정식이 $s^4 + 6s^3 + 11s^2 + 6s + K = 0$로 주어진 계통이 안정하기 위한 K의 범위는?

① $K < 0, K > 20$
② $0 < K < 20$
③ $0 < K < 10$
④ $K < 20$

Explanation

Routh-Hurwitz판별식을 이용하여 1열의 부호가 모두 양수이면 안정하며

s^4	1	11	K
s^3	6	6	0
s^2	10	K	
s^1	$\dfrac{60-6K}{10}$	0	
s^0	K		

제 1열의 요소가 모두 양수가 되기 위해서는
$\dfrac{60-6K}{10} > 0$에서 $K<10, \ K>0$
따라서 안정하기 위한 조건은 ∴ $0<K<10$

【답】③

08 $G(j\omega) = \dfrac{K}{j\omega(j\omega+1)}$의 나이퀴스트 선도는? 단, $K > 0$이다.

①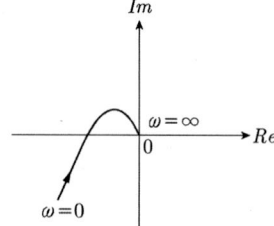

②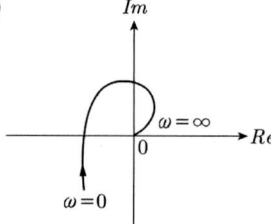

③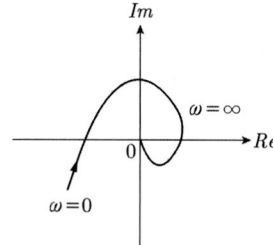

④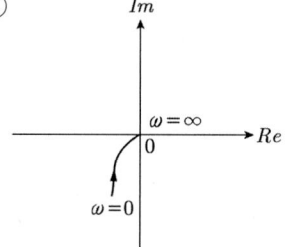

Explanation

주파수 전달함수
$G(j\omega) = \dfrac{K}{j\omega(j\omega+1)}$ 인 경우는 1형 시스템이므로
$-90°$에서 시작하여(분모차수-분자차수)=1이므로 한 개 사분면을 더 지나가게 되므로 $-180°$에서 종착하는 궤적이다.

【답】④

09 $G(j\omega)H(j\omega) = \dfrac{K}{(1+2j\omega)(1+j\omega)}$의 이득 여유가 20[dB]일 때 K값은? 단, $\omega = 0$이다.

① $K = 0$
② $K = \dfrac{1}{10}$
③ $K = 1$
④ $K = 10$

Explanation

이득 여유 $g \cdot m = 20\log_{10}\left|\dfrac{1}{GH(j\omega)}\right|$ [dB]이므로

$|GH| = \left|\dfrac{K}{1-2\omega^2+j3\omega}\right|_{\omega=0}$

여기서, 허수부가 0이 되는 주파수는 $\omega=0$이므로 대입하면 $|GH|=K$

이득 여유는 $g \cdot m = 20\log_{10}\left|\dfrac{1}{K}\right| = 20$[dB]

따라서 $\dfrac{1}{K}=10$이며 $K=\dfrac{1}{10}$

【답】②

10 $GH(j\omega) = \dfrac{10}{(j\omega+1)(j\omega+T)}$ 에서 이득여유를 20[dB]보다 크게 하기 위한 T의 범위는?

① $T > 0$
② $T > 10$
③ $T < 0$
④ $T > 100$

Explanation

이득여유 $g \cdot m = 20\log_{10}\left|\dfrac{1}{GH}\right|$ [dB]이므로

$|GH| = \left|\dfrac{10}{T-\omega^2+j\omega(1+T)}\right|_{\omega=0}$ 여기서, 허수부가 0이되는 주파수는 $\omega=0$

대입하면 $|GH|=\dfrac{10}{T}$

이득여유는 $g \cdot m = 20\log_{10}\left|\dfrac{1}{\frac{10}{T}}\right| = 20\log_{10}\dfrac{T}{10} > 20$[dB]

따라서 $\dfrac{T}{10} > 10$에서 $T > 100$

【답】④

11 다음 안정도 판별법 중 $G(s)H(s)$의 극점과 영점이 우반평면에 있을 경우 판정 불가능한 방법은?

① Routh-Hurwitz 판별법
② Bode선도
③ Nyquist 판별법
④ 근궤적법

Explanation

보드 선도는 극점과 영점이 s 평면의 우반면에 존재하면 위상 곡선이 항상 $-180°$보다 항상 위에 존재하므로 안정으로 판별 되어 극점과 영점이 우반 평면에 존재하는 경우 판정이 불가능하다.

【답】②

9 근궤적

1. 근궤적
개루프 전달 함수의 이득 정수 K를 0~∞까지 변화시킬 때의 극점의 이동궤적

2. 근궤적 작도법
① 근궤적의 출발점($K=0$) : $G(s)H(s)$의 극점으로부터 출발
② 근궤적의 종착점($K=\infty$) : 근궤적은 $G(s)H(s)$의 영점에 종착
③ 근궤적의 개수
 • $Z > P$: $N = Z$
 • $Z < P$: $N = P$
④ 근궤적의 실수축에 관하여 대칭
⑤ 근궤적의 점근선
 • 점근선의 각도 $\theta = \dfrac{(2k+1)\pi}{P-Z}$ $\quad k = 0,\ 1,\ 2,\ \cdots$
 • 점근선의 교차점 $\delta = \dfrac{\Sigma G(s)H(s)\text{의 극점} - \Sigma G(s)H(s)\text{의 영점}}{P-Z}$
⑥ 근궤적의 범위 : 실축상의 극과 영점의 총수가 홀수이면 그 좌측 구간에 존재
⑦ 근궤적과 허수축과의 교차점 : Routh-Hurwitz 안정도 판별법 이용
⑧ 실축상에서의 분지점(이탈점) : $\dfrac{dK(s)}{ds} = 0$

주요 문제

01 근궤적의 성질 중 틀린 것은?
① 근궤적은 실수축을 기준으로 대칭이다.
② 점근선은 허수축 상에서 교차한다.
③ 근궤적의 가지 수는 특성방정식의 차수와 같다.
④ 근궤적은 개루프 전달함수의 극점으로부터 출발한다.

Explanation

근궤적법
근궤적수 N : 영점수(Z〉P)
　　　　　　극점수(Z〈P)
- 근궤적의 출발점($K=0$) : $G(s)H(s)$의 극점으로부터 출발
- 근궤적의 종착점($K=\infty$) : $G(s)H(s)$의 영점에 종착
- 근궤적의 실수축에 관하여 대칭(실수축에서 교차)

【답】②

02 어떤 제어시스템의 개루프 전달함수가 $G(s)H(s) = \dfrac{K(s+3)}{s^2(s+2)(s+4)(s+5)}$ 일 때, 근궤적의 수는?

① 1　　　② 3　　　③ 5　　　④ 7

Explanation

근궤적의 개수
- $Z>P$: $N=Z$
- $Z<P$: $N=P$

영점 $Z=1$, 극점 $P=5$ 이므로
$Z<P$: $N=P$
따라서 근궤적 수 $N=5$

【답】③

03 $G(s)H(s) = \dfrac{K(s-1)}{s(s+1)(s-4)}$ 에서 점근선의 교차점을 구하면?

① -1　　　② 0　　　③ 1　　　④ 2

Explanation

근궤적의 점근선의 교차점 $\sigma = \dfrac{\Sigma G(s)H(s)\text{의 극점} - \Sigma G(s)H(s)\text{의 영점}}{P-Z} = \dfrac{(0-1+4)-(1)}{3-1} = 1$

【답】③

04 특성 방정식 $(s+1)(s+2) + K(s+3) = 0$의 완전 근궤적의 이탈점(breakaway point)은 각각 얼마인가?

① $s=-1.5$, $s=-3.5$인 점
② $s=-1.6$, $s=-2.6$인 점
③ $s=-3+\sqrt{2}$, $s=-3-2\sqrt{2}$인 점
④ $s=-3+\sqrt{2}$, $s=-3-\sqrt{2}$인 점

Explanation

$K = -\dfrac{(s+1)(s+2)}{s+3} = -\dfrac{s^2+3s+2}{s+3} = 0$

$K(\sigma) = -\dfrac{\sigma^2+3\sigma+2}{\sigma+3} = 0$

$\dfrac{dK(\sigma)}{d\sigma} = -\dfrac{(2\sigma+3)(\sigma+3)-(\sigma^2+3\sigma+2)}{(\sigma+3)^2} = 0$

$\sigma^2+6s+7=0$의 근은 $\sigma = -3\pm\sqrt{2}$

【답】④

10 상태공간법 및 z변환

1. 상태방정식
① 상태방정식 : $\dot{x}(t) = Ax(t) + Bu(t)$
② 출력방정식 : $y(t) = Cx(t)$
③ 특성방정식 : $|sI - A| = 0$ 특성방정식의 근 : 고유값

2. 상태천이행렬 : 시스템의 초기상태에 의한 응답
$\phi(t) = \mathcal{L}^{-1}\{[sI-A]^{-1}\}$
$\phi(t) = e^{At}x(0)$

3. z변환

$$z[f(kT)] = \sum_{k=0}^{\infty} f(kT)z^{-k}$$

① 기본 함수의 z변환

$f(t)$	$F(s)$	$F(z)$
$\delta(t)$	1	1
$u(t)$	$\dfrac{1}{s}$	$\dfrac{z}{z-1}$
t	$\dfrac{1}{s^2}$	$\dfrac{Tz}{(z-1)^2}$
e^{-at}	$\dfrac{1}{s+a}$	$\dfrac{z}{z-e^{-at}}$

② 초기값 정리와 최종값 정리

초기값 정리	$f(0_+) = \lim\limits_{t \to 0} f(t) = \lim\limits_{z \to \infty} F(z)$
최종값 정리	$f(\infty) = \lim\limits_{t \to \infty} f(t) = \lim\limits_{z \to 1}(1-z^{-1})F(z)$

③ z평면과 s평면의 관계 : s 대신 $\dfrac{1}{T}\ln z$를 대입

④ 안정도 판별법
- s평면의 좌반면 : z평면상에서는 단위원의 내부에 사상(안정 영역)
- s평면의 우반면 : z평면상에서는 단위원의 외부에 사상(불안정 영역)
- s평면의 허수축 : z평면상에서는 단위원의 원주상에 사상(임계 영역)

⑤ 역 z변환 : $\dfrac{R(z)}{z}$를 이용하여 부분분수 전개

주요 문제

01 다음과 같은 상태방정식으로 표현되는 제어시스템에 대한 특성 방정식의 근(s_1, s_2)은?

$$\begin{bmatrix} \dot{x_1} \\ \dot{x_2} \end{bmatrix} = \begin{bmatrix} 2 & 2 \\ 0.5 & 2 \end{bmatrix} \begin{bmatrix} x_1 \\ x_2 \end{bmatrix} + \begin{bmatrix} 1 \\ 0 \end{bmatrix} u$$

① 2, 2 ② 2, 0.5
③ 2, 1 ④ 3, 1

Explanation

특성방정식
$|sI-A|=0$
$|sI-A| = \begin{bmatrix} s & 0 \\ 0 & s \end{bmatrix} - \begin{bmatrix} 2 & 2 \\ 0.5 & 2 \end{bmatrix} = \begin{vmatrix} s-2 & -2 \\ -0.5 & s-2 \end{vmatrix} = (s-2)^2 - 1$
$(s-2)^2 - 1 = s^2 - 4s + 3 = (s-1)(s-3) = 0$
따라서 특성방정식의 근(고유값) $s = 1, 3$

【답】 ④

02 $\dfrac{d^2}{dt^2}c(t) + 5\dfrac{d}{dt}c(t) + 4c(t) = r(t)$ 와 같은 함수를 상태함수로 변환하였다. 벡터 A, B의 값으로 적당한 것은?

$$\dfrac{d}{dt}X(t) = AX(t) + Br(t)$$

① $A = \begin{bmatrix} 0 & 1 \\ -5 & -4 \end{bmatrix}$, $B = \begin{bmatrix} 0 \\ 1 \end{bmatrix}$
② $A = \begin{bmatrix} 0 & 1 \\ 5 & 4 \end{bmatrix}$, $B = \begin{bmatrix} 0 \\ 1 \end{bmatrix}$
③ $A = \begin{bmatrix} 0 & 1 \\ -4 & -5 \end{bmatrix}$, $B = \begin{bmatrix} 0 \\ 1 \end{bmatrix}$
④ $A = \begin{bmatrix} 0 & 1 \\ 4 & 5 \end{bmatrix}$, $B = \begin{bmatrix} 0 \\ 1 \end{bmatrix}$

Explanation

상태방정식
$x(t) = x_1(t)$로 선정하면, $\dot{x_1}(t) = x_2(t)$ $\dot{x_2}(t) = -4x_1(t) - 5x_2(t) + r(t)$
따라서 상태방정식으로 계산하면
$\begin{bmatrix} \dot{x_1}(t) \\ \dot{x_2}(t) \end{bmatrix} = \begin{bmatrix} 0 & 1 \\ -4 & -5 \end{bmatrix} \begin{bmatrix} x_1(t) \\ x_2(t) \end{bmatrix} + \begin{bmatrix} 0 \\ 1 \end{bmatrix} r(t)$

【답】 ③

03 제어시스템의 상태방정식이 $\dfrac{dx(t)}{dt} = Ax(t) + Bu(t)$, $A = \begin{bmatrix} 0 & 1 \\ -3 & 4 \end{bmatrix}$, $B = \begin{bmatrix} 1 \\ 1 \end{bmatrix}$ 일 때, 특성 방정식을 구하면?

① $s^2 - 4s - 3 = 0$
② $s^2 - 4s + 3 = 0$
③ $s^2 + 4s + 3 = 0$
④ $s^2 + 4s - 3 = 0$

Explanation

특성 방정식
$|sI - A| = 0$
$|sI - A| = \begin{bmatrix} s & 0 \\ 0 & s \end{bmatrix} - \begin{bmatrix} 0 & 1 \\ -3 & 4 \end{bmatrix} = \begin{bmatrix} s & -1 \\ 3 & s-4 \end{bmatrix} = s^2 - 4s + 3$

【답】 ②

주요 문제

04 다음과 같은 상태 방정식으로 표시되는 제어시스템의 특성방정식의 근 (s_1, s_2)은?

$$\begin{bmatrix} \dot{x_1} \\ \dot{x_2} \end{bmatrix} = \begin{bmatrix} 0 & 1 \\ -2 & -3 \end{bmatrix} \begin{bmatrix} x_1 \\ x_2 \end{bmatrix} + \begin{bmatrix} 1 \\ 0 \end{bmatrix} u$$

① 1, −3   ② −1, −2
③ −2, −3   ④ −1, −3

Explanation

특성방정식
$|sI - A| = 0$
$|sI - A| = \begin{bmatrix} s & 0 \\ 0 & s \end{bmatrix} - \begin{bmatrix} 0 & 1 \\ -2 & -3 \end{bmatrix} = \begin{vmatrix} s & -1 \\ s & s+3 \end{vmatrix} = s^2 + 3s + 2$
$s^2 + 3s + 2 = (s+1)(s+2) = 0$
따라서 특성방정식의 근(고유값) $s = -1, -2$

【답】②

05 다음 방정식으로 표시되는 제어계가 있다. 이 계를 상태방정식 $\dot{x} = Ax(t) + Bu(t)$로 나타내면 계수 행렬 A는?

$$\frac{d^3c(t)}{dt^3} + 5\frac{d^2c(t)}{dt^2} + \frac{dc(t)}{dt} + 2c(t) = r(t)$$

① $\begin{bmatrix} 0 & 1 & 0 \\ 0 & 0 & 1 \\ -2 & -1 & -5 \end{bmatrix}$ ② $\begin{bmatrix} 0 & 1 & 0 \\ 1 & 0 & 0 \\ 5 & 1 & 2 \end{bmatrix}$

③ $\begin{bmatrix} 0 & 0 & 1 \\ 1 & 0 & 0 \\ 0 & 5 & 2 \end{bmatrix}$ ④ $\begin{bmatrix} 0 & 1 & 0 \\ 0 & 0 & 1 \\ -2 & -1 & 0 \end{bmatrix}$

Explanation

$x_1(t) = c(t)$
$x_2(t) = \dot{c}(t) = \dot{x_1}(t)$
$x_3(t) = \ddot{c}(t) = \dot{x_2}(t)$ 라 놓으면
$\dot{x_3}(t) = -2x_1(t) - x_2(t) - 5x_3(t) + r(t)$

$$\begin{bmatrix} \dot{x_1}(t) \\ \dot{x_2}(t) \\ \dot{x_3}(t) \end{bmatrix} = \begin{bmatrix} 0 & 1 & 0 \\ 0 & 0 & 1 \\ -2 & -1 & -5 \end{bmatrix} \begin{bmatrix} x_1(t) \\ x_2(t) \\ x_3(t) \end{bmatrix} + \begin{bmatrix} 0 \\ 0 \\ 1 \end{bmatrix} r(t)$$

【답】①

06 단위 계단함수의 라플라스 변환과 z변환 함수는?

① $\dfrac{1}{s}$, $\dfrac{z}{z-1}$ ② s, $\dfrac{z}{z-1}$

③ $\dfrac{1}{s}$, $\dfrac{z-1}{z}$ ④ s, $\dfrac{z-1}{z}$

Explanation

기본 함수의 z변환

$f(t)$		$F(s)$	$F(z)$
임펄스 함수	$\delta(t)$	1	1
단위 계단 함수	$u(t)$	$\dfrac{1}{s}$	$\dfrac{z}{z-1}$
램프 함수	t	$\dfrac{1}{s^2}$	$\dfrac{Tz}{(z-1)^2}$
지수 함수	e^{-at}	$\dfrac{1}{s+a}$	$\dfrac{z}{z-e^{-at}}$

【답】①

07 다음 중 $f(t)=e^{-at}$의 z변환은?

① $\dfrac{1}{z-e^{-at}}$
② $\dfrac{1}{z+e^{-at}}$
③ $\dfrac{z}{z-e^{-at}}$
④ $\dfrac{z}{z+e^{-at}}$

Explanation

라플라스변환과 z변환

	$f(t)$	$F(s)$	$F(z)$
지수 함수	e^{-at}	$\dfrac{1}{s+a}$	$\dfrac{z}{z-e^{-at}}$

【답】③

08 $f(t)$의 z변환이 $F(z)$일 때 $f(t)$의 최종값은?

$$F(z) = \frac{9z}{(z-1)(z+0.5)}$$

① 6
② 0
③ ∞
④ -6

Explanation

z변환의 최종값 정리

$f(\infty) = \lim_{z \to 1}(1-z^{-1})F(z) = \lim_{z \to 1}(1-z^{-1})F(z)$
$= \lim_{z \to 1}(1-z^{-1}) \times \dfrac{9z}{(z-1)(z+0.5)} = \lim_{z \to 1}\dfrac{z-1}{z} \times \dfrac{9z}{(z-1)(z+0.5)} = \dfrac{9}{1.5} = 6$

【답】①

주요 문제

09 다음 그림의 폐루프 샘플 값 제어계의 z변환 전달 함수는?

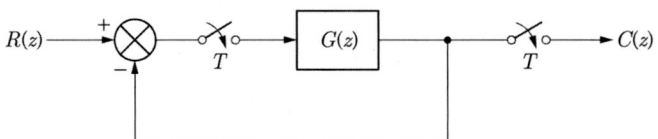

① $\dfrac{1}{1+G(z)}$ ② $\dfrac{1}{1-G(z)}$

③ $\dfrac{G(z)}{1+G(z)}$ ④ $\dfrac{G(z)}{1-G(z)}$

Explanation

연속치를 샘플링한 것은 이산치로 볼 수 있으며
따라서 z 변환에서의 전달 함수 $T(z) = \dfrac{G(z)}{1+G(z)}$

【답】③

10 이산 시스템(discrete data system)에서의 안정도 해석에 대한 설명 중 옳은 것은?
① 특성방정식의 모든 근이 z평면의 음의 반평면에 있으면 안정하다.
② 특성방정식의 모든 근이 z평면의 양의 반평면에 있으면 안정하다.
③ 특성방정식의 모든 근이 z평면의 단위원 내부에 있으면 안정하다.
④ 특성방정식의 모든 근이 z평면의 단위원 외부에 있으면 안정하다.

Explanation

- s 평면의 좌반면 : z 평면상에서는 단위원의 내부에 사상(안정)
- s 평면의 우반면 : z 평면상에서는 단위원의 외부에 사상(불안정)
- s 평면의 허수축 : z 평면상에서는 단위원의 원주상에 사상(임계)

【답】③

11 z변환법을 사용한 샘플치 제어계의 안정을 옳게 설명한 것은?
① 폐루프 전달함수의 모든 극이 z평면상의 원점에 중심을 둔 단위 원 안쪽에 위치하여야 한다.
② 폐루프 전달함수의 모든 극이 z평면상의 원점에 중심을 둔 단위 원 외부에 존재하고 특성근의 절대값은 1보다 적어야 한다.
③ 특성방정식의 모든 특성근의 절대값이 1보다 커야 한다.
④ 폐루프 전달함수의 모든 극이 z평면상의 원점에 중심을 둔 단위 원 외부에 위치하고 특성근의 절대값이 1보다 커야 한다.

Explanation

- s평면의 좌반면 : z평면상에서는 단위원의 내부에 사상(안정)
- s평면의 우반면 : z평면상에서는 단위원의 외부에 사상(불안정)
- s평면의 허수축 : z평면상에서는 단위원의 원주 상에 사상(임계)

【답】①

12 $R(z) = \dfrac{(1-e^{-aT})z}{(z-1)(z-e^{-aT})}$ 의 역변환은?

① te^{aT}
② te^{-aT}
③ $1 - e^{-aT}$
④ $1 + e^{-aT}$

Explanation

역 z 변환은 $\dfrac{R(z)}{z}$ 의 형태를 이용하여 부분분수 전개하면

$R(z) = \dfrac{(1-e^{-aT})z}{(z-1)(z-e^{-aT})}$ 에서

$\dfrac{R(z)}{z} = \dfrac{(1-e^{-aT})}{(z-1)(z-e^{-aT})} = \dfrac{k_1}{z-1} + \dfrac{k_2}{z-e^{-aT}}$

여기서, $k_1 = \lim\limits_{z \to 1} \dfrac{1-e^{-aT}}{z-e^{-aT}} = 1$

$k_2 = \lim\limits_{z \to e^{-aT}} \dfrac{1-e^{-aT}}{z-1} = -1$ 에서

$\dfrac{R(z)}{z} = \dfrac{1}{z-1} - \dfrac{1}{z-e^{-aT}}$ 이므로

$R(z) = \dfrac{z}{z-1} - \dfrac{z}{z-e^{-aT}}$

따라서 $r(t) = 1 - e^{-aT}$ 가 된다.

【답】③

13 어떤 선형시불변계의 상태방정식이 다음과 같을 때 상태천이행렬 $\phi(t)$를 구하면?

(단, $A = \begin{bmatrix} 0 & 0 \\ -1 & -2 \end{bmatrix}$, $B = \begin{bmatrix} 1 \\ 1 \end{bmatrix}$ 이고 $\dot{x}(t) = Ax(t) + Bu(t)$ 이다)

① $\begin{bmatrix} 1 & 0 \\ 2(e^{-2t}-1) & e^{-2t} \end{bmatrix}$
② $\begin{bmatrix} 1 & 0 \\ (e^{-2t}-1)/2 & e^{-2t} \end{bmatrix}$
③ $\begin{bmatrix} 1 & 0 \\ 2(e^{-2t}-1) & 1 \end{bmatrix}$
④ $\begin{bmatrix} 1 & 0 \\ (e^{-2t}-1) & e^{-2t} \end{bmatrix}$

Explanation

상태천이행렬 $\Phi(t) = \mathcal{L}^{-1}[(sI-A)^{-1}]$

① $[sI-A] = \begin{bmatrix} s & 0 \\ 0 & s \end{bmatrix} - \begin{bmatrix} 0 & 0 \\ -1 & -2 \end{bmatrix} = \begin{bmatrix} s & 0 \\ 1 & s+2 \end{bmatrix}$

② $[sI-A]^{-1} = \dfrac{1}{\begin{bmatrix} s & 0 \\ 1 & s+2 \end{bmatrix}} \begin{bmatrix} s+2 & 0 \\ -1 & s \end{bmatrix}$

$= \dfrac{1}{s^2+2s} \begin{bmatrix} s+2 & 0 \\ -1 & s \end{bmatrix} = \begin{bmatrix} \dfrac{s+2}{s(s+2)} & \dfrac{0}{s(s+2)} \\ \dfrac{-1}{s(s+2)} & \dfrac{s}{s(s+2)} \end{bmatrix}$

③ $\mathcal{L}^{-1}\{[sI-A]^{-1}\} = \begin{bmatrix} 1 & 0 \\ (e^{-2t}-1)/2 & e^{-2t} \end{bmatrix}$

따라서 $\Phi(t) = \mathcal{L}^{-1}[(sI-A)^{-1}] = \begin{bmatrix} 1 & 0 \\ (e^{-2t}-1)/2 & e^{-2t} \end{bmatrix}$

【답】②

11 시퀀스제어

1. 기본 논리회로

① AND 회로

- 논리식 : $X = A \cdot B$

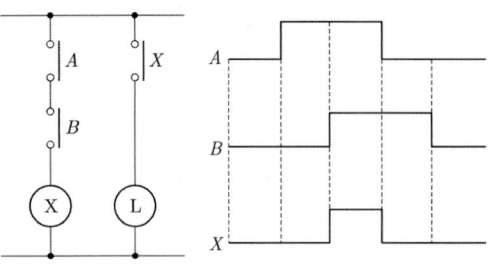

- 진리표

A	B	X
0	0	0
0	1	0
1	0	0
1	1	1

② OR 회로

- 논리식 : $X = A + B$

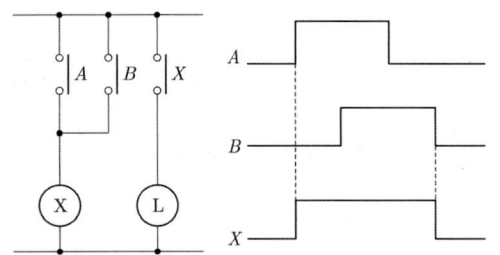

- 진리표

A	B	X
0	0	0
0	1	1
1	0	1
1	1	1

③ NOT 회로

- 논리식 : $X = \overline{A}$

- 진리표

A	X
0	1
1	0

④ NAND 회로

- AND + NOT로 구성
- 논리식 : $X = \overline{AB}$
- 진리표

A	B	X
0	0	1
0	1	1
1	0	1
1	1	0

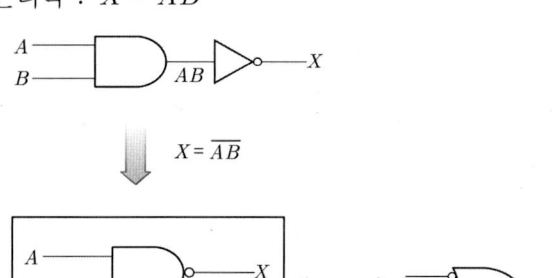

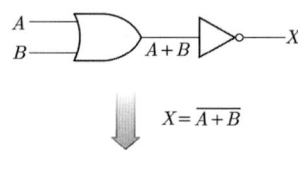

⑤ NOR 회로

- OR + NOT로 구성
- 논리식 : $X = \overline{A+B}$
- 진리표

A	B	X
0	0	1
0	1	0
1	0	0
1	1	0

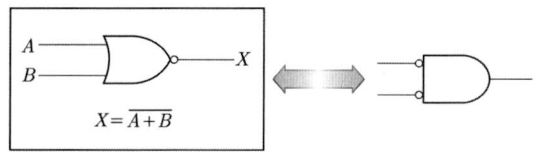

⑥ 배타적 논리합(Exclusive OR)

- 논리식 : $X = \overline{A}B + A\overline{B} = A \oplus$
- 진리표

A	B	X
0	0	0
0	1	1
1	0	1
1	1	0

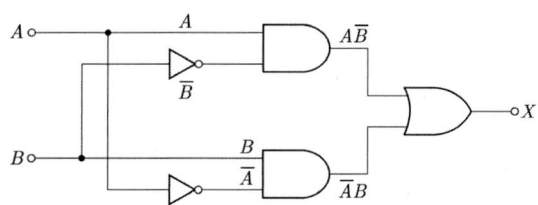

⑦ 시한 회로(On delay timer : Ton)
- 기능 : 입력을 주면 설정 시간(t)이 지난 후 출력이 동작
- 기호
- a 접점 : 한시동작 순시복귀 a접점
- b 접점 : 한시동작 순시 복귀 b접점
- 접점의 동작설명 : 타이머 여자 시에 설정시간 후, a 접점은 폐로되고 b접점은 개로되며 무여자 시 즉시 복귀

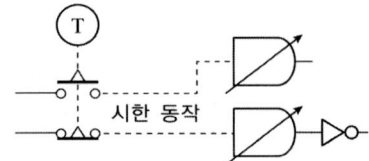

2. 논리 변환과 논리 연산

① 분배 법칙
- $A + (B \cdot C) = (A + B) \cdot (A + C)$
- $A \cdot (B + C) = A \cdot B + A \cdot C$

② 기본 법칙
- $A + 0 = A \quad\quad A \cdot 1 = A$
- $A + A = A \quad\quad A \cdot A = A$
- $A + 1 = 1 \quad\quad A + \overline{A} = 1$
- $A \cdot 0 = 0 \quad\quad A \cdot \overline{A} = 0$

③ 드모르강(De Morgan)의 정리
- $\overline{A + B} = \overline{A}\,\overline{B} \quad\quad A + B = \overline{\overline{A}\,\overline{B}}$
- $\overline{AB} = \overline{A} + \overline{B} \quad\quad AB = \overline{\overline{A} + \overline{B}}$
- $\overline{\overline{A}} = A$

주요 문제

01 논리식 $L = \overline{A} \cdot \overline{B} + \overline{A} \cdot B + A \cdot B$를 간략화한 것은?

① $A + B$
② $\overline{A} + B$
③ $A + \overline{B}$
④ $\overline{A} + \overline{B}$

Explanation

$L = \overline{A} \cdot \overline{B} + \overline{A} \cdot B + A \cdot B$
$= \overline{A}(\overline{B} + B) + AB = \overline{A} + AB = (\overline{A} + A)(\overline{A} + B) = \overline{A} + B$

【답】②

02 그림의 회로와 동일한 논리 소자는?

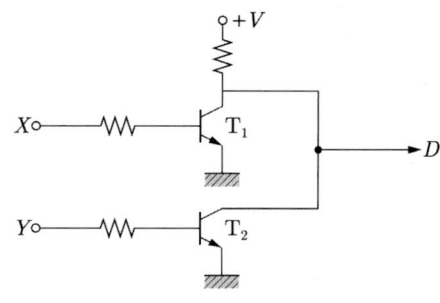

① X─┐╲
　　Y─┘╱)o──D

② X─┐╲
　　Y─┘╱)o──D

③ X─┐╲
　　Y─┘╱──D

④ X─┐╲
　　Y─┘╱──D

Explanation

NOR 회로
• 동작사항 : OR 회로의 반대 기능을 갖는 회로
• OR + NOT로 구성
논리 기호와 논리식
• 논리식 : $X = \overline{A + B}$
• 논리기호

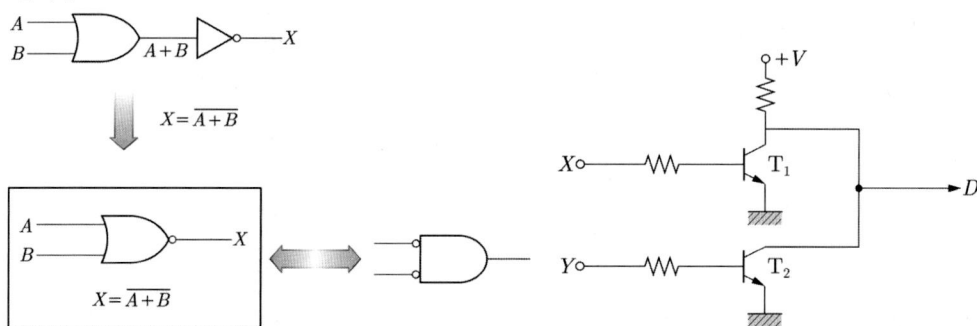

【답】①

주요 문제

03 다음은 타이머의 논리심벌이다. 이와 같은 기능을 하는 계전기 접점 심벌로 옳은 것은?

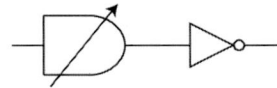

① ─o─△─o─　　② ─o─▲─o─
③ ─o─◆─o─　　④ ─o─▽─o─

Explanation

시한 회로(On delay timer : Ton)
(1) 기능 : 입력을 주면 설정 시간(t)이 지난 후 출력이 동작한다.
(2) 기호
 ① a 접점 : 한시동작 순시복귀 a접점
 ② b 접점 : 한시동작 순시 복귀 b접점
 ③ 접점의 동작설명 : 타이머 여자 시에 설정시간 후, a 접점은 폐로되고 b접점은 개로되며 무여자 시 즉시 복귀

【답】②

04 다음 논리회로의 출력 X는?

① A　　② B
③ $A+B$　　④ $A \cdot B$

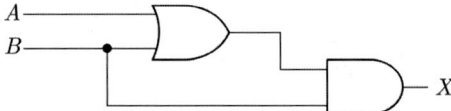

Explanation

$X = (A+B) \cdot B = AB + BB = AB + B$
$ = B(A+1) = B$

【답】②

05 다음과 같은 계전기회로와 같은 기능을 하는 회로는?

① NOT
② EX-OR
③ NOR
④ OR

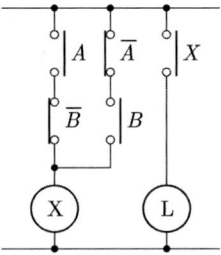

Explanation

EOR(Exclusive OR)
① 동작사항 : 두 입력의 상태가 다를 때에만 출력이 생기는 판단 기능을 갖는 회로
② 논리 기호와 논리식
 • 논리식 : $X = \overline{A}B + A\overline{B} = A \oplus B$
 • 논리기호 : A ─┐
　　　　　　　B ─┘⟩D─ X

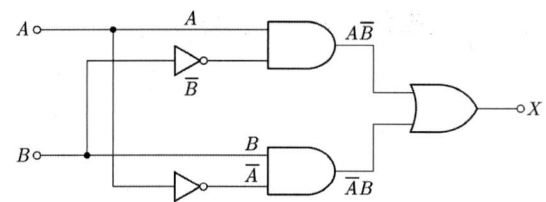

③ 회로와 타임 차트

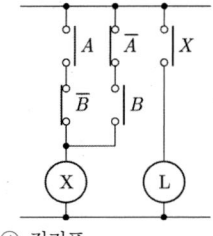 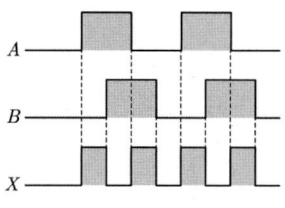

④ 진리표

A	B	X
0	0	0
0	1	1
1	0	1
1	1	0

【답】②

06 다음 시퀀스 회로를 논리회로로 옳게 표시한 것은?

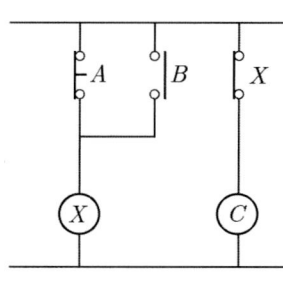

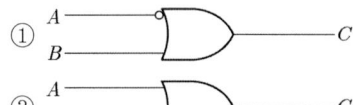 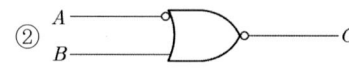

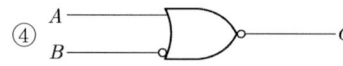

Explanation

논리식 $X = \overline{A} + B$
$C = \overline{X}$

【답】②

주요 문제

07 그림과 같은 시퀀스 제어는 무슨 회로라고 하는가?(단, A, B는 입력 스위치이다)

① 자기유지회로
② 인터록회로
③ 배타회로
④ 변환회로

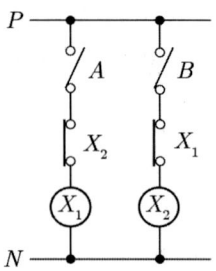

Explanation

인터록 회로 : X_1이 먼저 동작하면 X_2는 동작되지 않으며 X_2가 먼저 동작하면 X_1는 동작되지 않는다.

【답】②

12 제어기기

1. 제어에 사용되는 반도체 소자
 ① 서미스터 : 온도 상승에 따라 저항이 감소하는 특성(온도 보상용으로 사용)
 ② 제너 다이오드 : 정전압 다이오드
 ③ IGBT(Insulated Gate Bipolar Transistor)
  • MOSFET와 Transistor가 결합된 것으로 고속 스위칭 소자
  • 구동전력이 적다.
  • 고속스위칭이 가능하다.

2. PID제어기
 ① PID 제어기 출력식

$$y(t) = K\left[z(t) + \frac{1}{T_i}\int z(t)dt + T_d\frac{d}{dt}z(t)\right]$$

 여기서, K는 비례감도, T_i는 적분시간, T_d는 미분시간

 ② PID 제어기 전달함수 $Y(s) = K\left[Z(s) + \dfrac{1}{T_i s}Z(s) + T_d s Z(s)\right]$

주요 문제

01 적분시간 3[sec], 비례감도가 3인 비례적분 동작을 하는 제어요소가 있다. 이 제어요소에 동작 신호 $x(t) = 2t$를 주었을 때 조작량은 얼마인가? (단, 초기 조작량 $y(t)$는 0이다)

① $t^2 + 2t$
② $t^2 + 4t$
③ $t^2 + 6t$
④ $t^2 + 8t$

Explanation

조작량 $y(t) = 3[x(t) + \frac{1}{3}\int x(t)dt]$ 에서
$= 3[(2t) + \frac{1}{3}\int 2t\, dt] = 6t + t^2$

【답】③

02 다음 중 이진 값 신호가 아닌 것은?

① 디지털 신호
② 아날로그 신호
③ 스위치의 On-Off 신호
④ 반도체 소자의 동작, 부동작 상태

Explanation

이진 값 신호(동작이 0과 1인 상태)
- 디지털 신호
- 스위치의 On-Off 신호
- 반도체 소자의 동작, 부동작 상태

【답】②

03 전달함수가 $G_C(s) = \dfrac{s^2 + 3s + 5}{2s}$ 인 제어기가 있다. 이 제어기는 어떤 제어기인가?

① 비례 적분 미분 제어기
② 비례 적분 제어기
③ 적분 제어기
④ 비례 미분 제어기

Explanation

PID 제어기 $y(t) = K\left[z(t) + \dfrac{1}{T_i}\int z(t)dt + T_d \dfrac{d}{dt}z(t)\right]$ (여기서, K는 비례감도, T_i는 적분시간, T_d는 미분시간)

제어기의 전달함수 $G_c(s) = \dfrac{s^2 + 3s + 5}{2s} = \dfrac{1}{2}s + \dfrac{3}{2} + \dfrac{5}{2s} = \dfrac{3}{2}\left[1 + \dfrac{1}{3}s + \dfrac{5}{3s}\right]$

따라서 비례감도 $\dfrac{3}{2}$, 적분시간 $\dfrac{3}{5}$, 미분시간 $\dfrac{1}{3}$인 비례 미분 적분 제어기이다.

【답】①

04 진상보상기의 특징 중 틀린 것은?

① 제어계의 속응성을 개선할 수 있다.
② 제어계의 안정성을 향상 시킬 수 있다.
③ 입력위상이 출력위상보다 앞서게 하는 보상장치이다.
④ RC 회로 형태로 사용할 수 있다.

Explanation

- 진상보상기(미분기, PD제어) : 과도응답 개선, 출력위상이 앞선다
- 지상보상기(적분기, PI제어) : 정상특성 개선, 입력위상이 앞선다.

【답】③

05 제어계에 대한 설명 중 틀린 것은?

① 제어계의 제어정도를 개선하려면 이득정수를 적정수준으로 증가시키면 된다.
② 개루프 전달함수의 이득정수를 과도하게 증가시키면 계통의 안정도는 저하된다.
③ 제어계의 공진주파수와 대역폭이 고주파역으로 높이 옮겨질수록 제어계의 속응성은 향상된다.
④ 위치제어계의 종속보상법에서 지상요소를 쓰는 주된 목적은 속응성을 개선하기 위함이다.

Explanation

보상기 설계
- 진상 보상기(미분기, PD제어) : 속응성 개선, 위상 여유 증가
- 지상 보상기(적분기, PI제어) : 정상 편차 감소

【답】④

06 전기설비기술기준

1 전기설비기술기준 총칙

1. 용어 정리
① 급전소 : 전력계통의 운용에 관한 지시 및 급전조작을 하는 곳
② 이웃연결 인입선 : 한 수용장소의 인입선에서 분기하여 지지물을 거치지 아니하고 다른 수용장소의 인입구에 이르는 부분의 전선
③ 조상설비 : 무효전력을 조정하는 전기기계기구
④ 관등회로 : 방전등용 안정기 또는 방전등용변압기로부터 방전관까지의 전로
⑤ 지중 관로 : 지중 전선로, 지중 약전류 전선로, 지중 광섬유 케이블 선로, 지중에 시설하는 수관 및 가스관과 이와 유사한 것 및 이들에 부속하는 지중함 등
⑥ 제2차 접근상태 : 가공전선이 다른 시설물과 접근하는 경우에 수평 거리로 3[m] 미만인 곳
⑦ 서지보호장치(SPD) : 과도 과전압을 제한하고 서지전류를 분류시키기 위한 장치
⑧ 직류자계 : 0[Hz]인 직류전로에서 형성되는 정자계
⑨ 전압의 종별
 • 저압 : 직류는 1.5[kV]이하, 교류는 1[kV] 이하인 것
 • 고압 : 저압을 넘고 7[kV] 이하인 것
 • 특고압 : 7[kV]를 초과하는 것
 ※ 특별저압(ELV) : 인체에 위험을 초래하지 않을 정도의 저압(직류 120[V] 이하 및 교류 50[V] 이하).
  SELV : 비접지회로, PELV : 접지회로
⑩ 전선
 • 전선의 식별

상(문자)	색상
L1	갈색
L2	검은색
L3	회색
N	파란색
보호도체	녹색-노란색

 • 전선의 접속 : 전선의 세기(인장하중)를 20[%] 이상 감소시키지 말 것
 • 전선의 병렬 사용 : 동선 50[mm²] 이상 또는 알루미늄 70[mm²] 이상
 • 전자적 불평형 발생 금지

- 각각에 퓨즈 설치 금지

2. 전로의 절연

① 누설전류 : 사용전압이 저압인 전로에서 정전이 어려운 경우 등 절연저항 측정이 곤란한 경우 1[mA] 이하로 유지

② 절연 성능

전로의 사용전압[V]	DC 시험전압[V]	절연저항[MΩ]
SELV 및 PELV	250	0.5
FELV, 500[V] 이하	500	1.0
500[V] 초과	1,000	1.0

③ 절연 제외 장소
- 접지공사를 하는 경우의 접지점
- 시험용 변압기
- 전기욕기, 전기로, 전기보일러, 전해조 등

④ 절연내력시험
- 고압 및 특고압의 전로, 변압기, 차단기 기타의 기구
  - 전로와 대지 사이에 연속하여 10분간
  - 케이블 사용하는 경우 : 교류 시험전압의 2배인 직류

구 분		배율	최저 전압
중성점 접지식이 아닌 경우	7[kV] 이하	1.5	500[V] (전로제외)
	7[kV] 초과 ~ 60[kV] 이하	1.25	10.5[kV]
	60[kV] 초과(비접지식)	1.25	
중성점 접지식	60[kV] 초과(중성점 접지식) (성형결선, 또는 스콧결선의 것에 한한다)	1.1	75[kV]
중성점 직접 접지식	7[kV] 초과 ~ 25[kV] 이하 (중성점 다중 접지식)	0.92	
	60[kV] 초과 ~ 170[kV]까지	0.72	
	170[kV] 초과	0.64	

- 회전기

종 류			시험 전압	시험 방법
회전기	발전기·전동기· 무효 전력 보상 장치·기타 회전기 (회전변류기 제외)	최대사용전압 7[kV] 이하	최대사용전압의 1.5배의 전압(500[V] 미만으로 되는 경우에는 500[V])	권선과 대지 사이에 연속하여 10분간 가한다.
		최대사용전압 7[kV] 초과	최대사용전압의 1.25배의 전압 (10.5[kV] 미만으로 되는 경우에는 10.5[kV])	
	회전변류기		직류측의 최대사용전압의 1배의 교류전압(500[V] 미만으로 되는 경우에는 500[V])	

3. 접지시스템

① 접지시스템의 구분 및 종류
- 구분 : 계통접지, 보호접지, 피뢰시스템 접지
- 종류 : 단독접지, 공통접지, 통합접지
  - 공통접지 : 고압 및 특고압과 저압 전기설비의 접지극이 서로 근접하여 시설되어 있는 변전소 또는 이와 유사한 곳에 시설
  - 통합접지 : 전기설비의 접지설비, 건축물의 피뢰설비·전자통신설비 등의 접지극을 공용. 낙뢰에 의한 과전압 등으로부터 전기전자기기 등을 보호하기 위해 서지보호장치 설치

② 접지시스템의 구성요소 : 접지극, 접지도체, 보호도체, 기타 설비

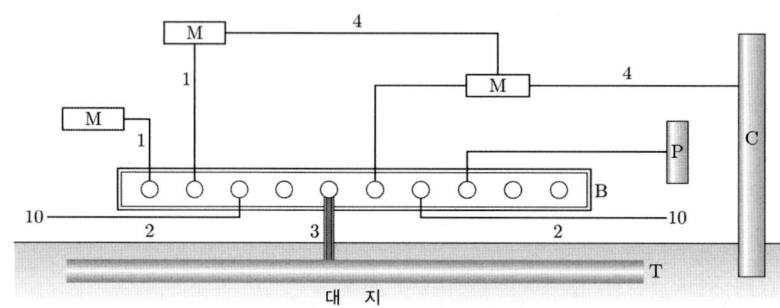

1 : 보호도체(PE)
2 : 보호 등전위본딩용 도체
3 : 접지도체
4 : 보조 보호 등전위본딩용 도체
10 : 기타 기기
B : 주 접지단자
M : 전기기구의 노출 도전성부분
C : 철골, 금속덕트의 계통외 도전성 부분
P : 수도관, 가스관 등 금속배관
T : 접지극

③ 접지극과 접지도체 시설
- 접지극은 지하 0.75 [m] 이상 깊이 매설
- 접지극을 지중에서 그 금속체로부터 1 [m] 이상 떼어 매설할 것
- 접지도체는 절연전선(OW제외) 또는 케이블을 사용할 것
- 접지도체의 지하 0.75 [m]로부터 지표상 2 [m]까지의 부분은 합성수지관 사용 덮을 것

④ 접지극 사용 : 수도관, 건물철골 접지
- 금속제 수도관로 : 3[Ω] 이하
- 건물의 철골 : 2[Ω] 이하

⑤ 접지도체
- 접지도체의 단면적[㎟]

접지도체의 종류	큰 고장전류가 접지도체를 통해 흐르지 않을 경우	접지도체에 피뢰시스템이 접속되는 경우
구리(동)	6[㎟] 이상	16[㎟] 이상
철제	50[㎟] 이상	50[㎟] 이상

- 특고압·고압 전기설비용 접지도체 : 6[㎟] 이상의 연동선
- 중성점 접지용 접지도체 : 16[㎟] 이상의 연동선

예외) 6[㎟] 이상의 연동선 사용
- ☞ 7[kV] 이하의 전로
- ☞ 사용전압이 25[kV] 이하인 특고압 가공전선로(중성선 다중접지식의 것)

⑥ 보호도체

선도체의 단면적 S (㎟, 구리)	보호도체의 최소 단면적(㎟, 구리)	
	보호도체의 재질이 선도체와 같은 경우	보호도체의 재질이 선도체와 다른 경우
16[㎟] 이하	S	$(k_1/k_2) \times S$
16[㎟] 초과 35[㎟] 이하	16	$(k_1/k_2) \times 16$
35[㎟] 초과	$S/2$	$(k_1/k_2) \times (S/2)$

- 보호도체의 단면적 계산 값(차단시간이 5초 이하인 경우) : $S = \dfrac{\sqrt{I^2 t}}{k}$ [㎟]
- 보호도체와 계통도체를 겸용
  - 중성선과 겸용(PEN) : 교류에서 중선선 겸용 보호도체
  - 선도체와 겸용(PEL) : 직류에서 선도체 겸용 보호도체
  - 중간도체와 겸용(PEM) : 직류에서 중간도체 겸용 보호도체
- 겸용도체 : 구리 10[㎟], 알루미늄 16[㎟] 이상
- 보호도체가 케이블의 일부가 아니거나 선도체와 동일 외함에 설치되지 않는 경우
  - 기계적 손상에 대해 보호가 되는 경우 : 구리 2.5[㎟], 알루미늄 16[㎟] 이상
  - 기계적 손상에 대해 보호가 되지 않는 경우 : 구리 4[㎟], 알루미늄 16[㎟] 이상

⑦ 변압기 중성점접지 저항 값(변압기의 고압·특고압측)

- 일반적 : $\dfrac{150}{I_1}$ 이하   (여기서, I_1은 전로의 1선 지락전류)
- 1초 초과 2초 이내에 자동으로 차단하는 장치를 설치 : $\dfrac{300}{I_1}$ 이하
- 1초 이내에 자동으로 차단하는 장치를 설치 : $\dfrac{600}{I_1}$ 이하

⑧ 감전보호용 등전위본딩

- 보호등전위본딩 도체
  - 건축물·구조물의 외부에서 내부로 들어오는 각종 금속제 배관
  - 수도관·가스관의 경우 내부로 인입된 최초의 밸브 후단
  - 건축물·구조물의 철근, 철골 등 금속보강재
- 단면적 : 설비 내에 있는 가장 큰 보호접지도체 단면적의 1/2 이상
  구리도체 : 6[㎟] 이상, 알루미늄 도체 : 16[㎟] 이상, 강철 도체 : 50[㎟] 이상
- 보조 보호등전위본딩 도체
  - 기계적 보호가 된 것 : 구리도체 2.5[㎟] 이상, 알루미늄 도체 16[㎟] 이상
  - 기계적 보호가 없는 것 : 구리도체 4[㎟] 이상, 알루미늄 도체 16[㎟] 이상

4. 피뢰시스템

① 피뢰시스템의 적용
- 전기전자설비가 설치된 건축물·구조물로서 낙뢰로부터 보호가 필요한 것 또는 지상으로부터의 높이가 20[m] 이상인 것
- 전기설비 및 전자설비 중 낙뢰로부터 보호가 필요한 설비

② 외부피뢰시스템 : 수뢰부 시스템, 인하도선 시스템, 접지극 시스템
- 수뢰부 시스템 : 돌침, 수평도체, 그물망도체
  - 재료(원형단선 50[mm²]) : 구리, 주석도금한 구리, 알루미늄. 알루미늄합금, 용융아연도금강, 구리피복강, 스테인리스강
- 인하도선 시스템(수뢰부시스템과 접지시스템을 연결)
  - 재료(원형단선 50[mm²]) : 구리, 주석도금한 구리, 알루미늄. 알루미늄합금, 용융아연도금강, 구리피복강, 스테인리스강
- 접지극 시스템(뇌전류를 대지로 방류)
  - 재료(원형단선 50[mm²]) : 구리, 주석도금한 구리, 구리피복강

③ 내부피뢰시스템(전기전자설비 보호용)
- 피뢰시스템 : 뇌서지 보호(서지보호장치 시설)
- 서지보호장치 시설

주요 문제

01 전력 계통의 운용에 관한 지시를 하는 곳은?
① 발전소
② 변전소
③ 개폐소
④ 급전소

Explanation

(KEC 112조) 용어 정의
"급전소"란 전력 계통의 운용에 관한 지시 및 급전조작을 하는 곳을 말한다. 【답】④

02 "제2차 접근상태"라 함은 가공 전선이 다른 시설물과 접근하는 경우에 그 가공전선이 다른 시설물의 위쪽 또는 옆쪽에서 수평 거리로 몇 [m] 미만인가?
① 1.2
② 2
③ 2.5
④ 3

Explanation

(KEC 112조) 용어 정의
"제2차 접근 상태"란 가공전선이 다른 시설물과 접근하는 경우에 그 가공전선이 다른 시설물의 위쪽 또는 옆쪽에서 수평 거리로 3[m] 미만인 곳에 시설되는 상태를 말한다. 【답】④

03 관등회로에 대한 정의로 옳은 것은?
① 발전소·변전소·개폐소, 이에 준하는 곳, 전기사용장소 상호간의 전선(전차선을 제외한다) 및 이를 지지하거나 수용하는 시설물을 말한다.
② 방전등용 안정기 또는 방전등용 변압기로부터 방전관까지의 전로를 말한다.
③ 광섬유케이블 및 이를 지지하거나 수용하는 시설물(조영물의 옥내 또는 옥측에 시설하는 것을 제외한다)을 말한다.
④ 전차의 집전장치와 접촉하여 동력을 공급하기 위한 전선을 말한다.

Explanation

(KEC 112조) 용어 정의
"관등회로"란 방전등용 안정기 또는 방전등용 변압기로부터 방전관까지의 전로를 말한다. 【답】②

04 직류자계(DC Magnetic Fields)란 몇 [Hz]인 직류전로에서 형성되는 정자계(Static Magnetic Fields)를 말하는가?
① 0
② 60
③ 50
④ 120

Explanation

(기술기준 3조) 정의
직류자계(DC Magnetic Fields)란 0[Hz]인 직류전로에서 형성되는 정자계(Static Magnetic Fields)를 말한다. 【답】①

05 발전소 변전소 개폐소 이에 준하는 곳, 전기사용장소 상호간의 전선 및 이를 지지하거나 수용하는 시설물을 무엇이라 하는가?
① 개폐소
② 전선로
③ 급전소
④ 송전선로

Explanation

(기술기준 3조) 정의
"전선로"란 발전소·변전소·개폐소, 이에 준하는 곳, 전기사용장소 상호간의 전선(전차선을 제외한다) 및 이를 지지하거나 수용하는 시설물을 말한다. 【답】②

주요 문제

06 두 개 이상의 전선을 병렬로 사용하는 경우에 틀린 것은?
① 같은 극의 각 전선은 동일한 터미널러그에 완전히 접속한다.
② 병렬로 사용하는 전선에는 각각에 퓨즈를 설치하지 않는다.
③ 교류회로에서 병렬로 사용하는 전선은 금속관 안에 전자적 불평형이 생기지 않도록 시설한다.
④ 병렬로 사용하는 각 전선의 굵기는 동선 70[㎟] 이상으로 한다.

Explanation

(KEC 123조) 전선의 접속 – 두 개 이상의 전선을 병렬로 사용하는 경우
동선 50[㎟] 이상 또는 알루미늄 70[㎟] 이상, 전선은 같은 도체, 재료, 길이 및 굵기의 것 사용 【답】④

07 한국전기설비 규정에 따라 저압 절연전선으로 사용이 가능한 전선이 아닌 것은?(단, 소세력 회로에 적용되는 것이 아니다)
① 450/750[V] 저독성 난연 가교폴리올레핀 절연전선
② 450/750[V] 저독성 캡타이어 절연전선
③ 450/750[V] 저독성 난연 폴리올레핀 절연전선
④ 450/750[V] 비닐 절연전선

Explanation

(KEC 122조) 전선의 종류 – 저압 절연전선
- 450/750[V] 비닐절연전선
- 450/750[V] 저독성 난연 폴리올레핀 절연전선
- 450/750[V] 저독성 난연 가교폴리올레핀 절연전선
- 450/750[V] 고무절연전선 【답】②

08 전선을 접속하는 경우 전선의 세기는 몇 [%] 이상 감소시키지 않아야 하는가?
① 20 ② 30 ③ 40 ④ 50

Explanation

(KEC 123조) 전선의 접속
전선의 세기(인장하중)는 20[%] 이상 감소시키지 말 것 【답】①

09 440[V] 옥내 배선에 연결된 전동기 회로의 절연저항 최소값은 몇 [MΩ]인가?
① 0.1 ② 0.2 ③ 0.4 ④ 1.0

Explanation

(기술기준 제52조) 저압전로의 절연저항

전로의 사용전압[V]	DC 시험전압[V]	절연저항[MΩ]
SELV 및 PELV	250	0.5
FELV, 500[V] 이하	500	1.0
500[V] 초과	1,000	1.0

【답】④

10 고압 및 특고압 전로의 절연내력시험을 하는 경우 시험전압을 연속하여 몇 분간 가하여 견디어야 하는가?
① 1 ② 3 ③ 5 ④ 10

Explanation

주요 문제

(KEC 132조) 전로의 절연저항 및 절연내력
최대 사용전압에 배수를 곱하고 그 값의 전압으로 권선과 대지간에 10분 간 견딜 것

【답】④

11 최대사용전압이 22,900[V]인 3상 4선식 중성선 다중접지식 전로와 대지 사이의 절연내력 시험전압은 몇 [V] 인가?

① 32,510   ② 28,752   ③ 25,229   ④ 21,068

Explanation

(KEC 132조) 전로의 절연저항 및 절연내력

접지방식	최대사용전압	시험전압(최대사용 전압 배수)	최저 시험 전압
중성점 다중접지	25[kV]이하	0.92배	

(※ 전로에 케이블을 사용하는 경우에는 직류로 시험할 수 있으며, 시험전압은 교류의 경우의 2배가 된다.)
절연내력시험 전압 : 22,900×0.92=21,068[V]

【답】④

12 최대 사용 전압이 6,600[V]인 3상 유도 전동기의 권선과 대지 사이의 절연 내력 시험 전압은 최대 사용 전압의 몇 배인가?

① 1.75   ② 1.0   ③ 1.25   ④ 1.5

Explanation

(KEC 133조) 회전기 및 정류기의 절연내력

종류		시험 전압	시험 전압
회전기	발전기·전동기·무효전력보상장치·기타회전기 (회전변류기를 제외한다)	최대 사용 전압 7[kV] 이하	최대 사용 전압의 1.5배의 전압(500[V] 미만으로 되는 경우에는 500[V])	권선과 대지 사이에 연속하여 10분간 가한다.
		최대 사용 전압 7[kV] 초과	최대 사용 전압의 1.25배의 전압(10,500[V] 미만으로 되는 경우에는 10,500[V])	

【답】④

13 최대사용전압이 6,600[V]인 변압기 전로의 절연내력시험은 최대사용전압의 몇 배의 시험전압에서 10분간 견디어야 하는가?

① 0.72   ② 1.5   ③ 1.25   ④ 0.92

Explanation

(KEC 135조) 변압기 전로의 절연내력

구분		배율	최저 전압
중성점 직접 접지식이 아닌 경우	7[kV] 이하	1.5	500[V]

【답】②

14 1차측 3,300[V], 2차측 220[V]인 변압기 전로의 절연내력 시험전압은 각각 몇 [V]에서 10분간 견디어야 하는가?

① 1차측 4,500[V], 2차측 400[V]
② 1차측 4,125[V], 2차측 500[V]
③ 1차측 4,950[V], 2차측 500[V]
④ 1차측 3,300[V], 2차측 400[V]

Explanation

(KEC 135조) 변압기 전로의 절연내력

주요 문제

접지방식	최대 사용전압	시험전압(최대 사용전압 배수)	최저 시험전압
비접지	7[kV] 이하	1.5배	500[V]
	7[kV] 초과	1.25배	10,500[V]

1차측 절연내력 시험전압 : $3,300 \times 1.5 = 4,950[V]$
2차측은 $220 \times 1.5 = 330[V]$이 되나 최저 시험전압인 500[V]를 적용해야 한다.   【답】 ③

15 사용전압이 22[kV]인 특고압 가공전선로의 중성점 접지용 접지도체는 공칭단면적 몇 [mm²] 이상의 연동선 또는 동등 이상의 단면적 및 세기를 가져야 하는가?(단, 중성점 다중 접지 방식의 것으로 전로에 지락이 생겼을 때 2초 이내에 자동적으로 차단하는 장치가 되어 있다)

① 2　　　② 6　　　③ 10　　　④ 16

Explanation

(KEC 142.3.1조) 접지도체
중성점 접지용 접지도체 : 공칭단면적 16[mm²] 이상의 연동선 또는 동등 이상. 다음의 경우 공칭단면적 6[mm²] 이상
① 7[kV] 이하의 전로
② 사용전압이 25[kV] 이하인 특고압 가공전선로. 다만, 중성선 다중접지 방식의 것으로서 전로에 지락이 생겼을 때 2초 이내에 자동적으로 이를 전로로부터 차단하는 장치가 되어 있는 것.   【답】 ②

16 기계적 손상에 대해 보호가 되지 않는 경우, 보호도체로 구리를 사용한다면 단면적은 몇 [mm²] 이상으로 하여야 하는가? (단, 보호도체가 케이블의 일부가 아니거나 선도체와 동일 외함에 설치되지 않은 경우이다)

① 6　　　② 4　　　③ 2.5　　　④ 10

Explanation

(KEC 142.3.2조) 보호도체
보호도체가 케이블의 일부가 아니거나 선도체와 동일 외함에 설치되지 않는 경우
(1) 기계적 손상에 대해 보호가 되는 경우는 구리 2.5[mm²], 알루미늄 16[mm²] 이상
(2) 기계적 손상에 대해 보호가 되지 않는 경우는 구리 4[mm²], 알루미늄 16[mm²] 이상   【답】 ②

17 주택 등 저압 수용 장소에서 고정 전기설비에 TN-C-S 방식으로 접지공사 시 중성선 겸용 보호도체(PEN)를 알루미늄으로 사용할 경우 단면적은 몇 [mm²] 이상인가?

① 2.5　　　② 6　　　③ 10　　　④ 16

Explanation

(KEC 142.4.2조) 주택 등 저압수용장소 접지
저압수용장소에서 계통접지가 TN-C-S 방식인 경우에 중성선 겸용 보호도체(PEN)는 고정 전기설비에만 사용할 수 있고, 그 도체의 단면적이 구리는 10[mm²] 이상, 알루미늄은 16[mm²] 이상이어야 한다.   【답】 ④

18 케이블의 일부가 아닌 경우 또는 선로도체와 함께 수납되지 않는 보조 보호등전위본딩도체는 기계적 보호가 된 경우 구리도체는 몇 [mm²]이상이어야 하는가?

① 2.5　　　② 4　　　③ 6　　　④ 10

Explanation

(KEC 212.4.3조) 보조 보호등전위본딩 도체
케이블의 일부가 아닌 경우 또는 선로도체와 함께 수납되지 않은 본딩도체는 다음 값 이상 이어야 한다.
가. 기계적 보호가 된 것은 구리도체 2.5[mm²], 알루미늄 도체 16[mm²]
나. 기계적 보호가 없는 것은 구리도체 4[mm²], 알루미늄 도체 16[mm²]   【답】 ①

2 전기의 발전 및 운용 장소의 전기시설

1. 발전소 등의 울타리·담 등의 시설
① 울타리·담 등의 높이 : 2[m] 이상, 지표면 간격 : 0.15[m] 이하
② 울타리·담 등의 높이와 울타리·담 등으로부터 충전부분까지 거리의 합계

사용전압의 구분	울타리·담 등의 높이와 울타리·담 등으로부터 충전부분까지의 거리의 합계
35[kV] 이하	5[m]
35[kV] 초과 160[kV] 이하	6[m]
160[kV] 초과	6[m]에 160[kV]를 초과하는 10[kV] 또는 그 단수마다 0.12[m]를 더한 값

2. 발전기 등의 보호장치 : 자동차단장치
① 발전기에 과전류나 과전압이 생긴 경우
② 용량이 2,000[kVA] 이상인 수차 발전기의 스러스트 베어링의 온도가 현저히 상승한 경우
③ 용량이 10,000[kVA] 이상인 발전기의 내부에 고장이 생긴 경우
④ 용량이 100[kVA] 이상의 발전기를 구동하는 풍차의 압유장치의 유압, 압축공기장치의 공기압이 현저히 저하한 경우

3. 특고압용 변압기의 보호장치

뱅크용량의 구분	동작조건	장치의 종류
5,000[kVA] 이상 10,000[kVA] 미만	변압기 내부 고장	자동차단장치 또는 경보장치
10,000[kVA] 이상	변압기 내부 고장	자동차단장치
타냉식 변압기 (변압기의 권선 및 철심을 직접 냉각시키기 위하여 봉입한 냉매를 강제 순환시키는 냉각 방식을 말한다)	냉각장치에 고장이 생긴 경우 또는 변압기의 온도가 현저히 상승한 경우	경보장치

4. 발전기 등의 기계적 강도(기술기준 제23조)
발전기·변압기·무효전력보상장치·계기용변성기·모선 및 이를 지지하는 애자는 단락전류에 의하여 생기는 기계적 충격에 견디는 것이어야 한다.

5. 조상설비의 보호장치

설비종별	뱅크용량의 구분	자동적으로 전로로부터 차단하는 장치
전력용 커패시터 및 분로리액터	500[kVA] 초과 15,000[kVA] 미만	내부에 고장이 생긴 경우에 동작하는 장치 또는 과전류가 생긴 경우에 동작하는 장치
	15,000[kVA] 이상	내부에 고장이 생긴 경우에 동작하는 장치 및 과전류가 생긴 경우에 동작하는 장치 또는 과전압이 생긴 경우에 동작하는 장치
무효전력보상장치	15,000[kVA] 이상	내부에 고장이 생긴 경우에 동작하는 장치

6. 계측장치

① 발전소 계측장치
- 발전기의 전압 및 전류 또는 전력
- 발전기의 베어링 및 고정자의 온도
- 주요 변압기의 전압 및 전류 또는 전력
- 특고압용 변압기의 온도

② 변전소 계측장치
- 주요 변압기의 전압 및 전류 또는 전력
- 특고압용 변압기의 온도

7. 수소냉각식 발전기 등

① 수소의 순도가 85[%] 이하 : 경보장치 시설
② 수소의 온도 및 압력 계측
③ 수소가 대기압에서 폭발하는 경우에 생기는 압력에 견디는 강도
④ 발전기 축의 밀봉부로부터 누설된 수소 가스를 안전하게 외부에 방출할 수 있는 장치

8. 개폐기 또는 차단기에 사용하는 압축공기장치

공기압축기 : 최고 사용압력의 1.5배의 수압(수압을 연속하여 10분간 가하여 시험을 하기 어려울 때에는 최고 사용압력의 1.25배의 기압)

주요 문제

01 다음 ( ) 안에 들어갈 내용으로 알맞은 것은?

> "발전기, 변압기, 무효전력보상장치, 모선 또는 이를 지지하는 애자는 (　　)에 의하여 생기는 기계적 충격에 견디는 것이어야 한다.

① 정격전류 ② 단락전류 ③ 과부하전류 ④ 최대사용전류

Explanation

(기술기준 제23조) 발전기 등의 기계적 강도
발전기・변압기・무효전력보상장치・계기용변성기・모선 및 이를 지지하는 애자는 단락전류에 의하여 생기는 기계적 충격에 견디는 것이어야 한다.　【답】②

02 특고압의 기계기구・모선 등을 옥외에 시설하는 변전소의 구내에 취급자 이외의 자가 들어가지 못하도록 시설하는 울타리・담 등의 높이는 몇 [m] 이상으로 하여야 하는가?

① 2 ② 2.2 ③ 2.5 ④ 3

Explanation

(KEC 351.1조) 발전소 등의 울타리・담 등의 시설
고압 또는 특고압의 기계기구・모선 등을 옥외에 시설하는 발전소・변전소・개폐소 또는 이에 준하는 곳에는 울타리・담 등의 높이는 2[m] 이상으로 하고 지표면과 울타리・담 등의 하단 사이의 간격은 0.15[m] 이하로 할 것　【답】①

03 고압 또는 특고압의 모선을 옥외에 시설하는 변전소에서 지표면과 울타리 담 등의 하단 사이의 간격은 몇 [m] 이하로 해야 하는가?

① 0.5 ② 0.75 ③ 1 ④ 0.15

Explanation

(KEC 351.1조) 발전소 등의 울타리・담 등의 시설
고압 또는 특고압의 기계기구・모선 등을 옥외에 시설하는 발전소・변전소・개폐소 또는 이에 준하는 곳에는 울타리・담 등의 높이는 2[m] 이상으로 하고 지표면과 울타리・담 등의 하단 사이의 간격은 0.15[m] 이하로 할 것　【답】④

04 사용전압 35[kV] 변전소의 울타리를 높이 2.5[m]인 것으로 설치할 때 울타리 높이와 충전부까지의 거리의 합계는 최소 몇 [m] 이상으로 하여야 하는가?

① 5.78 ② 5 ③ 5.66 ④ 6

Explanation

(KEC 351.1조) 발전소 등의 울타리・담 등의 시설

사용 전압의 구분	울타리・담 등의 높이와 울타리・담 등으로부터 충전부분까지의 거리의 합계
35[kV] 이하	5[m]
35[kV] 초과 160[kV] 이하	6[m]
160[kV] 초과	6[m]에 160[kV]를 초과하는 10[kV] 또는 그 단수마다 0.12[m]를 더한 값

【답】②

주요 문제

05 154[kV] 변전소의 울타리·담 등의 높이와 울타리·담 등으로부터 충전부분까지의 거리의 합계는 몇 [m] 이상이어야 하는가?

① 4.5 ② 5 ③ 6 ④ 6.2

Explanation

(KEC 351.1조) 발전소 등의 울타리·담 등의 시설
울타리·담 등과 고압 및 특고압의 충전 부분이 접근하는 경우에는 울타리·담 등의 높이와 울타리·담 등으로부터 충전부분까지 거리의 합계는 표에서 정한 값 이상으로 할 것

사용 전압의 구분	울타리·담 등의 높이와 울타리·담 등으로부터 충전부분까지의 거리의 합계
35[kV] 이하	5[m]
35[kV] 초과 160[kV] 이하	6[m]
160[kV] 초과	6[m]에 160[kV]를 초과하는 10[kV] 또는 그 단수마다 0.12[m]를 더한 값

【답】③

06 발전기를 전로로부터 자동적으로 차단하는 장치를 시설하여야 하는 경우에 해당 되지 않는 것은?

① 발전기에 과전류가 생긴 경우
② 용량이 5,000[kVA] 이상인 발전기의 내부에 고장이 생긴 경우
③ 용량이 500[kVA] 이상의 발전기를 구동하는 수차의 압유장치의 유압이 현저히 저하한 경우
④ 용량이 100[kVA] 이상의 발전기를 구동하는 풍차의 압유장치의 유압, 압축공기장치의 공기압이 현저히 저하한 경우

Explanation

(KEC 351.3조) 발전기 등의 보호장치
발전기에는 다음과 같은 경우에 자동적으로 전로로부터 차단하는 장치를 시설하여야 한다.
① 발전기에 과전류나 과전압이 생긴 경우
② 용량이 500[kVA]이상인 발전기를 구동하는 수차 압유 장치의 유압이 현저히 저하한 경우
③ 용량 100[kVA] 이상의 발전기를 구동하는 풍차(風車)의 압유장치의 유압, 압축 공기장치의 공기압 또는 전동식 브레이드 제어 장치의 전원 전압이 현저히 저하한 경우
④ 용량이 2,000[kVA]이상인 수차 발전기의 스러스트 베어링의 온도가 현저히 상승한 경우
⑤ 정격 출력이 10,000[kW]를 넘는 증기 터빈에 있어서 그의 스러스트 베어링이 현저하게 마모되거나 그의 온도가 현저히 상승한 경우
⑥ 용량이 10,000[kVA] 이상인 발전기의 내부에 고장이 생긴 경우

【답】②

07 수력발전소의 발전기 내부에 고장이 발생하였을 때 자동적으로 전로로부터 차단하는 장치를 시설하여야 하는 발전기 용량은 몇 [kVA] 이상인가?

① 3,000 ② 5,000 ③ 8,000 ④ 10,000

Explanation

(KEC 351.3조) 발전기 등의 보호 장치
발전기에는 다음과 같은 경우에 자동적으로 전로로부터 차단하는 장치를 시설하여야 한다.
• 용량이 10,000[kVA] 이상인 발전기의 내부에 고장이 생긴 경우

【답】④

08 특고압용 변압기로서 그 내부에 고장이 생긴 경우에 반드시 자동 차단되어야 하는 변압기의 뱅크 용량은 몇 [kVA] 이상인가?

① 5,000 ② 10,000 ③ 50,000 ④ 100,000

Explanation

(KEC 351.4조) 특고압용 변압기의 보호장치

뱅크용량의 구분	동작조건	장치의 종류
5,000[kVA] 이상 10,000[kVA] 미만	변압기내부고장	자동차단장치 또는 경보장치
10,000[kVA] 이상	변압기내부고장	자동차단장치

【답】②

09 조상설비에 내부고장, 과전류 또는 과전압이 생긴 경우 자동적으로 전로로부터 차단되는 장치를 시설해야 하는 분로리액터의 최소 뱅크용량은 몇 [kVA]이상인가?

① 500
② 1,000
③ 10,000
④ 15,000

Explanation

(KEC 351.5조) 조상설비의 보호장치

설비종별	뱅크용량의 구분	자동적으로 전로로부터 차단하는 장치
전력용 커패시터 및 분로 리액터	500[kVA] 초과 15,000[kVA] 미만	내부에 고장이 생긴 경우에 동작하는 장치 또는 과전류가 생긴 경우에 동작하는 장치
	15,000[kVA] 이상	내부에 고장이 생긴 경우에 동작하는 장치 및 과전류가 생긴 경우에 동작하는 장치 과전압이 생긴 경우에 동작하는 장치

【답】④

10 발전소에서 계측하는 장치를 시설하여야 하는 사항에 해당하지 않는 것은?
① 특고압용 변압기의 온도
② 발전기의 회전수 및 주파수
③ 발전기의 전압 및 전류 또는 전력
④ 발전기의 베어링(수중 메탈을 제외한다) 및 고정자의 온도

Explanation

(KEC 351.6조) 계측 장치
발전소에는 다음 각 호에 해당하는 계측장치를 시설하여야 한다.
① 발전기의 전압 및 전류 또는 전력
② 발전기의 베어링 및 고정자의 온도
③ 주요 변압기의 전압 및 전류 또는 전력
④ 특고압용 변압기의 온도

【답】②

11 발전소·변전소·개폐소 또는 이에 준하는 곳에서 개폐기 또는 차단기에 사용하는 압축 공기장치의 공기압축기는 최고 사용압력의 1.5배의 수압을 연속하여 몇 분간 가하여 시험을 하였을 때에 이에 견디고 또한 새지 아니하여야 하는가?

① 5
② 10
③ 15
④ 20

Explanation

(KEC 341.15조) 압축공기계통
발전소·변전소·개폐소 또는 이에 준하는 곳에서 개폐기 또는 차단기에 사용하는 압축 공기 장치는 최고 사용압력의 1.5배의 수압을 계속하여 10분간 가하여 시험을 한 경우에 이에 견디고 또한 새지 아니할 것

【답】②

주요 문제

12 수소냉각식 발전기 내부 또는 무효전력보상장치 내부의 수소의 순도가 몇 [%] 이하로 저하한 경우에 이를 경보하는 장치를 시설하여야 하는가?

① 85　　② 95　　③ 98　　④ 65

Explanation

(KEC 351.10조) 수소냉각식 발전기 등의 시설
발전기 안 또는 무효전력보상장치 안의 수소의 순도가 85[%] 이하로 저하한 경우에 이를 경보하는 장치를 시설할 것

【답】①

13 수소냉각식 발전기 및 이에 부속하는 수소냉각장치에 대한 시설기준으로 틀린 것은?

① 발전기 내부의 수소의 온도를 계측하는 장치를 시설할 것
② 발전기 내부의 수소의 순도가 70[%] 이하로 저하한 경우에 경보를 하는 장치를 시설할 것
③ 발전기는 기밀구조의 것이고 또한 수소가 대기압에서 폭발하는 경우에 생기는 압력에 견디는 강도를 가지는 것일 것
④ 발전기 내부의 수소의 압력을 계측하는 장치 및 그 압력이 현저히 변동한 경우에 이를 경보하는 장치를 시설할 것

Explanation

(KEC 351.10조) 수소냉각식 발전기 등의 시설
① 발전기 또는 무효전력보상장치는 기밀구조(氣密構造)의 것이고 또한 수소가 대기압에서 폭발하는 경우에 생기는 압력에 견디는 강도를 가지는 것일 것
② 발전기축의 밀봉부에는 질소 가스를 봉입할 수 있는 장치 또는 발전기 축의 밀봉부로부터 누설된 수소 가스를 안전하게 외부에 방출할 수 있는 장치를 시설할 것
③ 발전기 내부 또는 무효전력보상장치 내부의 수소의 순도가 85[%] 이하로 저하한 경우에 이를 경보하는 장치를 시설할 것
④ 발전기 내부 또는 무효전력보상장치 내부의 수소의 압력을 계측하는 장치 및 그 압력이 현저히 변동한 경우에 이를 경보하는 장치를 시설할 것
⑤ 발전기 내부 또는 무효전력보상장치 내부의 수소의 온도를 계측하는 장치를 시설할 것

【답】②

14 발전소·변전소·개폐소의 부지조성을 위해 산지를 전용할 경우에는 산지의 평균 경사도가 몇 도 이하여야 하는가?

① 15　　② 20　　③ 25　　④ 30

Explanation

(기술기준 21조의 2) 발전소 등의 부지 시설조건
부지조성을 위해 산지를 전용할 경우에는 전용하고자 하는 산지의 평균 경사도가 25도 이하여야 한다.

【답】③

15 옥외설비의 절연유 유출방지설비에 대한 내용으로 틀린 것은?

① 집유조 및 집수탱크가 시설되는 경우 집수탱크는 최대 용량 변압기의 유량에 대한 집유능력이 있어야 한다.
② 절연유 유출 방지설비의 선정은 기기에 들어 있는 절연유의 양, 빗물 및 화재보호시스템의 용수량, 근접 수로 및 토양조건을 고려해야 한다.
③ 절연유 및 냉각액에 대한 집유조 및 집수탱크의 용량은 물의 유입으로 지나치게 감소되지 않아야 하며, 자연배수 및 강제배수가 가능해야 한다.
④ 벽, 집유조 및 집수탱크에 관련된 배관은 액체가 침투하는 것이어야 한다.

Explanation

주요 문제

(KEC 311.7조) 절연유 누설에 대한 보호 – 옥외설비의 절연유 유출방지설비
① 절연유 유출 방지설비의 선정은 기기에 들어 있는 절연유의 양, 빗물 및 화재보호시스템의 용수량, 근접 수로 및 토양조건을 고려하여야 한다.
② 집유조 및 집수탱크가 시설되는 경우 집수탱크는 최대 용량 변압기의 유량에 대한 집유능력이 있어야 한다.
③ 벽, 집유조 및 집수탱크에 관련된 배관은 액체가 침투하지 않는 것이어야 한다.
④ 절연유 및 냉각액에 대한 집유조 및 집수탱크의 용량은 물의 유입으로 지나치게 감소되지 않아야 하며, 자연배수 및 강제배수가 가능하여야 한다.

【답】④

3 전선로

1. 전선로 총칙
① 지지물의 철탑오름 및 전주오름 방지 : 발판 볼트 - 지표상 1.8[m] 이상에 시설
② 풍압하중
- 갑종 풍압하중

풍압을 받는 구분		구성재의 수직 투영면적 (1[m²])에 대한 풍압
지지물	목주, 원형	588[Pa]
	강관구성철탑	1,255[Pa]
전선	다도체	666[Pa]
애자장치		1,039[Pa]

- 을종 풍압하중
  - 빙설 : 두께 6[mm], 비중 0.9
  - 갑종 풍압의 2분의 1
- 병종 풍압하중(35[kV] 초과 시 적용 금지)
  - 갑종 풍압의 2분의 1
- 빙설이 많은 지역(고온 : 갑종, 저온 : 을종)
- 빙설이 많은 지역 이외(고온 : 갑종, 저온 : 병종)

③ 가공전선로 지지물의 기초의 안전율 : 2
④ 지지선의 시설
- 철탑 : 지지선을 사용하여 그 강도를 분담 금지
- 안전율은 2.5 이상, 허용 인장하중의 최저는 4.31[kN]
- 연선 사용
  - 소선 수 3가닥 이상의 연선
  - 소선의 지름이 2.6[mm] 이상의 금속선을 사용
- 지중부분 및 지표상 0.3[m]까지의 부분에는 내식성이 있는 것(아연도금철봉)
  - 도로를 횡단하여 시설하는 지지선의 높이 : 지표상 5[m] 이상(교통지장 없는 경우 4.5[m])

2. 저·고압, 특고압 가공전선로
① 유도장해 방지
- 저·고압과 기설 가공약전류전선로가 병행 : 이격거리는 2[m] 이상
- 특고압 가공전선로와의 상시정전유도장해 방지

  ◀---------------- 60[kV] ----------------▶
  12[km]마다   40[km]마다
  2[μA] 넘지 말 것   3[μA] 넘지 말 것

② 가공케이블의 시설(조가용선) : 고압, 특고압 적용
- 행거로 시설, 행거 간격 : 0.5[m] 이하
- 고압 : 인장강도 5.93[kN] 이상의 연선, 단면적 22[mm²] 이상

특고압 : 인장강도 13.93[kN]이상의 연선, 단면적 22[mm²] 이상
- 조가용선 금속체 : 접지공사
- 금속 테이프 : 0.2[m] 이하

③ 가공전선의 굵기 및 종류

저압 400[V] 이하	저압 400[V] 초과	고압	특고압
나전선 : 3.2[mm] 절연전선 : 2.6[mm]	시가지 : 5.0[mm] 시가지외 : 4.0[mm]	5.0[mm]	22[mm²] 이상 경동선

④ 가공전선의 안전율
- 경동선, 내열 동합금선 : 2.2 이상
- 기타 전선 : 2.5 이상

⑤ 가공전선의 높이[m]

전압의 종별		도로 횡단	철도·궤도	횡단보도교 위	기타
저·고압		6	6.5	3.5 (저압 : 절연전선, 다심형전선, 케이블 : 3)	5 (교통에 지장이 없는 경우 : 4)
특고압	35[kV] 이하	6	6.5	5 (특고압 절연전선, 케이블 : 4)	5

⑥ 가공지선
- 고압 가공전선로 : 지름 4[mm] 이상의 나경동선
- 특고압 가공전선로 : 지름 5[mm] 이상의 나경동선

⑦ 가공전선 등의 병행설치 : 전력선과 전력선을 동일 지지물에 시설

전압	표준	고압에 케이블 사용	특고압에 케이블 사용 및 저·고압에 절연전선 또는 케이블 사용
저고압	0.5[m] 이상	0.3[m] 이상	
35[kV] 이하	1.2[m] 이상		0.5[m] 이상
35[kV] 초과	2[m] 이상		1[m] 이상

- 35[kV] 초과 100[kV] 미만과 저·고압 병행설치 시
  - 특고압 가공전선로는 제2종 특고압 보안공사
  - 50[mm²] 이상인 경동연선
- 100[kV] 이상 : 저·고압 병행설치 금지

⑧ 가공 전선과 건조물의 접근
- 저·고압 가공전선로

건조물 조영재의 구분	접근형태	전선 종류	이격거리	
			저압	고압
상부 조영재	위쪽(옆쪽)	나전선	2 (1.2)	2(1.2)
		고압, 특고압 절연전선	1(0.4)	
		케이블	1(0.4)	1(0.4)

- 35[kV] 이하인 특고압 가공 전선과 건조물의 조영재 이격거리

건조물 조영재의구분	접근형태	전선 종류	이격거리
상부 조영재	위쪽(옆쪽)	나전선	3
		특고압 절연전선	2.5(1.5)
		케이블	1.2(0.5)

⑨ 가공 전선과 안테나와의 이격거리

종류	저압	고압	특고압 (25[kV] 이하 다중접지)
안테나	0.6[m] (고압 절연전선, 특고압 절연전선, 케이블 0.3[m])	0.8[m] (케이블 0.4[m])	나전선 : 2[m] 절연전선 : 1.5[m] 케이블 : 0.5[m]

⑩ 가공전선과 가공약전류전선 등의 공용설치
- 전력선과 가공 약전류전선을 동일 지지물에 시설

시설 방법	저압	고압	특고압(35[kV] 이하)
절연전선	0.75[m]	1.5[m]	2[m]
케이블	0.3[m]	0.5[m]	0.5[m]

- 특고압 35[kV] 초과 시 설치 금지
- 특고압 가공전선로는 제2종 특고압 보안공사
  - 단면적이 50[mm^2] 이상인 경동연선

⑪ 가공 전선과 식물과의 이격거리

종류			이격거리
식물	저·고압		상시 바람에 접촉이 되지 않게 시설
	특고압	25[kV] 이하 다중접지	1.5[m]
		60[kV] 이하	2[m]
		60[kV] 초과	2+0.12×단수 [m]

3. 시가지 특고압 가공전선로

① 사용전압 : 170[kV]이하
② 애자장치 : 50[%] 충격섬락전압 값 = 애자장치 값의 110[%]
　　　　　　(사용전압이 130[kV]를 초과 : 105[%])
③ 지지물 : 철주, 철근콘크리트주, 철탑(목주 사용 금지)
④ 전선의 단면적

사용전압의 구분	전선의 단면적
100[kV] 미만	55[mm^2] 이상의 경동연선
100[kV] 이상	150[mm^2] 이상의 경동연선

※ 사용전압이 170[kV] 초과하는 경우 : 240[mm^2] 이상의 강심알루미늄선

⑤ 전선의 지표상의 높이

사용전압의 구분	지표상의 높이
35[kV]이하	10[m](특고압 절연전선 : 8[m])
35[kV]초과	10[m]에 35[kV]를 초과하는 10[kV] 또는 그 단수마다 0.12[m]를 더한 값

⑥ 100[kV]을 초과 특고압 가공전선에 지락, 단락 : 1초 이내에 자동 차단하는 장치

4. 특고압 가공전선로 규정
① 특고압 가공전선과 지지물 등의 이격거리

사용전압	이격거리[m]
15 [kV] 미만	0.15
15 [kV] 이상 25 [kV] 미만	0.2
60 [kV] 이상 70 [kV] 미만	0.4
130 [kV] 이상 160 [kV] 미만	0.9

② 특고압 가공전선로의 지지물(표준형)
- 직선형 : 전선로의 직선 부분(3도 이하인 수평 각도를 이루는 곳을 포함)
- 각도형 : 전선로 중 3도를 넘는 수평 각도를 이루는 곳에 사용
- 잡아당김형 : 전 가섭선을 잡아당기는 곳에 사용
- 내장형 : 전선로의 지지물 양쪽의 경간의 차가 큰 곳에 사용
  직선 철탑 10기마다 내장 애자 장치 철탑 1기 시설

③ 특고압 가공전선 상호 교차 및 저·고압 가공전선 등의 접근 또는 교차

사용전압의 구분	이격거리
60[kV] 이하	2 [m]
60[kV] 초과	2 [m]에 사용전압이 60[kV]를 초과하는 10[kV] 또는 그 단수마다 0.12[m]를 더한 값

5. 25[kV]이하 특고압 가공전선로(중성선 다중접지 식으로 2초 이내 자동차단장치 시설)
① 접지도체의 굵기 : 6[mm²] 이상의 연동선
② 접지한 곳 상호 간의 거리
- 15[kV] 이하 : 300[m] 이하
- 15[kV] 초과하고 25[kV] 이하 : 150[m] 이하

③ 각 접지도체를 중성선으로부터 분리하였을 경우

전압	각 접지점의 대지 전기저항 값	1[km]마다의 합성 전기저항 값
15[kV] 이하	300[Ω]	30[Ω]
15[kV] 초과 25[kV] 이하	300[Ω]	15[Ω]

④ 건조물과의 이격거리

건조물의 조영재	접근 형태	전선의 종류	이격거리[m]
상부 조영재	위쪽(옆쪽)	나전선	3(1.5)
		특고압 절연전선	2.5(1)
		케이블	1.2(0.5)

6. 경간규정([m])

지지물	표준경간	특고압(시가지)	저·고압 보안공사	1종 특고압 보안공사	2, 3종 특고압 보안공사
목주·A종	150	75	100		100
B종	250	150	150	150	200
철탑	600	400	400	400	400

7. 보안공사

① 저압 보안공사
- 전선 : 지름 5[mm](400[V] 이하 : 지름 4[mm] 이상의 경동선)

② 고압 보안공사
- 전선 : 지름 5[mm] 이상의 경동선
- 목주 안전율 : 1.5 이상

③ 특고압 보안공사
- 제1종 특고압 보안공사((35[kV] 초과, 제2차 접근 상태))
  - 전선

사용전압	전선
100 [kV] 미만	55 [mm²] 이상의 경동연선
100 [kV] 이상 300 [kV] 미만	150 [mm²] 이상의 경동연선
300 [kV] 이상	200 [mm²] 이상의 경동연선

  - 지지물 : 목주, A종 사용금지
- 제2종 특고압 보안공사(35[kV] 이하, 제2차 접근 상태)
  - 특고압 가공전선 : 연선
  - 목주 안전율 : 2 이상
- 제3종 특고압 보안공사(제1차 접근 상태)

8. 지중 전선로

① 지중전선로 시설
- 케이블
- 직접매설식, 관로식, 암거식
- 직접매설식
  - 차량 기타 중량물의 압력 : 1.0[m] 이상
    ※ 지중전선을 견고한 트라프 기타 방호물에 넣지 않고도 부설 : 콤바인덕트 케이블
  - 기타 장소 : 0.6[m] 이상

② 지중함 시설 : 1[m³] 이상인 것에는 통풍장치

③ 케이블 가압장치의 시설의 시험 : 10분
- 최고 사용압력의 1.5배의 유압 또는 수압
  (유압 또는 수압으로 시험 곤란한 경우 : 최고 사용압력의 1.25배의 기압)

④ 지중전선의 피복금속체 : 접지공사
⑤ 지중전선과 지중약전류전선 등 또는 관과의 접근 또는 교차
- 누설전류 또는 유도작용에 의한 통신장해 방지
- 저·고압 : 0.3[m] 이하, 특고압 : 0.6[m] 이하
- 특고압 : 가연성(유독성)의 유체(流體)를 내포하는 관과 접근, 교차
  - 이격거리 : 1[m] 이하
  - 25[kV] 이하인 다중접지방식 : 0.5[m] 이하

9. 가공인입선의 시설
① 저압 가공인입선
- 전선 : 지름 2.6[mm]이상의 인입용 비닐절연전선
  (경간이 15[m] 이하 : 지름 2[mm]이상의 인입용 비닐절연전선)
② 저압 이웃연결 인입선
- 100[m]를 초과하는 지역에 미치지 아니할 것
- 폭 5[m]를 초과하는 도로를 횡단하지 아니할 것
- 옥내를 통과하지 아니할 것
③ 고압 가공인입선
- 전선 : 지름 5[mm] 이상의 경동선
- 높이 : 위험표시 지표상 3.5[m]
- 고압 이웃연결 인입선은 시설 금지

10. 옥측전선로
① 저압 옥측전선로 : 애자공사, 금속관공사, 버스덕트공사, 케이블공사,
  합성수지관공사(목조 가능)
② 고압 옥측전선로 : 케이블
③ 특고압 옥측전선로 : 100[kV] 초과 시 시설 불가능

11. 옥상전선로
① 저압 옥상전선로
- 전선 : 지름 2.6[mm] 이상의 경동선
- 지지점 간 거리 : 15[m] 이하
② 고압 옥상전선로 : 케이블(1구내)
③ 특고압 옥상전선로 : 시설금지

12. 농사용 전선로
① 사용전압 : 저압
② 전선로의 경간 : 30[m] 이하

13. 구내에 시설하는 저압 가공전선로
   ① 1구내에만 시설
   ② 전선로의 경간 : 30[m] 이하

14. 터널전선로(철도, 궤도 또는 자동차도 전용터널)
   ① 저압 전선 : 단면적 2.5[mm²] 이상, 노면상 2.5[m] 이상
   ② 고압 전선 : 4[mm] 이상, 노면상 3[m] 이상

15. 수상전선로
   ① 저압 : 클로로프렌 캡타이어 케이블, 고압 : 캡타이어 케이블
   ② 접속점(수면상 : 저압 4[m]이상, 고압 5[m]이상)

16. 교량에 시설하는 전선로
   ① 저·고압 : 교량의 노면상 5[m] 이상
   ② 전선 : 저압은 2.6[mm] 이상, 고압은 케이블

주요 문제

01 가공전선로의 지지물에 취급자가 오르고 내리는 데 사용하는 발판 볼트 등은 지표상 몇 [m] 미만에 시설하여서는 아니 되는가?

① 1.2 ② 1.8 ③ 2.2 ④ 2.5

Explanation

(KEC 331.4조) 가공 전선로 지지물의 철탑오름 및 전주오름 방지
가공전선로의 지지물에 취급자가 오르고 내리는 데 사용하는 발판 볼트 등을 지표상 1.8[m] 미만에 시설하여서는 아니 된다.
【답】②

02 가공 전선로에 사용하는 지지물의 강도계산에 적용하는 갑종 풍압하중을 계산할 때 구성재의 수직 투영면적 1[m²]에 대한 풍압의 기준으로 틀린 것은?

① 목주 : 588[Pa]
② 원형 철주 : 588[Pa]
③ 원형 철근 콘크리트주 : 882[Pa]
④ 강관으로 구성(단주는 제외)된 철탑 : 1,255[Pa]

Explanation

(KEC 331.6조) 풍압 하중의 종별과 적용
① 목주 : 588[Pa]
② 철주(원형) : 588[Pa]
③ 철근 콘크리트주(원형) : 588[Pa]
④ 철탑(강관으로 구성되는 것) : 1,255[Pa]
【답】③

03 빙설의 경도에 따라 풍압하중을 적용하도록 규정하고 있는 내용 중 옳은 것은? (단, 빙설이 많은 지방 이외의 지방이다)

① 고온계절에는 갑종 풍압하중, 저온계절에는 을종 풍압하중을 적용한다.
② 고온계절에는 을종 풍압하중, 저온계절에는 갑종 풍압하중을 적용한다.
③ 고온계절에는 갑종 풍압하중, 저온계절에는 병종 풍압하중을 적용한다.
④ 고온계절에는 을종 풍압하중, 저온계절에는 병종 풍압하중을 적용한다.

Explanation

(KEC 331.6조) 풍압 하중의 종별과 적용
빙설이 많은 지방 이외의 지방에서는 고온계절에는 갑종 풍압하중, 저온계절에 병종 풍압하중
【답】③

04 가공전선로의 지지물에 하중이 가하여지는 경우에 그 하중을 받는 지지물의 기초 안전율은 얼마 이상이어야 하는가?(단, 이상 시 상정하중은 무관)

① 1.5 ② 2.0 ③ 2.5 ④ 3.0

Explanation

(KEC 331.7조) 가공 전선로 지지물의 기초의 안전율
가공전선로의 지지물에 하중이 가하여지는 경우에 그 하중을 받는 지지물의 기초의 안전율은 2 이상(단, 이상 시 상정하중이 가하여지는 경우의 그 이상 시 상정하중에 대한 철탑의 기초에 대하여는 1.33) 이상이어야 한다.
【답】②

05 가공전선로의 지지물 중 지지선을 사용하여 그 강도를 분담시켜서는 안 되는 것은?

① 철탑 ② 목주 ③ 철주 ④ 철근 콘크리트주

Explanation

(KEC 331.11조) 지지선의 시설
가공전선로의 지지물로 사용하는 철탑은 지지선을 사용하여 그 강도를 분담시켜서는 아니 된다.
【답】①

주요 문제

06 가공전선로의 지지물에 시설하는 지지선으로 연선을 사용할 경우 소선은 최소 몇 가닥 이상이어야 하는가?

① 3 　　② 5 　　③ 7 　　④ 9

Explanation

(KEC 331.11조) 지지선의 시설
2.6[mm] 이상의 금속선을 3가닥 이상 꼬아서 사용

【답】①

07 가공전선로의 지지물에 시설하는 지지선의 시설기준으로 틀린 것은?

① 지지선의 안전율을 2.5 이상으로 할 것
② 소선은 최소 5가닥 이상의 강심 알루미늄연선을 사용할 것
③ 도로를 횡단하며 시설하는 지지선의 높이는 지표상 5[m] 이상으로 할 것
④ 지중부분 및 지표상 0.3[m]까지의 부분에는 내식성이 있는 것을 사용할 것

Explanation

(KEC 331.11조) 지지선의 시설
① 지지선의 안전율은 2.5 이상, 허용 인장 하중의 최저는 4.31[kN]일 것.
② 2.6[mm] 이상의 금속선을 3가닥 이상 꼬아서 사용
③ 도로를 횡단하여 시설하는 지지선의 높이는 지표상 5[m] 이상으로 하여야 한다.
④ 지중부분 및 지표상 0.3[m]까지의 부분에는 내식성이 있는 것 또는 아연도금을 한 철봉을 사용하고 쉽게 부식되지 아니하는 전주 버팀대에 견고하게 붙일 것

【답】②

08 가공전선로의 지지물에 지지선을 시설하려는 경우 이 지지선의 최저 기준으로 옳은 것은?(단, 고압 가공전선로 또는 특고압 전선로의 지지물로 사용하는 목주 A종 철주 또는 A종 철근 콘크리트주에 시설하는 지지선을 제외한다)

① 허용 인장하중 : 4.31[kN], 소선지름 : 2.6[mm], 안전율 2.5
② 허용 인장하중 : 4.31[kN], 소선지름 : 1.6[mm], 안전율 2.0
③ 허용 인장하중 : 2.11[kN], 소선지름 : 2.0[mm], 안전율 3.0
④ 허용 인장하중 : 3.21[kN], 소선지름 : 2.6[mm], 안전율 1.5

Explanation

(KEC 331.11조) 지지선의 시설
① 지지선의 안전율은 2.5 이상, 허용 인장하중의 최저는 4.31[kN]
② 소선은 3가닥 이상의 연선
③ 소선은 지름 2.6[mm] 이상의 금속선 사용

【답】①

09 저압 가공전선로 또는 고압 가공전선로와 기설 가공 약전류 전선로가 병행하는 경우에는 유도작용에 의한 통신상의 장해가 생기지 아니하도록 전선과 기설 약전류 전선간의 이격거리는 몇 [m] 이상이어야 하는가? (단, 전기철도용 급전선로는 제외)

① 2 　　② 4 　　③ 6 　　④ 8

Explanation

(KEC 332.1조) 가공약전류전선로의 유도장해 방지
가공전선과 약전류전선의 이격 거리 증대(2[m] 이상)

【답】①

10 사용전압이 60[kV] 이하인 경우 전화 선로의 길이를 12[km]마다 유도전류는 몇 [μA]를 넘지 않도록 하여야 하는가?

① 1　　　　② 2　　　　③ 3　　　　④ 4

Explanation

(KEC 333.2조) 유도장해의 방지
① 사용전압이 60[kV] 이하인 경우에는 전화 선로의 길이 12[km]마다 유도전류가 2[μA]를 넘지 아니할 것
② 사용전압이 60[kV]를 넘는 경우에는 전화 선로의 길이 40[km]마다 유도전류가 3[μA]를 넘지 아니할 것 　【답】②

11 특고압 가공전선로의 전선으로 케이블을 사용하는 경우의 시설로서 옳지 않은 것은?

① 케이블은 조가용선에 행거에 의하여 시설한다.
② 케이블은 조가용선에 접촉시키고 비닐테이프 등을 30[cm] 이상의 간격으로 감아 붙인다.
③ 조가용선은 단면적 22[㎟]의 아연도강연선 또는 인장강도 13.93[kN] 이상의 연선을 사용한다.
④ 조가용선 및 케이블의 피복에 사용하는 금속체에는 접지공사를 한다.

Explanation

(KEC 333.3조) 특고압 가공케이블의 시설
가공전선에 케이블을 사용하는 경우에는 다음과 같이 시설한다.
① 케이블은 조가용선에 행거로 시설하며 고압 및 특고압인 경우 행거의 간격은 0.5[m] 이하로 한다.
② 인장강도는 13.93[kN])이상의 것 또는 단면적 22[㎟] 이상인 아연도철연선인 것을 사용한다.
③ 조가용선 및 케이블의 피복에 사용하는 금속체에는 접지 공사를 한다.
④ 조가용선을 케이블에 접촉시켜 금속 테이프를 감는 경우에는 0.2[m] 이하의 간격으로 나선상으로 한다.　【답】②

12 저압 가공전선으로 사용할 수 없는 것은?

① 케이블　　　　② 절연전선
③ 다심형 전선　　④ 나동복 전선

Explanation

(KEC 222.5조) 저압 가공전선의 굵기 및 종류
저압 가공전선은 나전선(중성선 또는 다중접지된 접지측 전선으로 사용하는 전선에 한한다), 절연전선, 다심형 전선 또는 케이블을, 고압 가공전선은 고압 절연전선, 특고압 절연전선, 또는 케이블을 사용하여야 한다.　【답】④

13 사용 전압이 400[V] 이하인 저압 가공전선으로 절연전선을 사용하는 경우, 지름 몇 [mm] 이상의 경동선을 사용하여야 하는가?

① 2.0　　　　② 2.6　　　　③ 3.2　　　　④ 3.8

Explanation

(KEC 222.5조) 저압 가공전선의 굵기 및 종류
사용 전압이 400[V] 이하인 저압 가공전선은 케이블인 경우를 제외하고는 인장강도 3.43[kN] 이상의 것 또는 지름 3.2[mm] (절연전선인 경우는 인장강도 2.3[kN] 이상의 것 또는 지름 2.6[㎜] 이상의 경동선)이상의 것이어야 한다.　【답】②

14 저압 보안공사 시 사용전압이 400[V] 이하인 경우에는 지름 몇 [mm] 이상의 경동선을 사용하여야 하는가?

① 2.6　　　　② 4　　　　③ 6　　　　④ 5

Explanation

> 주요 문제

(KEC 222.10조) 저압 보안공사
케이블이 아닌 경우 인장강도 8.01[kN] 이상의 것 또는 지름 5[mm](사용전압이 400[V] 이하인 경우에는 인장강도 5.26[kN] 이상의 것 또는 지름 4[mm] 이상의 경동선) 이상의 경동선일 것 【답】②

15 철도 또는 궤도를 횡단하는 저압 가공전선의 높이는 레일면상 몇 [m] 이상인가?
① 5.5　　② 6.5　　③ 7.5　　④ 8.5

> Explanation

(KEC 222.7조) 저압 가공전선의 높이
저압 가공전선 또는 고압 가공전선 높이는 다음 각 호에 따라야 한다.
① 도로 횡단 : 지표상 6[m] 이상
② 철도 또는 궤도를 횡단하는 경우에는 레일면상 6.5[m] 이상 【답】②

16 고압 가공전선의 높이에 대한 설명으로 틀린 것은?
① 고압가공전선로를 빙설이 많은 지방에 시설하는 경우에는 전선의 적설상의 높이를 사람 또는 차량의 통행 등에 위험을 주지 않도록 유지해야 한다.
② 횡단보도교의 위에 시설하는 경우에는 그 노면상 5[m] 이상이다.
③ 철도 또는 궤도를 횡단하는 경우에는 레일면상 6.5[m] 이상이다.
④ 고압 가공전선을 수면 상에 시설하는 경우에는 전선의 수면 상의 높이를 선박의 항해 등에 위험을 주지 않도록 유지해야 한다.

> Explanation

(KEC 332.5조) 고압 가공전선의 높이
① 도로를 횡단하는 경우에는 지표상 6[m] 이상
② 철도 또는 궤도를 횡단하는 경우에는 레일면상 6.5[m] 이상
③ 횡단보도교의 위에 시설하는 경우에는 저압 가공전선은 그 노면상 3.5[m] 이상
④ ①부터 ③까지 이외의 경우에는 지표상 5[m] 이상
⑤ 수면 상에 시설하는 경우에는 전선의 수면 상의 높이를 선박의 항해 등에 위험을 주지 않도록 유지 【답】②

17 고압 가공전선으로 경동선 또는 내열 동합금선을 사용할 때 그 안전율은 최소 얼마 이상이 되는 처짐 정도(이도)로 시설하여야 하는가?
① 2.0　　② 2.2　　③ 2.5　　④ 3.3

> Explanation

(KEC 332.4조) 고압 가공전선의 안전율
고압 가공전선은 케이블인 경우 이외에는 다음 각 호에 규정하는 경우에 그 안전율이 경동선 또는 내열 동합금선은 2.2 이상, 그밖의 전선은 2.5 이상이 되는 처짐 정도(이도)로 시설하여야 한다. 【답】②

18 고압 가공전선로에 사용하는 가공지선은 지름 몇 [mm] 이상의 나경동선을 사용하여야 하는가?
① 2.6　　② 3.0　　③ 4.0　　④ 5.0

> Explanation

(KEC 332.6조) 고압 가공전선로의 가공지선
고압 가공전선로에 사용하는 가공지선은 인장강도 5.26[kN] 이상의 것 또는 지름 4[mm] 이상의 나경동선을 사용하여야 한다. 【답】③

주요 문제

19 저압 가공전선이 도로 등의 접근상태로 시설될 경우 전차선로 지지물과의 간격은 몇 [m] 이상인가?
① 0.3   ② 3   ③ 0.6   ④ 6

> **Explanation**
>
> (KEC 332.12조) 고압 가공전선과 도로 등의 접근 또는 교차
> 저압 또는 고압 가공전선이 도로·횡단보도교·철도·궤도·삭도 또는 저압 전차선과 접근상태로 시설되는 경우의 간격
>
> | 도로 등의 구분 | 간격[m] |
> |---|---|
> | 도로·횡단보도교·철도·궤도 | 3 |
> | 삭도나 그 지지기둥 또는 저압 전차선 | 0.6(전선이 고압 절연전선, 특고압 절연전선 또는 케이블인 경우 0.3) |
> | 저압 전차선로의 지지물 | 0.3 |
>
> 【답】①

20 사용전압이 22.9[kV]인 특고압 가공전선이 도로를 횡단하는 경우, 지표상 높이는 몇 [m] 이상인가?
① 4.5   ② 5   ③ 5.5   ④ 6

> **Explanation**
>
> (KEC 333.7조) 특고압 가공전선의 높이
>
> | 사용전압의 구분 | 지표상의 높이 |
> |---|---|
> | 35[kV] 이하 | 5[m] (철도 또는 궤도를 횡단하는 경우에는 6.5[m], **도로를 횡단하는 경우에는 6[m]**, 횡단보도교의 위에 시설하는 경우로서 전선이 특고압절연전선 또는 케이블인 경우에는 4[m]) |
>
> 【답】④

21 고압 가공전선로의 지지물 간 거리제한에 대한 내용이다. 옳은 것은?
① 목주 : 100[m] 이하
② A종 철주 : 150[m] 이하
③ B종 철주 : 200[m] 이하
④ 철탑 : 400[m] 이하

> **Explanation**
>
> (KEC 332.9조) 고압 가공전선로 지지물 간 거리의 제한
>
> | 지지물의 종류 | 경간[m] |
> |---|---|
> | 목주·A종 철주 또는 A종 철근 콘크리트주 | 150 |
> | B종 철주 또는 B종 철근 콘크리트주 | 250 |
> | 철 탑 | 600 |
>
> 【답】②

22 동일 지지물에 고압 가공전선과 저압 가공전선을 병행설치 할 경우 일반적으로 양 전선간의 이격거리는 몇 [cm] 이상인가?
① 50[cm]   ② 60[cm]   ③ 70[cm]   ④ 80[cm]

> **Explanation**
>
> (KEC 332.8조) 고압 가공전선 등의 병행설치
> ① 저압 가공전선을 고압 가공전선의 아래로 하고 별개의 완금류에 시설할 것
> ② 저압 가공전선과 고압 가공전선 사이의 이격거리는 0.5[m] 이상일 것
>
> 【답】①

주요 문제

23 사용전압이 66[kV]인 가공전선과 사용전압이 6[kV]인 가공전선을 동일 지지물에 시설하는 경우 특고압 가공전선은 케이블인 경우를 제외하고는 단면적이 몇 [mm²] 이상인 경동연선을 사용해야 하는가?

① 50 ② 55 ③ 95 ④ 150

Explanation

(KEC 333.17조) 특고압 가공전선과 저고압 가공전선 등의 병행설치
사용전압 35[kV]을 초과 100[kV] 미만인 특고압 가공전선과 저압 또는 고압 가공전선을 동일 지지물에 시설하는 경우 특고압 가공전선은 케이블인 경우를 제외하고는 인장강도 21.67[kN] 이상의 연선 또는 단면적이 50[mm²] 이상 경동연선 【답】①

24 사용전압이 35,000[V] 이하인 특고압 가공전선과 가공약전류 전선을 동일 지지물에 시설하는 경우, 특고압 가공전선로의 보안공사로 적합한 것은?

① 고압 보안공사
② 제1종 특고압 보안공사
③ 제2종 특고압 보안공사
④ 제3종 특고압 보안공사

Explanation

(KEC 333.19조) 특고압 가공전선과 가공약전류전선 등의 공용설치
사용전압이 35[kV] 이하인 특고압 가공전선과 가공약전류전선 등을 동일 지지물에 시설하는 경우
① 특고압 가공전선로는 제2종 특고압 보안공사에 의할 것
② 특고압 가공전선은 가공약전류전선 등의 위로 하고 별개의 완금류에 시설할 것
③ 특고압 가공전선은 케이블인 경우 이외에는 인장강도 21.67[kN] 이상의 연선 또는 단면적이 50[mm²] 이상인 경동연선일 것
④ 특고압 가공전선과 가공약전류전선 등 사이의 이격거리는 2[m] 이상으로 할 것. 다만, 특고압 가공전선이 케이블인 경우는 0.5[m]까지로 감할 수 있다. 【답】③

25 저압 가공전선이 건조물의 상부 조영재 옆쪽으로 접근하는 경우 저압 가공전선과 건조물의 조영재 사이의 이격거리는 몇 [m] 이상이어야 하는가? (단, 전선에 사람이 쉽게 접촉할 우려가 없도록 시설한 경우와 전선이 고압 절연전선, 특고압 절연전선 또는 케이블인 경우는 제외한다)

① 0.6 ② 0.8 ③ 1.2 ④ 2.0

Explanation

(KEC 332.11조) 고압 가공전선과 건조물의 접근

건조물 조영재의 구분	접근 형태	이격 거리
상부 조영재 [지붕·챙(차양: 遮陽)·옷말리는 곳 기타 사람이 올라갈 우려가 있는 조영재를 말한다. 이하 같다]	위쪽	2[m](전선이 고압 절연전선, 특고압 절연전선 또는 케이블인 경우는 1[m])
	옆쪽 또는 아래쪽	1.2[m](전선에 사람이 쉽게 접촉할 우려가 없도록 시설한 경우에는 0.8[m], 고압절연전선, 특고압 절연전선 또는 케이블인 경우에는 0.4[m])

【답】③

26 고압 가공전선이 안테나와 접근상태로 시설되는 경우에, 가공전선과 안테나 사이의 수평 이격거리는 최소 몇 [cm] 이상이어야 하는가?

① 60 ② 80 ③ 100 ④ 120

Explanation

(KEC 332.14조) 고압 가공전선과 안테나의 접근 또는 교차
가공전선과 안테나 사이의 이격거리는 저압은 0.6[m](전선이 고압 절연전선, 특고압 절연전선 또는 케이블인 경우에는 0.3[m]) 이상, 고압은 0.8[m](전선이 케이블인 경우에는 0.4[m])이상일 것 【답】②

27 고압 가공전선이 가공약전류전선 등과 접근하는 경우에 고압 가공전선과 가공약전류전선 사이의 이격거리는 몇 [m] 이상이어야 하는가?(단, 전선이 케이블이 아닌 경우임)

① 0.4　　② 0.6　　③ 0.8　　④ 1.0

Explanation

(KEC 332.13조) 고압 가공전선과 가공약전류전선 등의 접근 또는 교차
고압 가공전선이 가공약전류전선 등과 접근하는 경우는 고압 가공전선과 가공약전류전선 등 사이의 이격거리는 0.8[m](전선이 케이블인 경우에는 0.4[m]) 이상일 것
【답】③

28 시가지 내에 시설하는 154[kV] 가공 전선로에 지락 또는 단락이 생겼을 때 몇 초 안에 자동적으로 이를 전로로부터 차단하는 장치를 시설하여야 하는가?

① 1　　② 3　　③ 5　　④ 10

Explanation

(KEC 333.1조) 시가지 등에서 특고압 가공전선로의 시설
사용전압이 100[kV]를 초과하는 특고압 가공전선에 지락 또는 단락이 생겼을 때에는 1초 이내에 자동적으로 이를 전로로부터 차단하는 장치를 시설해야 한다.
【답】①

29 시가지에 시설하는 특고압 가공전선로용 지지물로 사용될 수 없는 것은? 단, 사용전압이 170[kV] 이하의 전선로인 경우이다.

① 철근 콘크리트주　　② 목주　　③ 철탑　　④ 철주

Explanation

(KEC 333.1조) 시가지 등에서 특고압 가공전선로의 시설
시가지에 시설하는 특고압 가공전선로용 지지물의 종류로는 A·B종 철주, A·B종 철근 콘크리트주, 또는 철탑을 사용한다(목주는 사용할 수 없다).
【답】②

30 사용전압이 22.9[kV]인 특고압 가공전선로를 시가지에 경동연선으로 시설할 경우 전선의 단면적은 몇 [mm²] 이상인가?

① 55　　② 100　　③ 150　　④ 200

Explanation

(KEC 333.1조) 시가지 등에서 특고압 가공 전선로의 시설

사용전압의 구분	전선의 단면적
100[kV] 미만	인장강도 21.67[kN] 이상의 연선 또는 단면적 55[mm²] 이상의 경동연선
100[kV] 이상	인장강도 58.84[kN] 이상의 연선 또는 단면적 150[mm²] 이상의 경동연선

【답】①

31 100[kV] 미만의 특고압 가공전선로를 시가지에 경동연선으로 시설할 경우 단면적은 몇 [mm²] 이상을 사용하여야 하는가?

① 35　　② 55　　③ 100　　④ 150

Explanation

(KEC 333.1조) 시가지 등에서 특고압 가공 전선로의 시설

주요 문제

사용 전압의 구분	전선의 단면적
100[kV] 미만	인장강도 21.67[kN] 이상의 연선 또는 단면적 55[㎟] 이상의 경동연선
100[kV] 이상	인장강도 58.84[kN] 이상의 연선 또는 단면적 150[㎟] 이상의 경동연선

【답】②

32 사용전압이 170[kV]를 초과하는 특고압 가공전선로를 시가지에 시설하는 경우, 전선의 단면적은 몇 [㎟] 이상의 강심알루미늄선을 사용하여야 하는가?

① 22 ② 55 ③ 150 ④ 240

Explanation

(KEC 333.1조) 시가지 등에서 특고압 가공전선로의 시설
사용전압이 170[kV] 초과하는 경우 전선은 단면적 240[㎟] 이상의 강심알루미늄선

【답】④

33 22[kV]의 특고압 가공전선로의 전선을 특고압 절연전선으로 시가지에 시설할 경우, 전선의 지표상의 높이는 최소 몇 [m] 이상인가?

① 8 ② 10 ③ 12 ④ 14

Explanation

(KEC 333.1조) 시가지 등에서 특고압 가공전선로의 시설
• 35[kV] 이하 : 10[m](특고압 절연 전선 : 8[m])
• 35[kV] 넘는 것 : 10[m]에 35[kV]를 넘는 10[kV]는 그 단수마다 0.12[m]를 가한 값

【답】①

34 사용전압 154[kV]의 특고압 가공전선로를 시가지에 시설하는 경우 지표상 몇 [m] 이상에 시설하여야 하는가?

① 7 ② 8 ③ 9.44 ④ 11.44

Explanation

(KEC 333.1조) 시가지 등에서 특고압 가공전선로의 시설
특고압 가공전선로는 전선이 케이블인 경우 또는 전선로를 다음과 같이 시설하는 경우에는 시가지 그 밖에 인가가 밀집한 지역에 시설할 수 있다.
전선의 지표상의 높이는 표에서 정한 값 이상일 것

사용전압의 구분	지표상의 높이
35[kV] 이하	10[m] (전선이 특고압 절연전선인 경우에는 8[m])
35[kV] 초과	10[m]에 35[kV]를 초과하는 10[kV] 또는 그 단수마다 0.12[m]를 더한 값

단수 : 15.4-3.5=11.9≒12단
지표상의 높이 : 10+12×0.12=11.44[m]

【답】④

35 사용전압이 22.9[kV]인 가공전선과 지지물 사이의 이격거리는 몇 [m] 이상이어야 하는가?

① 0.2 ② 0.15 ③ 0.65 ④ 1.3

Explanation

(KEC 333.5조) 특고압 가공전선과 지지물 등의 이격거리

사용전압	이격거리[m]
15 [kV] 미만	0.15
15 [kV] 이상 25 [kV] 미만	0.2
25 [kV] 이상 35 [kV] 미만	0.25
...	...

【답】①

36 사용전압이 22.9[kV]인 특고압 가공전선(다중접지를 한 중성선을 제외)이 건조물의 위쪽에서 접근상태로 시설하는 경우, 특고압 가공전선과 건조물의 조영재 사이의 최소 이격거리는 몇 [m] 이상인가?(단, 특고압 가공전선은 나전선이고, 중성선 다중접지 방식의 것으로서 전로에 지락이 생겼을 때에 2초 이내에 자동적으로 이를 전로로부터 차단하는 장치가 되어 있다)

① 3.0   ② 2.0   ③ 2.5   ④ 1.2

Explanation

(KEC 333.32조) 25[kV] 이하인 특고압 가공전선로의 시설
사용전압이 15[kV]를 초과하고 25[kV] 이하인 특고압 가공전선로(중성선 다중접지 방식의 것으로서 전로에 지락이 생겼을 때에 2초 이내에 자동적으로 이를 전로로부터 차단하는 장치가 되어 있는 것으로 건조물의 위쪽에서 접근)

전선의 종류	이격거리
나전선	3.0[m]
특고압 절연전선	2.5[m]
케이블	1.2[m]

【답】①

37 특고압 가공전선로 중 지지물로서 직선형의 철탑을 연속하여 10기 이상 사용하는 부분에는 몇 기 이하마다 장력에 견디는 애자장치가 되어 있는 철탑 또는 이와 동등 이상의 강도를 가지는 철탑 1기를 시설하여야 하는가?

① 15   ② 5   ③ 20   ④ 10

Explanation

(KEC 333.16조) 특고압 가공전선로의 내장형 등의 지지물 시설
특고압 가공 전선로 중 지지물로서 직선형의 철탑을 연속하여 10기 이상 사용하는 부분에는 10기 이하마다 내장 애자장치가 되어있는 철탑 1기를 시설하여야 한다.

【답】④

38 특고압 가공전선로의 지지물로 사용하는 B종 철주, B종 철근 콘크리트주 또는 철탑의 종류에서 전선로 지지물의 양쪽 경간의 차가 큰 곳에 사용하는 것은?

① 각도형   ② 잡아당김형   ③ 내장형   ④ 보강형

Explanation

(KEC 333.11조) 특고압 가공전선로의 철주·철근 콘크리트주 또는 철탑의 종류
- 각도형 : 전선로 중 3도를 넘는 수평 각도를 이루는 곳에 사용하는 것
- 잡아당김형 : 전 가섭선을 잡아당기는 곳에 사용한 것
- 내장형 : 전선로의 지지물 양쪽의 경간의 차가 큰 곳에 사용하는 것
- 보강형 : 전선로의 직선 부분에 그 보강을 위하여 사용하는 것

【답】③

39 사용전압이 154[kV]인 가공전선로를 제1종 특고압 보안공사로 시설할 때 사용되는 경동연선의 단면적은 몇 [mm²] 이상이어야 하는가?

① 55   ② 100   ③ 150   ④ 200

Explanation

(KEC 333.22조) 특고압 보안공사 - 제1종

사용전압	전선
100[kV] 미만	인장강도 21.67[kN] 이상의 연선 또는 단면적 55[mm²] 이상의 경동연선
100[kV] 이상 300[kV] 미만	인장강도 58.84[kN] 이상의 연선 또는 단면적 150[mm²] 이상의 경동연선
300[kV] 이상	인장강도 77.47[kN] 이상의 연선 또는 단면적 200[mm²] 이상의 경동연선

【답】③

주요 문제

40 제1종 특고압 보안공사로 시설하는 전선로의 지지물로 사용할 수 없는 것은?
① 철탑
② B종 철주
③ B종 철근 콘크리트주
④ 목주

Explanation
(KEC 333.22조) 특고압 보안공사 – 제1종 특고압 보안공사
전선로의 지지물에는 B종 철주·B종 철근 콘크리트주 또는 철탑을 사용할 것(목주, A종 사용금지) 【답】④

41 다음 중 지중전선로의 전선으로 사용되는 것은?
① 절연전선
② 강심 알루미늄선
③ 나경동선
④ 케이블

Explanation
(KEC 334.1조) 지중전선로의 시설
지중전선로는 전선에 케이블을 사용하고 또한 관로식·암거식(暗渠式) 또는 직접 매설식에 의하여 시설 【답】④

42 지중전선로의 시설방법이 아닌 것은?
① 암거식
② 압착식
③ 관로식
④ 직접 매설식

Explanation
(KEC 334.1조) 지중 전선로의 시설
지중전선로는 전선에 케이블을 사용하고 직접 매설식, 관로식, 암거식에 의하여 시설하여야 한다. 【답】②

43 차량 기타 중량물의 압력을 받을 우려가 있는 장소에 지중 전선로를 직접 매설식으로 시설하는 경우 매설깊이는 몇 [m] 이상이어야 하는가?
① 0.8
② 1.0
③ 1.2
④ 1.5

Explanation
(KEC 334.1조) 지중전선로의 시설 – 지중전선로 직접 매설식 매설 깊이
차량 기타 중량물의 압력을 받을 우려가 있는 장소에는 1.0[m] 이상, 기타 장소에는 0.6[m] 이상 【답】②

44 지중 전선로를 직접 매설식에 의하여 시설할 때, 중량물의 압력을 받을 우려가 있는 장소에 저압 또는 고압의 지중전선을 견고한 트라프 기타 방호물에 넣지 않고도 부설할 수 있는 케이블은?
① PVC 외장 케이블
② 콤바인덕트 케이블
③ 염화비닐 절연 케이블
④ 폴리에틸렌 외장 케이블

Explanation
(KEC 334.1조) 지중전선로의 시설
저압 또는 고압의 지중전선에 콤바인덕트 케이블을 사용 : 견고한 트라프 기타 방호물에 넣지 않아도 됨 【답】②

45 지중전선로에 사용하는 지중함의 시설기준으로 틀린 것은?
① 지중함은 견고하고 차량 기타 중량물의 압력에 견디는 구조일 것
② 지중함은 그 안의 고인 물을 제거할 수 있는 구조로 되어있을 것
③ 지중함의 뚜껑은 시설자 이외의 자가 쉽게 열 수 없도록 시설할 것
④ 폭발성의 가스가 침입할 우려가 있는 것에 시설하는 지중함으로서 그 크기가 0.5[m³] 이상인 것에는 통풍장치 기타 가스를 방산시키기 위한 적당한 장치를 시설할 것

> Explanation

(KEC 334.2조) 지중함의 시설
① 지중함은 견고하고 차량 기타 중량물의 압력에 견디는 구조일 것
② 지중함은 그 안의 고인 물을 제거할 수 있는 구조로 되어 있을 것
③ 폭발성 또는 연소성의 가스가 침입할 우려가 있는 것에 시설하는 지중함으로서 그 크기가 1[m³] 이상인 것에는 통풍장치 기타 가스를 방산시키기 위한 적당한 장치를 시설할 것
④ 지중함의 뚜껑은 시설자 이외의 자가 쉽게 열 수 없도록 시설할 것

【답】④

46 지중 전선로는 기설 지중 약전류 전선로에 대하여 다음의 어느 것에 의하여 통신상의 장해를 주지 아니하도록 기설 약전류 전선로로부터 충분히 이격시키는가?

① 충전전류 또는 표피작용
② 충전전류 또는 유도작용
③ 누설전류 또는 표피작용
④ 누설전류 또는 유도작용

> Explanation

(KEC 334.5조) 지중 약전류전선의 유도장해 방지
지중전선로는 기설 지중 약전류 전선로에 대하여 누설전류 또는 유도작용에 의하여 통신상의 장해를 주지 아니하도록 기설 약전류 전선로로부터 충분히 이격시키거나 기타 적당한 방법으로 시설하여야 한다.

【답】④

47 사용전압이 300[V]인 지중전선이 지중약전류 전선과 접근 또는 교차할 때 상호간에 내화성 격벽을 설치한다면 그 간격은 몇 [m] 이하인 경우인가?

① 0.3
② 0.5
③ 0.6
④ 1.0

> Explanation

(KEC 232.3.7조) 배선설비와 다른 공급설비와의 접근
지중 전선이 지중 약전류전선 등과 접근하거나 교차하는 경우에 상호 간의 간격이 저압 지중 전선은 0.3[m] 이하인 때에는 지중 전선과 지중 약전류전선 등 사이에 견고한 내화성의 격벽을 설치하거나 지중 전선을 견고한 불연성 또는 난연성의 관에 넣어 그 관이 지중 약전류전선 등과 직접 접촉하지 아니하도록 하여야 한다.

【답】①

48 고압 인입선 시설에 대한 설명으로 틀린 것은?

① 15[m] 떨어진 다른 수용가에 고압 이웃연결 인입선을 시설하였다.
② 전선은 5[mm] 경동선과 동등한 세기의 고압 절연전선을 사용하였다.
③ 고압 가공인입선 아래에 위험표시를 하고 지표상 3.5[m]의 높이에 설치하였다.
④ 횡단 보도교 위에 시설하는 경우 케이블을 사용하여 노면상에서 3.5[m]의 높이에 시설하였다.

> Explanation

(KEC 331.12.1조) 고압 가공인입선의 시설
① 고압 가공인입선은 인장강도 8.01[kN] 이상의 고압절연전선, 특고압 절연전선 또는 지름 5[mm] 이상의 경동선의 고압 절연전선, 특고압 절연전선, 인하용 절연전선을 애자공사에 의하여 시설하거나 케이블공사로 시설하여야 한다.
② 고압 가공인입선의 높이는 전선 아래쪽에 위험표시를 한 경우 지표상 3.5[m]까지로 감할 수 있다.
③ 고압 이웃 연결 인입선은 시설하여서는 아니 된다.

【답】①

49 고압 가공인입선이 케이블 이외의 것으로서 그 아래에 위험표시를 하였다면 전선의 지표상 높이는 몇 [m]까지로 감할 수 있는가?

① 2.5[m]
② 3.5[m]
③ 4.5[m]
④ 5.5[m]

> Explanation

(KEC 331.12.1조) 고압 가공인입선의 시설
고압 가공인입선의 높이는 전선 아래쪽에 위험표시를 한 경우 지표상 3.5[m]까지로 감할 수 있다.

【답】②

주요 문제

50 저압 옥측전선로를 목조의 조영물에 시설할 때 가능한 공사방법은?
① 케이블공사(연피 케이블을 사용하는 경우) ② 버스덕트공사
③ 금속관공사 ④ 합성수지관공사

Explanation

(KEC 221.2조) 옥측전선로
- 애자공사(전개된 장소만)
- 합성수지관공사(목조 가능)
- 금속관공사(목조 제외)
- 버스덕트공사(목조 제외)
- 케이블공사(연피 케이블, 알루미늄피 케이블, MI케이블 사용하면 목조 제외)

【답】④

51 저압 옥상전선로를 전개된 장소에 시설하는 내용으로 틀린 것은?
① 전선은 절연전선일 것
② 전선은 지름 2[mm] 이상의 경동선을 사용할 것
③ 전선은 조영재에 내수성이 있는 애자를 사용하여 지지하고 그 지지점 사이의 거리는 15[m] 이하일 것
④ 전선과 그 저압 옥상전선로를 시설하는 조영재와의 이격거리는 2[m] 이상일 것

Explanation

(KEC 221.3조) 옥상 전선로
① 전선은 절연전선(OW전선 포함)일 것
② 전선은 인장강도 2.30[kN] 이상의 것 또는 지름 2.6[mm] 이상의 경동선의 것
③ 전선은 조영재에 견고하게 붙인 지지기둥 또는 지지대에 절연성·난연성 및 내수성이 있는 애자를 사용하여 지지하고 또한 그 지지점간의 거리는 15[m] 이하일 것
④ 전선과 그 저압 옥상 전선로를 시설하는 조영재와의 이격거리는 2[m] (전선이 고압절연전선, 특고압 절연전선 또는 케이블인 경우에는 1[m]) 이상일 것

【답】②

52 저압 옥상전로를 전개된 장소에 시설하는 경우 전선은 인장강도 2.30[kN] 이상의 것 또는 지름이 몇 [mm] 이상의 경동선이어야 하는가?
① 2.0 ② 2.6 ③ 3.2 ④ 1.6

Explanation

(KEC 221.3조) 옥상 전선로
전선은 인장강도 2.30[kN] 이상의 것 또는 지름 2.6[mm] 이상의 경동선

【답】②

53 터널 안 전선로의 시설방법으로 옳은 것은?
① 저압전선은 지름 2.6[mm]의 경동선의 절연전선을 사용하였다.
② 고압전선은 절연전선을 사용하여 합성수지관 공사로 하였다.
③ 저압전선을 애자사용공사에 의하여 시설하고 이를 레일면상 또는 노면상 2.2[m]의 높이로 시설하였다.
④ 고압전선을 금속관공사에 의하여 시설하고 이를 레일면상 또는 노면상 2.4[m]의 높이로 시설하였다.

Explanation

(KEC 335.1조) 터널 안 전선로의 시설
① 저압전선 – 지름 2.6[mm] 경동선 이상, 애자사용공사에 의해 시설할 때 레일면상 또는 노면상 2.5[m] 이상의 높이, 합성수지관 공사, 금속관 공사, 금속제 가요전선관 공사, 케이블 공사에 의해 시설
② 고압전선 – 지름 4[mm] 경동선 이상, 애자사용공사 시 레일면상 또는 노면상 3[m] 이상의 높이, 케이블공사에 의한 시설

【답】①

54 철도 궤도 또는 자동차도 전용터널 안의 전선로에 사용되는 저압 전선으로 경동선을 사용하는 경우 지름 몇 [mm] 이상을 사용하여야 하는가?

① 4　　　② 6　　　③ 2.6　　　④ 4.5

Explanation

(KEC 335.1조) 터널 안 전선로의 시설 – 저압전선
지름 2.6[㎜] 이상 경동선, 애자사용공사 시 레일면 상 또는 노면 상 2.5[m] 이상의 높이, 합성수지관 공사, 금속관 공사, 가요전선관 공사, 케이블 공사에 의해 시설 　　【답】③

55 터널 등에 시설하는 사용전압이 220[V]인 전구선이 0.6/1[kV] EP 고무 절연 클로로프렌캡타이어 케이블일 경우 단면적은 최소 몇 [㎟] 이상이어야 하는가?

① 0.5　　　② 0.75　　　③ 1.25　　　④ 1.4

Explanation

(KEC 234.3조) 전구선 및 이동전선
전구선은 고무코드 또는 0.6/1[kV] EP 고무 절연 클로로프렌캡타이어케이블로 단면적 0.75[㎟] 이상 　　【답】②

56 수상전선로의 시설에 대한 설명으로 맞는 것은?

① 사용전압이 고압인 경우에 클로로프렌 캡타이어 케이블을 사용한다.
② 가공전선로의 전선과 접속하는 경우, 접속점이 육상에 있는 경우에는 지표상 5[m] 이상의 높이로 지지물에 견고하게 붙인다.
③ 가공전선로의 전선과 접속하는 경우, 접속점이 수면상에 있는 경우 사용전압이 고압인 경우에는 수면상 4[m] 높이로 지지물에 견고하게 붙인다.
④ 고압 수상전선로에 지락이 생길 때를 대비하여 전로를 수동으로 차단하는 장치를 시설한다.

Explanation

(KEC 335.3조) 수상전선로의 시설
① 전선은 전선로의 사용 전압이 저압인 경우에는 클로로프렌 캡타이어 케이블이어야 하며, 고압인 경우에는 캡타이어 케이블일 것
② 수상전선로의 전선을 가공전선로의 전선과 접속하는 경우에는 그 부분의 전선은 접속점으로부터 전선의 절연 피복 안에 물이 스며들지 아니하도록 시설하고 또한 전선의 접속점은 다음의 높이로 지지물에 견고하게 붙일 것
　• 접속점이 육상에 있는 경우에는 지표상 5[m] 이상. 다만, 수상전선로의 사용 전압이 저압인 경우에 도로상 이외의 곳에 있을 때에는 지표상 4[m]까지로 감할 수 있다.
　• 접속점이 수면상에 있는 경우에는 수상전선로의 사용 전압이 저압인 경우에는 수면상 4[m] 이상, 고압인 경우에는 수면상 5[m] 이상
③ 수상전선로의 전선은 부대의 위에 지지하여 시설하고 또한 그 절연피복을 손상하지 아니하도록 시설할 것 　　【답】②

57 임시 전선로의 시설에서 저압 방호구에 넣은 절연전선 등을 사용하는 저압 가공전선과 건조물의 상부 조영재 사이의 간격은 접근형태가 위쪽일 때 몇 [m]까지 감할 수 있는가?

① 0.3　　　② 0.4　　　③ 1　　　④ 2

Explanation

(KEC 335.10조) 임시전선로의 시설
저압 방호구에 넣은 절연전선 등을 사용하는 저압 가공전선 또는 고압 방호구에 넣은 고압 절연전선 등을 사용하는 고압 가공전선과 조영물의 조영재 사이의 간격은 아래 표의 값까지 감할 수 있다.

조영물 조영재의 구분		접근형태	간격[m]
건조물	상부 조영재	위쪽	1
		옆쪽 또는 아래쪽	0.4

【답】③

4 전력보안 통신설비

1. 전력보안 통신용 전화설비의 시설
① 2개 이상의 급전소 상호 간과 이들을 통합 운용하는 급전소 간
② 동일 수계에 속하고 안전상 긴급 연락의 필요가 있는 수력발전소 상호간
③ 원격감시 제어가 되지 아니하는 발전소·원격 감시제어가 되지 아니하는 변전소·발전제어소·변전제어소·개폐소 및 전선로의 기술원 주재소와 이를 운용하는 급전소간
④ 22.9[kV] 계통 배전선로 구간(가공, 지중, 해저), 22.9[kV] 계통에 연결되는 분산전원형 발전소 폐회로 배전 등 신 배전방식 도입 개소, 배전자동화, 원격검침, 부하감시 등 지능형전력망 구현을위해 필요한 구간

2. 전력보안 가공통신설비의 높이

구분	가공통신선	가공전선로 지지물에 시설하는 통신선
도로(인도)에 시설 시	지표상 5.0[m] 이상 (교통에 지장 우려 없는 경우 4.5[m] 이상)	
도로횡단 시		지표상 6.0[m] 이상 (저압이나 고압의 지지물에 시설+교통에 지장 우려 없는 경우 5[m] 이상)
철도 궤도 횡단 시		레일면상 6.5[m] 이상
횡단보도교 위	노면상 3.0[m] 이상	노면상 5.0[m] 이상 • 저압 또는 고압 3.5[m](통신선이 절연전선 3[m]) 이상 • 특고압+광섬유 케이블 4[m] 이상
기타	지표상 3.5[m] 이상	지표상 5[m] 이상 • 횡단보도교 하부+절연전선 4[m] 이상 • 도로 이외 4[m] 이상 • 통신선이 광섬유 케이블 3.5[m] 이상

3. 조가선 시설
① 단면적 38[mm²] 이상의 아연도강연선일 것
② 전주와 전주 경간 중에 접속하지 말 것
③ 2조까지만 시설할 것

4. 전력유도 방지
가공전선로로부터의 정전유도작용 또는 전자유도작용 방지

5. 첨가 통신선
시가지 인입 금지(연선의 경우 단면적 16[mm²](지름 4[mm]) 이상의 절연전선 또는 광섬유 케이블인 경우 사용 가능)

6. 전력선 반송통신용 결합 장치

① CC : 결합 커패시터(결합 안테나를 포함한다)
② S : 접지용 개폐기
③ DR : 전류 용량 2[A] 이상의 배류 선륜

7. 무선용 안테나 등 지지

목주, 철주, 철근 콘크리트주 또는 철탑의 기초의 안전율 : 1.5

8. 통신설비의 식별표시

① 모든 통신기기에는 식별이 용이하도록 인식용 표찰을 부착
② 배전주에 시설하는 통신설비의 설비표시명판
 • 분기주 또는 잡아당기는 용도의 전주는 매 전주에 시설
 • 직선주인 경우 전주 5경간마다 시설

주요 문제

01 배전선로에서의 전력보안통신설비 시설장소로 틀린 것은?

① 154[kV] 계통 배전선로 구간(가공, 지중, 해저)
② 22.9[kV] 계통에 연결되는 분산전원형 발전소
③ 배전자동화, 원격검침, 부하감시 등 지능형전력망 구현을 위해 필요한 구간
④ 폐회로 배전 등 신 배전방식 도입 개소

Explanation

(KEC 362.1조) 전력보안통신설비의 시설 요구사항
배전선로는 아래의 경우에 시설한다.
① 22.9[kV] 계통 배전선로 구간(가공, 지중, 해저)
② 22.9[kV] 계통에 연결되는 분산전원형 발전소
③ 폐회로 배전 등 신 배전방식 도입 개소
④ 배전자동화, 원격검침, 부하감시 등 지능형전력망 구현을 위해 필요한 구간

【답】①

02 전력보안 가공 통신선을 횡단보도교의 위에 시설하는 경우에는 그 노면상 몇 [m] 이상의 높이에 시설하여야 하는가?

① 3   ② 3.5   ③ 4   ④ 4.5

Explanation

(KEC 362.2조) 전력보안통신선의 시설높이와 이격거리
- 도로 횡단 : 5[m](단, 교통에 지장이 없는 경우 : 4.5[m])
- 철도 횡단 : 6.5[m]
- 횡단보도교 위 : 3[m]
- 기타 : 3.5[m]

【답】①

03 고압 가공전선로의 지지물에 시설하는 통신선 또는 이에 직접 접속하는 가공통신선을 횡단보도교의 위에 시설하는 경우, 그 노면상 최소 몇 [m] 이상의 높이로 시설하면 되는가?

① 3.5   ② 4   ③ 4.5   ④ 5

Explanation

(KEC 362.2조) 전력보안통신선의 시설높이와 이격거리
가공전선로의 지지물에 시설하는 통신선 또는 이에 직접 접속하는 가공 통신선의 높이는 다음 각 호에 따라야 한다.
횡단보도교의 위에 시설하는 경우에는 그 노면상 5[m] 이상 다만, 다음에 해당하는 경우에는 그러하지 아니하다.
- 저압 또는 고압의 가공전선로의 지지물에 시설하는 통신선 또는 이에 직접 접속하는 가공통신선을 노면상 3.5[m](통신선이 절연전선과 동등 이상의 절연효력이 있는 것인 경우에는 3[m]) 이상으로 하는 경우
- 특고압 전선로의 지지물에 시설하는 통신선 또는 이에 직접 접속하는 가공통신선으로서 광섬유 케이블을 사용하는 것을 그 노면상 4[m] 이상으로 하는 경우

【답】①

04 가공전선로의 지지물에 시설하는 통신선 또는 이에 직접 접속하는 가공통신선의 높이에 대한 설명으로 적합한 것은?

① 도로를 횡단하는 경우에는 지표상 5[m] 이상
② 철도 또는 궤도를 횡단하는 경우에는 레일면상 6.5[m] 이상
③ 횡단보도교 위에 시설하는 경우에는 그 노면상 3.5[m] 이상
④ 도로를 횡단하며 교통에 지장이 없는 경우에는 4.5[m] 이상

Explanation

(KEC 362.2조) 전력보안통신선의 시설높이와 이격거리
가공전선로의 지지물에 시설하는 통신선 또는 이에 직접 접속하는 가공 통신선의 높이는 다음 각 호에 따라야 한다.

① 도로를 횡단하는 경우에는 지표상 6[m] 이상. 다만, 저압이나 고압의 가공전선로의 지지물에 시설하는 통신선 또는 이에 직접 접속하는 가공통신선을 시설하는 경우에 교통에 지장을 줄 우려가 없을 때에는 지표상 5[m]까지로 감할 수 있다.
② 철도 또는 궤도를 횡단하는 경우에는 레일면상 6.5[m] 이상
③ 횡단보도교의 위에 시설하는 경우에는 그 노면상 5[m] 이상 다만, 다음에 해당하는 경우에는 그러하지 아니하다.
  • 저압 또는 고압의 가공전선로의 지지물에 시설하는 통신선 또는 이에 직접 접속하는 가공통신선을 노면상 3.5[m](통신선이 절연전선과 동등 이상의 절연효력이 있는 것인 경우에는 3[m]) 이상으로 하는 경우
  • 특고압 전선로의 지지물에 시설하는 통신선 또는 이에 직접 접속하는 가공통신선으로서 광섬유 케이블을 사용하는 것을 그 노면상 4[m] 이상으로 하는 경우

【답】②

05 무선용 안테나 등을 지지하는 철탑의 기초 안전율은 얼마 이상이어야 하는가?

① 1.0   ② 1.5   ③ 2.0   ④ 2.5

Explanation

(KEC 364.1조) 무선용 안테나 등을 지지하는 철탑 등의 시설
철주·철근 콘크리트주 또는 철탑의 기초의 안전율은 1.5 이상이어야 한다

【답】②

06 전력보안통신설비의 조가선 시설기준에 대한 설명으로 틀린 것은?

① 조가선은 부식되지 않는 별도의 금구를 사용하고 조가선 끝단은 날카롭지 않게 할 것
② 조가선은 설비 안전을 위하여 전주와 전주 경간 중에 접속할 것
③ 조가선은 2조까지만 시설할 것
④ 말단 배전주와 말단 1경간 전에 있는 배전주에 시설하는 고가선은 장력에 견디는 형태로 시설할 것

Explanation

(KEC 362.3조) 조가선 시설기준
① 조가선은 설비 안전을 위하여 전주와 전주 경간 중에 접속하지 말 것
② 조가선은 부식되지 않는 별도의 금구를 사용하고 조가선 끝단은 날카롭지 않게 할 것.
③ 말단 배전주와 말단 1경간 전에 있는 배전주에 시설하는 조가선은 장력에 견디는 형태로 시설할 것.
④ 조가선은 2조까지만 시설할 것.

【답】②

07 통신설비의 식별표시에 대한 설명으로 틀린 것은?

① 모든 통신기기에는 식별이 용이하도록 인식용 표찰을 부착하여야 한다.
② 통신사업자의 설비표시명판은 플라스틱 및 금속판 등 견고하고 가벼운 재질로 하고 글씨는 각인하거나 지워지지 않도록 제작된 것을 사용하여야 한다.
③ 배전주에 시설하는 통신설비의 설비표시명판은 분기주 또는 잡아당기는 용도의 전주는 매 전주에 시설하여야 한다.
④ 배전주에 시설하는 통신설비의 설비표시명판은 직선주인 경우 전주 10경간마다 시설하여야 한다.

Explanation

(KEC 365.1조) 통신설비의 식별표시
① 모든 통신기기에는 식별이 용이하도록 인식용 표찰을 부착하여야 한다.
② 통신사업자의 설비표시명판은 플라스틱 및 금속판 등 견고하고 가벼운 재질로 하고 글씨는 각인하거나 지워지지 않도록 제작된 것을 사용하여야 한다.
③ 배전주에 시설하는 통신설비의 설비표시명판
  • 분기주 또는 잡아당기는 용도의 전주는 매 전주에 시설
  • 직선주인 경우 전주 5경간마다 시설

【답】④

주요 문제

08 전력보안통신설비의 전원공급기 시설에 대한 설명으로 틀린 것은?

① 전원공급기의 시설방향은 인도측으로 시설하며 외함은 접지를 시행하여야 한다.
② 전원공급기는 지상에서 4[m] 이상 유지하여야 한다.
③ 전원공급기 시설 시 통신사업자는 기기 전면에 명판을 부착하여야 한다.
④ 기기주, 변압기 전주 및 분기주 등 설비 복잡개소에는 전원공급기를 시설하여야 한다.

Explanation

(KEC 362.9조) 전력보안통신설비의 전원공급기 시설
① 전원공급기는 다음에 따라 시설하여야 한다.
 - 지상에서 4[m] 이상 유지할 것.
 - 누전차단기를 내장할 것.
 - 시설방향은 인도측으로 시설하며 외함은 접지를 시행할 것.
② 기기주, 변대주 및 분기주 등 설비 복잡개소에는 전원공급기를 시설할 수 없다. 다만, 현장 여건상 부득이한 경우에는 예외적으로 전원공급기를 시설할 수 있다.
③ 전원공급기 시설시 통신사업자는 기기 전면에 명판을 부착하여야 한다.

【답】④

5 저압 전기설비

1. 저압 계통 접지 : TN 계통, TT 계통, IT 계통
  ① TN 계통 : 전원 측의 한 점을 직접 접지하고 설비의 노출도전부를 보호도체로 접속
   • TN-S 계통 : 중성선(N), PE 도체를 사용
   • TN-C 계통 : PEN 도체 사용
   • TN-C-S계통 : PEN 도체 및 PE, 중성선(N) 사용
  ② TT 계통 : 전원의 한 점을 직접 접지하고 설비의 노출도전부는 전원의 접지전극과 전기적으로 독립적인 접지극에 접속
  ③ IT 계통 : 충전부 전체를 대지로부터 절연시키거나, 한 점을 고임피던스를 통해 대지에 접속

2. 안전을 위한 보호
  누전차단기의 시설 : 금속제 외함을 가지는 사용전압이 50[V]를 초과하는 저압의 기계 기구로서 사람이 쉽게 접촉할 우려가 있는 곳에 시설하는 것에 전기를 공급하는 전로
  • 과부하 보호장치의 설치 위치 : 분기점에 설치

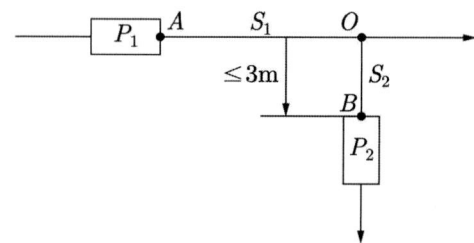

  • 과부하보호장치의 생략
    - 통신회로용, 제어회로용, 신호회로용 및 이와 유사한 설비
    - 회전기의 여자회로
    - 전자석 크레인의 전원회로
    - 전류변성기의 2차회로
    - 소방설비의 전원회로
    - 안전설비(주거침입경보, 가스누출경보 등)의 전원회로

3. 저압전로 중의 과전류차단기의 시설
  ① 저압 퓨즈

정격전류의 구분	시간	정격전류의 배수	
		불용단 전류	용단 전류
4[A] 이하	60분	1.5배	2.1배
4[A] 초과 16[A] 미만	60분	1.5배	1.9배
16[A] 이상 63[A] 이하	60분	1.25배	1.6배
63[A] 초과 160[A] 이하	120분	1.25배	1.6배
160[A] 초과 400[A] 이하	180분	1.25배	1.6배
400[A] 초과	240분	1.25배	1.6배

② 산업용 배선차단기(다만, 일반인이 접촉할 우려가 있는 장소(세대내 분전반 및 이와 유사한 장소)에는 주택용 배선차단기)

정격전류의 구분	시간	정격전류의 배수(모든 극에 통전)	
		부동작 전류	동작 전류
63[A] 이하	60분	1.05배	1.3배
63[A] 초과	120분	1.05배	1.3배

③ 과전류트립 동작시간 및 특성(주택용 배선차단기)

정격전류의 구분	시간	정격전류의 배수(모든 극에 통전)	
		부동작 전류	동작 전류
63[A] 이하	60분	1.13배	1.45배
63[A] 초과	120분	1.13배	1.45배

형	순시트립범위 (I_n: 차단기 정격전류)
B	$3I_n$ 초과 $5I_n$ 이하
C	$5I_n$ 초과 $10I_n$ 이하
D	$10I_n$ 초과 $20I_n$ 이하

4. 옥내에 시설하는 전동기의 과부하 보호 장치의 시설 제외
 ① 정격 출력이 0.2[kW] 이하인 전동기
 ② 상시 취급자가 감시
 ③ 과전류가 생길 우려가 없는 경우
 ④ 단상전동기 : 과전류 차단기 정격전류 16[A](배선차단기는 20[A]) 이하

5. 저압 옥내배선의 사용전선
 2.5[㎟] 이상의 연동선 또는 이와 동등 이상의 강도 및 굵기의 것
 ※ 사용 전압이 400[V] 이하
 ① 전광표시 장치, 제어 회로 등에 사용하는 배선
  • 1.5[㎟] 이상의 연동선
  • 0.75[㎟] 이상인 다심케이블, 캡타이어 케이블
 ② 진열장 또는 이와 유사한 것 : 0.75[㎟] 이상의 코드 또는 캡타이어 케이블
  ※ 옥내전로의 대지전압 : 300[V] 이하

6. 나전선의 사용(옥내)
 ① 애자공사에 의하여 전개된 곳에 다음의 전선을 시설하는 경우
  • 전기로용 전선
  • 전선의 피복 절연물이 부식하는 장소의 전선
  • 취급자 이외의 자가 출입할 수 없도록 설비
 ② 버스덕트공사
 ③ 라이팅덕트공사
 ④ 접촉 전선을 시설

7. 애자공사

① 전선은 절연전선(OW, DV 제외)

	전선상호간격	조영재와 이격거리	지지점 간의 거리
400[V] 이하	0.06[m] 이상	25[mm] 이상	6[m]이하 단, 조영재의 윗면 또는 옆면에 따라 붙일 경우 2[m]이하
400[V] 초과		45[mm] 이상 단, 건조한 곳 25[mm]이상	

② 애자 : 절연성, 난연성, 내수성

8. 저압옥내배선(몰드공사, 관공사, 덕트공사)

※ 기본 사항
- 전선 : 절연전선(옥외용 비닐 절연전선 제외)
  연선(단면적 10[mm²]의 동선(16[mm²]의 알루미늄) 이하의 것은 예외)
- 관, 몰드, 덕트 내에는 접속점이 없어야 함(금속몰드공사의 경우 조인트 박스 사용하면 접속 가능)
- 금속제에는 접지공사를 할 것

① 합성수지관공사
- 관 삽입 깊이 : 관 바깥지름의 1.2배(접착제를 사용하는 경우 0.8배)
- 관의 지지점 간 거리 : 1.5[m] 이하

② 금속관공사
- 금속관의 두께 : 콘크리트 매설 1.2[mm], 기타 1.0[mm]

③ 금속몰드공사
- 사용전압 400[V] 이하+옥내의 건조한 장소로 전개된 장소 또는 점검할 수 있는 은폐장소에만 가능

④ 가요전선관공사
- 2종 금속제 가요전선관일 것
- 1종 금속제 가요전선관 : 사용전압 400[V] 이하+옥내의 건조한 장소로 전개된 장소 또는 점검할 수 있는 은폐장소에만 가능

⑤ 금속덕트공사
- 덕트 : 폭이 40[mm], 두께 1.2[mm] 이상
- 덕트에 넣는 전선의 단면적 : 덕트 내부 단면적의 20[%] 이하
  단, 전광 표시, 출퇴 표시, 제어회로 배선용 50[%] 이하
- 지지점 간 거리 : 조영재에 붙이는 경우 3[m](취급자 이외 출입금지+수직 6[m])

⑥ 버스덕트공사
- 지지점 간 거리 : 조영재에 붙이는 경우 3[m](취급자 이외 출입금지+수직 6[m])

⑦ 라이팅덕트공사(전등을 일렬로 배선하는 공사에 사용)
- 지지점 간 거리 : 2[m]

9. 케이블(트레이)시스템

① 케이블공사(케이블, 캡타이어 케이블)
- 지지점 간 거리 : 조영재에 붙이는 경우 2[m](수직 6[m]), 캡타이어 케이블 : 1[m] 이하

② 케이블트레이공사
- 케이블 트레이의 종류 : 사다리형, 펀칭형, 그물망형, 바닥밀폐형
- 안전율 : 1.5 이상

10. 전기 사용장소의 저압 전기설비

① 조명기구 전구선 및 이동전선 : 0.75[mm²] 이상의 코드 또는 캡타이어케이블

② 콘센트의 시설 : 방적형, 방습형

    욕실 : 인체감전보호용 누전차단기

        (정격감도전류 15[mA] 이하, 동작시간 0.03초 이하의 전류동작형)

③ 타임스위치 시설
- 호텔, 여관 : 1분 이내
- 일반주택 및 아파트 : 3분 이내

④ 옥외등, 전주외등 : 대지전압 300[V] 이하

⑤ 1[kV] 이하 방전등 옥내 시설 : 대지전압 300[V] 이하

시설장소의 구분		배선방법
전개된 장소	건조한 장소	애자공사 · 합성수지몰드공사 또는 금속몰드공사
	기타의 장소	애자공사
점검할 수 있는 은폐된 장소	건조한 장소	금속몰드공사

11. 수중조명등

① 절연변압기(1차측 대지전압 400[V] 이하, 2차측 사용전압 150[V] 이하)

② 절연변압기 2차측 전로 : 비접지
- 사용전압 30[V] 이하 : 금속제의 혼촉방지판을 설치
- 사용전압 30[V] 초과 : 자동적으로 전로를 차단하는 장치를 시설(누전차단기)

12. 교통신호등의 시설

① 사용전압 : 300[V] 이하

② 교통 신호등 회로의 인하선 지표상 높이 : 2.5[m] 이상

13. 전기울타리의 시설

① 전선 : 지름 2[mm] 이상의 경동선

② 전선과 기둥 사이의 이격거리 : 25[mm] 이상

③ 전선과 수목 사이의 이격거리 : 0.3[m] 이상

④ 사용전압 : 250[V] 이하

⑤ 전기 울타리의 접지전극과 다른 접지 계통의 접지전극의 거리 : 2[m] 이상

14. 전기욕기의 시설

전기욕기용 전원장치 : 2차 측 전로의 사용전압 10[V] 이하

15. 도로 등의 전열장치의 시설 및 전기온상 등의 시설
① 대지전압 : 300[V] 이하
② 발열선 : 80[℃]를 넘지 말 것

16. 전격 살충기의 시설
마루 위 3.5[m] 이상의 높이

17. 유희용 전차
① 사용전압 : 직류 60[V] 이하, 교류 40[V] 이하
② 접촉전선 : 제3레일 방식

18. 아크 용접장치의 시설(이동형의 용접 전극)
절연변압기 : 1차측 대지전압 – 300[V] 이하(개폐기 시설)

19. 소세력 회로의 시설(전자 개폐기의 조작회로 또는 초인벨·경보벨)
① 절연변압기 : 1차측 대지전압 300[V] 이하 2차측 최대사용전압 60[V] 이하
② 절연변압기의 2차 단락전류

소세력 회로의 최대 사용전압의 구분	2차 단락전류	과전류 차단기의 정격전류
15[V] 이하	8[A]	5[A]
15[V] 초과 30[V] 이하	5[A]	3[A]
30[V] 초과 60[V] 이하	3[A]	1.5[A]

20. 전기부식방지 시설
사용전압 : 직류 60[V] 이하

21. 분진위험장소
① 폭연성 분진, 가연성가스 : 금속관공사, 케이블공사(캡타이어 케이블 제외)
② 가연성 분진, 위험물(석유류) : 금속관공사, 합성수지관공사, 케이블공사

22. 화약류 저장소 등의 위험장소
전로의 대지 전압 300[V] 이하, 전폐형

23. 전시회, 쇼 및 공연장
① 배선용 케이블 : 구리 도체 단면적 1.5[㎟] 이상
② 무대·무대마루 밑·오케스트라박스·영사실 : 사용전압이 400[V] 이하

24. 진열장(쇼윈도, 쇼케이스)
① 사용전압 : 400[V] 이하
② 전선 : 단면적이 0.75[㎟] 이상인 코드 또는 캡타이어 케이블일 것

주요 문제

01 일반적으로 사용되며 일반인이 사용하는 콘센트는 정격전류 몇 [A] 이하일 때 누전차단기에 의한 추가적 보호를 하여야 하는가?

① 20　　② 32　　③ 51　　④ 68

Explanation

(KEC 211.2.3조) 고장보호의 요구사항 – 추가적인 보호
다음에 따른 교류계통에서는 누전차단기에 의한 추가적 보호를 하여야 한다.
① 일반적으로 사용되며 일반인이 사용하는 정격전류 20[A] 이하 콘센트
② 옥외에서 사용되는 정격전류 32[A] 이하 이동용 전기기기

【답】①

02 사용 중 예상치 못한 회로의 개방이 위험 또는 큰 손상을 초래할 수 있어 과부하 보호장치를 생략할 수 있는 부하에 전원을 공급하는 회로가 아닌 것은?

① 전자석 크레인의 전원회로
② 전류변성기의 2차회로
③ 전압변성기의 2차회로
④ 소방설비의 전원회로

Explanation

(KEC 212.4.3조) 과부하보호장치의 생략
① 회전기의 여자회로
② 전자석 크레인의 전원회로
③ 전류변성기의 2차회로
④ 소방설비의 전원회로
⑤ 안전설비(주거침입정보, 가스누출경보 등)의 전원회로

【답】③

03 옥내에 시설하는 전동기에 과부하 보호장치의 시설을 생략 할 수 없는 경우는?

① 정격출력이 0.75[kW]인 전동기
② 타인이 출입할 수 없고 전동기가 소손할 정도의 과전류가 생길 우려가 없는 경우
③ 전동기가 단상의 것으로 전원측 전로에 시설하는 배선차단기의 정격전류가 20[A] 이하인 경우
④ 전동기를 운전 중 상시 취급자가 감시 할 수 있는 위치에 시설한 경우

Explanation

(KEC 212.6.3조) 저압전로 중의 전동기 보호용 과전류보호장치의 시설
옥내에 시설하는 전동기(정격 출력이 0.2[kW] 이하인 것을 제외한다. 이하 이 조에서 같다)에는 전동기가 소손될 우려가 있는 과전류가 생겼을 때에 자동적으로 이를 저지하거나 이를 경보하는 장치를 하여야 한다.

【답】①

04 옥내에 시설하는 전동기에는 소손될 우려가 있는 과전류가 생겼을 때 자동적으로 이를 저지하거나 경보하는 장치를 시설하여야 하나, 전원 측 전로에 시설하는 과전류 차단기의 정격 전류가 몇 [A] 이하이면 생략 가능한가?

① 10　　② 16　　③ 20　　④ 30

Explanation

(KEC 212.6.3조) 저압전로 중의 전동기 보호용 과전류보호장치의 시설
옥내에 시설하는 전동기(정격 출력이 0.2[kW] 이하인 것을 제외한다)에는 전동기가 소손될 우려가 있는 과전류가 생겼을 때에 자동적으로 이를 저지하거나 이를 경보하는 장치를 하여야 한다. 다만, 다음에 해당하는 경우에는 그러하지 아니하다.
① 전동기를 운전 중 상시 취급자가 감시할 수 있는 위치에 시설하는 경우
② 전동기의 구조나 부하의 성질로 보아 전동기가 소손할 수 있는 과전류가 생길 우려가 없는 경우
③ 단상 전동기로써 그 전원 측 전로에 시설하는 과전류 차단기의 정격 전류가 16[A](배선차단기는 20[A]) 이하인 경우때에 자동적으로 전로를 차단하는 장치를 시설할 것

【답】②

주요 문제

05 저압 옥내간선 분기회로의 분기점에서 몇 [m] 이하인 곳에 과부하 보호장치를 시설하여야 하는가? (단, 보호장치 전원측에서 분기점 사이에 다른 분기회로 또는 콘센트 접속이 없고, 단락의 위험과 화재 및 인체에 대한 위험성이 최소화 되도록 시설되었다)

① 3   ② 4   ③ 5   ④ 8

> **Explanation**
>
> (KEC 212.4.2조) 과부하 보호장치의 설치 위치
> 분기회로(S_2)의 분기점(O)에서 3[m] 이내에 설치된 과부하 보호장치(P_2)
> 분기회로(S_2)의 보호장치(P_2)는 (P_2)의 전원 측에서 분기점(O) 사이에 다른 분기회로 또는 콘센트의 접속이 없고, 단락의 위험과 화재 및 인체에 대한 위험성이 최소화 되도록 시설된 경우, 분기회로의 보호장치(P_2)는 분기회로의 분기점(O)으로부터 3[m]까지 이동하여 설치할 수 있다.

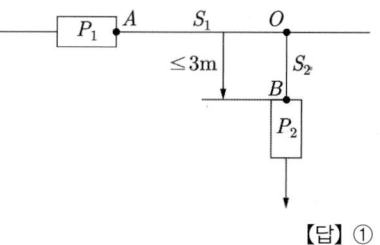

【답】 ①

06 옥내에 시설하는 저압전선에 나전선을 사용할 수 있는 경우는?

① 버스덕트 공사에 의하여 시설하는 경우
② 금속덕트 공사에 의하여 시설하는 경우
③ 합성수지관 공사에 의하여 시설하는 경우
④ 후강전선관 공사에 의하여 시설하는 경우

> **Explanation**
>
> (KEC 231.4조) 나전선의 사용 제한
> 옥내에 시설하는 저압전선에 나전선을 사용할 수 있는 경우
> ① 애자공사에 의하여 전개된 곳에 다음의 전선을 시설하는 경우
> • 전기로용 전선
> • 전선의 피복 절연물이 부식하는 장소에 시설하는 전선
> • 취급자 이외의 자가 출입할 수 없도록 설비한 장소에 시설하는 전선
> ② 버스덕트공사에 의하여 시설하는 경우
> ③ 라이팅덕트공사에 의하여 시설하는 경우
> ④ 접촉 전선을 시설하는 경우

【답】 ①

07 백열전등 또는 방전등에 전기를 공급하는 옥내전로의 대지전압은 몇 [V] 이하이어야 하는가? (단, 백열전등 또는 방전등 및 이에 부속하는 전선은 사람이 접촉할 우려가 없도록 시설한 경우이다)

① 60   ② 110   ③ 220   ④ 300

> **Explanation**
>
> (KEC 231.6조) 옥내전로의 대지 전압의 제한
> 백열전등 또는 방전등에 전기를 공급하는 옥내의 전로(주택의 옥내 전로 제외)의 대지전압은 300[V] 이하

【답】 ④

08 옥내배선의 사용전압이 400[V] 이하일 때 전광표시장치 기타 이와 유사한 장치 또는 제어회로 등의 배선에 다심케이블을 시설하는 경우 배선의 단면적은 몇 [㎟] 이상인가? (단, 과전류가 생겼을 때에 자동적으로 전로에서 차단하는 장치를 시설하는 경우이다)

① 0.75   ② 1   ③ 2.5   ④ 1.5

> **Explanation**
>
> (KEC 231.3조) 저압 옥내배선의 사용전선
> 저압 옥내배선의 전선은 단면적 2.5[㎟] 이상의 연동선 사용해야 하나, 아래의 경우도 가능함.
> 옥내배선의 사용 전압이 400[V] 이하인 경우 전광표시 장치 기타 이와 유사한 장치 또는 제어회로 등의 배선

주요 문제

① 단면적 1.5[mm²] 이상의 연동선
② 단면적 0.75[mm²] 이상인 다심케이블 또는 다심 캡타이어 케이블 사용하고 과전류가 생겼을 때 자동적으로 전로에서 차단하는 장치 시설
③ 단면적 0.75[mm²] 이상의 코드 또는 캡타이어케이블 사용

【답】①

09 과전류차단기로 저압전로에 사용하는 80[A] 퓨즈를 수평으로 붙이고, 정격전류의 1.6배 전류를 통한 경우에 몇 분 안에 용단되어야 하는가?

① 30분　　② 60분　　③ 120분　　④ 180분

Explanation

(KEC 212.3.4조) 보호장치의 특성
과전류차단기로 저압전로에 사용하는 범용의 퓨즈는 다음에 의하여야 한다.

정격전류의 구분	시간	정격전류의 배수	
		불용단 전류	용단 전류
…	…	…	…
63[A] 초과 160[A] 이하	120분	1.25배	1.6배
160[A] 초과 400[A] 이하	180분	1.25배	1.6배
…	…	…	…

【답】③

10 과전류 차단기로 저압전로에 사용하는 주택용 배선차단기의 순시트립범위 $10I_n$ 초과 ~ $20I_n$ 이하인 주택용 배선차단기는?(단, I_n은 차단기 정격전류이다)

① A형　　② B형　　③ C형　　④ D형

Explanation

(KEC 212.3.4조) 보호장치의 특성
주택용 배선차단기의 순시트립 범위

형	순시트립범위(I_n: 차단기 정격전류)
B	$3I_n$ 초과 $5I_n$ 이하
C	$5I_n$ 초과 $10I_n$ 이하
D	$10I_n$ 초과 $20I_n$ 이하

【답】④

11 애자공사에 의한 저압 옥내배선 시 전선 상호 간의 간격은 몇 [cm] 이상인가?

① 2　　② 4　　③ 6　　④ 8

Explanation

(KEC 232.56조) 애자공사
애자공사에 의한 저압 옥내배선 시 전선 상호 간의 간격은 0.06[m] 이상일 것

【답】③

12 사용 전압이 380[V]인 옥내 배선을 애자공사로 시설할 때 전선과 조영재 사이의 이격 거리는 몇 [cm] 이상이어야 하는가?

① 2　　② 2.5　　③ 4.5　　④ 6

Explanation

(KEC 232.56조) 애자공사
① 전선은 절연전선(옥외용 비닐 절연전선 및 인입용 비닐 절연전선을 제외한다)일 것
② 전선 상호 간의 간격은 0.06[m] 이상일 것

③ 전선과 조영재 사이의 이격 거리는 사용 전압이 400[V] 이하인 경우에는 25[mm] 이상, 400[V] 초과인 경우에는 45[mm] (건조한 장소에 시설하는 경우에는 25[mm]) 이상일 것

【답】②

13 금속관 공사에 의한 저압 옥내 배선의 방법으로 틀린 것은?

① 옥외용 비닐 절연전선을 사용하였다.
② 전선으로 연선을 사용하였다.
③ 콘크리트에 매설하는 관은 두께 1.2[mm] 용을 사용하였다.
④ 사용 전압 400[V] 이상이고 사람의 접촉우려가 없어도 접지 공사를 하였다.

Explanation

(KEC 232.12조) 금속관공사
① 전선은 절연전선(옥외용 비닐 절연전선을 제외한다)일 것
② 전선은 연선일 것. 다만, 다음의 것은 적용하지 않는다.
 • 짧고 가는 금속관에 넣은 것
 • 단면적 10[mm²](알루미늄선은 단면적 16[mm²]) 이하의 것
③ 전선은 금속관 안에서 접속점이 없도록 할 것
④ 관의 두께는 다음에 의할 것
 • 콘크리트에 매설하는 것은 1.2[mm] 이상
 • 콘크리트에 매설하는 것 이외의 것은 1[mm] 이상
⑤ 접지공사를 할 것

【답】①

14 일반 주택의 저압 옥내배선을 점검한 결과 시공이 잘못된 것은?

① 욕실의 전등으로 방습형 형광등이 시설되어 있다.
② 단상 3선식 인입개폐기의 중성선에 동판이 접속되어 있다.
③ 합성수지관의 지지점간의 거리가 2[m] 되어 있다.
④ 금속관 공사로 시공된 곳에는 HIV전선이 사용되었다.

Explanation

(KEC 232.11조) 합성수지관공사
관의 지지점 간의 거리는 1.5[m] 이하로 하고, 또한 그 지지점은 관의 끝·관과 박스의 접속점 및 관 상호 간의 접속점 등에 가까운 곳에 시설할 것

【답】③

15 가요전선관 공사에 대한 설명 중 틀린 것은?

① 가요전선관 안에서는 전선의 접속점이 없어야 한다.
② 1종 금속제 가요전선관의 두께는 1.2[mm] 이상이어야 한다.
③ 가요전선관 내에 수용되는 전선은 연선이어야 하며 단면적 10[mm²] 이하의 단선은 무방하다.
④ 가요전선관 내에 수용되는 전선은 옥외용 비닐 절연전선을 제외하고는 절연전선이어야 한다.

Explanation

(KEC 232.13조) 금속제 가요전선관공사
① 전선은 절연전선(옥외용 비닐 절연전선을 제외한다)일 것
② 전선은 연선일 것. 다만, 단면적 10[mm²](알루미늄선은 단면적 16[mm²]) 이하인 것은 그러하지 아니하다.
③ 가요전선관 안에는 전선에 접속점이 없도록 할 것
④ 접지공사를 할 것

【답】②

주요 문제

16 금속덕트에 넣은 전선의 단면적(절연피복의 단면적을 포함)의 합계는 덕트의 내부 단면적의 몇 [%] 이하이어야 하는가?(단, 전광표시장치 기타 이와 유사한 장치 또는 제어회로 등의 배선만 넣은 경우가 아니다)

① 10　　② 20　　③ 32　　④ 48

Explanation

(KEC 232.31조) 금속덕트공사
① 전선은 절연전선(옥외용 비닐절연전선은 제외)일 것
② 금속덕트에 넣은 전선의 단면적(절연피복의 단면적을 포함)의 합계는 덕트의 내부 단면적의 20[%](전광표시 장치 기타 이와 유사한 장치 또는 제어회로 등의 배선만을 넣는 경우에는 50[%]) 이하일 것　　【답】②

17 일반주택 및 아파트 각 호실의 현관등은 몇 분 이내에 소등되는 타임스위치를 시설하여야 하는가?

① 1분　　② 3분　　③ 5분　　④ 10분

Explanation

(KEC 234.6조) 점멸기의 시설
관광숙박업 또는 숙박업의 호텔 또는 여관 각 객실 입구등은 1분, 일반 주택 및 아파트 현관등은 3분 이내　　【답】②

18 욕실 등 인체가 물에 젖어 있는 상태에서 물을 사용하는 장소에 콘센트를 시설하는 경우에 적합한 누전 차단기는?

① 정격감도 전류 15[mA] 이하, 동작 시간 0.03초 이하의 전압동작형 누전 차단기
② 정격감도 전류 15[mA] 이하, 동작 시간 0.03초 이하의 전류동작형 누전 차단기
③ 정격감도 전류 15[mA] 이하, 동작 시간 0.3초 이하의 전압동작형 누전 차단기
④ 정격감도 전류 15[mA] 이하, 동작 시간 0.3초 이하의 전류동작형 누전 차단기

Explanation

(KEC 234.5조) 콘센트의 시설
욕실 등 인체가 물에 젖어있는 상태에서 물을 사용하는 장소에 콘센트를 시설하는 경우 인체감전보호용 누전차단기(정격감도전류 15[mA] 이하, 동작시간 0.03초 이하의 전류동작형의 것에 한한다) 또는 절연변압기(정격 용량 3[kVA] 이하인 것에 한한다)로 보호된 전로에 접속하거나, 인체감전보호용 누전차단기가 부착된 콘센트를 시설하여야 한다.　　【답】②

19 아파트 세대 욕실에 "비데용 콘센트"를 시설하려 한다. 다음의 시설방법 중 틀린 것은?

① 콘센트는 방적형 콘센트를 사용한다.
② 인체감전보호용 누전차단기(정격감도전류 15[mA] 이하, 동작시간 0.03초 이하의 전류동작형의 것에 한한다)를 보호된 전로에 접속한다.
③ 절연변압기(정격용량 3[kVA] 이하인 것에 한한다)로 보호된 전로에 접속한다.
④ 콘센트는 접지극이 없는 것을 사용한다.

Explanation

(KEC 234.5조) 콘센트의 시설
① 욕조나 샤워시설이 있는 욕실 또는 화장실 등 인체가 물에 젖어있는 상태에서 전기를 사용하는 장소에 콘센트를 시설하는 경우에는 다음에 따라 시설하여야한다.
• 「전기용품 및 생활용품 안전관리법」의 적용을 받는 인체감전보호용 누전차단기(정격감도전류 15[mA] 이하, 동작시간 0.03초 이하의 전류동작형의 것에 한한다) 또는 절연변압기(정격용량 3[kVA] 이하인 것에 한한다)로 보호된 전로에 접속하거나, 인체감전보호용 누전차단기가 부착된 콘센트를 시설하여야 한다.
• 콘센트는 접지극이 있는 방적형 콘센트를 사용하여 규정에 준하여 접지하여야 한다.
② 습기가 많은 장소 또는 수분이 있는 장소에 시설하는 콘센트 및 기계기구용 콘센트는 접지용 단자가 있는 것을 사용하여 접지하여야 한다.　　【답】④

20 교통신호등 제어장치의 2차측 배선의 최대사용전압은 몇 [V] 이하여야 하는가?

① 150 ② 220 ③ 300 ④ 500

Explanation

(KEC 234.15조) 교통신호등
교통신호등 회로의 사용 전압은 300[V] 이하이어야 한다. 【답】③

21 전기욕기에 전기를 공급하는 전원장치는 전기욕기용으로 내장되어 있는 2차측 전로의 사용 전압을 몇 [V] 이하로 한정하고 있는가?

① 5 ② 10 ③ 20 ④ 35

Explanation

(KEC 241.2조) 전기욕기
전기욕기에 전기를 공급하기 위한 전기욕기용 전원장치(내장되어 있는 전원 변압기의 2차측 전로의 사용 전압이 10[V] 이하인 것에 한한다) 【답】②

22 전기온상용 발열선은 그 온도가 몇 [℃]를 넘지 않도록 시설하여야 하는가?

① 50 ② 60 ③ 80 ④ 100

Explanation

(KEC 241.5조) 전기온상 등
① 전기온상 등에 전기를 공급하는 전로의 대지전압은 300[V] 이하일 것
② 발열선 및 발열선에 직접 접속하는 전선은 전기온상선(電氣溫床線)일 것
③ 발열선 및 발열선에 직접 접속하는 전선은 손상을 받을 우려가 있는 경우에는 적당한 방호장치를 할 것(접지공사를 할 것)
④ 발열선은 그 온도가 80[℃]를 넘지 아니하도록 시설할 것
⑤ 발열선을 공중에 시설하는 전기온상 등은 발열선의 지지점간의 거리는 1[m] 이하일 것 【답】③

23 이동형의 용접전극을 사용하는 아크 용접장치의 용접변압기의 1차 측 전로의 대지전압은 몇 [V] 이하이어야 하는가?

① 60 ② 150 ③ 300 ④ 400

Explanation

(KEC 241.10조) 아크 용접기
① 용접변압기는 절연변압기일 것
② 용접변압기의 1차 측 전로의 대지 전압은 300[V] 이하일 것
③ 용접변압기의 1차 측 전로에는 용접변압기에 가까운 곳에 쉽게 개폐할 수 있는 개폐기를 시설할 것
④ 전선은 용접용 케이블이고 또는 캡타이어 케이블일 것
⑤ 피용접재 또는 이와 전기적으로 접속되는 받침대·정반 등의 금속체에는 접지공사를 할 것 【답】③

24 폭연성 먼지 또는 화약류의 분말에 전기설비가 발화원이 되어 폭발할 우려가 있는 곳의 저압 옥내 전기설비는 어느 공사에 의하는가?(단, 사용전압이 400[V] 초과인 방전등을 제외한 경우이다)

① 캡타이어 케이블 공사 ② 합성수지관 공사
③ 애자공사 ④ 금속관 공사

Explanation

(KEC 242.2.1조) 폭연성 분진 위험장소
폭연성 분진이나 화약류의 분말이 존재하는 곳 : 금속관 공사나 케이블 공사(캡타이어 케이블은 제외) 【답】④

주요 문제

25 화약류 저장소의 전기설비 시설에 있어서 틀린 것은?
① 전로의 대지 전압은 300[V] 이하로 한다.
② 전기기계기구는 전폐형으로 시설한다.
③ 케이블을 전기기계기구에 인입할 때에는 인입구에서 케이블이 손상될 우려가 없도록 시설한다.
④ 전용개폐기 및 과전류 차단기는 화약류 저장소 안에 둔다.

Explanation

(KEC 242.5조) 화약류 저장소 등의 위험장소
① 대지전압은 300[V] 이하
② 전기기계기구는 전폐형
③ 인입구에서 케이블이 손상될 우려가 없도록 시설할 것
④ 화약류 저장소 이외의 곳에 전용 개폐기 및 과전류 차단기를 시설

【답】 ④

26 무대, 무대마루 밑, 오케스트라박스, 영사실 기타 사람이나 무대 도구가 접촉할 우려가 있는 곳에 시설하는 저압 옥내배선, 전구선 또는 이동전선은 사용전압이 몇 [V] 이하이어야 하는가?
① 60 ② 110 ③ 220 ④ 400

Explanation

(KEC 242.6조) 전시회, 쇼 및 공연장의 전기설비
무대·무대마루 밑·오케스트라박스·영사실 기타 사람이나 무대 도구가 접촉할 우려가 있는 곳에 시설하는 저압 옥내배선·전구선 또는 이동전선은 사용전압이 400[V] 이하일 것

【답】 ④

27 케이블트렌치의 구조에 대한 설명으로 틀린 것은?
① 케이블트렌치 굴곡부 안쪽의 반경은 통과하는 전선의 허용곡률반경 이하로 시설할 것
② 케이블트렌치의 바닥 및 측면에는 방수처리하고 물이 고이지 않도록 할 것
③ 케이블트렌치의 뚜껑, 받침대 등 금속제는 내식성의 재료이거나 방식처리를 할 것
④ 케이블트렌치는 외부에서 고형물이 들어가지 않도록 IP2X 이상으로 시설할 것

Explanation

(KEC 232.24조) 케이블트렌치공사
① 케이블트렌치의 바닥 또는 측면에는 전선의 하중에 충분히 견디고 전선에 손상을 주지 않는 받침대를 설치할 것
② 케이블트렌치의 뚜껑, 받침대 등 금속재는 내식성의 재료이거나 방식처리를 할 것
③ 케이블트렌치 굴곡부 안쪽의 반경은 통과하는 전선의 허용곡률반경 이상이어야 하고 배선의 절연피복을 손상시킬 수 있는 돌기가 없는 구조일 것
④ 케이블트렌치의 뚜껑은 바닥 마감면과 평평하게 설치하고 장비의 하중 또는 통행 하중 등 충격에 의하여 변형되거나 파손되지 않도록 할 것
⑤ 케이블트렌치의 바닥 및 측면에는 방수처리하고 물이 고이지 않도록 할 것
⑥ 케이블트렌치는 외부에서 고형물이 들어가지 않도록 IP2X 이상으로 시설할 것

【답】 ①

28 전주외등에서 조명기구 및 부착금구에 대한 시설기준으로 틀린 것은? 단, 대지전압 300[V] 이하의 형광등, 고압방전등, LED등 등을 배전선로의 지지물에 등에 시설하는 경우이다.
① 기구의 인출선은 도체단면적이 0.75[mm²] 이상일 것
② 기구는 전기안전관리법 또는 산업안전보건법에 적합한 것
③ 기구는 광원의 손상을 방지하기 위하여 원칙적으로 갓 또는 글로브가 붙은 것
④ 기구는 전구를 쉽게 갈아 끼울 수 있는 구조일 것

Explanation

(KEC 234.10조) 전주외등
① 「전기용품 및 생활용품 안전관리법」 또는 「산업표준화법」에 적합한 것.
② 원칙적으로 갓 또는 글로브가 붙은 것
③ 전구를 쉽게 갈아 끼울 수 있는 구조
④ 인출선은 도체단면적이 0.75[㎟] 이상

【답】②

29 옥내에 시설하는 관등회로의 사용전압이 1[kV] 이하인 방전등 공사에 대한 설명으로 틀린 것은?
① 방전등용 안정기를 물기 등이 유입될 수 있는 곳에 시설할 경우는 방수형이나 이와 동등한 성능이 있는 것을 사용하여야 한다.
② 관등회로의 사용전압이 대지전압 150[V] 이하의 것을 건조한 장소에 시공할 경우 접지공사를 생략할 수 있다.
③ 관등회로의 사용전압이 400[V] 초과인 경우에는 방전등용 변압기를 사용하여야 한다.
④ 관등회로의 사용전압이 400[V] 초과이고, 1[kV] 이하인 배선을 애자공사에 의하여 시설할 경우 전선 상호 간의 거리는 50[mm] 이상이어야 한다.

> Explanation

(KEC 234.11조) 1[kV] 이하 방전등
애자공사 시 전선 상호 간의 거리 : 60[mm] 이상

【답】④

30 전기울타리의 접지전극과 다른 접지 계통의 접지전극의 거리는 몇 [m] 이상이어야 하는가?
(단, 충분한 접지망을 가지지 못한 경우이다)
① 1
② 2
③ 3
④ 4

> Explanation

(KEC 241.1조) 전기울타리
① 옥외에서 가축의 탈출 또는 야생짐승의 침입을 방지하기 위해서만 시설
③ 전선은 인장강도 1.38[kN] 이상의 것 또는 지름 2[mm] 이상의 경동선일 것
④ 전선과 이를 지지하는 기둥 사이의 이격거리는 25[mm] 이상일 것
⑤ 전선과 다른 시설물(가공 전선을 제외) 또는 수목 사이의 이격거리는 0.3[m] 이상일 것
⑥ 전기 울타리에 전기를 공급하는 전로에는 쉽게 개폐할 수 있는 곳에 전용 개폐기를 시설하여야 한다.
⑦ 전기 울타리의 접지전극과 다른 접지 계통의 접지전극의 거리는 2[m] 이상일 것
⑧ 전기울타리용 전원 장치에 전기를 공급하는 전로의 사용전압은 250[V] 이하이어야 한다.

【답】②

31 2차측 개방전압이 7[kV] 이하인 절연변압기를 사용하고 보호격자에 사람이 접촉될 경우 절연변압기의 1차측 전로를 자동적으로 차단하는 보호장치를 시설할 경우, 전격살충기의 전격격자는 지표 또는 바닥에서 몇 [m] 이상의 높이에 시설하여야 하는가?
① 2.5
② 1.8
③ 1.5
④ 3.5

> Explanation

(KEC 241.7.1조) 전격살충기의 시설
① 「전기용품 및 생활용품 안전관리법」의 적용을 받는 것일 것.
② 전격격자(電擊格子)는 지표 또는 바닥에서 3.5[m] 이상. 다만, 2차측 개방 전압이 7[kV] 이하의 절연변압기를 사용하고 또한 절연변압기의 1차측 전로를 자동적으로 차단하는 보호장치 시설하면 지표 또는 바닥에서 1.8[m]까지 감할 수 있다.

【답】②

주요 문제

32 수영장 기타 이와 유사한 장소에 사용되는 수중조명등에 전기를 공급하기 위해서 사용되는 절연 변압기의 1차측 전로와 2차측 전로의 사용전압으로 옳은 것은?

① 1차 400[V] 이하 2차 150[V] 이하
② 1차 750[V] 이하 2차 450[V] 이하
③ 1차 300[V] 이하 2차 300[V] 이하
④ 1차 450[V] 이하 2차 300[V] 이하

Explanation

(KEC 234.14.1조) 수중조명등 사용전압
수중조명등에 전기를 공급하기 위해서는 절연변압기를 사용할 것
① 1차측 전로의 사용전압 : 400[V] 이하
② 2차측 전로의 사용전압 : 150[V] 이하

【답】①

33 전기부식방지 시설에서 전기부식방지 회로의 사용전압은 직류 몇 [V] 이하이어야 하는가?(단, 전기부식방지 회로는 전기부식방지용 전원 장치로부터 양극 및 피방식체까지의 전로를 말한다)

① 20   ② 40   ③ 60   ④ 80

Explanation

(KEC 241.16조) 전기 부식방지 시설
전기부식방지 회로의 사용 전압은 직류 60[V] 이하

【답】③

34 사용전압 400[V] 이하 건조한 장소의 진열장 내부에 배선을 직접 조영재에 밀착할 때 캡타이어케이블 단면적은 몇 [mm²] 이상인가?

① 0.5   ② 1   ③ 0.75   ④ 1.25

Explanation

(KEC 234.8조) 진열장 또는 이와 유사한 것의 내부 배선
건조한 곳에 시설하고 내부를 건조한 상태로 사용하는 진열장 또는 진열장 안의 사용 전압이 400[V] 이하인 저압 옥내 배선은 외부에서 보기 쉬운 곳에 한하여 단면적 0.75[mm²] 이상의 코드 또는 캡타이어 케이블 1[m] 이하마다 지지하여 시설 할 수 있다.

【답】③

6 고압·특고압 전기설비

1. 특고압 전로에 결합되는 고압전로에는 사용전압의 3배 이하인 전압
   - 방전장치 : 변압기의 단자에 가까운 1극에 설치하고 접지공사

2. 전로의 중성점의 접지
   - 목적 : 보호 장치의 확실한 동작 확보, 이상 전압의 억제, 대지전압의 저하

3. 기계 및 기구 시설
   ① 특고압 배전용 변압기 : 1차 전압은 35[kV] 이하, 2차 전압은 저압, 고압
   - 특고압측 : 개폐기, 과전류 차단기 시설
   ② 고주파 이용 설비(누설되는 고주파 전류의 허용한도)
   - 측정값의 최대값에 대한 평균값 : −30[dB]
   ③ 접지공사 생략
   - 사용전압이 직류 300[V] 또는 교류 대지전압이 150[V] 이하인 기계기구를 건조한 곳에 시설(저압용이나 고압용의 기계기구를 사람이 쉽게 접촉할 우려가 없도록 목주 기타 이와 유사한 것의 위에 시설하는 경우)
   - 절연대를 설치
   - 2중 절연구조로 되어 있는 기계기구
   - 인체감전보호용 누전차단기(정격감도전류가 30[mA] 이하, 동작시간이 0.03초 이하의 전류동작형에 한함)를 시설하는 경우
   ④ 아크를 발생하는 기구의 시설 : 고압용 : 1[m] 이상, 특고압용 : 2[m] 이상

4. 개폐기 및 과전류차단기 시설
   ① 고압전로 과전류차단기의 시설 (고압용 퓨즈)
   - 포장 퓨즈 : 정격 전류의 1.3배 견디고 2배의 전류 120분 안에 용단
   - 비포장 퓨즈 : 정격 전류의 1.25배 견디고 2배의 전류 2분 안에 용단
   ② 과전류차단기의 시설 제한
   - 접지공사의 접지도체
   - 다선식 전로의 중성선
   - 전로의 일부에 접지공사를 한 저압 가공전선로의 접지측 전선
   ③ 피뢰기의 시설
   - 발전소·변전소 또는 이에 준하는 장소의 가공전선 인입구 및 인출구
   - 가공전선로에 접속하는 배전용 변압기의 고압측 및 특고압측
   - 고압 및 특고압 가공전선로로부터 공급을 받는 수용장소의 인입구
   - 가공전선로와 지중전선로가 접속되는 곳
   ④ 피뢰기의 접지공사 : 10[Ω] 이하

5. 고압, 특고압 옥내배선

① 고압 옥내배선
- 케이블공사, 애자사용공사(건조하고 전개된 장소), 케이블트레이공사
- 전선 : 6[㎟] 이상의 연동선, 특고압 절연전선, 인하용 고압 절연전선
- 고압 옥내배선과 다른 고압 옥내배선·저압 옥내전선·관등회로 배선·약전류 전선 등 또는 수관·가스관 이격거리 : 0.15[m] 이상

② 특고압 옥내배선
- 사용전압 : 100[kV] 이하(케이블트레이공사 35[kV] 이하)
- 특고압 옥내배선과 저·고압 옥내배선, 관등회로의 배선·고압 옥내전선·약전류 전선 등 또는 수관·가스관 이격거리 : 0.6[m] 이상

주요 문제

01 과전류 차단기로 시설하는 퓨즈 중 고압전로에 사용하는 비포장 퓨즈의 특성에 해당되는 것은?
① 정격 전류의 1.25배의 전류에 견디고, 2배의 전류로 120분 안에 용단되는 것이어야 한다.
② 정격 전류의 1.1배의 전류에 견디고, 2배의 전류로 120분 안에 용단되는 것이어야 한다.
③ 정격 전류의 1.25배의 전류에 견디고, 2배의 전류로 2분 안에 용단되는 것이어야 한다.
④ 정격 전류의 1.1배의 전류에 견디고, 2배의 전류로 2분 안에 용단되는 것이어야 한다.

Explanation

(KEC 341.10조) 고압 및 특고압 전로 중의 과전류 차단기의 시설
① 포장 퓨즈 : 1.3배의 전류에 견디고 또한 2배의 전류로 120분 안에 용단
② 비포장 퓨즈 : 1.25배의 전류에 견디고 또한 2배의 전류로 2분 안에 용단

【답】③

02 전로의 중성점 접지의 목적에 해당하지 않는 것은?
① 대지전압의 저하
② 손실전력의 감소
③ 보호장치의 확실한 동작의 확보
④ 이상전압의 억제

Explanation

(KEC 322.5조) 전로의 중성점의 접지
전로의 보호 장치의 확실한 동작의 확보, 이상 전압의 억제 및 대지 전압의 저하를 위하여 특히 필요한 경우에 전로의 중성점에 접지한다.

【답】②

03 사용전압이 35[kV] 초과인 특고압용 차단기가 동작 시에 아크가 생기는 경우 목재의 벽 또는 천장 기타의 가연성 물체로부터 몇 [m] 이상 이격하여 시설해야 하는가?
① 1
② 1.5
③ 2
④ 0.5

Explanation

(KEC 341.7조) 아크를 발생하는 기구의 시설
고압용 또는 특고압용의 개폐기·차단기·피뢰기 기타 이와 유사한 기구로서 동작 시에 아크가 생기는 것은 목재의 벽 또는 천장 기타의 가연성 물체로부터 고압용 1[m], 특고압용 2[m] 이상(사용전압이 35[kV] 이하의 특고압용의 기구 등으로서 동작할 때에 생기는 아크의 방향과 길이를 화재가 발생할 우려가 없도록 제한하는 경우에는 1[m] 이상) 이격하여 시설

【답】③

04 고압 옥내배선의 공사방법으로 틀린 것은?
① 케이블 공사
② 합성수지관 공사
③ 케이블 트레이 공사
④ 애자사용공사(건조한 장소로서 전개된 장소에 한한다)

Explanation

(KEC 342.1조) 고압 옥내배선 등의 시설
① 애자사용공사(건조한 장소로서 전개된 장소에 한한다)
② 케이블 공사
③ 케이블 트레이 공사

【답】②

05 애자사용공사에 의한 고압 옥내배선에 사용되는 연동선의 공칭단면적은 몇 [mm²]인가?
① 6
② 4
③ 8
④ 2.5

Explanation

주요 문제

(KEC 342.1조) 고압 옥내배선 등의 시설
전선 : 공칭단면적 6[mm²] 이상의 연동선 또는 이와 동등 이상의 세기 및 굵기의 고압 절연전선이나 특고압 절연전선 또는 인하용 고압 절연전선
【답】①

06 옥내에 시설하는 고압용 이동전선으로 옳은 것은?
① 6[mm] 연동선
② 비닐외장케이블
③ 옥외용 비닐절연전선
④ 고압용의 캡타이어케이블

Explanation

(KEC 342.2조) 옥내 고압용 이동전선의 시설
전선은 고압용의 캡타이어케이블일 것
【답】④

07 특고압 옥내 전기설비를 시설할 때 특고압 옥내 배선의 사용 전압은 몇 [kV] 이하이어야 하는가? 단, 케이블트레이 공사에 의하지 않으며, 위험의 우려가 없도록 시설한다.
① 100
② 170
③ 220
④ 350

Explanation

(KEC 342.4조) 특고압 옥내 전기설비의 시설
사용 전압은 100[kV] 이하일 것. 다만, 케이블 트레이 공사의 경우 35[kV] 이하일 것
【답】①

08 고압 및 특고압 가공전선로로부터 공급을 받는 수용장소의 인입구에 반드시 시설하여야 하는 것은?
① 무효전력보상장치
② 분로리액터
③ 방전코일
④ 피뢰기

Explanation

(KEC 341.13조) 피뢰기의 시설
고압 및 특고압의 전로 중 다음에 열거하는 곳 또는 이에 근접한 곳에는 피뢰기를 시설하여야 한다.
① 발전소·변전소 또는 이에 준하는 장소의 가공전선 인입구 및 인출구
② 특고압 가공전선로에 접속하는 341.2의 배전용 변압기의 고압측 및 특고압측
③ 고압 및 특고압 가공전선로로부터 공급을 받는 수용장소의 인입구
④ 가공전선로와 지중전선로가 접속되는 곳
【답】④

7 전기철도

1. 용어 정리
① 궤도 : 레일·침목 및 도상
② 전차선 : 전기철도차량의 집전장치와 접촉하여 전력을 공급하기 위한 전선
③ 급전선 : 전기철도차량에 사용할 전기를 변전소로부터 합성전차선에 공급하는 전선

2. 전기철도의 전기방식
① 전력수급조건(공칭전압(수전전압))

| 공칭전압(수전전압)[kV] | 교류 3상 22.9, 154, 345 |

② 전차선로의 전압
- 직류방식 : 공칭전압 750[V], 1,500[V]
- 교류방식 : 공칭전압 25,000[V], 50,000[V]

3. 전기철도의 변전방식(급전용변압기)
① 직류 전기철도의 경우 3상 정류기용 변압기
② 교류 전기철도의 경우 3상 스코트결선 변압기
③ 제어용 교류전원 : 상용과 예비의 2계통으로 구성
   제어반 : 디지털계전기방식

4. 전차선 가선방식 : 가공식, 강체조가식, 제3레일식
① 전차선 및 급전선의 최소 높이

시스템 종류	공칭전압[V]	동적[mm]	정적[mm]
직류	750	4,800	4,400
	1,500	4,800	4,400
단상교류	25,000	4,800	4,570

② 전차선로 설비의 안전율(합금전차선 : 2.0 이상, 경동선 : 2.2 이상)
③ 전차선로의 충전부와 차량 간의 절연이격

시스템 종류	공칭전압[V]	동적[mm]	정적[mm]
직류	750	25	25
	1,500	100	150
단상교류	25,000	170	270

5. 전기부식
주행레일을 귀선으로 이용하는 경우에는 누설전류에 의하여 케이블, 금속제 지중관로 및 선로 구조물 등에 영향을 미치는 것

① 전기부식 방지법

전기철도 측의 전기부식방식	매설금속체 측의 전기부식방식
• 변전소 간 간격 축소 • 레일본드의 양호한 시공 • 장대레일 채택 • 절연도상 및 레일과 침목사이에 절연층의 설치	• 배류장치 설치 • 절연코팅 • 매설금속체 접속부 절연 • 저준위 금속체를 접속 • 궤도와의 이격 거리 증대 • 금속판 등의 도체로 차폐

② 누설전류 간섭에 대한 방지
- 주행레일과 최소 1[m] 이상의 거리를 유지

6. 설비보호

① 사고 또는 고장의 파급을 방지하기 위해 사고전류를 검출하고 신속하고 순차적으로 차단할 수 있는 보호시스템 구성(설비계통 전반의 보호협조 되도록)
② 보호계전방식 : 신뢰성, 선택성, 협조성, 적절한 동작, 양호한 감도, 취급 및 보수점검 용이
③ 급전선로 보호계전방식에 자동재폐로 기능 : 안정도 향상, 자동 복구, 정전시간 감소 목적
④ 전차선로용 애자를 섬락사고로부터 보호하고 접지전위 상승 억제 위해 보호설비 구비
⑤ 피뢰기 설치 : 가공 선로측에서 발생한 지락 및 사고전류의 파급 방지

7. 회생제동

① 다음과 같은 경우 회생제동 사용 중단
- 전차선로 지락 발생
- 전차선로에서 전력을 받을 수 없는 경우

② 다른 전기장치에서 흡수할 수 없는 경우 전기철도차량은 다른 제동시스템으로 전환
③ 회생제동이 비상용제동으로 사용이 가능하고 독립적으로 전력을 운영할 수 있도록 설계

주요 문제

01 공칭전압이 750[V]인 직류시스템에서 전차선과 건조물 간의 동적 최소 절연간격은 몇 [mm] 이상을 확보해야 하는가?

① 25　　　　② 100　　　　③ 150　　　　④ 170

Explanation

(KEC 431.2조) 전차선로의 충전부와 건조물 간의 절연이격

건조물과 전차선, 급전선 및 전기철도차량 집전장치의 공기절연 이격거리는 표에 제시되어 있는 정적 및 동적 최소 절연이격거리 이상을 확보하여야 한다. 동적 절연이격의 경우 팬터그래프가 통과하는 동안의 일시적인 전선의 움직임을 고려하여야 한다.

시스템 종류	공칭전압[V]	동적[mm]		정적[mm]	
		비오염	오염	비오염	오염
직류	750	25	25	25	25
	1,500	100	110	150	160

【답】①

02 전차선과 건조물 간의 최소 절연거리에 대한 표이다. 다음 (　)안에 들어갈 내용으로 옳은 것은? (단, 제시되어 있는 동적 최소 이격거리 이상을 확보하여야 한다)

시스템 종류	공칭전압[V]	동적[mm]	
		비오염	오염
단상교류	25,000	(　)	220

① 170　　　　② 200　　　　③ 150　　　　④ 220

Explanation

(KEC 431.2조) 전차선로의 충전부와 건조물 간의 절연이격

시스템 종류	공칭전압[V]	동적[mm]		정적[mm]	
		비오염	오염	비오염	오염
단상교류	25,000	170	220	270	320

【답】①

03 전기철도의 설비보호를 위한 보호협조에 대한 설명으로 틀린 것은?

① 전차선로용 애자를 섬락사고로부터 보호하고 접지전위 상승을 억제하기 위하여 적정한 보호설비를 구비하여야 한다.
② 가공 선로측에서 발생한 지락 및 사고전류의 파급을 방지하기 위하여 피뢰기를 설치하여야 한다.
③ 급전선로는 안정도 향상, 자동복구, 정전시간 감소를 위하여 보호계전방식에 수동재폐로 기능을 구비하여야 한다.
④ 보호계전방식은 신뢰성, 선택성, 협조성, 적절한 동작, 양호한 강도, 취급 및 보수점검이 용이하도록 구성하여야 한다.

Explanation

(KEC 451.1조) 전기철도설비 보호협조
① 사고 또는 고장의 파급을 방지하기 위하여 계통 내에서 발생한 사고전류를 검출하고 차단장치에 의해서 신속하고 순차적으로 차단할 수 있는 보호시스템을 구성하며 설비계통 전반의 보호협조가 되도록 하여야 한다.
② 보호계전방식은 신뢰성, 선택성, 협조성, 적절한 동작, 양호한 강도, 취급 및 보수 점검이 용이하도록 구성하여야 한다.
③ 급전선로는 안정도 향상, 자동복구, 정전시간 감소를 위하여 보호계전방식에 자동재폐로 기능을 구비하여야 한다.
④ 전차선로용 애자를 섬락사고로부터 보호하고 접지전위 상승을 억제하기 위하여 적정한 보호설비를 구비하여야 한다.
⑤ 가공 선로측에서 발생한 지락 및 사고전류의 파급을 방지하기 위하여 피뢰기를 설치하여야 한다.

【답】③

주요 문제

04 전차선로의 직류방식의 급전전압에 대한 종류를 각 전압별 최고, 최저전압 직류(DC) 평균값의 기준을 나타낸 것으로 틀린 것은?

① 지속성 최저전압[V] : 500, 900
② 지속성 최고전압[V] : 900, 1,800
③ 공칭전압[V] : 750, 1,500
④ 장기 과전압[V] : 950, 1,950

Explanation

(KEC 411.2조) 전차선로의 전압
전차선로의 전압은 전원측 도체와 전류귀환 도체 사이에서 측정된 집전장치의 전위로서 전원공급시스템이 정상 동작상태에서의 값이며 직류방식은 사용전압과 각 전압별 최고, 최저전압은 표의 규정에 따라 선정하여야 한다.

구분	최저 영구 전압[V]	공칭전압[V]	최고 영구 전압[V]	최고 비영구 전압[V]	장기 과전압[V]
DC (평균값)	500	750	900	950	1,269
	900	1,500	1,800	1,950	2,538

【답】 ④

05 전기철도차량에 전력을 공급하는 전차선의 가선방식에 포함되지 않는 것은?

① 강체방식 ② 가공방식 ③ 지중조가선방식 ④ 제3레일방식

Explanation

(KEC 402조) 전기철도의 용어 정의
가선방식(전기철도차량에 전력을 공급하는 전차선의 가선방식) : 가공식, 강체식, 제3레일식

【답】 ③

06 전기철도차량이 전차선로와 접촉한 상태에서 견인력을 끄고 보조전력을 가동한 상태로 정지해 있다면 가공 전차선로의 유효전력이 200[kW] 이상일 경우 총 역률은 얼마보다 커야 하는가?

① 0.6 ② 0.7 ③ 0.8 ④ 0.9

Explanation

(KEC 441.4조) 전기철도차량의 역률
전기철도차량이 전차선로와 접촉한 상태에서 견인력을 끄고 보조전력을 가동한 상태로 정지해 있는 경우 : 가공 전차선로의 유효전력이 200[kW] 이상일 경우 총 역률은 0.8보다 클 것

【답】 ③

07 전기철도차량의 회생제동에 대한 기준으로 틀린 것은?

① 전기철도 전력공급시스템은 회생제동이 비상용제동으로 사용이 가능하고 독립적으로 전력을 운영할 수 있도록 설계되어야 한다.
② 회생전력을 다른 전기장치에서 흡수할 수 없는 경우 전기철도차량은 다른 제동시스템으로 전환되어야 한다.
③ 전차선로에서 전력을 받을 수 있는 경우 회생제동의 사용을 중단해야 한다.
④ 전차선로 지락이 발생한 경우 회생제동의 사용을 중단해야 한다.

Explanation

(KEC 441.5조) 회생제동
① 다음과 같은 경우 회생제동 사용 중단
 • 전차선로 지락 발생
 • 전차선로에서 전력을 받을 수 없는 경우
② 다른 전기장치에서 흡수할 수 없는 경우 전기철도차량은 다른 제동시스템으로 전환
③ 회생제동이 비상용제동으로 사용이 가능하고 독립적으로 전력을 운영할 수 있도록 설계

【답】 ③

08 전차의 급전선로의 시설에 대한 내용으로 틀린 것은?

① 가공식은 전차선의 높이 이상으로 전차선로 지지물에 병행 설치하며, 나전선의 접속은 직선접속을 원칙으로 한다.
② 신설 터널 내 급전선을 가공으로 설계할 경우 지지물의 취부는 C찬넬 또는 매입전을 이용하여 고정해야 한다.
③ 전기적 영향에 대한 최소 간격이 보장되지 않거나 지락, 불꽃 방전 등의 우려가 있을 경우에는 급전선을 케이블로 하여 안전하게 시공해야 한다.
④ 선상승강장, 인도교, 과선교 또는 다리 하부 등에 설치할 때에는 최소 절연간격 이하로 확보해야 한다.

Explanation

(KEC 431.4조) 급전선로
① 급전선은 나전선을 적용하여 가공식으로 가설을 원칙으로 한다. 다만, 전기적 영향에 대한 최소 간격이 보장되지 않거나 지락, 불꽃 방전 등의 우려가 있을 경우에는 급전선을 케이블로 하여 안전하게 시공하여야 한다.
② 가공식은 전차선의 높이 이상으로 전차선로 지지물에 병행 설치하며, 나전선의 접속은 직선접속을 원칙으로 한다.
③ 신설 터널 내 급전선을 가공으로 설계할 경우 지지물의 취부는 C찬넬 또는 매입전을 이용하여 고정하여야 한다.
④ 선상승강장, 인도교, 과선교 또는 다리 하부 등에 설치할 때에는 최소 절연간격 이상을 확보하여야 한다. 【답】④

09 전기철도의 변전소 설비에 대한 시설기준으로 틀린 것은?

① 차단기는 계통의 장래계획을 감안하여 용량을 결정하고, 회로의 특성에 따라 기종과 동작책무 및 차단시간을 선정하여야 한다.
② 개폐기는 선로 중 중요한 분기점, 고장발견이 필요한 장소, 빈번한 개폐를 필요로 하는 곳에 설치하며, 개폐상태의 표시, 쇄정장치 등을 설치하여야 한다.
③ 제어용 교류전원은 상용과 예비의 2계통으로 구성하여야 한다.
④ 제어반의 경우 아날로그계전기방식을 원칙으로 하여야 한다.

Explanation

(KEC 421.4조) 변전소의 설비
① 급전용변압기 : 직류 전기철도 3상 정류기용 변압기, 교류 전기철도 3상 스코트결선 변압기 원칙
② 차단기는 계통의 장래계획을 감안하여 용량을 결정, 회로의 특성에 따라 기종과 동작책무 및 차단시간 선정
③ 개폐기 : 선로 중 중요한 분기점, 고장발견이 필요한 장소, 빈번한 개폐 필요(개폐상태 표시, 쇄정장치 등 설치)
④ 제어용 교류전원은 상용과 예비의 2계통으로 구성
⑤ 제어반의 경우 디지털계전기방식을 원칙으로 함 【답】④

10 전기철도에서 귀선로에 대한 내용으로 옳은 것은?

① 귀선로는 절연보호도체, 매설접지도체, 레일로 구성되어 있다.
② 단권변압기 중성점과 각각 단독접지에 접속한다.
③ 귀선로는 사고 및 지락 시에도 충분한 허용전류용량을 갖도록 해야 한다.
④ 철도에 있어서 차륜을 직접지지하고 안내해서 차량을 안전하게 주행시키는 선로를 말한다.

Explanation

(KEC 431.5조) 귀선로
① 귀선로는 비절연보호도체, 매설접지도체, 레일 등으로 구성하여 단권변압기 중성점과 공통접지에 접속한다.
② 비절연보호도체의 위치는 통신유도장해 및 레일전위의 상승의 경감을 고려하여 결정하여야 한다.
③ 귀선로는 사고 및 지락 시에도 충분한 허용전류용량을 갖도록 하여야 한다.
④는 "레일"의 정의이다. 【답】③

8 분산형 전원

1. 용어 정리
① 분산형전원 : 중앙급전 전원과 구분되는 것
   전력소비지역 부근에 분산하여 배치 가능한 전원. 상용전원의 정전 시에만 사용하는 비상용 예비전원은 제외하며, 신·재생에너지 발전설비, 전기저장장치 등을 포함
② 단독운전 : 전력계통의 일부가 전력계통의 전원과 전기적으로 분리된 상태에서 분산형전원에 의해서만 가압되는 상태

2. 분산형전원 계통 연계설비의 시설
① 분산형전원설비 사업자의 한 사업장의 설비 용량 합계가 250[kVA] 이상일 경우
   송·배전계통과 연계지점의 연결 상태를 감시 또는 유효전력, 무효전력 및 전압을 측정할 수 있는 장치 시설
② 이상 또는 고장 발생 시 자동적으로 분산형전원설비를 전력계통으로부터 분리
  • 분산형전원설비의 이상 또는 고장
  • 연계한 전력계통의 이상 또는 고장
  • 단독운전 상태

3. 전기저장 장치(이차전지를 이용한 전기저장장치)
① 주택의 옥내전로의 대지전압 : 직류 600[V] 이하
② 전기배선
  • 전선 : 공칭단면적 2.5[mm²] 이상의 연동선
  • 배선공사(옥내, 옥외) : 합성수지관공사, 금속관공사, 케이블공사, 금속제 가요전선관공사
③ 자동으로 전로로부터 차단하는 장치 시설
  • 과전압 또는 과전류가 발생한 경우
  • 제어장치에 이상이 발생한 경우
  • 이차전지 모듈의 내부 온도가 급격히 상승할 경우
④ 계측장치
  • 축전지 출력단자의 전압, 전류, 전력 및 충방전 상태
  • 주요변압기의 전압, 전류 및 전력
⑤ 전용건물 이외의 장소에 시설하는 경우
   이차전지랙과 랙 사이 및 랙과 벽면 사이 : 1[m] 이상 이격

4. 태양광발전설비
① 주택의 옥내전로의 대지전압 : 직류 600[V] 이하
② 계측장치 : 전압과 전류 또는 전압과 전력을 계측

5. 풍력발전설비

① 항공장애 표시등 시설, 500[kW] 이상의 풍력터빈 화재방호설비 시설(자동소화)
② 풍력설비의 시설
- 피뢰설비 : 수뢰부를 풍력터빈 선단부분 및 가장자리 부분에 배치
- 피뢰도선은 나셀의 프레임에 접속

③ 계측장치 : 회전속도계, 진동계, 풍속계, 압력계, 온도계

6. 연료전지설비

① 시험
- 내압시험 : 최고 사용압력의 1.5배의 수압(수압으로 시험을 실시하는 것이 곤란한 경우는 최고 사용압력의 1.25배의 기압)에 최소 10분간 견딜 것

② 계측장치
- 전압과 전류 또는 전압과 전력
- 온도계 및 연료가스 유량 또는 압력

주요 문제

01 송·배전계통과 연계지점의 연결상태를 감시 또는 유효전력, 무효전력 및 전압을 측정할 수 있는 장치를 시설해야 하는 경우는 분산형전원설비 사업자의 한 사업장의 설비 용량 합계가 몇 [kVA] 이상일 때인가?

① 150 ② 200 ③ 250 ④ 300

Explanation

(KEC 503.2.1조) 전기 공급방식 등
분산형전원설비 사업자의 한 사업장의 설비용량 합계가 250[kVA] 이상일 경우에는 송·배전계통과 연계지점의 연결상태를 감시 또는 유효전력 무효전력 및 전압을 측정할 수 있는 장치를 시설할 것 【답】③

02 전용건물 이외의 장소에 시설하는 경우 이차전지랙과 랙 사이 및 랙과 벽면 사이 전면부는 몇 [m] 이상 이격하여야 하는가? (단, 예외사항은 고려하지 않는다)

① 1 ② 3 ③ 5 ④ 10

Explanation

(KEC 515.2.2조) 전용건물 이외의 장소에 시설하는 경우
이차전지랙과 랙 사이 및 랙과 벽면 사이는 각각 1[m] 이상 이격하여야 한다. 【답】①

03 주택의 전기저장장치 축전지에 접속하는 부하 측 옥내배선에서 전로에 지락이 생겼을 때 자동적으로 전로를 차단하는 장치를 시설한 경우에 주택의 옥내전로의 대지전압은 직류 몇 [V]까지 적용할 수 있는가?

① 100 ② 300 ③ 500 ④ 600

Explanation

(KEC 511.1.3조) 전기저장장치 옥내전로의 대지전압 제한
주택의 전기저장장치의 축전지에 접속하는 부하 측 옥내배선을 다음에 따라 시설하는 경우에 주택의 옥내전로의 대지전압은 직류 600[V]까지 적용할 수 있다. 【답】④

04 전기저장장치를 옥외에 시설할 경우 배선설비 공사에 해당하지 않는 것은?

① 금속제 가요전선관공사 ② 합성수지관공사
③ 금속관공사 ④ 애자공사

Explanation

(KEC 511.2조) 전기저장장치의 시설
옥측 또는 옥외에 시설할 경우 배선설비 공사는 합성수지관공사, 금속관공사, 금속제 가요전선관공사 또는 케이블공사(수직 케이블의 포설 제외)의 규정에 준하여 시설할 것 【답】④

05 태양전지 발전소에 시설하는 태양전지 모듈, 전선 및 개폐기의 시설에 대한 설명으로 틀린 것은?

① 옥측에 시설하는 경우 금속관공사, 합성수지관공사, 애자공사로 배선할 것
② 어레이 출력개폐기는 점검이나 조작이 가능한 곳에 시설할 것
③ 모듈을 병렬로 접속하는 전로에는 그 전로에 단락전류가 발생할 경우에 전로를 자동으로 차단하는 과전류차단기를 시설할 것
④ 전선은 공칭단면적 2.5[mm²] 이상의 연동선을 사용할 것

Explanation

(KEC 522조) 태양광설비의 시설
보기 ①에서 옥측 또는 옥외에 가능한 배선방법은 금속관공사, 합성수지관공사, 금속제 가요전선관공사, 케이블공사이다.

【답】①

06 풍력터빈의 피뢰설비의 시설기준으로 옳지 않은 것은?

① 풍향 · 풍속계가 보호범위에 들도록 나셀 상부에 피뢰침을 시설하고 피뢰도선은 나셀프레임에 접속하지 말 것
② 수뢰부를 풍력터빈 선단부분 및 가장자리 부분에 배치할 것
③ 풍력터빈에 설치하는 인하도선은 쉽게 부식되지 않는 금속선으로서 뇌격전류를 안전하게 흘릴 수 있는 충분한 굵기여야 하며, 가능한 직선으로 시설할 것
④ 접지설비는 풍력발전설비 타워기초를 이용한 통합접지공사를 하여야 하며, 설비 사이의 전위차가 없도록 등전위본딩을 할 것

Explanation

(KEC 532.3.5조) 풍력발전설비 피뢰설비
접지설비는 풍력발전설비 타워기초를 이용한 통합접지공사를 하여야 하며, 설비 사이의 전위차가 없도록 등전위본딩을 하여야 한다.
① 수뢰부를 풍력터빈 선단부분 및 가장자리 부분에 배치하되 뇌격전류에 의한 발열에 의해 녹아서 손상되지 않도록 재질, 크기, 두께 및 형상 등을 고려할 것
② 풍력터빈에 설치하는 인하도선은 쉽게 부식되지 않는 금속선으로서 뇌격전류를 안전하게 흘릴 수 있는 충분한 굵기여야 하며, 가능한 직선으로 시설할 것
③ 풍력터빈 내부의 계측 센서용 케이블은 금속관 또는 차폐케이블 등을 사용하여 뇌유도과전압으로부터 보호할 것
④ 풍력터빈에 설치한 피뢰설비(리셉터, 인하도선 등)의 기능저하로 인해 다른 기능에 영향을 미치지 않을 것
⑤ 풍향 · 풍속계가 보호범위에 들도록 나셀 상부에 피뢰침을 시설하고 피뢰도선은 나셀프레임에 접속할 것

【답】①

MEMO